环境保护与
污水处理技术研究

李道进 郭 瑛 刘长松 主编

文化发展出版社
Cultural Development Press

图书在版编目（CIP）数据

环境保护与污水处理技术研究 / 李道进，郭瑛，刘长松主编．—北京：文化发展出版社，2020.7

ISBN 978-7-5142-3027-7

Ⅰ．①环… Ⅱ．①李… ②郭… ③刘… Ⅲ．①环境保护－研究②污水处理－研究 Ⅳ．① X

中国版本图书馆 CIP 数据核字（2020）第 109067 号

环境保护与污水处理技术研究

主　　编：李道进　郭　瑛　刘长松

责任编辑：张　琪　　　　　　　责任校对：岳智勇
责任印制：邓辉明　　　　　　　责任设计：侯　铮
出版发行：文化发展出版社有限公司（北京市翠微路 2 号 邮编：100036）
网　　址：www.wenhuafazhan.com　www.printhome.com　　www.keyin.cn
经　　销：各地新华书店
印　　刷：阳谷毕升印务有限公司

开　　本：787mm×1092mm　1/16
字　　数：422 千字
印　　张：22.25
印　　次：2020 年 9 月第 1 版　2021 年 2 月第 2 次印刷
定　　价：58.00 元
ＩＳＢＮ：978-7-5142-3027-7

◆ 如发现任何质量问题请与我社发行部联系。发行部电话：010-88275710

编委会

作　者	署名位置	工作单位
李道进	第一主编	南京国环科技股份有限公司
郭　瑛	第二主编	海南省建设项目规划设计研究院有限公司
刘长松	第三主编	绵阳路桥建设有限责任公司
刘夏青	副主编	国家能源集团宁夏煤业有限责任公司煤制油化工公用设施管理分公司
王振华	副主编	绵阳交发恒通建设工程有限责任公司
田帅慧	副主编	九江南大环保创新中心有限公司
曹光营	副主编	临沂经济技术开发区园区建设局
孙艳凤	副主编	青岛新纪元检测评价有限公司
牛　明	副主编	江苏省工程咨询中心
叶　亮	编　委	川庆钻探工程有限公司长庆指挥部
李柱文	编　委	中国国际海运集装箱（集团）股份有限公司
曹继龙	编　委	陕西精益化工有限公司

前 言

PREFACE

自 1973 年第一次全国环境保护会议以来，中国的环境保护已走过了四十多年的历程。回顾这四十多年，中国在环境保护方面已经和正在发生的巨大变化：从浓度控制到总量控制和浓度控制相结合；从末端治理到源头和全过程控制；从点源治理到流域和区域综合治理；从简单的企业治理到调整产业结构、促进清洁生产；从传统的线性经济到大力发展循环经济；从只认同传统 GDP 到开始构建绿色 GDP 核算体系，提倡人与自然的和谐，建设资源节约型、环境友好型社会。无论在理论上还是在实践上，中国的环境保护都已受到越来越多的国内外人士的关注，也有更多的人来参与。本书根据近年来我国环境保护发展的新情况，比较全面地介绍了有关环境保护的基本知识。

水是地球上一切生命赖以生存、人类生活和生产必不可少的基本物质，它是宝贵的自然资源。约占地球表层地壳（5km）的 50% 以上，覆盖地球表面积的 70.8%。地球上水的总储量约 14 亿 km，其中 97% 以上是海水。在占地球总水量约 3% 的淡水中，77.2% 分布在南北两极地带及高山高原地带，以冰帽或冰川形式存在，22.4% 以地下水和土壤水的形式存在，湖泊、沼泽水占 0.35%，河水占 0.01%，大气中水占 0.04%。其中，便于人们取用的淡水只有河水、淡水湖水和浅层地下水，占地球总水量的 0.2% 左右。因此，淡水是一种极为有限的资源。

随着全球人口的不断增加和工农业的持续发展，全世界的淡水资源日益紧张。现在全世界约有 80 个国家存在着影响经济发展和人民生活的缺水问题。

人类的生活和生产活动，用水和排水对水的自然循环产生了量和质两方面的影响。20 世纪中期以来，由于人口增长和工农业生产的发展，加剧了这种影响。排放的污水已构成了对水环境生态系统的严重污染，使地表水甚至地下水水质恶化，并致死水生动植物，危及人的生命健康。

　　虽然我国水资源总量非常丰富，居世界第六位，但是由于人口众多，人均占有约为世界平均的 1/4，属世界缺水国家之一。由于水污染控制的相对滞后，受污染的水体逐年增加，又加快了水资源的短缺。面中国工业化、城市化的快速发展，不可避免地会加快水污染速度。据统计，我国从 20 世纪 80 年代初以来，工农业和人口迅猛发展，每年工业废水和城市污水合计排放量已达 400 多亿 m3，且处理效率较低，大量废水排人天然水体，已使我国约 80% 的河流湖泊受到不同程度的污染。水污染成为我国面临的严重环境问题之一。在水资源日益紧缺的今天，做好城市污水和工业废水的处理和再生利用，有利于保护水环境、保护水源，促进有限的水资源的可持续开发利用。

目　录

CONCENTS

第一章　概述 ……………………………………………………………… **001**

第一节　环境概论 ……………………………………………………… 001

第二节　环境问题 ……………………………………………………… 007

第三节　环境污染与人体健康 ………………………………………… 019

第四节　国内外环境保护发展历程 …………………………………… 024

第二章　生态学基础 ……………………………………………………… **031**

第一节　生态学 ………………………………………………………… 031

第二节　生态系统 ……………………………………………………… 033

第三节　生态平衡 ……………………………………………………… 043

第三章　自然资源的利用与保护 ………………………………………… **053**

第一节　自然资源 ……………………………………………………… 053

第二节　自然资源的利用与环境保护 ………………………………… 056

第四章　大气污染及其防治 ……………………………………………… **068**

第一节　火气及大气层结构 …………………………………………… 068

第二节　大气污染与大气污染物 ……………………………………… 070

第三节　大气污染的危害 ……………………………………………… 077

第四节　影响大气污染的气象因素 ··· 079
第五节　大气污染防治 ··· 081

第五章　水资源及其污染防治 ··**087**
第一节　世界水资源 ·· 087
第二节　中国水资源 ·· 090
第三节　水污染防治工程 ··· 095

第六章　土壤环境 ···**106**
第一节　土壤 ·· 106
第二节　土壤环境 ··· 109
第三节　土壤环境污染 ·· 113

第七章　固体废弃物及其环境保护 ································**119**
第一节　固体废弃物的概述 ·· 119
第二节　固体废弃物的环境问题 ·· 121
第三节　固体废弃物的管理与控制 ·· 126

第八章　物理性污染及其防治 ································**133**
第一节　噪声的污染及其控制 ·· 133
第二节　其他物理污染及其防治 ·· 142

第九章　其他环境污染防治 ································**152**
第一节　放射性污染及防治 ·· 152
第二节　电磁辐射污染及防治 ·· 155
第三节　热污染及防治 ·· 157
第四节　光污染及防治 ·· 158

第十章　水资源污染带来的问题 ································**161**

第一节　水资源危机带来的生存与发展问题 ············· 161

第二节　世纪水资源危机 ············· 172

第三节　水资源的管理 ············· 187

第十一章　污水处理 ············· 200

第一节　污水处理的基本方法分类 ············· 200

第二节　污水处理工程的设计原则 ············· 206

第三节　污水处理工程设计的主要环节 ············· 208

第四节　石油化工污水的水质、水量 ············· 210

第十二章　污水处理的基本方法 ············· 212

第一节　污水物理处理方法 ············· 212

第二节　污水的生物处理方法 ············· 222

第三节　污泥处理及运行与管理 ············· 250

第四节　工业废水治理 ············· 272

第十三章　环境管理与环境法规 ············· 286

第一节　环境管理 ············· 286

第三节　环境标准 ············· 301

第二节　环境保护法规 ············· 305

第十四章　可持续发展战略 ············· 309

第一节　可持续发展理论的形成 ············· 309

第二节　可持续发展战略的内涵与特征 ············· 316

第三节　可持续发展的指标体系 ············· 319

参考文献 ············· 322

第一章 概述

第一节 环境概论

一、环境的概念

环境是相对于中心事物而言的，是相对于主体的客体《中华人民共和国环境保护法》中明确指出，环境是指影响人类生存和发展的各种天然的和经过人工改造的自然因素的总体，包括大气、水、海洋、土地、矿藏、森林、草原、野生生物、自然遗迹、人文遗迹、风景名胜区、自然保护区、城市和乡村等。

在环境科学领域，环境的含义是以人类社会为主体的外部世界的总体按照这一定义，环境包括了已经为人类所认识的直接或间接影响人类生存和发展的物理世界的所有事物。它既包括未经人类改造过的众多自然要素，如阳光、空气、陆地、天然水体、天然森林和草原、野生生物等等；也包括经过人类改造过和创造出的事物，如水库、农田、园林、村落、城市、工厂、港口、公路、铁路等等。它既包括这些物理要素，也包括由这些要素构成的系统及其所呈现的状态和相互关系。

环境是人类进行生产和生活的场所，是人类生存和发展的物质基础"人类对环境的改造不像动物那样，只是以自己的存在来影响环境，用自己的身体来适应环境，而是以自己的劳动来改造环境，把自然环境转变为新的生存环境，而新的生存环境再反作用于人类。在这一反复曲折的过程中，人类在改造客观世界的同时也改造着自己，正如恩格斯在《自然辩证法》中写道："人的生存条件，并不是当他刚从狭义的动物中分化出来的时候就现成具有的；这些条件是由以后的历史发展才造成的。"这就是说，人类的生存环境不是从来就有的，它的形成经历了一个漫长的发展过程。我们赖以生存的环境，就是这样由简单到复杂，由低级到高级发展而来的。它既不是单纯地由自然因素构成，也不是单纯地由社会因素构成。它凝聚着自然因素和社会因素的交互作用，体现着人类利用和改造自然的性质和水平，影响着人类的生产和生活，关系着人类的生存和健康。

人类对自然的利用和改造的深度和广度，在时间上是随着人类社会的发展而发展的，在空间上是随着人类活动领域的扩张而扩张的。虽然，迄今为止，人类主要还是居住于地球表层，但有人根据月球引力对海水的潮汐有影响的事实，提出月球能否视为人类生存环境的问题。现阶段没有把月球视为人类的生存环境，任何一个国家的环境保护法也没有把月球规定为人类的生存环境，因为它对人类的生存和发展影响很小但是，随着宇宙航行和空间科学技术的发展，总有一天人类不但要在月球上建立空间实验站，还要开发利用月球上的自然资源，使地球上的人类频繁往来于月球与地球之间。到那时，月球当然就会成为人类生存环境的重要组成部分。所以，人们要用发展的、辩证的观点来认识环境。

二、环境的分类和组成

（一）环境的分类

环境是一个庞大而复杂的体系，人们可以从不同的角度或不同的原则，按照人类环境的组成和结构关系将它进行不同的分类。

按照环境的范围大小，可把环境分为特定的空间环境、车间环境、生活区环境、城市环境、区域环境、全球环境和星际环境等。

按照环境的要素，可把环境分为大气环境、水环境、土壤环境、生物环境和地质环境等。

按照环境的功能，可把环境分为生活环境和生态环境。

按照环境的主体，可以分为两种体系：一种是以生物体（界）作为环境的主体，而把生物以外的物质看成环境要素（在生态学中往往采用这种分类方法）；另一种是以人或人类作为主体，其他的生物和非生命物质都被视为环境要素，即环境指人类生存的氛围。在环境科学中采用的就是第二种分类方法，即趋向于按环境要素的属性进行分类，把环境分为自然环境和社会环境两种。自然环境是社会环境的基础，而社会环境又是自然环境的发展。自然环境是指环绕人们周围的各种自然因素的总和，如大气、水、植物、动物、土壤、岩石矿物、太阳辐射等。自然环境是人类赖以生存的物质基础。通常把这些因素划分为大气圈、水圈、生物圈、土壤圈、岩石圈五个自然圈。人类是自然的产物，而人类的活动又影响着自然环境。社会环境是指人类在自然环境的基础上，为不断提高物质和精神文化生活水平，通过长期有计划、有目的的发展，逐步创造和建立起来的高度人工化的生存环境，即由于人类活动而形成的各种事物。

（二）环境的组成

人类的生存环境，可由近及远，由小到大地分为聚落环境、地理环境、地质环境和星际环境，形成一个庞大的多级谱系。

1. 聚落环境

聚落是人类聚居的场所、活动的中心。聚落内及其周边生态条件，成为聚落人群生存质量、生活质量和发展条件的重要内容。聚落及其周围的地质、地貌、大气、水体、土壤、植被及其所能提供的生产力潜力，聚落与外界交流的通达条件等，直接影响着区域内居民的健康、生活保障和发展空间。聚落的形成及其在不同地区、不同民族所表现的不同模式，是人、地关系和区域社会经济历史演化的结果。聚落环境也就是人类聚居场所的环境，它是与人类的工作和生活关系最密切、最直接的环境，人们一生大部分时间是在这里度过的，因此历来都引起人们的关注和重视。

聚落环境根据其性质、功能和规模可分为院落环境、村落环境、城市环境等。

（1）院落环境

院落环境是由一些功能不同的建筑物和与其联系在一起的场院组成的基本环境单元，如我国西南地区的竹楼、内蒙古草原的蒙古包、陕北的窑洞、北京的四合院、机关大院以及大专院校等。院落环境的结构、布局、规模和现代化程度是很不相同的，因而，它的功能单元分化的完善程度也是很悬殊的。院落环境是人类在发展过程中适应自己生产和生活的需要，而因地制宜创造出来的。

院落环境在保障人类工作、生活和健康，促进人类发展中起到了积极的作用，但也相应地产生了消极的环境问题，其主要污染源来自生活"三废"。院落环境污染量大面广，已构成了难以解决的环境问题，如千家万户的油烟排放，每年秋季的秸秆焚烧，导致附近大气污染。所以，在今后聚落环境的规划设计中，要加强环境科学的观念，以便在充分考虑到利用和改造自然的基础上，创造出内部结构合理并与外部环境协调的院落环境。目前，提倡院落环境园林化，在室内、室外、窗前、房后种植瓜果、蔬菜和花草，美化环境，净化环境，调控人类、生物与大气之间的二氧化碳与氧气平衡。这样就把院落环境建造成一个结构合理、功能良好、物尽其用的人工生态系统。

（2）村落环境

村落主要是农业人口聚居的地方。由于自然条件的不同，以及农、林、牧、副叭渔等农业活动的种类、规模和现代化程度的不同，所以无论是从结构、形态、规模上，还是从功能上来看，村落的类型都是多种多样的，如有平原上的农村，海滨湖畔的渔村，深山老林的山村等，因而，它所遇到的环境问题也是各不相同的。

村落环境的污染主要来源于农业污染及生活污染源。特别是农药、化肥的使用和污染有日益增加和严重的趋势，影响农副产品的质量，威胁人们的健康，甚至有急性中毒而致死的。因此，必须加强农药、化肥的管理，严格控制施用剂量、时机和方法，并尽量利用综合性生物防治来代替农药防治，用速效、易降解农药代替难降解的农药，尽量多施用有机肥，少用化肥，提高施肥技术和效果。总之，要开展综合利用，使农业和生活废弃物变废为宝，化害为利，发挥其积极作用。除此之外，生产方式的变迁（潜在因素）也是造成村落环境污染的原因之一。城市化的浪潮席卷农村之后，为村民提供了更广阔的就业空间和多样的谋生手段，大部分年轻的村民都去城区打工，村中只剩下留守儿童和老人。有的田地开始荒芜，且相当一部分村民在原来的田地上建造了房屋，水土得不到很好地保持。自来水的推广和普及，使得河水以饮用为主的功能被替代，水体"饮用"功能不断退化。村民维护水和土地的意识不断减弱，面对经济效益的诱惑，个别村民以牺牲环境来维持生计。农村对污染企业具有诸多"诱惑"：一是农村资源丰富，一些企业可以就地取材，成本低廉；二是使用农村劳动力成本很低，像"小钢铁""小造纸"这样的一些污染企业，落户农村后，一般都以附近村民为主要用工对象；三是农村地广人稀，排污隐蔽。因此，近年来大部分污染企业开始进驻农村，村落环境成了污染企业的转移地。

（3）城市环境

城市环境是人类利用和改造环境而创造出来的高度人工化的生存环境。城市是随着私有制及国家的出现而出现的非农业人口聚居的场所。.随着资本主义社会的发展，城市更加迅速地发展起来，特别是第二次世界大战以后的 30 多年，世界性城市化日益加速进行。所谓城市化（urbanization）就是农村人口向城市转移，城市人口占总人口的比率变化的趋势增大。

城市是人类在漫长的实践过程中，通过对自然环境的适应、加工、改造、重新建造的人工生态系统。如今，世界上有约 80% 的人口都居住在城市。城市有现代化的工业、建筑、交通、运输、通讯联系、文化娱乐设施及其他服务行业，为居民的物质和文化生活创造了优越条件，但也因人口密集、工厂林立、交通频繁等，而使环境遭受严重的污染和破坏，威胁人们安全、宁静而健康的工作和生活。城市化对环境的影响有以下几个方面。

2. 城市化对水环境的影响

（1）对水质的影响。主要指生活、工业、交通、运输以及其他服务行业对水环境的污染。在 18 世纪以前，以人畜生活排泄物和相伴随的细菌、病毒等的污染为主，常常导致水质恶化、瘟疫流行。18 世纪以后，随着近代大工业的发展，工业"三废"日益成为城市环境的主要污染源。

（2）对水量的影响。城市化增加了房屋和道路等不透水面积和排水工程，特别是暴雨排水工程，从而减少渗透，增加流速，地下水得不到地表水足够的补给，破坏了自然界的水分循环，致使地表总径流量和峰值流量增加，滞后时间（径流量落后于降雨量的时间）缩短。城市化不仅影响到洪峰流量增加，而且也导致频率增加。

城市化将增加耗水量，往往导致水源枯竭、供水紧张。地下水过度开采，常造成地下水面下降和地面下沉。

3. 城市化对大气环境的影响。

（1）城市化使城市下垫面的组成和性质发生了根本性变化。城市的水泥、沥青路面，砖瓦建筑物以及玻璃和金属等人工表面代替了土壤、草地、森林等自然地面，改变了反射和辐射面的性质及近地面层的热交换和地面的粗糙度，从而影响了大气的物理状况，如气温、云量、雾量等。

（2）城市化改变了大气的热量状况。城市消耗大量能源，释放出大量热能集中于局部范围内，大气环境接受的这些人工热能，接近甚至超过它从太阳和天空辐射所接受的能量，从而对大气产生了热污染。城市的市区比郊区及农村消耗较多的能源，且自然表面少，植被少，从而吸热多而散热少。另外，空气中经常存在大量的污染物，它们对地面长波辐射吸收和反射能力强，造成城市"热岛效应"。"热岛效应"的产生使城市中心成为污染最严重的地方。随着人们生产、生活空间向地下延伸，热污染也随之进入地下，使地下也形成一个"热岛"。

（3）城市化大量排放各种气体和颗粒污染物。这些污染物会改变城市大气环境的组成。一般说来，在工业时代以前，城市燃料结构以木柴为主，大气主要受烟尘污染，18世纪进入工业时代以来，城市燃料结构逐渐以煤为主，大气受烟尘、二氧化硫及工业排放的多种气体污染较重，进入20世纪后半叶以来，城市中工业及交通运输以矿物油作为主要能源，大气受 CO_2、NO_x、CH、光化学烟雾和 $SO?$ 污染日益严重。由于城市气温高于四周，往往形成城市"热岛"。城市市区被污染的暖气流上升，并从高层向四周扩散；郊区较新鲜的冷空气则从底层吹向市区，构成局部环流。这样加强了城区与郊区的气体交换，但也一定程度上使污染物囿于此局部环流之中，而不易向更大范围扩散，常常在城市上空形成一个污染物幕罩。

（4）城市化对生物环境的影响。城市化严重地破坏了生物环境，改变了生物环境的组成和结构，使生产者有机体与消费者有机体的比例不协调。特别是近代工商业大城市的发展，往往不是受计划的调节，而是受经济规律的控制，许多城市房屋密集、街道交错，到处是水泥建筑和柏油路面，几乎完全消除了森林和草地，除了熙熙攘攘的人群，几乎看不到其他的生命，被称为"城市荒漠"。尤其在闹市区，高楼夹峙，街道深陷，形如峡谷，更给人以压抑之感，美国纽约的曼哈顿（Manhattan）峡谷式街道就是典型的例子，日本东京在发展中绿地也大量减少。森林和草地消失，公用绿地面积减少，野生动物群在城市中消失，鸟儿也很少见，这些变化使生态系统遭到破坏，影响了碳、氧等物质循环。城市不透水面积的增加，破坏了土壤微生物的生态平衡。

（5）城市化噪声污染。盲目的城市化过程还造成振动、噪声、微波污染、交通紊乱、住房拥挤、供应紧张等一系列威胁人们健康和生命安全的环境问题。噪声污染是我国的四大公害之一。尤其是近些年随着城市规模的发展，交通运输、汽车制造业迅速发展，城市噪声污染程度迅速上升，已成为我国环境污染的重要组成部分。据不完全统计，我国城市交通噪声的等效声级超过 70dB 的路段达 70%，有 60% 的城市面积噪声超过 55dB。

我国本着"工农结合，城乡结合，有利生产，方便生活"的原则，努力控制大城市，积极发展中、小城市。在城市建设中，首先是确定其功能，指明其发展方向；其次是确定其规模，以控制其人口和用地面积，然后确定环境质量目标，制定城市环境规划，根据地区自然和社会条件合理布置居住、工业、交通、运输、公园、绿地、文化娱乐、商业、公共福利和服务等项事业，力争形成与其功能相适应的最佳结构，以保持整洁、优美、宁静、方便的城市生活和工作环境。

三、地理环境

地理环境是能量的交错带，位于地球表层，即岩石圈、水圈、土壤圈、大气圈和生物圈相互作用的交错带上，其厚度约 10 ~ 30km，包括了全部的土壤圈。地理环境具有三个特点：（1）具有来自地球内部的内能和主要来自太阳的外部能量，并彼此相互作用；（2）它具有构成人类活动舞台和基地的三大条件，即常温常压的物理条件、适当的化学条件和繁茂的生物条件；（3）这一环境与人类的生产和生活密切相关，直接影响着人类的饮食、呼吸、衣着和住行。由于地理位置不同，地表的组成物质和形态不同，水、热条件不同，地理环境的结构具有明显的地带性特点。因此，保护好地理环境，就要因地制宜地进行国土规划、区域资源合理配置、结构与功能优化等。

四、地质环境

地质环境主要是指地表以下的坚硬壳层，即岩石圈。地质环境是地球演化的产物。岩石在太阳能作用下的风化过程，使固结的物质解放出来，参加到地理环境中去，参加到地质循环以至星际物质大循环中去。

如果说地球环境为人类提供了大量的生活资料、可再生的资源，那么，地质环境则为人类提供了大量的生产资料，丰富的矿产资源。目前，人类每年从地壳中开采的矿石达 4 亿立方千米，从中提取大量的金属和非金属原料，还从煤、石油、天然气、地下水、地热和放射性等物质中获取大量能源。随着科学技术水平的不断提高，人类对地质环境的影响也更大了，一些大型工程直接改变了地质环境的面貌，同时也是一些自然灾害（如山体滑坡、山崩、泥石流、地震、洪涝灾害）的诱发因素，这是值得引起高度重视的。

五、星际环境

星际环境是指地球大气圈以外的宇宙空间环境，由广漠的空间、各种天体、弥漫物质以及各类飞行器组成。星际环境好像距我们很遥远，但是它的重要性却是不容忽视的。地球属于太阳系的一个成员，我们生存环境中的能量主要来自太阳辐射，我们居住的地球距太阳不近也不远，正处于"可居住区"之内，转动得不快也不慢，轨道离心率不大，致使地理环境中的一切变化既有规律又不过度剧烈，这些都为生物的繁茂昌盛创造了必要的条件。迄今为止，地球是我们所知道的唯一有人类居住的星球。我们如何充分有效地利用这种优越条件，特别是如何充分有效地利用太阳辐射这个既丰富又洁净的能源，在环境保护中是十分重要的。

第二节　环境问题

一、环境问题及其分类

（1）环境问题的概念。所谓环境问题是指由于人类活动作用于周围环境，引起环境质量变化，这种变化反过来对人类的生产、生活和健康产生影响的问题。

（2）环境问题的分类。按照环境问题的影响和作用来划分，有全球性的、区域性的和局部性的不同等级。其中全球性的环境问题具有综合性、广泛性、复杂性和跨国界的特点。

按照引起环境问题的根源划分，可以将环境问题分为两大类：一类是自然原因引起的，称为原生环境问题，又称第一环境问题，它主要是指地震、海啸、洪涝、干旱、风暴、崩塌、滑坡、泥石流、台风、地方病等自然灾害；另一类由人类活动引起的环境问题称为次生环境问题，也称第二环境问题。第二环境问题又可分为以下两类：

第一类是由于人类不合理开发利用自然资源，超出环境承载力，使生态环境质量恶化或自然资源枯竭的现象。也就是说，人类活动引起的自然条件变化，可影响人类生产活动。如森林破坏、草原退化、沙漠化、盐渍化、水土流失、水热平衡失调、物种灭绝、自然景观破坏等。其后果往往需要很长时间才能恢复，有的甚至不可逆转。

第二类是由于人口激增、城市化和工农业高速发展引起的环境污染和破坏，具体是指有害的物质，以工业"三废"（废气、废水、废渣）为主对大气、水体、土壤和生物的污染。环境污染包括大气污染、水体污染、土壤污染、生物污染等由物质引起的污染和噪声污染、热污染、放射性污染或电磁辐射污染等物理性因素引起的污染。这类污染物可毒化环境，危害人类健康。

二、环境问题的产生及根源

（一）环境问题产生的原因，环境问题产生的原因主要有三个方面：

1. 由于庞大的人口压力

庞大的人口基数和较高的人口增长率，对全球特别是一些发展中国家，形成巨大的人口压力。人口持续增长，对物质资料的需求和消耗随之增多，最终会超出环境供给资源和消化废物的能力进而出现种种资源和环境问题。

2. 由于资源的不合理利用

随着世界人口持续增长和经济迅速发展，人类对自然资源的需求量越来越大，而自然资源的补给、再生和增殖是需要时间的，一旦利用超过了极限，要想恢复是困难的。特别是非可再生资源，其蕴藏量在一定时期内不再增加，对其开采过程实际上就是资源的耗竭过程。当代社会对非可再生资源的巨大需求，更加剧了这些资源的耗竭速度。在广大的贫困落后地区，由于人口文化素质较低，生态意识淡薄，人们长期采用有害于环境的生产方法，而把无污染技术和环境资源的管理置之度外，如不顾环境的影响，盲目扩大耕地面积。

3. 片面追求经济的增长

传统的发展模式关注的只是经济领域活动，其目标是产值和利润。在这种发展观的支配下，为了追求最大的经济效益，人们认识不到或不承认环境本身所具有的价值，采取了以损害环境为代价来换取经济增长的发展模式，其结果是在全球范围内相继造成了严重的环境问题。

（二）环境问题产生的根源。从环境问题产生的主要原因可以看出，环境问题是伴随着人口问题、资源问题和发展问题而出现的，这四者之间是相互联系、相互制约的，从本质上看，环境问题是人与自然的关系问题。在人与自然的矛盾中，人是矛盾的主要方面，因而也是环境问题的最终根源。因此，分析环境问题的根源应该从人着手。环境问题主要来自三大根源：一是发展观根源；二是制度根源；三是科技根源。

1. 发展观根源是指环境问题的产生，是由于人们用不正确的指导思想来指导发展造成的。长期以来，人们在发展观上有个误区，认为单纯的经济增长就等于发展，只要经济发展了，就有足够的物质手段来解决各种政治、社会和环境问题。二战后近20年西方各国流行把"发展"等同于"经济发展"思想。然而事实却非完全如此。

很多国家的发展历程已经表明，如果社会发展不协调，环境保护不落实，经济发展将受到更大制约，因为经济发展取得的部分效益是在增加以后的社会发展代价。很多人认为中国可以仿效发达国家，走"先发展后治理"的老路。但中国的人口资源环境结构比发达国家紧张得多，发达国家能在人均 8000 ~ 10000 美元时着手改善环境，而我国很可能在人均 3000 美元时提前面对日趋严重的环境问题，多年改革开放所积累的经济成果将有很大一部分消耗在环境污染治理上。而如果以"和谐发展观"作为指导，在发展过程中注重人与社会、人与自然、社会与自然的和谐发展，则既能兼顾到经济发展的短期和长期效益，又能减少环境问题的产生。从这个意义上说，不正确的发展观和发展观的误区是产生环境问题的第一根源。

2. 制度根源是指环境问题的产生，是由于环境制度的失败造成的。环境问题之所以产生，就是由于人们生产和消费行为的不合理，而人们生产和消费行为的不合理，是由于没有完善的制度来规范人们的行为和职责。何茂斌在《环境问题的制度根源与对策》一文中认为，环境制度的失败主要表现在四个方面：一是重污染防治，轻生态保护，即预防污染的法规多，生态保护的法规少；二是重点源治理，轻区域治理，即忽视环境的整体性，头痛医头、脚痛医脚；三是重浓度控制，轻总量控制，即按照制度标准控制排放浓度的限值，而忽视污染物的总排放量；四是重末端控制，轻全过程控制，即重视控制经济活动的污染后果，而轻视经济活动过程中的污染排放。由此可见，制度的不完善或不合理是环境问题产生的根源之一。

3. 科技根源是指环境问题的产生，是由于科学技术的负面作用而引起的。科技的发展在给人类的生产、生活带来极大便利的同时也不断地暴露其负面效应。农药可以预防害虫，也可以使食物具有毒性；塑料袋方便人们拎提物品，也会造成白色污染；电脑方便人们快速地传递信息，也辐射着人们的皮肤；核能能为人们发电，也可以成为毁灭人类的致命武器。从环境污染角度来看，现代社会的重大环境问题都直接和科技有关，资源短缺直接与现代化机器大规模开发有关；生态破坏直接与森林砍伐和捕猎有关；大气污染和水源污染直接和现代的工厂、汽车、火车、轮船等排放的污染物有关。因此，科技的负面作用也是当今环境问题产生的重要根源之一。

三、当代环境问题

环境是人类的共同财富，人和环境的关系是密不可分的，人类赖以生存和生活的客观条件是环境，脱离了环境这一客体，人类将成为无源之水、无本之木，根本无法生存，更谈不上发展。一方水土养一方人，这是人类生存的基本原则。早在 20 世纪 80 年代初，全球变暖、臭氧层空洞及酸雨三大全球性环境问题已初露端倪。进入 20 世纪 90 年代地球荒漠化、海洋污染、物种灭绝等环境问题更是突破了国界，成为影响全人类生存的重大问题。21 世纪全球主要环境问题有以下几方面。

（一）温室效应

大气中含有微量的二氧化碳，二氧化碳有一个特性，就是对于来自太阳的短波辐射"开绿灯"，允许它们通过大气层到达地球表面。短波辐射到达地面后，会使地面温度升高。地面温度升高后，就会以长波辐射的形式向外散发热量。而二氧化碳对于来自地面的长波辐射则能吸收，不让其通过，同时把热量以长波辐射的形式又反射给地面。这样就使热量滞留于地球表面。这种现象类似于玻璃温室的作用，所以称为温室效应。能产生温室效应的气体还有甲烷、氯氟烃等。

大气温室效应并不是完全有害的，如果没有温室效应，那么地球的平均表面温度，就不是现在的 15℃ 而是 -18℃，人类的生存环境将极为恶劣，不适宜人类的生存。但是，人类大量燃烧矿物燃料，如煤、石油、天然气等，向大气排放的二氧化碳越来越多，使温室效应不断加剧，从而使全球气候变暖，目前人类由于燃烧矿物燃料向大气排放的二氧化碳每年高达 65 亿吨。中国是排放二氧化碳的第二大国，因此中国对目前的温室效应具有重大的贡献：温室效应最主要的危害就是导致南北两极的冰盖融化，而冰盖融化以后会导致海平面上升。据科学家预测，如果人类对二氧化碳的排放不加限制，到 2100 年，全球气温将上升 2 ~ 5℃，海平面将升高 30 ~ 100cm，由此会带来灾难性后果。海拔低的岛屿和沿海大陆就会葬身海底，如上海、纽约、曼谷、威尼斯等许多大城市可能被海水淹没而成为"海底城市"。

现在人类排放的二氧化碳总量在大气层中越积越多，已是不容置疑的事实。据观测，近一个世纪以来，全球平均地面气温确实上升了，上升了 0.3 ~ 0.6℃，尤其是自 20 世纪 80 年代以来特别明显。1986 年以来，地球年平均气温连续 11 年高于多年平均值且呈逐步上升趋势。我国也是如此，自 1986 年以来已连续出现 11 个暖冬。据科学家观测，近 100 多年来，地球上的冰川确实大幅度地后退了，海平面也确实上升了 14 ~ 15cm。二氧化碳在大气中的积累肯定会导致全球变暖。如果人类不及早采取措施，不防患于未然，将会后患无穷。

（二）臭氧层空洞

1985 年，英国的南极考察团首次发现南极上空的臭氧层有一个空洞，当时轰动了世界，也震动了科学界。臭氧层空洞成为当时的热点话题。所谓"臭氧层空洞"是指由于人类活动而使臭氧层遭到破坏而变薄。

在太阳辐射中有一部分是紫外线，它对生物有很大的杀伤力，医学上用紫外线杀菌。在距地表 20 ~ 30km 的高空平流层有一层臭氧层，它吸收了 99% 的紫外线，就像一层天然屏障，保护着地球上的万物生灵，使它们免受紫外线的杀伤。因此臭氧层也被誉为地球的保护伞。近年来，科学家又进行调查，发现全球的臭氧层都不同程度地遭到破坏。南极上空的臭氧层破坏最为明显，有一个相当于北美洲面积大小的空洞。

臭氧层空洞会导致到达地面的紫外线辐射增强，人类皮肤癌的发病率大幅度上升。臭氧层破坏最受发达国家的关注，因为发达国家大都是白种人，他们的皮肤癌发病率特别高。另外，紫外线辐射过度还会导致白内障。科学家发现臭氧层中的臭氧每减少 1%，紫外线辐射将增加 2%，皮肤癌发病率将会增加 7%，白内障的发病率将会增加 0.6%。紫外线辐射增强不仅影响人类的健康，还会影响农作物、海洋生物的生长繁殖。现在科学家已经找到了破坏臭氧层的罪魁祸首，那就是氟氯烃类化合物。自然界中是没有这种物质的。它被发明于 1930 年，作为制冷剂、灭火剂、清洗剂等，广泛运用于化工制冷设备，如我们使用的空调、冰箱、发胶、喷雾剂等商品里面都含有氟氯烃。氟氯烃进入高空之后，在紫外线的照射下激化，就会分解出氯原子，氯原子对臭氧分子有很强的破坏作用，把臭氧分子变成普通的氧分子。人类万万没有想到，氟氯烃在造福人类的同时会跑到天上去"闯祸"。

（三）酸雨

酸雨是 20 世纪 50 年代以后才出现的环境问题。现在全世界有三大酸雨区：欧洲、北美和中国长江以南地区。随着工业生产的发展和人口的激增，煤和石油等化石燃料的大量使用是产生酸雨的主要原因。化石燃料中都含有一定量的硫，如煤一般含硫 0.5%～5%，汽油一般含硫 0.25%。这些硫在燃烧过程中 90% 都被氧化成二氧化硫而排放到大气中。据估计，现全世界每年向大气中排放的二氧化硫约 1.5 亿吨。其中燃煤排放约占 70% 以上，燃油排放约占 20%，还有少部分是由有色金属冶炼和硫酸制造排放的。人类排放的二氧化硫在空气中可以缓慢地转化成三氧化硫。三氧化硫与大气中的水汽接触，就生成硫酸。硫酸随雨雪降落，就形成酸雨。

酸雨是指 pH 值小于 5.6 的雨雪。一般正常大气降水含有碳酸，呈弱酸性，pH值小于 7 而大于 5.6。但由于二氧化硫的大量排放，使雨雪中含有较多的硫酸，使降水的 pH 值小于 5.6，就形成了酸雨。

酸雨对生态环境的危害很大，可以毁坏森林，使湖泊酸化。如"千湖之国"的瑞典，已酸化的湖泊达到 1300。多个；另外，加拿大也有 1000。多个湖泊由于酸雨的危害成为死湖，生物绝迹。酸雨还会腐蚀建筑物、雕塑。例如，北京的故宫、英国的圣保罗大教堂、雅典的卫城、印度的泰姬陵，都在酸雨的侵蚀下受到危害。酸雨的危害也是跨国界的，常常引起国与国之间的酸雨纠纷。

酸雨污染已成为我国非常严重的一个环境问题。目前我国长江以南的四川、贵州、广东、广西、江西、江苏、浙江已经成为世界三大酸雨区之一，酸雨区已占我国国土面积的 40‰ 贵州是酸雨污染的重灾区，全区 1/3 的土地受到酸雨的危害，省城贵阳出现酸雨的频率几乎为100%。其他主要大城市的酸雨频率也在90%以上。降水的pH值常为3点多，有时甚至为2点多。我国著名的雾都重庆，雾也变成了酸雾，对建筑物和金属设施的危害极大。四川和贵州的公共汽车站牌，几乎全都是锈迹斑斑，都是酸雨造成的。另外，酸雨还会使农作物减产。

（四）土地沙漠化

土地沙漠化是世界性的环境问题，沙漠化已经影响到了一百多个国家和地区。地球上的沙漠在以一种惊人的速度扩展。据联合国环境规划署的统计，现在每年有600万公顷的土地变为沙漠。现在世界各地都是沙进人退，土地不断被蚕食。科学家们呼吁，如果人类再不制止沙漠化，半个地球将成为沙漠。

本来沙漠是气候干旱的产物，像北非的撒哈拉，西亚的一些大沙漠，那些地方的降水量很少。在半干旱地区和湿润地区是不应该出现沙漠化的，因为沙漠化是干旱的产物，在半干旱地区应该是草原景观。但是现在半干旱和半湿润地区也出现了大片的沙漠。例如，我国的内蒙古和陕西交界处的毛乌素沙地。当地的降水量并不少，在汉朝的时候这里还是水草肥美的大草原，可是现在已经变成了一个大沙漠。其实引起沙漠化的罪魁祸首就是我们人类自己。沙漠化是自然界对人类破坏环境的"报复"。在沙漠的外围是半干旱地区的草原，生态环境是比较脆弱的，稍加破坏，生态平衡就会被打破，就会出现沙漠化的现象。人类在沙漠的外围过度放牧，会破坏草原的植被，使草原不断地退化，从而变成沙漠。我国是世界上沙漠化危害严重的国家之一，有1/7的国土被沙漠覆盖，有1/3的国土受到风沙的危害。现在我们国家的沙漠在以每年2000km²的速度扩展，也就是说平均每天有500110米的土地被沙漠吞食。据观测，1000多年来，我国西北部的沙漠已经向南推进了100多千米。20多座有文字可查的历史名城像楼兰都被淹没在沙漠之下，我们现在只能从这些古城的断壁残垣去推断他们过去曾经有过的繁荣。

（五）森林面积减少

森林可以说是人类的摇篮，人类的祖先正是从森林里走出来的。由于人类对森林的过度采伐，现在世界上的森林资源在迅速地减少。据联合国粮农组织的统计，现在全世界每年就有1200万公顷的森林消失，就是说平均每分钟就有20hm? 的森林消失。

现在全世界森林锐减的地区都是在发展中国家。由于贫困所迫，他们不得已用宝贵的森林资源换取外汇，如印度尼西亚、菲律宾、泰国等东南亚国家，出口木材是他们外汇收入的一大来源，他们只要能挣到钱，就不会去保护森林资源。日本是世界上第六大木材消费国，然而他们很少砍伐自己的森林，现在日本的森林覆盖率是70%左右。他们从东南亚进口大量的木材，每年约1亿吨。虽然说日本的森林保护得很好，可是东南亚地区的森林以每年几百万公顷的速度减少。森林锐减除了砍伐森林之外，另一个原因就是在"亚非拉"的一些发展中国家大约有 20 亿农村人口，他们是用木柴作生活燃料。为了得到薪柴，他们年复一年地砍树，最后连草皮也不放过。森林锐减的第三个原因就是毁林开荒。沿着长江三峡从重庆到湖北宜昌，沿岸的山几乎都是秃的。由于人多地少，当地农民把坡度很陡的山坡都开垦为耕地。按规定坡度在 25° 以上就不能作为耕地了，必须退耕还林。但是当地农民一方面是愚昧，另一方面是人口太多，他们在坡度很陡的、甚至 50% 以上的地方耕种。我们国家的森林覆盖率约 13%，低于世界大多数国家，处于第 120 位，我国的人均值仅为世界的 1/6。由于长期以来的过量采伐，我国很多著名的林区森林资源都濒临枯竭，例如长白山、大兴安岭、小兴安岭、西双版纳、海南岛、神农架等林区，有些地方已经变成了荒山秃岭。森林资源的减少，对人类的危害是严峻的，可以加剧土壤侵蚀，引起水土流失，不但改变了流域上游的生态环境，同时加剧了河流的泥沙量，使得河流河床抬高，增加洪水水患，例如 1998 年长江洪水就与上游的森林砍伐有着密切的联系。

（六）物种灭绝与生物多样性锐减

生态系统是由多种生物物种组成的，生物物种的多样性是生态系统成熟和平衡的标志。当自然灾害或人类行为阻碍了生态系统中能量流通和物质循环，就会破坏生态平衡，导致生物物种的减少。

在地球的历史上，由于自然环境的变迁，发生过 5 次大规模的物种灭绝。其中我们知道的在 6500 万年前中生代末期，地球上不可一世的庞然大物恐龙灭绝了，这是一次大规模的物种灭绝。目前，地球正在经历着第六次大规模的物种灭绝。这一次同前几次物种灭绝不同的是导致这场悲剧的正是人类自己。由于人类对野生生物的狂捕滥杀，对生态环境的污染和破坏，使得地球上越来越多的物种已经或正在遭到灭顶之灾，如亚洲的老虎、大象，非洲的犀牛数量都在锐减或濒临灭绝。据科学家估计，地球上生物大约有 3000 万种，被人类所发现和鉴定的大约有 150 万种，也就是说，现在地球上很多物种还没有被人类发现。在交通不便人迹罕至的热带雨林地区，如巴西的亚马孙森林、东南亚印尼的热带雨林等人类很难深入进去，那些地区又是物种资源的宝库，很多物种还没有被人类发现。由于人类对生态环境的破坏，大量砍伐热带雨林，可能有很多物种还没有被人类发现和鉴定，就已经从我们地球上灭绝了。这种情况是非常惊人的，原来生存于我国的招鼻羚羊、野马、犀牛、野羊等野生动物在我国已经绝迹了；另外，华南虎、白金貂、亚洲象、双峰驼、黑冠长臂猿等野生动物也都面临濒临灭绝的威胁。如华南虎以前在我国南方数量很多，据科学家调查，现在只剩下 30 ~ 40 只，可以说是危在旦夕。这一数量已经不足以使这个种群再延续下去了。再如，生活在长江内的白鳍豚是一种淡水豚类，据调查，其数量只有 20 多头，如果再不保护，也会在地球上永远消失。因此，华南虎、白鳍豚都已被列为我国的一级保护动物。由于我国国民的环境意识很差，饮食文化又很发达，食用野生动物很兴盛，在很多餐馆里穿山甲、娃娃鱼等二类保护动物，甚至一些一类保护动物都成了美味佳肴。人类对动物的保护意识很淡漠，如果这些动物不加以保护，在未来这些野生动物在地球上就绝迹了。物种的不断灭绝，将会导致生态的不平衡或食物链的破坏，这种危害是人类所无法估计的。

（七）水环境污染与水资源危机

地球表面有 71% 的面积被水覆盖。可是就在我们居住的这个"水球"上，水资源危机却愈演愈烈，现在全世界很多地方都在闹水荒。那么我们这个"水球"为什么会闹水荒呢？在许多人看来水资源是取之不尽，用之不竭的。但地球上的水资源虽然很丰富，但其中 97.5% 的水属于咸水，只有 2.5% 的水是淡水。而且这 2.5% 中，70% 被冻结在南北两极。因此，全球水资源只有不到 1% 可供人类使用，而且这有限的淡水资源在地球上的分布很不平衡。随着经济发展和人口激增，人类对水的需求量越来越大。现在全世界对水消耗的增长率超过了人口增长率。早在 1973 年召开的联合国水资源会议上，科学界就向全世界发出警告，水资源问题不久将成为深刻的社会危机，世界上能源危机之后的下一个危机极有可能就是水危机！确实，当人类面临能源危机时，还可以通过核能发电，甚至在大海里还可以有核聚变的能源，可以利用太阳能、潮汐能。也就是说，在一种能源发生危机时，我们可以找到替代能源但若水资源发生危机了，有什么能替代水吗？没有，到目前为止，还没有一种物质能够替代水的作用。如果水发生危机，将会对人类产生非常巨大的影响。

（八）水土流失

由于人类大规模地破坏森林，使全世界的水土流失异常严重，据联合国环境署的不完全统计数字，全世界每年流失土壤达 250 亿吨。例如，喜马拉雅山南麓的尼泊尔，是世界上水土流失最严重的国家之一。每到雨季，大量的表土就被洪水冲刷到印度和孟加拉国，使得尼泊尔耕地越来越贫瘠，人民越来越贫困。土壤被带入江河、湖泊，又会造成水库、湖泊的淤积，从而抬高河床，减少水库湖泊的库容，加剧洪涝灾害。因此，我们说森林破坏所造成的生态危害是非常严重的有些科学家说，森林的生态效益比它的经济效益要大得多，道理也正在于此。

我国水土流失的面积，占国土面积的 1/3，每年流失的土壤高达 50 亿吨，相当于全国的耕地每年损失 1cm 厚的土壤。而自然形成 1cm 厚的土壤，需要 400 年的时间。我国每年由于水土流失所带走的氮、磷、钾营养元素等，相当于一年的化肥产量。水土流失最典型的例子就是黄河流域黄河之所以称为黄河，就是因为泥沙含量相当高，黄河每年输送的泥沙达 16 亿吨，居世界之冠，这就是由于水土流失造成的。1998 年我国长江流域发生特大洪涝灾害，其实这一年的降雨量并没有超过 1954 年，但灾害的损失远大于 1954 年。其原因之一就是由于水土流失使得河道和蓄洪的水库湖泊严重淤积，降低了防洪能力，使洪水宣泄不畅，加剧了洪涝灾害。据科学家估计，目前灾害中受灾面积和人数增长最快的就是水灾。这显然与水土流失有直接的关系。尽管全世界每年都为防洪工程投入巨额的资金，其实是治标不治本。如果我们的江河上游都是郁郁葱葱的一片青山，那么洪涝灾害将会大大地减少。

（九）城市垃圾成灾

与日俱增的垃圾，包括工业垃圾和生活垃圾，已经成为世界各国都感到棘手的难题．尤其发达国家高消费的生活方式，更使得垃圾泛滥成灾，最典型的就是美国。美国有一个外号是"扔东西的社会"，什么东西都扔。美国是世界上最大的垃圾生产国，每年大约要扔掉旧汽车 1000 多万辆，废汽车轮胎 2 亿只。我国的城市垃圾量，也在以惊人的速度增长。目前，我国 1 年的生活垃圾量将近 2 亿吨，而这些生活垃圾几乎都没有经过无害化处理。世界上的垃圾无害化处理一般有三种方式：一种是焚烧，用来发电，目前发达国家多采用这一方法；另外一种方法是卫生填埋；还有一种就是堆肥。

垃圾未经处理而集中堆放，不仅占用了耕地，而且污染环境，破坏景观。每刮大风，垃圾中的病原体和微生物等随风而起，污染空气；每逢下雨，垃圾中的有害物质又会随雨水渗入地下，污染地下水。因此垃圾如果不处理，将会对我们生存环境造成严重的危害。除了占地之外，我国还屡次发生垃圾爆炸的事件。1994 年 8 月 1 日，湖南省岳阳市就有一座 2 万立方米的大垃圾堆突然发生爆炸，产生的冲击波将 15000t 的垃圾抛向高空，摧毁了垃圾场附近的一座泵房和两道防污水的大堤，具有很大的破坏性。1994 年 12 月 4 日，重庆市也发生了一起严重的垃圾爆炸事件，而且造成了人员伤亡。当时垃圾爆炸产生的气浪把在场工作的 9 名工人全都掩埋，当场死亡 5 人。

近年来人们大量地使用一次性塑料制品，如塑料袋、快餐盒、农用塑料地膜等，这些一次性塑料制品被人随意丢弃，造成严重的白色污染。据估计，目前我国每年产生的塑料垃圾量已经超过 100 万吨，其中仅一次性塑料快餐盒就有 16 亿只。塑料垃圾不像纸张、果皮、菜叶等有机物垃圾这样易于被自然降解。它不能被微生物降解，因此会长时间地留存在自然界中。这种污染是长期的，非常严重。

（十）大气环境污染

我国的城市大气污染非常严重。我国现有 600 多座城市，其中大气质量符合国家一级标准的不到 1%。烟尘弥漫、空气污浊在许多城市已是司空见惯。从 1997 年开始，我国有 20 多座大城市，开始在新闻媒介上发布空气环境质量周报，让大家知道一周内空气质量的情况。北京是从 1997 年 2 月 28 日开始发布空气质量周报的，按照我国的规定，大气质量分为五级，一级是最好，五级为重度污染。北京的空气状况大部分时间是在三级或四级，而且是以四级居多。

我国的城市大气污染之所以如此严重，有以下两个主要原因：

第一，由于我国以煤炭为主要能源，燃煤会排放大量的污染物，如氮氧化物、烟尘等等。我国的能源结构是以煤为主的，冬季采暖要烧煤，工业发电要烧煤，有些地方居民做饭要烧煤，而燃烧大量的煤会给大气造成非常严重的污染。

第二，汽车尾气对空气的污染。现在由于我国城市汽车拥有量越来越多，这一问题也越来越严重。目前我国的城市汽车保有量每年在以 13% 的速度递增。过去许多城市的空气污染是煤烟型污染，现在也逐渐转变为汽车尾气型污染。汽车尾气中含有许多对人体有毒的污染物，主要有：一氧化碳、氮氧化物、铅。人体长期吸入含铅的气体，就会引起慢性铅中毒，主要症状是头疼、头晕、失眠、记忆力减退。儿童对铅污染特别敏感，铅中毒会损伤儿童的神经系统和大脑，造成儿童的智力低下，影响儿童的智商，有时甚至会造成儿童呆傻。

由于大气环境污染，同时带来了一系列其他环境问题，例如酸雨污染、全球气候变暖、臭氧层空洞等。

四、环境科学概述

（一）环境科学的概念

环境科学是在人们面临一系列环境问题，并且要解决环境问题的需求下，逐渐形成并发展起来的由多学科到跨学科的科学体系，也是一个介于自然科学、社会科学、技术科学和人文科学之间的科学体系。环境科学的兴起和发展是人类社会生产发展的必然结果，也是人类对自然现象的本质和变化规律认识深化的体现。

环境科学是以"人类－环境"系统为其特定的研究对象。它是研究"人类－环境"系统的发生、发展和调控的科学。"人类－环境"系统及人类与环境所构成的对立统一体，是一个以人类为中心的生态系统

（二）环境科学的特点

环境科学具有涉及面广、综合性强、密切联系实践的特点。它既是基础学科，又是应用学科。在研究过程中必须做到宏观与微观相结合，近期与远期相结合，而且要有一个整体的观点。归纳起来，有如下几个特点。

1. 综合性

环境科学是一门综合性很强的新兴的边缘学科，它要解决的问题均具有综合性

的特点，特别在进行具体课题研究时，必然体现出跨学科、多学科交叉和渗透的特点，必须应用其他学的理论和方法，但又不同于其他学科。环境科学的形成过程、特定的研究对象，以及非常广泛的学科基础和研究领域，决定了它是一门综合性很强的重要的新兴学科。

2. 整体性

英国经济学家 B-沃德（B.Ward）和美国微生物学家 R·杜博斯（R.Dubos），受联合国人类环境会议秘书长 M·斯特朗（M.Strong）委托所编写的《只有一个地球》一书，就是把环境问题作为一个整体研究的最好尝试。该书不仅从整个地球的前途出发，而且从社会、经济和政治的角度来探讨人类的环境问题。把人口问题、资源的滥用、工艺技术的影响、发展的不平衡以及世界范围的城市困境等作为整体来探讨环境问题。这是其他学科所不能代替的，大至宇宙环境，小到工厂、区域环境都得从整体的角度来考虑和研究，而不像有些科学只研究某一问题的某一方面，这是环境科学不同于其他科学的另一特点。

3. 实践性

环境科学是由于人类为了解决在生产和生活实践中产生的环境污染问题而逐渐孕育发展起来的。也就是说，在人类同环境污染的长期斗争中形成的一个新的科学领域，所以具有很强的实践性和旺盛的生命力。

英国伦敦泰晤士河从污染到治理，主要是由于英国政府对环境科学的重视。就我国环境科学研究的领域和内容来看，都是与实际生产、生活中需要解决的问题紧密联系的。如我国大气环境质量中的光化学烟雾污染、酸雨、大气污染对居民健康影响等问题；我国河流污染的防治，湖泊富营养化问题，水土流失与水土保持问题；海洋的油污染和重金属污染等问题；城市生态问题；环境污染与恶性肿瘤关系问题；自然资源的合理利用和保护等问题，都是环境科学的研究范畴。

4. 理论性

环境科学在宏观上研究人类同环境之间的相互促进、相互联系、相互作用、相互制约的对立统一关系，既要揭示自然规律，也要揭示社会经济发展和环境保护协调发展的基本规律；在微观上研究环境中的物质，尤其是人类活动排放的污染物的分子、原子等微小粒子在有机体内迁移、转化和蓄积的过程及其运动规律，探索它们对生命的影响及其作用机理等。环境科学不仅随着国民经济的发展而不断发展，而且由于各种学科的结合、渗透，在理论上也日趋完善。

（三）环境科学的基本任务

环境科学的基本任务如下：

（1）探索全球范围内环境演化的规律

在人类改造自然的过程中，为使环境向有利于人类的方向发展，避免向不利于人类的方向发展，就必须了解环境变化的过程，包括环境的基本特性、环境结构的形式和演化机理等，为人类提供更好的生存服务。

（2）揭示人类活动同自然生态之间的关系

环境为人类提供生存条件，人类通过生产和消费活动，不断影响环境的质量。人类生产和消费系统中物质和能量的迁移、转化过程是异常复杂的。但必须使物质和能量的输入同输出之间保持相对平衡。这个平衡包括两项内容：一是排入环境的废弃物不能超过环境自净能力，以免造成环境污染，损害环境质量；二是从环境中获取可更新资源不能超过它的再生增殖能力，以保障可持续利用；从环境中获取不可再生资源要做到合理开发和利用。因此在社会经济发展规划中必须列入环境保护的内容，有关社会经济发展的决策必须考虑生态学的要求，以求得人类和环境的协调发展，这样才能和环境友好相处。

（3）探索环境变化对人类生存的影响

环境变化是由物理的、化学的、生物的和社会的因素以及它们的相互作用所决定的，因此环境科学在此方面有不可推卸的责任，必须研究环境退化同物质循环之间的关系。这些研究可为保护人类生存环境、制定各项环境标准、控制污染物的排放量提供依据，以防环境的恶化从而引起人类的灾难，如近年的水污染及其中污染物进入人体后发生的各种作用，包括致畸作用和致癌作用。再如大气污染、城市的空气指数的恶化对人们健康的影响等等。

（4）研究区域环境污染综合防治的技术措施和管理措施

如某个地方区域环境污染了，我们应如何应对和保护。我国的工业污染很多，如何防治和治理都和环境科学有关。实践证明需要综合运用多种工程技术措施和管理手段，调节并控制人类和环境之间的相互关系，利用系统分析和系统工程的方法寻找解决环境问题的最优方案。

（5）完善自我的体系

收集数据为环境与人类的和谐相处奠定基础。同时培养新一代的环境科学工作者为人类服务。

（四）环境科学面临的机遇和挑战

面对如今科技日新月异的变化，环境问题越来越受到人类的关注。工业的发展必定会影响环境，许多地区因为一味地追求经济的发展而以环境为代价，从而造成了环境的大面积污染。那么环境科学就应该起到它的作用，治理环境保护环境。在这个大环境下环境科学应该得到关注和重视。

自产业革命以来，人类在社会文明和经济发展方面取得了巨大的成就。与此同时，人类对自然的改造也达到空前的广度、深度和强度。研究表明，地球一半以上的陆地表面都受到人为活动的改造，一半以上的地球淡水资源都已被人类开发利用，人类活动严重影响着地球系统。由此产生的问题就是环境污染，环境污染的广度和深度对人类的生存带来了巨大的影响，如何治理好污染是人类的一项重要任务。环境科学面临的挑战很多，比如当前我国的科学氛围，不少人只看经济效应，许多论文的质量不高，从而阻碍了环境科学的发展。

对环境科学政府要大力支持，对污染环境的企业要严惩，并做好宣传，在群众中培养、提高环境保护意识，让环境科学为人类做出最大的贡献。

第三节　环境污染与人体健康

一、环境污染概述

当各种物理、化学和生物因素进入大气、水、土壤环境，如果其数量、浓度和持续时间超过了环境的自净力，以致破坏了生态平衡，影响人体健康，造成经济损失时，称为环境污染。环境污染的产生是一个从量变到质变的过程，目前环境污染产生的原因主要是资源的浪费和不合理的使用，使有用的资源变为废物进入环境而造成危害。

环境污染会给生态系统造成直接的破坏和影响，如沙漠化、森林破坏也会给生态系统和人类社会造成间接的危害，有时这种间接的环境效应的危害比当时造成的直接危害更大，也更难消除。例如，温室效应、酸雨和臭氧层破坏就是由大气污染衍生出的环境效应。这种由环境污染衍生的环境效应具有滞后性，往往在污染发生的当时不易被察觉或预料到，然而一旦发生就表示环境污染已经发展到相当严重的地步。当然，环境污染的最直接、最容易被人类所感受的后果是使人类环境的质量下降，影响人类的生活质量、身体健康和生产活动。例如，城市的空气污染造成空气污浊，人们的发病率上升等；水污染使水环境质量恶化，饮用水源的质量普遍下降，威胁人的身体健康，引起胎儿早产或畸形等。环境污染是指人类直接或间接地向环境排放超过其自净能力的物质或能量，从而使环境的质量降低，对人类的生存与发展、生态系统和财产造成不利影响的现象。

二、环境污染对人体健康的影响

环境是人类生存的空间，不仅包括自然环境，日常生活、学习、工作环境，还包括现代生活用品的科学配置与使用。环境污染不仅影响到我国社会经济的可持续发展，也突出地影响到人民群众的安全健康和生活质量，如今已受到人们越来越多的关注。人类健康的基础是人类的生存环境，只有生物多样性丰富、稳定和持续发展的生态系统，才能保证人类健康的稳定和持续发展，而环境污染是人类健康的大敌，生命与环境最密切的关系是生命利用环境中的元素建造自身。

（一）环境污染物影响人体健康的特点

对人体健康有影响的环境污染物主要来自工业生产过程中形成的废水、废气、废渣，包括城市垃圾等。环境污染物影响人体健康的特点：一是影响范围大，因为所有的污染物都会随生物地球化学循环而流动，并且对所有的接触者都有影响；二是作用时间长，因为许多有毒物质在环境中及人体内的降解较慢。

（二）环境污染对人体健康的影响因素

环境污染物对机体健康能否造成危害以及危害的程度，受到许多条件的影响，其中最主要的影响因素为污染物的理化性质、剂量、作用时间、环境条件、健康状况和易感性特征等。

1. 污染物的理化性质

环境污染物对人体健康的危害程度与污染物的理化性质有着直接的关系。如果污染物的毒性较大，即便污染物的浓度很低或污染量很小，仍能对人体造成危害。例如，氰化物属剧毒物质，即便人体摄入的量很低，也会产生明显的危害作用，但也有些污染物转化成为新的有毒物质而增加毒性，例如，汞经过生物转化形成甲基汞，毒性增加；有些毒物如汞、砷、铅、铬、有机氯等，虽然其浓度并不很高，但这些物质在人体内可以蓄积，最终危害人体健康

2. 剂量或强度

环境污染物能否对人体产生危害以及危害的程度，主要取决于污染进入人体的"剂量"。

（1）有害元素和非必需元素。这些元素因环境污染而进入人体的剂量超过一定程度时可引起异常反应，甚至进一步发展成疾病，对于这类元素主要是研究制订其最高容许量的问题，如环境中的最高容许浓度。

（2）必需元素。这种元素的剂量–反应关系较为复杂，一方面环境中这种必需元素的含量过少，不能满足人体的生理需要时，会使人体的某些功能发生障碍而形成一系列病理变化；另一方面，如果环境中这种元素的含量过多，也会引起程度不同的中毒性病变。因此，对于这类元素不仅要研究和制订环境中最高容许浓度，而且还要研究和制订最低供应量的问题。

3. 作用时间

毒物在体内的蓄积量受摄入量、生物半减期和作用时间三个因素的影响。很多环境污染物在机体内有蓄积性，随着作用时间的延长，毒物的蓄积量将加大，达到一定浓度时，就引起异常反应并发展成为疾病，这一剂量可以作为人体最高容许限量，称为中毒阈值。

4. 健康效应谱与敏感人群

在环境有害因素作用下产生的人群健康效应，由人体负荷增加到患病、死亡这样一个金字塔的人群健康效应谱所组成。

从人群健康效应谱上可以看到，人群对环境有害因素作用的反应是存在差异的。尽管多数人在环境有害因素作用下呈现出轻度的生理负荷增加和代偿功能状态，但仍有少数人处于病理性变化，即疾病状态甚至出现死亡。通常把这类易受环境损伤的人群称为敏感人群（易感人群）。

机体对环境有害因素的反应与人的健康状况、生理功能状态、遗传因素等有关，有些还与性别、年龄有关。在多起急性环境污染事件中，老、幼、病人出现病理性改变，症状加重，甚至死亡的人数比普通人群多，如 1952 年伦敦烟雾事件期间，年龄在 45 岁以上的居民死亡人数为平时的 3 倍，1 岁以下婴儿死亡数比平时也增加了 1 倍，在 4000 名死亡者中，80% 以上患有心脏或呼吸系统病患。

5. 环境因素的联合作用

化学污染物对人体的联合作用，按其量效关系的变化有以下几种类型：

（1）相加作用，相加作用是指混合化学物质产生联合作用时的毒性为单项化学物质毒性的总和如 CO_2 和氟利昂都能导致缺氧，丙烯和乙醇都能导致窒息，因此它们的联合作用特征表现为相加作用。

（2）独立作用由于不同的作用方式、途径，每个同时存在的有害因素各产生不同的影响。但是混合物的毒性仍比单种毒物的毒性大，因为一种毒物常可降低机体对另一毒物的抵抗力。

（3）协同作用当两种化学物同时进入机体产生联合作用时，其中某一化学物质可使另一化学物质的毒性增强，且其毒性作用超过两者之和。

（4）拮抗作用。一种化学物能使另一种化学物的毒性作用减弱，即混合物的毒性作用低于两种化学物中任一种的单独毒性作用。

三、环境污染对人体健康的危害

环境污染对人体健康的不利影响，是一个十分复杂的问题。有的污染物在短期内通过空气、水、食物链等多种介质侵入人体，或几种污染物联合大量侵入人体，造成急性危害。也有些污染物，小剂量持续不断地侵入人体，经过相当长时间才显露出对人体的慢性危害或远期危害，甚至影响到子孙后代的健康。这是环境医学工作者面临的一项重大研究课题。从近几十年来的情况看，环境污染对人体造成的危害主要是急性、慢性和远期危害。

（一）急性危害

急性危害是指在短期内污染物浓度很高，或几种污染物联合进入人体可使暴露人群在较短时间内出现不良反应、急性中毒甚至死亡的危害。通常发生在特殊情况下，例如，光化学烟雾就是汽车尾气中的氮氧化物和碳氢化合物在阳光紫外线照射下，形成光化学氧化剂 O_3、NO_2、和过氧乙酰硝酸酯（PAN）等，与工厂排出的 SO_2 遇水分产生硫酸雾相结合而形成的光化学烟雾。当大气中光化学氧化剂浓度达到 0.1×10^6 以上时，就能使竞技水平下降，达到 $(0.2 \sim 0.3) \times 10$ 时，就会造成急性危害。主要是刺激呼吸道黏膜和眼结膜，而引起眼结膜炎、流泪、眼睛疼、嗓子疼、胸疼，严重时会造成操场上运动着的学生突然晕倒，出现意识障碍。经常受害者能加速衰老，缩短寿命。如 1971 年 7 月 13 日 17 时许，某市冶炼厂的镲冶炼车间，由于输送氯气的胶皮管破裂，造成氯气污染大气的急性中毒事件，使工厂周围 284 名居民受害，同时也使附近：厂受到影响，不能正常生产。桂林市永福县某乡在水稻抽穗扬花时，用西力生农药（含 2% 氯化乙基汞）防治稻瘟病，每亩喷撒 0.28kg，过了 10 天收割的稻米村民吃后，184 人中有 62 人中毒。经化验，大米含汞量达 0.62 ~ 0.7mg/kg，发病的潜伏期以 16–22 天者为多。

（二）慢性危害

慢性危害是指污染物在人体内转化、积累，经过相当长时间（半年至几十年）才出现病症的危害。慢性危害的发展一般具有渐进性，出现的有害效应不易被察觉，一旦出现了较为明显的症状，往往已成为不可逆的损伤，造成严重的健康后果。

1. 大气污染对呼吸道慢性炎症发病率的影响

国内外大气污染调查资料还表明，大气污染物对呼吸系统的影响，不仅使上呼吸道慢性炎症的发病率升高，同时还由于呼吸系统持续不断地受到飘尘、SO_2、NO_2 等污染物刺激腐蚀，使呼吸道和肺部的各种防御功能相继遭到破坏，抵抗力逐渐下降，从而提高了对感染的敏感性。这样一来，呼吸系统在大气污染物和空气中微生物联合侵袭下，危害就逐渐向深部的细支气管和肺泡发展，继而诱发慢性阻塞性肺部疾患及其续发感染症。这一发展过程，又会不断增加心肺的负担，使肺泡换气功能下降，肺动脉氧气压力下降，血管阻力增加，肺动脉压力上升，最后因右心室肥大，右心功能不全而导致肺心病。

2. 铅污染对人体健康的危害

环境中铅的污染来源主要有两方面：一是工矿企业，由于铅、锌与铜等有色金属多属共生矿，在其开采与冶炼过程中，铅制品制造和使用过程中，铅随着废气、废水、废渣排入环境而造成大气、土壤、蔬菜等污染；二是汽车排气，汽车用含四乙铅的汽油作燃料。

铅能引起末梢神经炎，出现运动和感觉异常。常见有伸肌麻痹，可能是铅抑制了肌肉里的肌磷酸激酶，使肌肉里的磷酸肌酸减少，使肌肉失去收缩动力而产生的。被吸收的铅，在成年人体内有91%～95%形成不稳定的磷酸三铅〔$Pb_3(PO_4)_2$〕沉积在骨骼中，在儿童多积存于长骨干的骺端，从×线照片上可见长骨髓端钙化带密度增强，宽度加大，骨髓线变窄。幼儿大脑受铅的损害，比成年人敏感得多。儿童经常吸入或摄入低浓度的铅，能影响儿童智力发育和产生行为异常。经研究，对血铅超过60mg/100mL的无症状的平均9岁的儿童，经追踪观察，数年后，就发现有学习低能和注意力涣散等智力障碍，并伴有举止古怪等行为异常的表现。目前，各国都在开展铅对儿童健康危害的剂量–反应关系的研究，为制订大气、饮水、食品中含铅量的标准提供依据，以保护儿童和成人不受铅危害。

3. 水体和土壤污染对人体造成的慢性危害

水体污染与土壤污染对人体造成慢性危害的物质主要是重金属。如汞、铬、铅、镉、砷等含生物毒性显著的重金属元素及其化合物，进入环境后不能被生物降解，且具有生物累积性，直接威胁人类健康。例如水俣病，这种病1956年发生在日本熊本县水俣湾地区，故称"水俣病"，这是一种中枢神经受损害的中毒症。重症临床表现为口唇周围和肢端呈现出神经麻木（感觉消失）、中心性视野狭窄、听觉和语言受障碍、运动失调。但慢性潜在性患者，并不完全具备上述症状。经日本熊本大学医学院等有关单位研究证明，这种病是建立在水俣湾地区的水俣工厂排出的污染物甲基汞造成的。甲基汞在水中被鱼类吸入体内，使鱼体含汞量达到（20～30）×10⁻⁶（1959年），甚至更高。大量食用这种含甲基汞的鱼的居民即可患此病。病情的轻重取决于摄入的甲基汞剂量，短期内进入体内的甲基汞量大，发病就急，出现的症状典型。长期小量地进入人体，发病就慢，症状也不典型。总之，食用含甲基汞的鱼的人，都遭到程度不同的危害。此外，环境污染引起的慢性危害，还有镉中毒、砷中毒等。环境污染对人体的急性和慢性危害的划分，只是相对而言，主要取决于剂量反应关系。如水俣病，在短期内吃入大量甲基汞，也会引起急性危害。

（三）远期危害

远期危害是指环境污染物质进入人体后，经过一段较长（有的长达数十年）的潜伏期才表现出来，甚至有些会影响子孙后代的健康和生命的危害。远期危害是目前最受关注的，主要包括致癌作用、致畸作用和致突变作用。

1. 致癌作用是指能引起或引发癌症的作用。据若干资料推测，人类癌症由病毒等生物因素引起的不超过 5%；由放射线等物理因素引起的也在 5% 以下；由化学物质引起的约占 90%，而这些物质主要来自环境污染。例如，近几十年来，随着城市工业的迅猛发展，大量排放废气污染空气，工业发达国家肺癌死亡率急剧上升，在我国某些地区的肝癌发病率与有机氯农药污染有关。据报道，人类常见的八大癌症有四种在消化道（食道癌、胃癌、肝癌、肠癌），两种在呼吸道（肺癌、鼻咽癌），因此癌症的预防重点是空气与食物的污染。

2. 致畸作用是指环境污染物质通过人或动物母体影响动物胚胎发育与器官分化，使子代出现先天性畸形的作用。随着工业迅速发展，大量化学物质排入环境，许多研究者在环境污染事件中都观察到由于孕期摄入毒物而引发的胎儿畸形发生率明显增加。有些人认为，致过敏也是污染物造成的远期危害之一。

3. 致突变作用是指污染物或其他环境因素引起生物体细胞遗传信息发生突然改变的作用。这种变化的遗传信息或遗传物质在细胞分裂繁殖过程中能够传递给子代细胞，使其具有新的遗传特性。

第四节　国内外环境保护发展历程

一、国外发达国家环境保护发展历程

工业革命以来，发达国家在解决环境污染问题上，经历了先污染、后治理，先破坏、后恢复的过程，其间付出了惨痛的代价。发达国家对环境保护工作的认识是随着经济增长、污染加剧而逐步发展的，其间大致可分为下面 4 个阶段。

（一）经济发展优先

20 世纪 60 年代以前，发达国家的主要目标是发展，对环境保护工作并不重视。20 世纪 60 年代开始，由于实行高速增长战略，能源消耗量大增，公害问题开始引起人们的重视。这一时期发生了震惊世界的马斯河谷烟雾事件、洛杉矶光化学烟雾事件等八大公害事件，在付出惨痛的代价后，人们终于开始觉醒。1962 年出版的《寂静的春天》一书，用大量事实描述了有机氯农药对人类和生物界所造成的影响，推动了世人环境意识的觉醒。

在 20 世纪 50 ~ 60 年代，发达国家的政府开始制定各种法律法规来规范生产企业的排污行为，要求企业在追求经济利益的同时，也要进行环境污染治理。20 世纪

60年代，工业废气排放导致了严重的光化学烟雾现象。1969年，东京在实施《烟尘限制法》《公害对策基本法》等国家环境立法的基础上，颁布了《东京都公害控制条例》，严格执行有关控制规定，使二氧化硫等污染物排放从浓度控制转向排放总量控制。

（二）环境与经济并重时期

20世纪70年代，发达国家为了解决环境问题，环境保护设备企业逐步发展，人们的观念出现了从公害防止到环境保护的观念转变，从而进入环境保护时代。人们的环境意识真正觉醒了，许多国家都把环境保护写进了宪法，定为基本国策。随着环境科学研究的不断深入，污染治理技术也不断成熟。环境污染的治理也从"末端治理"向"全过程控制"和"综合治理"的方向发展。

美国的法制建设比较完善，公民法制意识强，且美国社会特别重视记录，特别是违法记录，有不良记录的人或企业往往在今后的工作和生活中会受到各种限制。因此，很少有人去违法，其执法成本相对较低。所以，在美国环保法律法规的制定和完善是一项重要的工作。法律法规明确规定的，就是要求企业、公民努力做到的，也是执法部门认真执行的。很少有协调变通的事情，且对违法行为的处罚相当严厉，如罚款，对违反规定的排污行为可处每天10000美元的罚款。美国几个著名的环保法如《清洁空气法》《清洁水法》等法案是美国环保工作取得成果的主要法律依据，这些法案的实施，使美国大气和水污染得到有效控制，并改善了大气、水环境质量。

（三）实施可持续发展战略阶段

20世纪80年代以来，人们开始重新审视传统思维和价值观念，认识到人类再也不能为所欲为地成为大自然的主人，人类必须与大自然和谐相处，成为大自然的朋友。1987年由挪威首相布伦特兰夫人在《我们共同的未来》中提出了可持续发展的思想。1992年6月，在巴西里约热内卢召开了人类第二次环境大会，通过了《里约热内卢环境与发展宣言》和《21世纪议程》两个纲领性文件。

在这样的大背景下，"污染预防"成为新的指导思想，环境标志认证、IS014001环境管理体系认证推动的"绿色潮流"席卷全球，深刻地影响着世界各国的社会和经济活动；20世纪90年代，发达国家的环境管理发生了理念上的变革。企业则开始自觉守法，由"被动治污"转向"主动治污"。各大公司变得十分重视开发环境模拟和协调技术，从产品设计和生产的最初环节就把环境保护手段纳入其中。保护环境已经成为公民的自觉行动，架构政府－企业－公众的共同治理模式成为发展目标。

（四）环境全球化

气候变化的趋势会危及整个人类的生存，积极应对气候变化，减少温室气体排放，成为人们追求的目标。温室气体的排放主要是发达国家造成的，为此发达国家与发展中国家在减排问题上应当承担共同但有区别的责任。为此发达国家与发展中国家发生了严重分歧，环境问题直接涉及政治和国家发展。但是树立绿色的理念，推行低碳经济已经成为世界各国的共同追求。

随着经济全球化、环境全球化的大潮，发达国家公众的环保观念再次飞跃，推进循环经济，建设循环型社会已经成为全社会的共同目标，企业主动型治污理念的强化，公众参与保护环境的热情高涨，全球在朝着经济、社会全面绿化的领域快速发展。

（二）我国环境保护发展历程

我国在 20 世纪 50 年代以前，人们虽然对环境污染也采取过治理措施，并以法律、行政等手段限制污染物的排放，但尚未明确提出环境保护的概念。20 世纪 50 年代以后，污染日趋严重，在一些发达国家出现了反污染运动，人们对环境保护的概念有了一些初步的理解。但在当时只是认为，污染问题是"三废"污染和某些噪声的污染，环境保护的目的是消除公害，使人体健康不受损害。我国的环境保护起步于 1973 年，共经历了三个阶段，作出了具有自己特色的突出成就。

（1）第一阶段（1973 ~ 1978 年）

在 1972 年斯德哥尔摩的人类环境会议后，使我国比较深刻地了解到环境问题对经济社会发展的重大影响，意识到我国也存在着严重的环境问题，于 1973 年 8 月在北京召开了第一次全国环境保护会议，标志着我国环境保护事业的开始。会议提出了"全面规划、合理布局、综合利用、化害为利，依靠群众、大家动手、保护环境、造福人民"的 32 字环境保护方针，要求防止环境污染的设施，必须实施与主体工程同时设计、同时施工、同时投产的"三同时"原则。这一时期的环境保护工作主要有：1）全国重点区域的污染源调查、环境质量评价及污染防治途径的研究；2）以水、气污染治理和"三废"综合利用为重点的环保工作；3）制定环境保护规划和计划；4）逐步形成一些环境管理制度，制定了"三废"排放标准。

（2）第二阶段（1979 ~ 1992 年）

1983 年 12 月，在北京召开的第二次全国环境保护会议确立了控制人口和环境保护是我国现代化建设中的一项基本国策；提出"经济建设、城乡建设和环境建设同步规划、同步实施、同步发展"的"三同步"和实现"经济效益、社会效益与环境效益的统一"的"三统一"战略方针；确定了符合国情的"预防为主、防治结合、综合治理""谁污染谁治理""强化环境管理"的三大环境政策。在这一时期，逐步形成和健全了我国环境保护的环保政策和法规体系，于 1989 年 12 月 26 日颁布《中华人民共和国环境保护法》，同期还制定了关于保护海洋、水、大气、森林、草原、渔业、矿产资源、野生动物等各方面的一系列法规。

（3）第三阶段（1992年以后）

1992年在"里约会议"后，世界已进入可持续发展时代，环境原则已成为经济活动中的重要原则。主要有商品（各类产品）必须达到国际规定的环境指标的国际贸易中的环境原则；要求经济增长方式由粗放型向集约型转变，推行控制工业污染的清洁生产，实现生态可持续的工业发展的环境原则；实行整个经济决策的过程中都要考虑生态要求的经济决策中的环境原则。1996年7月在北京召开了第四次全国环境保护会议，提出"九五"期间全国12种主要污染物（烟尘、粉尘、SO_2、COD、石油类、汞、镉、六价铬、铅、砷、氰化物及工业固体废物）排放控制计划和我国跨世纪绿色工程规划两项重大举措。

三、现阶段环境保护工作

（一）我国环境问题的现状

当前环境的污染和破坏已发展到威胁人类生存和发展的世界性的重大社会问题，人类所面临的新的全球性和广域性环境问题主要有三类：一是全球性广域性的环境污染；二是大面积的生态破坏；三是突发性的严重污染事件。根据国际经验，工业化快速发展时期也是环境污染最严重的时期，我国也不例外。专家预测环境污染将成为我国近20年内发展的最大影响，具体表现在以下几个方面。

1. 严重的大气污染

在我国能源结构中，一次能源中煤占70%以上，燃煤产生的烟尘、二氧化硫、一氧化碳、一氧化氮等大气污染物都将增加，、我国已成为继欧洲、北美之后的第三大酸雨沉降重点地区之一。全球空气污染最严重的10大城市中，我国占7个。全国600多座城市中，空气质量符合国家一级标准的为数很少。此外，汽车尾气污染突出。汽车排放的氮氧化物、一氧化碳等已经成为我国大城市的重要流动污染源。

2. 生态环境恶化

生态环境恶化突出表现为荒漠化、沙化面积扩大和水土流失严重。荒漠化土地面积已达262万平方千米，每年还以2460k㎡的速度扩展。沙化土地分布在11个省区，形成长达万里的风沙危害线，近1/3的国土受到风沙威胁，每年因此造成的经济损失达54。亿元。全国水土流失面积在20世纪90年代已达180万平方千米，占土地面积的19%0目前每年新增流失面积1万多平方千米，流失土壤50多亿吨。我国已成为世界上水土流失最严重的国家之一。

3. 水域污染

由于任意排放工业废水和污染物使得江河湖库水域普遍受到不同程度的污染，造成水质恶化、七大水系中，1/3以上的河段的水质不能达到使用功能要求，各大淡水湖泊和城市湖泊均为中度污染。

4. 垃圾围城

由于我国对固体废弃物的处理处置率均较低，多数垃圾只是露天放置，不仅占用大量土地，还污染了耕地及地表水和地下水。

从上述的数据中我们可以很明显地看到，我国严重的环境问题已经严重阻碍了国民经济的健康发展，这势必对以后经济的发展极为不利

（二）我国环境问题的原因分析

环境问题在我国如此的严重，究其原因应该说是多方面的，既有自然地理因素，亦有经济、人类社会、环境法制建设等因素，而且我们国家的具体国情又使其具有特殊性，其主要原因有以下几方面。

1. 经济快速增长的原因

目前，我国经济正处于从传统的计划经济向市场经济转轨的时期，同时也是我国经济高速增长的时期，从发达国家经济发展的历史来看，这个阶段正是环境问题最严重的时期，因而我国在这一时期承受的生态环境压力会更为沉重。

第一，经济发展引起的环境问题恶化。我国的经济体制改革是对社会生产力的极大解放，这种解放刺激了国民经济的高速增长，但与此同时，对资源开发利用规模和各行业污染物排放量也会随之高速增加。然而，由于国民经济尚处在粗放型向集约型转变的转型时期，人们只关注于经济增长的数字，却往往忽略了其背后所付出的沉重代价对资源的掠夺式开发造成环境的极大破坏，我国近年来的生态环境问题呈几何级数增长

第二，经济利益与环境保护的冲突。市场经济发展所追求的是高额利润，是相对少数人的利益，而环境保护则是多数人的利益，二者是对立状态，法律对这种显性冲突的社会关系，比较容易做出规范。而我国经济是以公有制为主体，经济利益的主体和环境利益的主体具有统一性。但近年来，我国农村环境恶化尤为明显，一些乡镇企业的农民为"脱贫致富"，宁肯容忍环境污染对国家、所在集体和本人的损害。对此，国家不得不采取强制措施关闭"十五小"企业。但在一定意义上，政府既是冲突调解者，又常成为冲突的一方（地方利益），违法阵营庞大，法律执行的难度极大。

2. 人类自身的原因

"生态学作为一门科学，从它诞生的那一天起，一直就与'人类社会'结下了不解之缘，如果说前期的生态学更多地显示了自然属性的话，那么现代的生态学，则更强烈地显示了它的社会属性这一面。"环境问题最明显的是人类社会的原因，我国的环境问题，从现行的角度看，这方面的因素影响更为巨大。

第一，我国人口众多，环境的资源压力大，环境问题与人口有着密切的互为因

果的联系。在一定社会发展阶段，一定地理环境和生产力水平的条件下，人口增长应有一个适当比例，人口问题与环境问题是当代中国发展面临的重大挑战，庞大的人口数量及快速的增长，引发了一系列的社会经济问题，对环境造成了巨大的冲击。可以这样说，我国的人口问题是短时期内很难扭转的最大社会问题之一。人口问题导致了我国资源的绝对短缺，因而往往出现了对资源的无节制开发的现象，这种现象伴随着惊人的浪费，给经济的可持续发展战略的实施造成了极大的压力。

第二，公众环保意识普遍较差。所谓环保意识，是指人们在认知环境状况和了解环保规则的基础上，根据自己的基本价值观念而发生的参与环境保护的自觉性，它最终体现在有利于环境保护的行为上。目前我们国家的大多数人对于环境问题的客观状况缺乏一个清醒的认识。据调查，国民对于环境状况的判断大多是态度中庸，无敏感性，对许多根本性的环境问题缺少了解，甚至是根本不了解，而且还有相当一部分的社会公众不愿意主动地去获取环境知识 2000 年"世界环境日"前后，原国家环境保护总局和教育部联合进行的对全国公众环境意识的调查报告得出的结果是，公众的环境意识和知识水平还都处于较低的水平，环境道德较弱，公众环境意识中具有很强的依赖政府型的特征，政府对于强化公众环境意识具有决定性的作用。从这些大量的调查中，我们可以看到，我国公民的环保意识很差。

第三，环境问题与贫困等其他社会问题交叉在一起，又有形成恶性循环的趋势。环境问题在当今世界各国有着不同的表现形式，但是从总体上来看，我们可以归纳出这样一点，富国的环境问题主要是与污染物相关的环境污染，而穷国环境问题主要是与自然资源相关的环境破坏，前者比较容易得到防治和恢复，而后者的防治和恢复则要困难得多。我国的环境问题也有类似情况，在平原、沿海及大城市等经济发达的地区，环境问题主要是以环境污染为主，如今经过不断地治理正在不断有所缓解；而西部相对贫困地区，环境破坏引起的生态环境恶化十分严重，且日益呈现出环境问题与贫困同步深化，形成恶性循环的趋势。

3. 环境法制不健全，执法机构薄弱，有法不依、违法不究现象相当突出。

（1）环境立法不完善。现行环境法律的一些条款过于原则和宽松，已不适应市场经济体制需要，有些领域至今无法可依。

（2）有法不依、违法不究的现象普遍存在弓一些决策者和决策部门违法决策，将污染项目摆在水源地和自然保护区内；有的地方领导以权代法、以言压法，干扰环保部门依法行政；还有的地方以发展经济、简政放权为名，擅自取消法律规定的环境审批手续，致使建设项目环境管理失控。

（3）环保机构薄弱。大多数地方环保机构未列入政府序列，有的地方甚至无环保机构。一些环保任务很重的基层环保执法人员严重缺乏，难以履行法律赋予的职责，致使污染严重的项目多，难以控制，环境保护工作处于失控状态。

（三）解决我国经济发展中环境问题的建议

1. 加强环境法制建设

目前，我国现阶段的环境政策的成效不断地被新产生的环境压力抵消，仅仅维持了环境状况不致急剧恶化。

（1）建立适当的环境法律体系。同发达国家的环境保护法律体系相比，我国现有的环境保护法律体系还是不完整的，法律规定也过于原则，缺乏可操作性。因此，从今后立法方向来看，我们应当做好以下几点工作：1）在环境立法中确立各项基本法律原则，包括可持续发展原则，预防污染原则，污染者负担原则，经济效率原则，水、大气、固体废物等污染的综合控制原则，有效控制跨界污染原则，公众参与原则和环境与经济综合决策原则等。2）建立健全各项环境保护基本法律制度，包括总量控制、许可证、排污费、环境影响评价、环境审计等，力求使之成为更加完备、更加透明、更加公正的法律制度，并把污染综合控制和全过程控制作为这些制度的一个基本目标。

（2）强化环境保护法律的实施。国家法律，包括各项环境保护法律的有效实施，是保障市场经济健康、公正发展的基本条件。但从目前来看，我国的市场经济立法和环境保护立法滞后于实际社会生活的需要，但同立法的进程相比，有关法律的实施，影响了市场经济的正常运转，不少地方违法破坏环境的行为还通行无阻。其结果除加剧了环境污染和破坏外，还造成了这样一种局面：守法者经济上吃亏，违法者经济上占便宜，不支出和负担防治污染费用，同等条件下成本相对较低，形成不公平竞争的现象。应当强调，强化法律实施，共同遵守国家法律，是保证市场正常运转、公平竞争的基本条件，是市场经济条件下经济主体地位平等、等同对待、自我负责等原则的具体体现。

2. 加强政府环境领域的公共服务

为公众和企业提供包括污水处理、废物和垃圾的收集与处理，保证水体、空气、生活环境的清洁优美，保证生态环境的安全等，是任何现代国家公共服务的基本职能，同时采取经济措施鼓励私人和企业也提供这种服务。能否高效、高质量地提供这种服务，常常是衡量一个政府效能和业绩的重要标志。随着市场经济的发展和政府职能的转变，各级地方政府应努力提供各项公共服务，当然，受经济发展水平和地方财政能力的限制，各地方和各城市在提供这些公共服务方面，能力还是相当有限的。但这是迟早都要做的，是各级政府不可推卸的责任。

3. 注意同国际环境保护趋势相衔接

在国际环境领域，世界各国既有共同利益，也有许多矛盾和冲突，特别是在有关环境保护的责任和义务，有关国际环境规则和标准等方面，发达国家和发展中国家还存在着很多矛盾和利益冲突。在这方面，我们既要坚决反对发达国家借保护环境设置贸易壁垒，也要适应国际环境保护发展的大趋势，注意保持同国际上、同主要发达国家环境保护的标准和做法相衔接，以适应国际和各国环境保护的发展对国际市场所构成的越来越多的限制我国的企业应当认识到，这是将来企业能够在国际市场上生存和发展的一个基本条件。

第二章　生态学基础

第一节　生态学

一、生态学的定义

"生态学（ecology）一词最早出现在 19 世纪下半叶（eco 表示住所、栖息地；logy 表示学问），德国生物学家赫克尔（Ernst Haeckel）1869 年在《有机体普通形态学》一书中首先对生态学作了基本定义："研究生物有机体和无机环境相互关系的科学疳但当时并未引起人们的重视，直到 20 世纪初才逐渐公认生态学是一门独立的学科。后来，有的学者把生态学定义为："研究生物或生物群体与其环境的关系我国著名生态学家马世骏把生态学定义为："研究生物与其生活环境之间相互关系及其作用机理的科学」这里所说的生物有：动物、植物、微生物（包括人类在内）；而环境是指各种生物特定的生存环境，包括非生物环境和生物环境。非生物环境如空气、阳光、水和各种无机元素等；生物环境指主体生物以外的其他一切生物。

由此可见，生态学不是孤立地研究生物，也不是孤立地研究环境，而是研究生物与其生存环境之间的相互关系。这种相互关系具体体现在生物与其环境之间的作用与反作用、对立与统一、相互依赖与相互制约、物质循环与能量循环等几个方面，现代生态学研究范围已扩大到包括经济、社会、人文等领域。

二、生态学的发展

纵观生态学的发展，可分为两个阶段。

（一）生物学分支学科阶段（1866～1960 年）

20 世纪 60 年代以前，生态学基本上局限于研究生物与环境之间的相互关系，属于生物学的一个分支学科，初期生态学主要是以各大生物类群与环境相互关系为研究对象，因而出现了植物生态学、动物生态学、微生物生态学等。进而以生物有机体的组织层次与环境的相互关系为研究对象出现了个体生态学、种群生态学和生态系统。

个体生态学主要研究各种生态因子对生物个体的影响。各种生态因子包括光照、温度、大气、水、湿度、土壤、地形、环境中的各种生物以及人类的活动等。各种生态因子对生物个体的影响，主要表现在引起生物个体新陈代谢的质和量的变化，物种的繁殖能力和种群密度的改变，以及对种群地理分布的限制等。

种群生态学从 20 世纪 30 年代开始，就成为生态学中的一个主要领域。种群是在一定空间和时间内同一种生物的集合（如一个池塘里的全部鲤鱼、一块草地上的所有黄羊；某一城市中的人口等都可以看作一个种群），但是，它是通过种群内在关系调节组成的一个新的有机统一体，它具有个体所没有的特征，如种群增长型、密度、出生率、死亡率、年龄结构、性别比、空间分布等。种群生态学主要是研究种群与其环境相互作用下，种群在空间分布和数量变动的规律。如种群密度、出生率、死亡率、存活率和种群增长规律及其调节等。

群落生态学是以生物群落为研究对象。生物群落是在某一时间内某一区域中不同种生物的总和；一般来说，一个群落中，有多个物种，生物个体也是大量的。群落的多样性和稳定性已成为群落生态学的重点研究课题。

到 20 世纪 60 年代开始了以生态系统为中心的生态学，这是生态学发展史上的飞跃。生态系统是指在自然界一定空间内，生物与环境构成的统一整体。即把生物与生物、生物与环境以及环境各因子之间的相互联系、相互制约的关系，作为一个系统来研究。

（二）综合性学科阶段（1960 年至今）

20 世纪 50 年代后半期以来，由于工业的迅猛发展、人口膨胀，导致粮食短缺、环境污染、资源紧张等一系列世界性问题出现，迫使人们不得不以极大的关注去寻求协调人与自然的关系，探求全球持续发展的途径，这一社会需求推动了生态学的发展，使其超越了自然科学的范畴迅速发展为当代最活跃的前沿科学之一。

近代系统科学、控制论、电子计算机、遥感和超微量物质分析的广泛应用，为生态学对复杂大系统结构的分析和模拟创造了条件，为深入探索复杂系统的功能和机理提供了更为科学和先进的手段，这些相邻学科的"感召效应"促进了生态学的高速发展。

总之，生态学不仅限于研究生物圈内生物与环境的辩证关系及相互作用的规律，也不仅限于人类活动（主要是经济活动）与生物圈（自然生态系统）的关系，而是扩展到了研究人类与社会圈或技术圈的关系。如文化生态学、教育生态学、社会生态学、城市生态学、工业生态学等。当前，我国对环境污染与破坏的控制，仍然以城市环境综合整治与工业污染防治为重点，运用城市生态学和工业生态学理论制定城市和工业污染防治规划，制定城市生态规划和制定工业生态规划方案，发展生态农业。由此可见，生态学正以前所未有的速度，在原有学科理论与方法的基础上，与环境科学及其他相关学科相互渗透，向纵深发展并不断拓宽自己的领域。生态学已逐渐发展成为一门指导人类以系统、整体观念来对待和管理地球和生物圈的科学。

第二节　生态系统

一、生态系统的概念和组成

（一）生态系统的概念

地球上的生物不可能单独存在，如同一个人离不开人类社会一样，而总是多种生物通过各种方式，彼此联系而共同生活在一起，组成一个"生物的社会"称生物群落（植物群落、动物群落、微生物群落）。生物群落与环境之间的联系是密不可分的，它们彼此联系、相互依存，相互制约，共同发展，形成一个有机联系的整体称生态系统。这种观点早在 19 世纪末 20 世纪初已形成，1935 年英国生态学家坦斯利首次提出生态系统这一科学概念。

我国生态学专家马世骏教授提出：生态系统是指一定的地域或空间内，生存的所有生物和环境相互作用，具有一定的能量流动、物质循环和信息联系的统一体．简言之，"生态系统是指生命系统与环境系统在特定空间的组合"。在这个统一整体中，生物与环境之间相互影响，相互制约，不断演变，并在一定时期内处于相对稳定的动态平衡状态。生态系统具有一定的组成、结构和功能，是自然界的基本结构单元。

生态系统的范围可大可小（由研究的需要而定）。大至整个生物圈、整个海洋、整个大陆；小至一片草地、一个池塘、一片农田、一滴有生命存在的水。小的生态系统可以组成大的生态系统，简单的生态系统可构成复杂的生态系统，丰富多彩的生态系统合成一个最大的生态系统称生物圈。

生态系统除自然的以外，还有人工生态系统，如水库、农田、城市、工厂。现在人类已逐渐认识到自己和周围环境是一个整体，把自己的事和环境联系成一个系统来考虑，产生了人类生态系统、社会生态系统以便更好地保持人类和环境之间的平衡。

（二）生态系统的组成

地球表面任何一个生态系统（不论是陆地还是水域，或大或小），都是由生物和非生物环境两大部分组成或者分为非生物环境、生产者、消费者和分解者四种基本成分。

1. 生物部分

生态系统中有许许多多的生物，按照它们在生态系统中所处的地位和作用不同，可以分为生产者、消费者、分解者三大类群。

（1）生产者（自养者）

生产者是生态系统的基础，指能制造有机物质的自养生物，主要是绿色植物，也包括少数能自营生活的微生物，如光能合成细菌和化能合成细菌也能把无机物合成为有机物。

绿色植物体内含有叶绿素，通过光合作用把吸收来的 CO_2、山地和土壤中的无机盐类转化为有机物质（糖、蛋白质、脂肪），把太阳能以化学能的形式固定在有机物质中。这些有机物质是生态系统中其他生物维持生命活动的食物来源，故把绿色植物称为生产者。如果没有这个绿色加工厂源源不断地"生产"有机物质，整个生态系统的其他生物就无法生存。因此，破坏森林、草原植被就等于破坏整个生态系统。除绿色植物外，光能合成细菌和化能合成细菌，也能把无机物合成为有机物质。但化能合成细菌在合成有机物时，不是利用太阳能，而是靠氧化无机物取得能量。如硝化细菌，能把氨氧化为亚硝酸和硝酸，利用氧化过程中释放出来的能量，把二氧化碳和水合成为有机物，虽然光能合成细菌或化能合成细菌合成的有机物不多，但它们对某些营养物质的循环却有重要意义。

（2）消费者（异养生物）

消费者是指直接或间接利用绿色植物所制造的有机物质量为食的异养生物。主要指动物，也包括某些腐生或寄生的菌类。根据食性不同或取食的先后，又可以将它们分为：

①草食动物（一级消费者）。以植物的叶、果实、种子为食的动物，如动物中的牛、羊、兔、骆驼，昆虫类中的菜青虫、蝉等等；在生态系统中，绿色植物所制造出的有机质首先由它们来"享受"，所以又称初级消费者。

②肉食动物（二级和三级消费者等）。以草食动物或其他弱小动物为食，如狐狸、青蛙、狼、虎、豹鹰、鲨鱼等，古谚："螳螂捕蝉，黄雀在后"，消费者的级别没有严格界限，有许多为杂食动物

③寄生动物寄生在其他动、植物体内，靠吸取宿主营养为生如虱子、蛔虫、菟丝子、线虫等，有益昆虫赤眼蜂，寄生在危害农作物螟虫的卵块中，吸取螟虫卵块的养分；金小蜂产卵在棉铃虫体内，腐化后的幼虫吸取棉铃虫体内的养分生活。

④腐食动物。以腐烂的动植物残体为食，如老鹰、屎壳郎等。

⑤杂食动物。它们的食物是多种多样的，既吃植物，也吃动物。如麻雀、熊、鲸鱼、

人等。

消费者在生态系统中的作用：一是实现物质和能量的传递，如草—兔子—狼；二是实现物质的再生产，如草食动物把植物蛋白生产为动物蛋白；三是对整个生态系统起自动调节的能力，尤其是对生产者过度生长、繁殖起控制作用。

（3）分解者

分解者主要指具有分解能力的细菌和真菌等微生物，也包括某些以有机碎屑为食的小型动物（如螟蚣、蚯蚓、土壤线虫等），属于异养生物。分解者的作用在于将生产者和消费者的残体分解为简单的无机物质。转变者也是细菌，它是将分解后的无机物转变为可供植物吸收利用的养分。所以，还原者对于生态系统的物质循环，具有非常重要的作用。

分解者是生态系统的"消洁工"。如果没有分解者，死亡的有机体就会堆积起来，使营养物质不能在生物和非生物之间循环，最终使生态系统成为无水之源。生态系统分解者的数量十分惊人，1 万平方米农田中细菌的数量可达 18kg。所以分解者起到物质循环、能量流动、净化环境的重要作用在研究生态系统时，我们千万不要忘记这些"无名英雄"。

植物是基础、是一切生物食物的来源，没有生产者，一切消费者就会饿死；而没有分解者，物质循环也会中止，其后果也不堪设想；动物是名副其实的消费者，它们不会进行初级生产，只会消耗现成的有机物，没有它们，似乎生态系统仍然能够存在，但从长远看，没有动物，植物同样难以持久生存。如许多植物要靠昆虫传粉或其他动物传播种子，如果没有动物啃食，草原也会由于生长过盛而导致衰亡。大自然就是如此微妙，物种与物种之间、生物与环境之间互相作用、互相依存，在漫长的进化过程中，逐渐形成了一个统一的整体。这个整体就是由环境、生产者、消费者和分解者共同组成的、不断进行物质循环、能量循环及信息传递的生态系统。

2. 非生物部分

无生命物质也称为非生物成分，是生态系统中生物赖以生存的物质和能量的源泉及活动场所，可分为：原料部分，主要是阳光。八媒质部分，指水、土壤、空气等；基质，指岩石、砂、泥。

非生物成分在生态系统中的作用，一方面是为各种生物提供必要的生存环境，另一方面是为各种生物提供必要的营养元素，是生态，系统正常运转的物质和能量基础大部分自然生态系统都具有上述四个组成成分。一个独立发生功能的生态系统至少应包括非生物环境、生产者和还原者三个组成成分。

（三）生态系统的结构

生态系统中各个组成部分之间绝不是毫无关系的堆积，它们是有一定结构的。

生态系统的结构包括两个方面的含义：一是组成成分及其营养关系；二是各种生物的空间配置（分布）状态。具体地说，生态系统的结构包括形态结构（物种结构和空间结构）和营养结构。

1. 生态系统的形态结构

生态系统的生物种类、种群数量、种的空间配置（水平分布、垂直分布）和时间变化等，构成了生态系统的形态结构。

（1）物种结构是指在生态系统中各类物种在数量上的分布特征。生态系统中组成成分之间存在一定的数量关系，如排列组合关系、数量比例关系等。例如，森林生态系统乔木、灌木和草本植物都有不同的数量和比例关系，单一树种的单纯林、多树种的混交林和无乔木的灌木林的结构与功能肯定不同。

（2）空间结构是指生物群落的空间格局状况。水平结构指在水平分布上，林缘和林内的植物、动物的分布也明显不同。垂直结构指不同生物占据不同的空间，它们在空间分布上有明显的分层现象，例如：在森林生态系统中，乔木占据上层空间，灌木占据下层空间；鸟类在林冠上层，兽类在林地上；在森林中栖息的各种动物，也都有其各自相对的空间分布位置。

形态结构的另一种表现是时间变化。同一生态系统，在不同的时期或不同季节，存在着有规律的时间变化。如随着时间的变化，森林在幼年、中年及老年期的结构是有变化的。又如，一年四季中森林的结构也有波动，春季发芽，夏季鲜花遍野，秋季硕果累累，冬季白雪覆盖，昆虫和鸟类迁移，气象万千。不仅在不同季节有着不同的季相变化，就是昼夜之间，其形态也会表现出明显的差异。

2. 生态系统的营养结构

生态系统各组成部分之间建立起来的营养关系，构成了生态系统的营养结构，营养结构是生态系统能量流动、物质循环的基础。

生产者可向消费者和分解者分别提供营养，消费者也可向分解者提供营养，分解者又可把营养物质输送给环境，由环境再供给生产者。这既是物质在生态系统中的循环过程，也是生态系统营养结构的表现形式。不同生态系统的成分不同，其营养结构的具体表现形式也会不同。

二、生态系统的功能

生态系统的功能主要有生物生产、能量流动、物质循环和信息传递四种。生态系统的功能就是通过食物链（网）来实现的。

（一）食物链（网）和营养级

1. 食物链（网）

食物链是指各种生物以食物为联系建立起来的链条，或生态系统中的生物通过吃与被吃关系构成的一条锁链。古谚："螳螂捕蝉，黄雀在后""大鱼吃小鱼，小鱼吃虾米，虾米吃泥巴"，都包含了食物链的意思。食物链一般可分为下述两种类型。

（1）捕食性食物链

捕食性食物链以生产者为基础，其构成形式为：植物—小动物—大动物。后者可以捕食前者（弱肉强食）。如在陆地上，麦—麦蚜—肉食性瓢虫—食虫小鸟—猛禽；在草原上，青草—野兔—狐狸—狼；在湖泊中，藻类—甲壳类—小鱼—大鱼。

（2）腐生性食物链

腐生性食物链以腐烂的动植物尸体为基础。腐烂的动植物残体被土壤或水中微生物或小型动物分解，在这种食物链中，分解者起主要作用，故也称分解链。如枯枝落叶—蚯蚓—线虫类—节肢动物；动植物残体—霉菌—跳虫—肉食性壁蚤—腐败菌。

两链紧密联系，共同维持着生态系统的平衡，自然生态系统中以分解链占优势，如果二者之一中断，都会给生态系统带来影响。除此之外，还有寄生、碎食性食物链。

（3）寄生性食物链

寄生性食物链以大的、活的动植物为基础，再寄生以寄生生物，前者为后者的寄主。这是食物链中一种特殊的类型。如哺乳类或鸟类—跳蚤—鼠疫细菌。

食物链在各个生态系统中都不是固定不变的。动物个体的不同发育阶段，其食性也会改变，某些动物在不同季节，食性也会不同。此外，自然界食物条件的改变等都会改变食物链，因此，食物链是具有暂时性的食物链上某一环节的变化，往往会引起整个食物链的变化，甚至影响生态系统的结构。此外，生态系统中各种生物的食物关系往往是很复杂的，各种食物链互相交织，形成一个复杂的网状结构——食物网。生态系统的功能（能量流动，物质的循环和转化）就是通过食物链或食物网进行的。

2. 营养级

营养级是指生物在食物链之中所占的位置。在生态系统的食物网中，凡是以相同的方式获取相同性质食物的植物类群和动物类群可分别称作一个营养级。在食物网中从生产者植物起到顶部肉食动物止。即在食物链上凡属同一级环节上的所有生物种就是一个营养级。

生产者都处于食物链的起点，共同构成第一营养级。所有以生产者（主要是绿色植物）为食的动物都处于第二营养级，即食草动物营养级。第三营养级包括所有以植食动物为食的食肉动物。依此类推，还会有第四营养级和第五营养级。

由于能量通过各营养级流动时会大幅度减少，下一营养级所能接收的能量只有上一营养级同化量的 10%~20%，所以食物链不可能太长，生态系统中的营养级也不会太长，一般只有四级、五级，很少有超过六级的。

一般来说，营养级的位置越高，归属于这个营养级的生物种类、数量和能量就越少，当某个营养级的生物种类、数量和能量少到一定速度，就不可能再维持另一个营养级的存在了。

从生产者算起，经过相同级数获得食物的生物称为同营养级生物，但是在群落或生态系统内其食物链的关系是复杂的。除生产者和限定食性的部分食植性动物外，其他生物大多数或多或少地属于两个以上的营养级，同时它们的营养级也常随年龄和条件而变化。例如：宽鳍鲈同时以昆虫和藻类为食；香鱼随着其生长，从次级消费者变为初级消费者；在苗种阶段为动物食性，随着个体发育而转为植物食性兼杂食性仔鱼摄食枝角类和极足类及其他小型甲壳类，一直持续到溯河洄游，在游进河川行程中，摄食器官发生演变，摄食逐步改为低等藻类。

（二）生态系统的功能

生态系统的功能主要有能量流动、物质循环和信息传递三种。

1. 生态系统的能量流动

生态系统的能量流动是指能量通过食物网在系统内的传递和耗散过程。能量流动是生态系统的主要功能之一。没有能量流动就没有生命，就没有生态系统。能量是生态系统的动力，是一切生命活动的基础。

生态系统中的全部生命活动所需要的能量均来自太阳。绿色植物通过光合作用吸收和固定太阳能，将太阳能变为化学能，这一方面满足自身生命活动的需要，另一方面供给异养生物生命活动所需要的能量。太阳能进入生态系统，并作为化学能，沿着生态系统中生产者、消费者、分解者流动，在生态系统中的流动和转化是遵循热力学定律进行的，即服从于热力学第一定律（能量守恒）、第二定律（单向流）和十分之一法则（能量损耗规律）。

由此可见，生态系统中能量流动有两个特点，一是能量流动沿生产者和各级消费者顺序逐步被减少；二是能量流动是单一方向，不可逆的。

2. 生态系统的物质循环

生态系统中，生物为了生存不仅需要能量，也需要物质，没有物质满足有机体的生长发育需要，生命就会停止。与能量流动不同，物质在生态系统中的流动则构成一个循环的通道，称为物质循环。有了物质循环运动，资源才能更新，生命才能维持，系统才能发展。例如：生物呼吸要消耗大量氧气，而空气中的氧气含量并无大的改变；动物每天要排泄大量粪便，动植物死亡的残体也要留在地面，然而经过漫长的岁月后，这些粪便、残体并未堆积如山。这正是由于生态系统存在着永续不断的物质循环，人类才有良好的生存环境。

物质循环是带有全球性的，生物群落和无机环境中的物质可以反复利用、周而复始进行循环，不会消失。生物有机体需要的化学元素有40多种，其中的氧（O）、氢（H）、碳（C）、氮（N）为基本元素，占生物体全部原生质的97%，它们与钙（Ca）、镁（Mg），磷（P）、钾（K）、硫（S）、钠（Na）等被称为大量元素，生物需要量较大；因此这些物质的循环是生态系统基本的物质循环。铜（Cu）、锌（Zn）、硼（B）、锰（Mn）、钼（Mo）、钴（Co）、铁（Fe）等被称为微量元素，这些元素在生命过程中需要量虽小，但也不可缺少，一旦缺少，动植物就不能生长，反之微量元素过多也会造成危害。它们在生态系统中也构成各自的循环。而与环境保护问题关系较密切的主要有水、碳、氮、硫循环。

（1）水循环

水由 H 和。组成，是生命的主要来源，一切生物体组成的成分中大部分是水，体内进行的一切生物化学变化也离不开水。另一方面，水又是生态系统中能量流动和物质循环的介质，对调节气候、净化环境也起着十分重要的作用。

水循环是在太阳能驱动下，水从一种形式转变为另一种形式，并在气流（风）和海流的推动下在生物圈内的循环。形成水循环的内因是通常环境条件下，水的三态易于转化；外因是太阳辐射和重力作用。

森林在水循环中具有巨大作用，是最好的调节者森林中树木庞大的根系为"自动抽水机"，一刻不停地从地下吸收水分，然后通过叶子蒸腾到空中森林通过广大的叶片蒸腾的水分比同一纬度相同面积的海洋所蒸发的水分还要多50%，因此森林上空的空气湿度高，温度低，又由于林冠能截流降雨，使降水强度大大减弱，可减少水土流失。

人类活动不断地改变着自然环境，越来越强烈地影响着水循环过程。人类构建水库，开凿运河、渠道、河网，以及大量开发利用地下水等，改变了水的原来径流路线，引起水分布和水运动状况的变化。农业的发展，森林的破坏，引起蒸发、径流、下渗等过程的变化。人类生产和消费活动排除的污染物通过不同途径进入水循环，使水体受到污染，大气降水酸化，严重影响水的循环，也通过水的流动交换而迁移，造成更大范围的污染。

（2）碳循环

碳存在于生物有机体和无机环境中，也是构成生物体的主要元素之一，约占生物物质的25%，没有碳就没有生命；在无机环境中主要以 CO_2 和碳酸盐形式存在，绿色植物在碳循环中起着重要作用。

碳循环的三条循环途径：

一是生物有机体与大气之间的碳循环。绿色植物从空气中获得二氧化碳，经光合作用转化为葡萄糖，在综合成为植物体内的碳水化合物，经过食物链传递，最终经过动植物呼吸及分解作者用以 CO_2 形式重新返回大气，大气中二氧化碳这样循环一次约需 20 年。一部分（约千分之一）动植物残体在被分解之前即被埋在地层中，经过悠长的年代，在热能和压力作用下转变成矿物燃料——煤、石油和天然气等。当它们在风化过程中或作为燃料燃烧时，其中的碳氧化为二氧化碳排入大气。人类消耗大量矿物燃料对碳循环发生重要影响。

二是大气和海洋之间的二氧化碳交换。二氧化碳可由大气进入海水，也可由海水进入大气。这种交换发生在气和水的界面处，由于风和波浪的作用而加强。这两个方向流动的二氧化碳大致相等。大气中二氧化碳量增多或减少，海洋吸收的二氧化碳量也随之增多或减少。

三是碳质岩石的形成和分解。大气中的二氧化碳溶解于雨水和地下水中称为碳酸。碳酸能把石灰岩变为可溶性的酸式碳酸盐，并被河流输送到海洋中，逐渐转变为碳酸盐沉积海底，形成新岩石，或被水生生物吸收以贝壳和骨骼形式移到陆地。在化学和物理作用下，这些岩石被破坏，所含碳又以二氧化碳的释放入大气中。火山爆发、森林大火等自然现象也会使地层中的碳变成二氧化碳回到大气中。

人类燃烧矿物燃料以获得能量时，向大气中输入了大量的二氧化碳；而森林面积的不断缩小，大气中被植物利用的二氧化碳量越来越少，结果造成大气中二氧化碳浓度有了显著增加，引起"温室效应"。

（3）氮循环

氮也是生物体的必需元素，构成各种氨基酸和蛋白质，而且它还是大气的主要成分之一，占大气总体积的 79%，因此在许多环境问题中有重要作用。氮气是一种惰性气体，其分子内的键能相当高，绝大多数植物或动物不能直接利用。

大气中氮气进入生物体的途径主要有三种：

①生物固氮。主要靠一些具有固氮酶的特殊微生物类群来完成。如苜蓿、大豆等豆科植物的根瘤菌，固 N 细菌，藻类（蓝绿藻）等，可把空气中 N 固定成硝酸盐（或铵盐）

②工业固氮。氢和氮在 600℃高温条件下，再加上催化剂即可合成氨，氨可直接利用，也可进一步用来生产其他化肥如尿素、硝酸铵等氮肥，供植物利用。由于农业对化肥的需要日益增加，使固氮工业不断发展，至今生物圈内全部固氮量中，大约有 1/3 是工业固氮的产物。

③高能固氮。闪电、宇宙射线、火山爆发等作用等造成的高温和光化学作用将大气中的氮气转化为氨或硝酸盐，其中第一种能使大气中氮气直接进入生物有机体，

其他则以氮肥形式或随雨水间接进入生物有机体。

这些生成的氨以及大气中降落的氨类化合物在微生物的硝化作用下，最终变为硝酸盐。硝酸盐很容易被植物根系吸收，进入植物体内的氮化合物与碳氢化合物结合成氨基酸 – 蛋白质—动物吃—动物蛋白质，经过动物的新陈代谢作用，一部分蛋白质为氨、尿酸、尿素等排入土壤，或动物尸体经微生物分解—氨盐或硝酸盐—土壤——部分为植物利用，另一部分反硝化细菌作用生成氮气。

自然界的氮循环似乎是很严密的、始终保持平衡的，其实不然。由于人类活动的影响，矿物燃料燃烧时，空气中和燃料中的氮在高温下与氧反应生成氮氧化物，造成光化学烟雾污染和酸雨；工业固氮量很大，使氮循环被破坏，被固定的氮超过返回大气的氮，这些停留在地表的氮进入江、河或沿海水域，造成地表水体出现富营养化（赤潮）；农田大量使用氮肥，氮被固定后，不能以相应量返回大气，形成 N_2O 进入大气圈，吨。是一种惰性气体，在大气中可存留数年之久，它进入平流层后，可与臭氧发生反应，破坏臭氧层，给人体健康带来危害。

（4）硫循环

硫也是构成氨基酸和蛋白质的基本成分，它以硫键的形式把蛋白质分子连接起来，对蛋白质的构型起重要作用硫循环兼有沉积型循环和气体型循环双重特性。SO_2 和 H_2S 是硫循环的重要组成部分，属气体型；硫酸盐被长期束缚在有机或无机沉积物中，释放非常缓慢，属于沉积型。

大气中的 SO_2 主要来自含硫矿物的冶炼、化石燃料的燃烧以及动植物及其残体的燃烧；H_2S 主要来自火山活动、沼泽、稻田、潮滩中有机物的缺氧分解，进入大气的也可以很快转化为 SO_2—SO_3—H_2SO_4O 大气中的 SO_2 和 H_2S 经雨水的淋洗，形成硫酸或硫酸盐，进入土壤，土壤中的硫酸盐一部分供植物直接吸收利用，进入生物体，沿食物链传递。动植物残体经微生物分解，又形成硫酸盐。另一部分则沉积海底，形成岩石，岩石风化进入土壤或大气。

人类对硫循环的干扰，主要是化石燃料的燃烧。空气中的 S 很少，但由于人类燃烧含硫矿物燃料和柴草，冶炼含硫矿石，释放出大量的 SO_2；据统计，人类每年向大气输入的 SO_2 达 $1.47 \times 10^8 t$，其中 70% 来源于煤的燃烧，硫进入大气，不仅对生物和人体健康带来直接危害（SO_2 浓度达 $0.3 \, clo^{-6}$ 时许多植物的叶组织会死亡，SO_2 也是人类健康的大敌），而且还会形成酸雨，使地表水和土壤酸化，对生物和人类的生存造成更大的威胁。

（5）磷循环

磷是生物体的重要营养成分，主要以磷酸盐的形式存在。磷是携带遗传信息DNA 的组成元素，是动物骨骼、牙齿和贝壳的重要组成部分。磷一般有岩石态和溶盐两种存在形态。磷循环都是起始于岩石的风化，终于水中的沉积。

磷全部来自岩石的风化—破碎—进入土壤—植物—动物—残体分解—被释放出来，回到土壤或海洋中，构成一个循环封闭系统。但陆地生态系统的磷有一部分随水流进入了湖泊和海洋，浮游植物—浮游动物—食腐者，死亡的动植物体沉入水底，其体内的磷大部分以钙盐形式长期沉积下来，离开了循环，所以磷循环是不完全的循环。由海洋到陆地的循环的一个途径是通过某些食鱼鸟（鹤鹏）等，摄取海洋生物中的磷，它们的排泄物在特殊的地点形成鸟粪磷矿，是高质量的商品磷肥，但与大规模的由陆地向海洋迁移相比，这种反向循环在数量上是很微小的。

商品经济发展后，不断地把农作物和农牧产品运入城市，城市垃圾和人畜排泄物往往不能返回农田，而是排入河道，输往海洋。这样农田中磷含量便逐渐减少。为补偿磷的损失，必须向农田施加磷肥；在大量使用含磷洗涤剂后，城市生活污水含有较多的磷，某些工业废水也含有丰富的磷，这些废水排入河流、湖泊或海湾，使水中含磷量增高，这是湖泊发生富营养化和海湾出现赤潮的主要原因。

总之，生态系统的物质循环规律告诉我们，要想维护生态系统的相对稳定，保持动态平衡，最基本的一条就是"你从生态系统中拿走的物质，还应在适当时机归还给它，生态系统既不是一个只入不出的剥削者，也绝不是一个慷慨的施主。"人们必须和生态系统保持等量交换的原则。如果某些元素长期入不敷出，势必引起生态系统的退化，甚至瓦解，输入有害物质太多，则污染环境。

3. 生态系统中的信息联系

当今时代是信息时代，信息是现实世界物质客体间相互联系的形式，在沟通生物群落内各种生物种群之间关系、生物种群和环境之间关系方面，生态系统的信息联系起着重要作用。生态系统中的信息联系形式主要有营养信息、化学信息、物理信息和行为信息。

（1）营养信息

营养信息是生态系统中以食物链和食物网为代表的一种信息联系。通过营养交换把信息从一个种群传到另一个种群。以草本植物—鼠类—鹤鹑—猫头鹰组成的食物链为例，可表示为：当鹤鹑数量较多时，猫头鹰大量捕食鹤鹑，鼠类很少受害；当鹤鹑数量较少时，猫头鹰转而大量捕食鼠类。这样通过猫头鹰捕捉鼠类的轻与重，向鼠类传递了鹤鹑多少的信息。再如在草原上羊与草这两个生物种群之间，当羊多时，草就相对少了；草少了反过来又使羊减少。因此，从草的多少可以得到羊的饲料是否丰富的信息，以及羊群数量的信息。

（2）化学信息

在生态系统中，有些生物在特定的条件下，或某个生长发育阶段，分泌出某些特殊的化学物质（如性激素、生长素等化学物质），这些分泌物对生物不是提供营养，而是在生物个体或种群之间起着某种信息的传递作用。如蚂蚁爬行留下的化学痕迹，是为了让其他蚂蚁跟随；许多哺乳动物（虎、狗、猫等）通过尿液来标识自己的行踪和活动领域；许多动物的雌性个体释放体外性激素招引种内雄性个体等。化学信息对集群生物整体性的维持具有重要作用。

（3）物理信息

物理信息指通过声音、颜色、光等物理现象传递的信息。如鸟鸣、虫叫、兽吼都可以传达安全、惊慌、恐吓、警告、求偶、寻食等各种信息，花、蘑菇等的颜色可以传递毒性等信息。

（4）行为信息

行为信息指动物可以通过自己的各种行为向同伴们发出识别、威吓、求偶和挑战等信息。如燕子在求偶时，雄燕会围绕雌燕在空中做出特殊的飞行形式；丹顶鹤求偶时，会双双起舞等；蜜蜂用蜂舞来表示蜜源的远近和方向。尽管现代的科学水平对这些自然界的"对话"之谜尚未完全解开。但这些信息对种群和生态系统调节的重要意义，是完全可以肯定的。

生态系统正是通过能流、物流和信息流的传递，使生物和非生物成分相互依赖、相互制约、环环相扣、相生相克形成网络状复杂的有机统一体，从而使生态系统具一定适应性和相对稳定性。如果生态系统能流、物流和信息流传递中任一个环节出了问题，生态系统的稳定性就要受到影响。

第三节　生态平衡

一、生态平衡的概念及特点

（一）生态平衡的概念

在一定时间内，生态系统中生物与环境之间，生物各种群之间，通过能流、物流、信息流的传递，达到了互相适应、协调和统一的状态，处于动态的平衡之中，这种动态平衡称为生态平衡。也就是说生态平衡应包括四方面：（1）阶段性。指生态系统发展到成熟阶段，这时生态系统中所有的生活空间都被各种生物所占据，环境资源被最合理、最有效的利用，生物彼此间协调生存；且在较长时间内保持平衡。（2）稳定性。系统内的物种数量和种群相对平稳，有完整的营养结构和典型的食物链关系。（3）平衡性。能量和物质的输入和输出平衡。（4）动态性。生态系统的结构与功能经常处于动态的变化中，动态变化表现为生态系统中的生物个体总是在不断地出生和死亡，物质和能量不断地从无机环境进入生物群落，又不断地从生物群落返回到无机环境中；生态系统有抗干扰自恢复能力和抗污染自净化能力。

（二）生态平衡的特点

生态平衡的特点可归结为以下两点。

1. 生态平衡是一种动态平衡

表现在能量流动和物质循环总在不间断地进行着，生物个体也在不断地更新，它的各项指标，如生产量、生物的种类和数量，都不是固定在某一水平上，而是在某个范围内不断变化着。动态性同时还表现生态系统具有自我调节和维持平衡状态的能力）当生态系统的某一部分发生改变而引起不平衡时，系统依靠自我调节能力，使其进入新的平衡状态。例如：在森林生态系统中，植食性昆虫多了，林木会受到危害，但这是暂时的，由于昆虫的增多，鸟类因食物丰富而增多。这样一来，昆虫的数量就会受到鸟类的抑制，林木的生长就会恢复正常。

生态系统的能量流动和物质循环以多种渠道进行着，如果某一渠道受阻，其他渠道就会发挥补偿作用。对污染物的入侵，生态系统表现出一定的自净能力，也是系统调节的结果。生态系统的结构越复杂，能量流和物质循环的途径越多，其调节能力或者抵抗外力影响的能力就越强。例如，若草原生态系统中只有青草—野兔—狼构成简单食物链，那么一旦某种原因野兔数量减少，狼就会因食物减少而减少。若野兔消失，则草疯长，系统崩溃；若还有山羊、鹿等其他草食动物，兔子少了，狼可以捕杀其他草食动物，使野兔得以恢复，系统可以继续维持平衡。结构越简单，生态系统维持平衡的能力就越弱。农田和果园生态系统是脆弱生态系统的例子。生态系统的调节能力再强，也有一定限度，超出了这个限度也就是生态学上所称的阈值，调节就不起作用，生态平衡就会遭到破坏。

2. 生态平衡是相对的、暂时的不是绝对的

一旦外界因素的干扰超过这种"自我调节"能力时，调节即不起作用，生态平衡就会遭到破坏。例如，砍伐森林一定要和抚育更新相结合，才能维持森林生态环境的平衡；反之，就会破坏生态平衡，不仅森林质量下降，林中的动物难以生存，土壤中的微生物种类也会改变，还会影响森林生态系统的功能，造成地表裸露，水土流失，洪水成灾等。在自然界有些生态系统虽然已处于生态平衡状态，但它的净生产量很低，不能满足人类需要，这对人类来说并不总是有利的。因此，为了人类生存和发展，就要改造这种不符合人类要求的生态系统，建立半人工生态系统或人工生态系统。例如，与某些低产自然原始林生态系统相比，人工林生态系统是很不稳定的，它们的平衡需要人类来维持，但却能比某种低质低产的原始林提供更多的

林产品。应该指出的是，生态平衡不只是某一个系统的稳定与平衡，而是意味着多种生态系统的配合、协调和平衡，甚至是指全球各种生态系统的稳定、协调和平衡。

二、生态平衡的破坏

当今社会，随着生产力和科学技术的飞速发展，人口急剧增加，人类的需求不断增长，人类活动引起自然界更加深刻的变化，造成巨大冲击，使自然生态平衡遭到严重破坏。自然生态失调已成为全球性问题，直接威胁到人类的生存和发展。生态平衡遭破坏的因素有自然因素和人为因素两种，

（一）自然因素

自然因素主要指自然界发生的异常变化，如火山爆发、山崩海啸、水旱灾害、台风、流行病等，常常在短期内使生态系统破坏或毁灭 – 例如，秘鲁海面每隔六七年就会发生一次海洋变异现象，结果使一种来自寒流系的朋鱼大量死亡。大量鱼群死亡，使吃鱼的海鸟失去了食物，造成海鸟的大批死亡。海鸟大批死亡，鸟粪锐减。当地农民又以鸟粪为主要农田肥料，由于肥料减少，农业生产受到极大损失。

（二）人为因素

人为因素主要是指人类有意识地改造"自然"的行动和无意识造成对生态系统的破坏。

1. 物种改变造成生态平衡的破坏

人类在改造自然的过程中，有意或无意地使生态系统中某一物种消失或盲目向某一地区引进某一生物，结果造成整个生态系统的破坏。例如：澳大利亚的兔子危机；蝗虫的大量繁殖会使农田生态系统受到破坏；植被的破坏（黄土高原在历史上曾是草丰林茂，沃野千里的绿洲，由于历代屯垦、毁草弃牧、毁林从耕，植被遭到严重破坏，造成了大量的水土流失和生态失调，成为今天一个十分贫瘠的地带）。总之，人类大量取用生物圈中的各种资源，包括生物的和非生物的，都将严重破坏生态平衡。

2. 环境因子改变导致生态平衡的破坏

工农业生产的迅速发展，有意或无意使大量污染物进入环境，从而改变了生态系统的环境因素，影响整个生态系统，甚至破坏生态平衡。例如，化学和金属冶炼工业的发展，向大气中排放大量氮氧化物及烟尘等有害物质，产生酸雨，危害森林生态系统，欧洲有 50% 的森林受到它的危害。又如由于制冷业发展，制冷剂进入大气，造成臭氧层破坏。由于向大气中排放污染物气体 CO_2、甲烷等，造成温室效应。含有氮磷等营养物质的污水进入水体后，由于营养成分的增加，水中藻类会迅速繁殖。大量藻类的出现，又会使水中的溶解氧大量消耗，水中鱼类等动物就会因缺氧而死亡。所有这些环境因素的改变都会造成生态系统的平衡改变，甚至破坏生态平衡。总之，

人类向生物圈中超量输入的产品和废物，严重污染和毒害了生物圈的物理环境和生物组分，包括人类自己，化肥、杀虫剂、除草剂、工业三废和城市三废是其代表。

3. 信息系统改变引起生态平衡破坏

生态系统信息通道堵塞，信息传递受阻，就会引起生态系统改变，破坏生态平衡一例如，某些昆虫的雌性个体能分泌性激素以引诱雄虫交配。如果人类排放到环境中的污染物与这些性激素发生化学反应，使性激素失去引诱雄虫的作用，昆虫的繁殖就会受到影响，种群数量就会减少，甚至消失。

生态平衡失调的初期往往不易被人们察觉，如果一旦发展到出现生态危机或生态失调，就很难在短期内恢复平衡。因此人类活动除了要讲究经济效益和社会效益外，还必须要特别注意生态效益和生态后果，以便在改造自然的同时能基本保持生物圈的稳定和平衡，保持生态系统这一人类生存和发展基础的稳定。

生态平衡的破坏往往是出自人类的贪欲与无知，过分地向自然索取或对生态系统的复杂机理知之甚少而贸然采取行动。近年来，有些生态学家提出了许多正确见解，并把它提高到规律和定律的高度。例如，我国生态学家马世骏提出的生态五定律，即相互制约和相互依存的互生规律；相互补偿和相互协调的共生规律；物质循环转化的再生规律；相互适应和选择的协同进化规律；物质输入与输出的平衡规律。

三、改善生态平衡的主要对策

由于生态系统和生态平衡的破坏主要发生在生产活动中，所以改善生态平衡也只能在生产实践中通过正确利用生物资源的再生与互相制约特点，妥善处理局部与全局的关系来实现，主要有以下几个方面的对策：

1. 森林方面的对策。保护好现存各种森林资源，营造好用材林、经济林、薪炭林、防风林、固沙林、水土保持林，合理采伐各种树木。通过上述工作，保护好森林这个绿色水库和最重要的动植物资源库。

2. 草原方面的对策。停止开垦草原；认真区划草原功能，通过建立饲料基地、建设人工草场、在宜牧草场合理放牧等措施防治草场退化；提倡生物防治鼠、虫、病害，减少甚至避免草原污染。

3. 水域方面的对策。逐步退更换林、退居换水，慎重而科学地建设水库等水利设施，加强疏浚清淤，合理开发水产与水域养殖，严格控制污染物排放。

4. 农田方面的对策。科学管理农田水肥，防止自然性病害；推行用地养地的耕作制度，改善物质循环，避免掠夺地力；提倡生物防治鼠、虫、病害，保证食品安全。

四、生态学在环境保护中的应用

当今生态学和生态平衡规律已经成为指导人类生产实践的普遍原则。要解决世界五大环境问题（即人口、粮食、能源、自然资源和环境保护），必须以生态学理论为指导，并按生态学规律办事。对环境问题的认识和处理，也必须运用生态学的理论和观点来分析，环境质量的保持与改善以及生态平衡的恢复和再建，都要依靠人们对于生态系统的结构和功能的了解及生态学原理在环保工作中的应用。

（一）全面考察人类活动对环境的影响

处于一定时空范围内的生态系统，都有其特定的能流和物流规律，只有顺从并利用这些自然规律来改造自然，人们才能持续地取得丰富而又合乎要求的资源来发展生产并保持洁净、优美和宁静的生活环境。可惜的是，过去人类改造自然的活动往往只求获得某项成功，而不管是否违反生态学规律，以致造成了一系列不利于发展生产又影响社会生活的恶果。人们总结过去的经验教训，深知必须利用生态系统的整体观念，充分考察各项活动对环境可能产生的影响，并决定对该活动应采取的对策，以防患于未然。

生态学的一个中心思想是整体和全局的概念，不仅考虑现在，还要考虑将来；不仅考虑本地区，还要考虑有关的其他地区。也就是说，要在时间和空间上全面考虑，统筹兼顾。按照生态学的原则，我们对生态系统采取任何一项措施时，该措施的性质和强度不应超过生态系统的忍耐极限或调节复原的弹性范围，否则就会招致生态平衡的破坏，引起不利的环境后果。

这里应该指出，保持生态平衡绝不能被误解为不允许触动它，或不许改造自然界，而永远保持其原始状态。由于人口越来越多，为了满足生活上的要求，也越需要发展生产，因而对自然界不触动是根本不可能的。必须强调的是：每一个生态系统对外力都有一个忍耐限度，人类对环境所施加的压力不能超过这个限度，否则就会引起生态平衡的破坏，结果不仅自然环境和自然资源遭到摧残，生产也同样不可能搞上去。

二、充分利用生态系统的调节能力

（一）生态系统的调节能力

前面在论述生态系统的基本性质及特征时，曾经讲到生态系统具有不同水平的、比较复杂的调节能力，这就是指当生态系统的生产者、消费者和分解者在不断进行能量流动和物质循环过程中，受到自然因素或人类活动的影响时，系统具有保持其自身相对稳定的能力，也就是说，当系统内一部分出现了问题或发生机能异常时，能够通过其余部分的调节而得到解决或恢复正常结构复杂的生态系统能比较容易地

保持稳定，结构简单的生态系统，其内部的这种调节能力就较差。

在环境污染的防治中，这种调节能力又称为生态系统的自净能力。被污染的生态系统依靠其本身的自净能力，可以恢复原状。我们应该尽量有目的地、广泛地利用这种自净能力来防治环境的污染。

（二）生态系统自净能力的应用实例

关于生态系统自净能力在环境保护中的应用，在国内外都已开展了大量的工作，并取得了很好的成绩'例如，水体自净、植树造林、土地处理系统等，都已收到明显的经济效益和环境效益。这里着重介绍土地处理系统的应用情况。

1. 土地处理系统

一般土壤及其中微生物和植物根系对污染物的综合净化能力，可以利用来处理城市污水和一些工业废水。同时，普通污水或废水中的水分和肥分也可以利用来促进农作物、牧草或林木的生长并使其增加产量。凡能达到上述目的的工程设施，即称为土地处理系统。它由污水或废水的预处理设施、储水湖、灌溉系统、地下排水系统等组成。在该系统中，污水或一些废水经过一级处理或生物氧化塘、或二级处理后，进入沉淀塘和储存湖，再根据具体的需要和土地系统的特性（结构与功能），采用地表漫流、灌溉或渗滤等等方式排入土地系统，进行最终的处理。此法可代替污水或一些废水的二级或三级处地下水回管理，而克服正规的污水二级处理或深度处理（即三级处理）工程基本建设和维修运行费用很高的缺点。因此，很容易推广应用特别是在处理中、小城市的污水时，更能显出其优越性。

2. 土地处理系统的净化机制

进入土地处理系统的污染物质，是依靠土地系统的调节能力进行净化的。不同的污染物质，在土地系统中的净化机理或过程各有差异，但概括起来，主要是通过下述作用去除污染物的：

（1）植物根系的吸收、转化、降解与合成等作用；

（2）土地中真菌、细菌等微生物的降解、转化及生物固定化等作用；

（3）土壤中有机和无机胶体的物理化学吸附、络合和沉淀等作用；

（4）土壤的离子交换作用；

（5）土壤的机械截留过滤作用；

（6）土壤的气体扩散或蒸发作用。

例如，当氧气充足时，土壤中需氧微生物活跃：在其氧化降解过程中，能捕食病原菌和病毒。一般在地表 1cm 厚的土壤层中，可去除病原菌和病毒达 92% ~ 97%，而当污水经过 1m 至几米厚的土壤过滤后，则可除去全部的病菌与病毒。污水中的 BOD 大部分可在 10 ~ 15cm 厚的表层土中去除；而磷在 0.3 ~ 0.6m 厚的上层土壤中几乎可以被全部除去。

3. 土地处理系统的净化效果

设计和运行良好的土地处理系统，就不同的处理方式的去除效率取决于施用负荷、土壤、作物、气候、设计目的和运行条件等许多因素。但是，只要进入土地系统的污染物质的数量及种类，不超出该土地系统所能忍受的限度，则该系统的自义调节能力，就可完全将污染物质除去，使系统恢复原状而达到保护环境的目的。

三、解决近代城市中的环境问题

城市人口集中，工业发达，是文化和交通的中心，在国家的各个方面都占有重要的地位。例如，我国 2002 年共有 660 个城市，其人口占全国的 36.9%，工业产值占全国的 85%（2001 年），由此可见城市的重要性。但是，城市又存在众多的问题，目前每个城市的居民都普遍感到住房、交通、能源、资源、污染、人口等方面的尖锐矛盾。虽然在某些发达国家中，经过几十年的努力，水污染和大气污染情况有所改善，可是其他矛盾并未得到完全解决。这不仅是对城市居民的潜在威胁，而且还给国家的经济发展和环境保护，带来不容忽视的影响。因此近几年来，有些发达国家（如美国、日本等）都在寻找保护环境和减少污染的根本途径，其中一些生态学家或环境学家提出了编制生态规划和进行城市生态系统研究的设想。

（一）编制生态规划

生态规划又称环境规划。它是指在编制国家或地区的发展规划时，不是单纯考虑经济因素，而是把它与地球物理因素、生态因素和社会因素等紧密结合在一起进行考虑，使国家和地区的发展能顺应环境条件，不致使当地的生态平衡遭受重大破坏。

地球物理因素（或称地球物理系统），包括大地构造运动、气象情况、水资源、空气的扩散作用等等；生态因素（或生态系统）是指绿地现状，包括植被覆盖率、生物种类、食物情况等等；社会经济因素（或社会经济系统），包括工农业活动、消费水平和方式、公民福利以及城市发展或城市活动等等。它们都是人类环境的重要因素。

日本目前正在开展利用生态学原则制定国家规划，使经济发展与人类环境相适应的研究工作。日本是一个岛国，其国土只占世界土地面积的 0.07%，但其能源消耗却占世界总耗量的 5%，能源消耗密度相当于世界平均值的 10 倍。对这样的能源消耗，日本对如何使绿化指标和能源消耗指标相协调的问题做了研究。此外，日本人口和工业密度大的地区也是污染最严重的地区，因此在编制国家规划时，还考虑到如何使工业向能源和资源消耗少，从而污染也少的部门转化。这些都是编制生态规划时应该重视的问题。

（二）进行城市生态系统研究

许多环境科学家认为，充分利用生态学原则和系统论的方法，根据各种自然因素和人为的社会因素所构成的社会生态系统复合体来研究城市，也就是把城市作为一个特殊的、人工的生态系统进行研究，才能解决城市的环境问题。

四、综合利用资源和能源

以往的工农业生产大多是单一的过程，既没有考虑与自然界物质循环系统的相互关系，又往往在资源和能源的耗用方面，片面强调单纯的产品最优化问题。因此，在生产过程中几乎都有大量环境容纳不了、甚至带有毒性的废弃物排出，以致造成环境的严重污染与破坏G 例如，传统的发电厂工艺过程，一般都力求电力生产的最优化而忽视余热以及排气中二氧化硫、烟尘中稀有元素和贵重金属等的充分利用和回收。这也是今天火力发电厂之所以产生大气污染的重要缘故。至于农业废弃物，在我国和其他一些第三世界国家，基本上都用作农村的燃料。从表面看来这似乎没有什么浪费，而实际上通过燃烧只能利用庄稼废弃物所固定的太阳能量的 10%，其余的 90% 都散失掉。同时由于燃烧会使这些废弃物中有机和无机的营养不能得到充分利用，因而破坏了原来生态系统的物质循环，长此下去就有可能使土壤贫瘠，招致作物减产解决这个问题较理想的办法是，运用生态系统的物质循环原理，建立闭路循环工艺，实现资源和能源的综合利用，以杜绝浪费与无谓的损耗。所谓闭路循环工艺，就是要求把两个以上的流程组合成一个闭路体系，使一个过程中产生的废料或副产品成为另一过程的原料，从而使废弃物减少到生态系统的自净能力限度以内。

五、在环境保护其他方面的应用

（一）阐明污染物质在环境中的迁移转化规律

污染物质进入环境后，不是静止不变的，到未受污染的地区，而且植物（或水生生物）转移到整个植物体内。动物食取这些植物时，态系统的物质循环和食物链的复杂生态过程，

例如，DDT 是一种脂溶性农药，它在水中和脂肪中的溶解度分别为 0.002mg/L 和 100g/L，两者相差 5000 万倍。因此，DDT 极易通过植物茎叶或果实表面的蜡质层而进入植物体内，特别容易被脂肪含量高的豆科和花生类植物所吸收，也极容易在动物和人体内积累和富集大家知道北极的因纽特人从未用过 DDT，但在他们体内却检出了 DDT 这说明 DDT 已经迁移到了北极有的人体中每公斤脂肪含有 DDT 300mg；每公斤牛奶的 DDT 含量为 0.0035mg，这些 DDT 就是在生态系统的物质循环

中，沿着不同的途径进入牛奶和人体并在人体中富集的。

通过污染物质在生态系统中迁移和转化规律的研究，我们可以弄清污染物质对环境危害的范围、途径和程度（或者后果）。

（二）环境质量的生物监测和生物评价

环境质量的监测手段，在目前主要是化学监测和仪器监测。其优点是速度快，对单因子监测的准确率高但也存在两个弱点：一是有些仪器还不能连续进行测定，往往一年只能取几个、几十个样品，用这些数据来代表全年的环境质量状况，有时是不合理的。因为污染物质进入环境的种类和数量在全年中变化很大，这些样品有时很难反映环境污染的真实情况；二是化学监测和仪器监测只能测定某一污染物质的污染状况，而实际环境中往往都是多种污染物质造成的综合污染，不同污染物质在同一环境中相互作用，有可能会出现拮抗和相加或相乘的协同现象因此，用单因子污染的效果反映多因子综合污染的状况，也往往会产生一定的差错。

至于生物监测，它在某种程度上恰恰弥补了上述这些不足。所谓生物监测，就是利用生物对环境中污染物质的反应，也就是用生物在污染环境下所发生的信息，来判断环境污染状况的一种手段，由于生物长时间生活在环境中，经受着环境各种物质的影响和侵害，因此它们不仅可以反映出环境中各种物质的综合影响，而且也能反映出环境污染的历史状况这种反映比化学和仪器监测更能接近实际。

目前，国内外已广泛利用生物对环境尤其是对大气和水体进行监测和评价。

1. 利用植物对大气污染进行监测和评价

许多植物对于工业排放的有毒物质十分敏感，当大气受到有毒物质污染时，它们就产生了"症状"而输出某种信息。据此，就可以判断污染物质的种类并进行定性分析，还可以根据受害的轻重和受害的面积大小，判断污染的程度而进行定量分析。此外，还可以根据叶片中污染物质的含量、叶片解剖构造的变化、生理机能的改变、叶片和新梢生长量、年轮等等，鉴定大气的污染程度。研究证明，菠菜、胡萝卜等可监测二氧化硫；杏、桃、葡萄等可监测氟化氢；番茄可监测臭氧；棉花可监测乙烯。

2. 利用水生生物监测和评价水体污染

采用的方法很多，主要有下述两种：

（1）污水生物体系法。这是比较普遍采用的方法。由于各种生物对污染的忍耐力不同，在污染程度不一的水体中，就会出现不同的生物种群而构成不同的生物体系。因此，根据各个水域中生物体系的组成，可以判断水体的污染程度。

（2）指示种法。即利用某种生物在水中数量的多少和生理反应等生物学特性，来判断该水域受到污染的程度。此处用于指示水体污染的生物，称为指示种或指示生物。例如，美国对伊利湖污染的调查，就是利用湖中指示生物颤蚓的数量作为指标，进行湖水质量评价的。此外，还可根据水生生物的生理指标和毒理指标，某些水生动物的形态和习性的改变、生物体内有毒物质的含量等等，对水体的污染进行监测和评价。

（三）为环境标准的制定提供依据

为了切实有效地加强环境保护工作，对已经污染的环境进行治理，并且对尚未污染的环境加强保护，就必须制定国家和地区的环境标准。

环境标准的制定，又必须以环境容量为主要依据。环境容量指的是环境对污染物的最大允许量（或负荷量），也就是保证人体健康和维护生态系统平衡的环境质量所允许的污染物浓度。

第三章　自然资源的利用与保护

第一节　自然资源

一、基本概念

（一）资源（resources）

"资源"的概念源于经济学科，是作为生产实践自然条件的物质基础提出来的，具有实体性。《辞海》把资源解释为"资财的来源，一般指天然的财源"。"资源"是由资与源两字联合组成，"资"是指财物、费用，是指具有现实的或潜在价值的东西；"源"就是来源、源泉，是一切事物之本。由此可见，资源是指可以获得物质财富的源泉。狭义的资源是指自然资源，如土地资源、矿产资源、气候资源、水资源、生物资源等一切能为人类作为生产和生活资料利用的自然物。

近年来，资源一词已广泛出现在各个研究领域，其内涵和外延已有明显变化，不同学科领域各取其是，资源已包括人力及其劳动成果的有形和无形积累，如资金设备、技术和知识等等。广义而言，人类在生产、生活和精神上所需求的物质、能量、信息、劳力、资金和技术等"初始投入"均可称之为资源。

1. 定义

《辞海》中把自然资源定义为：.一般指天然存在的自然物，不包括人类加工制造的原料。如土地资源、水资源、生物资源和海洋资源等，是生产的原料来源和布局场所。这个定义强调了自然资源的天然性。

联合国环境规划署指出：自然资源是指一定时间条件下，能够产生经济价值以提高人类当前和未来福利的自然环境因素的总称。可见这个定义是非常概括和抽象的。

大英百科全书中自然资源的定义是：人类可以利用的自然生成物，以及生成这些成分的环境功能。前者包括土地、水、大气、岩石、矿物、生物及其积聚的森林、草场、矿床、陆地和海洋等；后者为太阳能、地球物理的循环机能（气象、海洋现象、水文、地理现象）、生态学的循环机能（植物的光合作用、生物的食物链、微生物的腐败分解作用等）、地球化学的循环机能（地热现象、化石燃料、非燃料矿物生成作用等）这个定义明确指出环境功能也是自然资源。

我国的一些学者认为：自然资源是指存在于自然界中能被人类利用或在一定技术、经济和社会条件下能被利用作为生产、生活原材料的物质、能量的来源。

2. 特征

尽管以上对自然资源理解的深度与广度不同，文字描述各异，但概括起来自然资源有以下特征：

（1）自然资源是自然过程所产生的天然生成物，它与资本资源、人力资源的本质区别在于其天然性「但现代的自然资源中又已或多或少地包含了人类世世代代劳动的结晶

（2）任何自然物之所以成为自然资源，必须有两个基本前提，即人类的需要和开发利用的能力。否则，就不能作为人类社会生活的"初始投入"。

（3）自然资源的范畴随着人类社会和科学技术的发展而不断变化人类对自然资源的认识，以及自然资源开发利用的范围、规模、种类和数量，都是不断变化的。同时还应指出，现在人们对自然资源已不再是一味地索取，而且注重保护、治理、抚育、更新等。

（4）自然资源与自然环境是两个不同的概念，但具体对象和范围又往往是同一客体。自然环境是指人类周围所有的客观自然存在物，自然资源则是从人类需要的角度来认识和理解这些要素存在的价值因此，有人把自然资源和自然环境比喻为一个硬币的两面，或者说自然资源是自然环境透过社会经济这个棱镜的反映通过对自然资源认识与开发史考察，可以说"环境就是资源"。

综上所述，自然资源是一定社会经济技术条件下，能够产生生态价值或经济效益，以提高人类当前或可预见未来生存质量的自然物质和自然能量的总和。换言之，自然资源是人类能够从自然界获取以满足其需要与欲望的任何天然生成物及作用于其上的人类活动的结果，或可认为自然资源是人类社会生活中来自自然界的初始投入从系统角度看，自然资源是由一系列基本单元和不同层片构成的一个极其复杂的多维结构网络体，它以一定的质和量分布在一定地域，且按一定规律在四维时空发展变化。

二、自然资源的分类

根据自然资源的地理特征（即形成条件、组合情况、分布规律，以及与其他要素的关系），分为矿产资源（地壳）、气候资源（大气圈）、水利资源（水圈）、土地资源（地表）、生物资源（生物圈）五大类，各类可进一步细分，如在矿产资源下，

可划分出能源资源、金属矿产资源、非金属矿产资源、水气资源等，根据自然资源在经济部门中的地位可以将其分成农业资源、工业资源、交通资源、服务业资源按照自然资源是否可耗竭的特征分成耗竭性资源与非耗竭性资源两大类

（一）耗竭性资源耗竭性资源按其是否可更新或再生，又分为可更新资源和不可更新资源两类。

1. 不可更新资源指地壳中有固定储量的可得资源，由于它们不能在人类历史尺度上由自然过程再生（如铜），或由于它们再生的速度远远小于被开采利用的速度（如石油和煤），因此，一般认为它们是可耗竭的。

2. 可更新（再生）资源是指在正常情况下可通过自然过程再生的资源，这类资源在开发利用限定到一定程度或阈值内，其数量和质量能够再生和恢复，如各种生物及生物与非生物因素组成的生态系统。如果此类资源被利用的速度超过再生速度，它们也可能耗竭或转化为不可更新资源。矿产资源属于不可再生资源，其中一些金属（如黄金、铀、甚至铜、铁、锡、锌等）是可以重复利用的，而石油、煤炭、天然气等能源矿产则是不能重复利用的。

（二）非耗竭性资源。非耗竭性资源是指在目前的生产条件和技术水平下，不会在利用过程中导致明显消耗的资源，如太阳辐射能、风和海潮，海水等，这些资源在本质上是连续不断地供应的，它们的更新过程不受人类影响。

三、自然资源的基本特点

各种自然资源都有其自身的特点及其特殊的规律性。但作为自然资源的整体，还具有一些共同的特性和规律，这些基本特征主要是：相互联系，相互影响，相互制约。

自然环境的各个组成要素是相互联系，相互影响，相互制约的，自然资源是自然环境的重要组成部分，各种自然资源之间也往往是相互联系，相互制约的在一定的地质地形和水热条件下，便会形成一定的资源生态环境，特别是各种可再生资源之间，这种相互关系更为显著。例如，在热带湿润气候条件下，形成了热带雨林和季雨林环境以及相应的土壤、水和生物资源；在中温带半干旱气候条件下形成温带草原环境以及相应的土壤、水和生物资源。自然界中一种因素发生变化，便会引起整个环境发生变化，以致破坏某种自然资源存在的条件。如森林的过度砍伐会改变当地气候和水文条件，破坏森林的生态环境，使森林资源丧失；草地过度放牧会造成土地沙化，使草场资源退化等等。

分布不均，地域性差异明显，但具有一定规律性和不平衡性。由于自然条件的复杂性，生物区系发生迁移的历史因素和人类经营利用的强度与方式不同，生物资源的种类、数量、质量，以及保护管理等方面都会表现出明显的地域差异。

矿产资源的形成受地质作用的制约，它们的分布是有规律可循的无论是具有地带性规律的可再生资源，还是具有非地带性规律的非再生资源，它们的地区分布都是不平衡的。我国北方多煤，南方多有色金属；北方平地多，热量低，水分少；南方平地少，热量高，水分多。西北干旱，多风沙，光照强；西南湿润，光照少，垂直地域差异显著。

资源利用范围和利用率取决于正确的技术政策和先进的科学水平通常讲，自然资源的数量有限，但只要依靠正确的技术政策和先进的科学水平，其生产潜力和资源利用率都可不断扩大和提高，使自然资源发挥更多更大的作用。

自然资源既是人类生产和生活的物质基础，又是自然环境的组成部分。国民经济的发展和人们生产生活条件的改善都离不开自然资源。但是，人口的增长，生产力的发展，社会供需的剧增，再加上人们利用自然资源有着极大的盲目性，已造成目前世界上自然环境和自然资源的不断破坏与生态平衡的失调，从而严重影响了人类的生存和社会的发展。

第二节　自然资源的利用与环境保护

一、土地资源的利用与保护

（一）土地资源

土地资源是指在一定的技术经济条件下，能直接为人类生产和生活所利用，并能产生效益的土地。需要指出的是，在现有的技术经济条件下，并不是全部土地都可以成为土地资源。但随着科技进步、人类改造土地技术水平的提高、经济实力的不断增强，以及生活方式的日趋多样化，不能为人类利用的土地将会越来越少。

农业自然资源主要包括：由地貌、土壤、植被等因素构成的土地资源，由地表水、地下水等构成的水资源；由各种动植物构成的生物资源；由光、温度、湿度等因素构成的气候资源等。在农业自然资源中土地资源是核心，因为农、林、牧、渔生产本身就是动植物生产，离开了土地资源，农业生产就无法进行。这就充分说明土地资源是农业生产和人类赖以生存的物质基础，是极为宝贵的自然资源。

（二）我国土地资源利用现状与存在的问题

全世界有人定居的各大洲总土地面积为 $13381.6 \times 10^4 km^2$。我国幅员辽阔，土地总面积为 $960 \times 10^4 km^2$，占世界土地总面积的 7.2%，但人均占有量仅为 $0.76km^2$，只及人均水平的 1/30 我国土地资源的特点主要有以下几点。

1. 类型多样

我国北起寒温带，南至热带，南北长约 5500km，跨越 49 个纬度。其中，中温带至热带的面积约占总土地面积的 72%，寒温带和高原气候占 28%，热量条件良好东起太平洋沿岸，西达欧亚大陆中部，东西长达 5200km，跨越 62 个经度。其中，湿润、半湿润区土地面积占 52.6%，干旱、半干旱区占 47.4%。由于水热条件和复杂的地形、地质条件组合的差异，形成了多种多样的土地类型，生物资源很丰富。

2. 山地面积大

我国是个多山国家，丘陵山地面积占国土面积的 66%，平地仅占 34%，按海拔高程统计，低于 500m 的土地面积约占国土面积的 27%，500-1000m 的约占 16%，1000 ~ 1500m 的约占 18%，1500 ~ 3000m 的约占 14%，超过 3000m 的约占 25%。广大丘陵、山区自然条件复杂，自然资源丰富。据粗略统计，全国耕地面积占 40%，有林地占 90%，天然草场的一半分布在丘陵山区。

3. 农用土地资源比重小

按现在技术经济条件，可以被农林牧渔各业和城乡建设利用的土地资源仅 627 × 104km^2，占土地总面积的 65%。其他的 1/3 的土地是难以被农业利用的沙漠、戈壁、冰川、石山、高寒荒原等，在可被农业利用的土地中，耕地和林地所占比重相对较小，其中耕地约 1.35 × 108hm^2，林地约 1.67 × 104hm^2，天然草地约 2.8 × 108hm^2，淡水水面约 0.18 × 108hm^2，建设用地约 0.27 × l08hm^2。

4. 后备耕地资源不足

据统计，我国尚有疏林地、灌木林地与宜林宜牧的荒山荒地约 1.23 × 108hm^2，其中，适宜开垦种植农作物、人工牧草和经济林果者约 0.353 × 108hm^2，仅占国土面积的 3.7%，而质量较好的一等地仅有 3.1 × 105hm^2，质量中等的二等地有 8.0 × 106hm^2，质量差的三等地有 0.243 × 10shm^2。可见，数量少、质量差是我国后备土地资源主要特点。同时，这些后备土地资源又大多数分布在边远地区，开垦难度大。

（三）我国土地资源开发利用中存在的主要问题

1. 对土地缺乏严格管理，土地浪费严重

尽管有了土地管理法，但由于执法力量不足，特别是一些地方从局部眼前利益出发开发利用土地，致使滥占滥用土地现象严重。许多基建项目用地不报请批准或先用后报，宽打宽用，少征多用，早征晚用，多征少用，甚至征而不用，可以用劣地、空地、荒地的占用良田现象普遍。1998 年，中央电视台曾曝光三起严重违法滥占土地事件，并揭露了一些地区为了赶在国务院冻结建设用地无序扩张的规定之前抢征、虚征甚至弄虚作假，许多良田被占用。

2. 水土流失严重

人类活动破坏植被，就会引起水力对土壤的侵蚀，随即引起水土流失，这是当前土地资源遭到破坏的主要问题。我国解放初期水土流失面积为 $IM \times 10'km$，20 世纪 90 年代初已增至 $150 \times 104km^2$，约占全国总面积的 1/6，土壤流失量每年达 50 亿吨，居世界第一位水土流失的黄土高原最为突出，年侵蚀模数 5000~15000t/km²，长江流域由于上游森林砍伐，水土流失也很严重，目前其泥沙量已接近黄河。1998 年长江流域特大洪水同时也是一次特大范围、集中性的水土流失，对土地造成的破坏难以估量。我国水土流失造成土壤肥力的损失量每年相当于 4000 万吨化肥，价值 340 亿元。水土流失区使江河湖库淤积，内河通航里程缩短，洪水和泥石流等灾害增加。

3. 土地沙化在扩展

盲目开垦、过度放牧、砍伐森林，加上自然风力对土地的侵蚀，使土地沙化不断扩展。据分析，目前沙化面积的 95% 是由各种人为活动引起的，我国三北地区目前沙化土地面积为 $17.6 \times 10^4km^2$，其中历史上形成的有 $12 \times 10^4km^2$，近年形成的有 $5 \times 10^4 - 6 \times 10^4km^2$。现有 $15.8 \times 10^4km^2$ 的土地面临沙化的危险。我国从 20 世纪 50 年代至 70 年代以来，沙化土地每年扩展约 1500km²，受沙化危害的有 11 个省区的 212 个县，人口约 3500 万，耕地 $4.0 \times 106hm^2$，草场 $5.0 \times 10^6hm^2$。

4. 土地次生盐渍化面积较大

次生盐渍化是不合理灌溉形成的。我国次生盐渍化主要分布在北方，面积约 $8.0 \times 10^6hm^2$。在干旱区、半干旱区次生盐渍化的危害尤为严重，在新疆、甘肃受次生盐渍化威胁的耕地占耕地面积的 30%～40%，内蒙古河套平原耕地中，盐渍化耕地占 50% 左右。

5. 次生潜育化水稻土面积在扩大

潜育化水稻土的特点是在稻田土层的 50～60cm 深处形成一个清灰色还原层，通称青泥层，不利于水稻生长，由于管理不善或排灌不当产生的潜育化称次生潜育化。水稻土次生潜育化纯属人为造成的稻田质量退化，它是稻田提高单产的主要障碍因素之一。次生潜育化水稻土主要芬布在小丘间沟谷、河流沿岸、水库周围及渠系附近。我国次生潜育化稻田的数量相当可观，南方约有 4.200km²，湖南省洞庭湖周围潜育化水稻土约占 20%，江西全省稻田面积的 20% 为潜育化水稻土。

6. 耕地肥力下降

由于水土流失和对土地重用轻养、施用有机肥过低，使土地养分减少，地力普遍下降。据全国第二次土壤普查 1403 个县的资料统计显示，土壤无障碍因素的耕地只占耕地总面积的 15.3%，土壤有机质低于 0.6% 的耕地占 10.6%，耕地总面积的 59% 缺磷、23% 缺钾、14% 钾磷俱缺；耕层浅的占 26%，土壤板结的占 12%，东北地区的黑土开垦初期有机质含量为 7% ~ 10%，开垦不到 100 年降至 3% ~ 4%，严重的甚至降到了 2%。

7. 土地污染与破坏未得到有效控制

不合理的化肥和农药施用也会造成土壤污染，由于利用率低，大部分化肥、农药散失在土壤、水体和大气中，直接和间接地污染土壤，进而使动、植物和各种农产品中有毒物大量积累，危害人、畜健康，影响农产品进出口。近年来我国频繁发生水果、粮食、肉食出口因有害物质超标退货现象，造成了严重的损失。开采矿产不及时复垦，尾矿不合理堆积，也会破坏大量的土地，地下矿藏如煤炭，地下水等开采，会引起地面下沉或塌陷，此类现象屡见不鲜。

8. 城镇发展建设用地失控

近年来，一些城市发展规模失控，占用耕地面积过多问题较为突出。有关专家利用遥感卫星资料测算结果表明，1986 ~ 1995 年全国 31 个特大城市的主城区占地规模扩大了 50.2%，城市用地增长率与人口增长率之比为 1.12∶I 是合理的，而我国目前已高达 2.29∶1。个别城市 1980 ~ 1995 年人均占地从 76.9m^2 增至 158.1m^2，增加了一倍多，更为严重的是城市扩建占用的土地绝大多数都是城郊菜地或良田沃土。开发区建设占地失控也很突出，主要表现在两个方面，一是非法建的开发区占很大比重，二是开发区用地严重失控。据统计，仅开发区的起步区就占用了 73 万多公顷的土地，而且大多数都是耕地。村镇建设超标严重，首先是乡镇企业用地缺少指导，只顾眼前利益，盲目占用良田沃土；其次是农村居民宅基地用地严重超标，全国农村居民人均宅基地占用面积已达 190m^2，已超过规定的最高标准 150m 的 27%，而且宅基地几乎都选在交通方便的平原，占用的多为高产良田。

（四）土地资源的利用与保护的对策

（1）加强对土地承载能力的研究，大力发展宣传土地生态教育，使各地区在土地可承载的范围内指定人口政策，实行计划生育，实行计划生育可以缓解土地资源与人口增长的矛盾。因此严格控制我国人口增长是解决土地资源的基本国策。同时要全面提高全民的国土意识以及综合文化素质，让每个人都有合理利用土地资源、保护土地资源的意识。

（2）大力加强土地管理，保护好每一寸土地，严格控制非农业用地。要时刻按照《土地法》执法，严禁土地资源滥用，充分做好土地承载能力的研究，为土地的可持续发展做长远规划。同时还要建立健全土地使用管理制度，全面推进国土资源管理部门执法力，加速国土资源管理部门职能转换，为土地合理利用提供更好更完善的程序保障。

（3）加强农业投入，改造中低产田，加强农、林、牧业生产基地的建设。提高土地的承载能力主要途径就是中低产田改造。每种中低产田的改造都需要水利工程的投入，加强优质商品粮基地建设，方便国家的宏观调控，也可以有效地应付各种意外困难。

（4）加强土地资源的宏观建设。通过现有的技术条件拟定合理的土地资源开发规划，通过项目建设来改善宏观生态环境，从而对土地沙化有效防治，通过南水北调工程，提高水资源的利用率，也提高了干旱地区土地生产力。

（5）注重土壤污染防治工作。要着重控制污染源，加强土壤污染治理力度，正确合理地使用灌溉，做好对于土壤环境的检测和评价，要及时观察预报土壤破坏程度。

二、水资源的利用与保护

（一）水资源

水资源是指可以很容易供人们经常利用的水量，或者说是在某一地区范围内逐年可以得到更新和恢复的淡水资源，不包括海水、两极的冰川以及深层地下水等。

水是人类发展不可缺少的自然资源，是人类和一切生物赖以生存的物质基础。当今世界，水资源不足和污染构成的水源危机成为任何一个国家在政策、经济和技术上所面临的复杂问题和社会经济发展的主要制约因素。1992年1月，联合国在冰岛举行了水和环境国际会议，呼吁寻找新的途径，对淡水资源做出评价、发展和管理。1993年，世界银行提出了有关水资源的新课题。粮农组织最近成立了一个关于水和持续农业发展的国际项目（LAP-WASAD），这些信息表明，水资源问题已引起全世界的关注。

人类对水资源的开发利用分两大类：一类是从水资源取走所需的水量，满足人民生活和工农业生产的需要后，数量有所消耗，质量有所变化，在另外地点回归水源；另一类是取用水能（水力发电）、发展水运、水产和水上游乐，维持生态平衡等，这种利用不需要从水源引走水量，但是需要河流、湖泊、河口保持一定的水位、流量和水质。本书所讨论的水资源利用情况主要是第一类用水形式。

地球上水的总储量约有13.9亿立方千米，其中约97%为海洋咸水，不能直接为人类利用。淡水的总量仅为0.36亿立方千米，而且还不足地球总水量3%的淡水中，有77.2%是以冰川和冰帽形式存在于极地和高山上，也难以为人类直接利用；22.4%为地下水和土壤水，其中2/3的地下水深埋在地下深处；江河、湖泊等地面水的总量大约只有23万立方千米，占淡水总量的0.36%。因此，只有约20%的淡水是人类易于利用的，而能直接取用的河、湖淡水仅占淡水总量的0.3%。可见，可供人类直接利用的淡水资源是十分有限的。

（二）水资源的重要作用

1. 调节气候

水是大气的重要成分。虽然大气中仅含全球水量的百万分之一，然而，大气和水之间的循环相互作用，确定了地球水循环运动，形成支持生物的气候。大气中的水帮助调节全球能量平衡，水循环运动起着不同地区的能量传输作用。

2. 水磨塑造地球表面的形态

流动的水开创和推动土地地貌的形成，重排地表景观以及三角洲形成等。水是形成土壤的关键因素，也在岩石的物理风化中起着重要作用。

3. 水具有物质运输的功能

水可以输送多种多样材料和营养物质水输送物质的形式有两种：溶解的矿物质和整体物质。大气中的各种颗粒物质可以沉降到水体，然后由水输送。从这一方面可以看到，水可以把环境污染物输送、扩散到更远、更广泛的区域。

4. 水是一切生物必不可少的物质

生命的形成离不开水，水是生物的主体，生物体内含水量占体重的 60% ~ 80%，甚至 90% 以上。水是生命原生质的组成部分，并参与细胞的新陈代谢，还是生物体内外生物化学发生的介质。因此，一切生命都离不开水。水与生物以各种方式相互作用。在一个区域范围内，水是决定植被群落和生产力的关键因素之一，还可以决定动物群落的类型、动物行为等。

5. 水是人类赖以生存和生产的最基本的物质基础

水与人类的关系非常密切，不论是生活还是生产活动都离不开水这一宝贵的自然资源，水既是人体的重要组成，又是人体新陈代谢的介质，人体的水含量占体重的 2/3，维持人类正常的生理代谢，每天每人至少需要 2 ~ 3L 水。工业生产、农田灌溉、城市生活都需要消耗大量的水。但是，随着人口和经济活动的加剧，全球的水循环已大大偏离了它的自然状态，水的流动已发生了显著的变化。人口迅速增长，加快了对水资源的消耗，工农业生产发展严重污染了水体，森林破坏改变了蒸发和径流方向等，这些人类活动造成了水资源的严重破坏，使世界面临着水危机。

（三）世界水资源的供给与利用

通常人们将全球陆地入海径流总量作为理论上的水资源总量，即全球水资源总量为 47000km³ 而这一水资源数量在全球分布又是不均匀的，各国水资源丰缺程度相差很大。人类在早期对水资源的开发利用，主要是在农业、航运、水产养殖等方面，而用于工业和城市生活的水量很少，直到 20 世纪初，工业和城市生活用水仍只占总用水量的 12% 左右。随着世界人口的高速增长以及工农业生产的发展，水资源的消耗量越来越大。世界用水量逐年增长，1900 ~ 1975 年间，每年以 3% ~ 5% 的速度递增，即每 20 年左右增长一倍。到 21 世纪，世界总用水量将达到 6000 亿立方米，占世界总径流量的 15%。

在人类消耗的淡水资源中生活用水量只占总用水量的很小部分，目前全世界的生活用水量只占河川径流量的 1/7，但随着人类生活水平的不断提高，生活用水量在不断增长。

在工业用水中，主要是能源部门的冷却用水量大。在热电厂，每生产 1000kW·h 电，需用水 200-500m³，而原子能电站需水量多一倍。世界能源年产量为 4 clo¹²kW-h 电，耗水霞约为 1.2clo，om\按照目前的趋势，电力生产每 10 年翻一番，耗水量较大的核电站的比例将提高到 30% ~ 50%。因此，电力工业需水量将增加一个数量级。在保持现代工业发展进度情况下，冷却水用量占全球需水量的 30%，工业发达国家则可能到 60%。其次冶金工业和化学工业耗水量也很大。

农业用水的耗水量主要是灌溉用水。并且农业用水的损失比工业用水要高得多，因此，农业用水对水资源的消耗是最大的。自 1950 年以来，世界灌溉农田增加了近 3 倍，达到 2.7 亿公顷。淡水资源总量并不能充分为人们所利用，例如，美国人均年占淡水资源 10230m³，但约有 2/3 通过湖泊、河流、湿地等的蒸发及植物表面蒸腾进入到大气或流回海洋。因此，对水资源的消耗应当合理有序，否则，就会引起一系列的不良后果。如广州市佛山出现许多地面塌陷的现象，专家指出其原因是采矿的同时大量提取地下水造成的。此外，大量废水的排放引起纳污水体的污染，使水资源更加紧张，出现严重的水资源危机。

（四）水危机产生的原因

从总的水储量和循环量来看，地球上的水资源是丰富的，如能妥善保护与利用，可以供应 200 亿人的使用。但由于消耗量不断地增长和可利用水域的污染等原因，造成可利用水资源的短缺和危机，主要有以下几个方面的原因。

1. 自然条件影响

地球上淡水资源在时间和空间上的极不均匀分布，并受到气候变化的影响，致使许多国家或地区的可用水量甚缺。例如，我国长江、珠江、浙、闽、台及西南诸河流域的水量占总水量的 81.0%，而这些地区的耕地仅占全国的 35.9%；华北和西北地处干旱或半干旱气候区，其降雨和径流都很少，季节性缺水很严重。北非和南撒哈拉地区、阿拉伯半岛、伊朗南部、巴基斯坦和西印度是年降雨长期平均变化最大的区域，其变化幅度超过 40%。美国西南部、墨西哥西北部、非洲西南部、巴西最东端以及智利部分地区也是如此。因此，世界许多地区会出现区域性的供水危机。

2. 城市与工业区集中发展

200 多年来，世界人口趋向于集中在占全球较小部分的城镇和城市中，在 20 世纪中期以来这种城市化进程已明显加快。我国在改革开放后的 30 多年中，城市的数量增加了好几倍，城市的规模也越来越大。目前世界上城市居民约占世界人口的41.6%，而城市占地面积只占地球上总面积的 0.3%。在城市和城市周围又大量建设了工业区，因此集中用水量很大，超过当地水资源的供水能力。例如，日本年降雨量 1818mm，但由于 73% 的工业集中在太平洋沿岸，而且东京、大阪、名古屋三大城市周围 50km 以内，不到国土的 1% 土地以上居住了全国总人口 32%，因此这些城市用水十分紧张。

3．水体污染

水体有两个含义：一般是指河流、湖泊、沼泽、水库、地下水、海洋的总称。在环境学领域中，则把水体当作包括水中的悬浮物、溶解物质、底泥和水生生物等的完整生态系统或自然综合体。由于污染物的入侵，使许多水体受到污染，致使其可利用性下降或丧失。因此，水体污染是破坏水资源、造成可利用水资源缺乏的重要原因之一。主要的水体污染物包括各种有机物、酸污染、悬浮物、有毒重金属和农药以及氮磷等营养物质。

4．用水浪费

城市生活和工农业用水都存在大量的浪费。由于管理不善，工程配套差和工艺技术落后，城市管网和卫生设施的漏水很普遍，是城市生活用水中浪费最大的一项据统计，美国城市管网漏水量平均达每人每天 60L，占全部用水量的 10%～15%。北京漏水量占总用水量的 10%～40%，甚至可达 70%。工业上从水源取用的水量远远超过其实际耗水量，如美国 1970 年统计表明，占全国工业用水量 78% 的热电站用水，其实际耗水量仅为其取用水量的 1%。农村大水漫灌，利用率很低，而且渠道渗漏很大，不仅浪费水资源，而且引起土壤的次生盐渍化和潜育化，降低土壤质量。

5．盲目开发地下水

由于地表径流的减少，水资源的开发由地表转入地下，但由于对地下水的盲目过量开采，引起了一系列的后果。我国北方地下水年开采量超过了 370 亿立方米，河北省沧州市 1973 年地下水位降落漏斗为 1600km^2，中心水位埋深 33m，到 1980年已达到 2700km^2，中心水位达 68m，这种现象在北方较普遍。由于过量开发地下水，导致上海市、天津市都发生了严重的地面下沉；一些沿海城市出现了海水入侵，使地下水含盐量过高，失去饮用价值；我国西南部分碳酸盐地区的岩溶塌陷。

（五）我国水资源的特点

我国水资源的时空分布特点，可通过降水、蒸发、径流等平衡要素的分布反映如下。

1．水资源总量较丰富，人均和地均拥有量少

我国多年平均年水资源总量为 28124 亿立方米，其中河川径流约占 94%，低于巴西、苏联、加拿大、美国和印度尼西亚，约占全球径流总量的 5.8%，居世界第 6 位。平均径流深为 284mm，为世界平均值的 90%，居世界第 7 位。可见，我国的水资源量还是比较丰富的。然而，我国人口众多，按 13 亿人口计算，平均每人每年占有的河川径流量 2260m³，不足世界平均值的 1/4，分别是美国人均占有量的 1/6，苏联的 1/8，巴西的 1/19 和加拿大的 1/58。我国地域辽阔，平均每公顷耕地的河川径流占有量约 28320m³，为世界平均值的 80%。所以，我国水资源量与需求不适应的矛盾十分突出，以占世界 7% 的耕地和 6% 的淡水资源养活着世界上 22% 的人口。

2．水资源时空分布不均

我国水资源的时空分布很不均匀，与耕地、人口的地区分布也不相适应。我国南方地区耕地面积只占全国 35.9%，人口数占全国的 54.7%，但水资源总量占全国总量的 81%；而北方四区水资源总量只占全国总量的 14.4%，耕地面积却占全国的 58.3%。由于季风气候的强烈影响，我国降水和径流的年内分配很不均匀，年际变化大，少水年和多水年持续出现，旱涝灾害频繁，平均约每三年发生一次较严重的水旱灾害。

3．水土流失严重，许多河流含沙量大

由于自然条件的限制和长期人类活动的结果，我国森林覆盖率只有 12%，居世界第 120 位。水土流失严重，全国水土流失面积约 150 万平方千米，约占国土面积 1/6。结果造成许多河流的含沙量大，如黄河年平均含沙量为 37.7kg/m³，年输沙总量 16 亿吨，居世界大河之首。

4．我国水资源开发利用各地很不平衡

在南方多水地区，水的利用率较低，如长江只有 16%，珠江 15%，浙闽地区河流不到 4%，西南地区河流不到 1%。但在北方少水地区，地表水开发利用程度比较高，如海河流域利用率达到 67%，辽河流域达到 68%，淮河达到 73%，黄河为 39%，内陆河的开发利用达 32%。地下水的开发利用也是北方高于南方，目前海河平原浅层地下水利用率达 83%，黄河流域为 49%。

（六）水资源的利用和保护

随着人口的增长，城市化、工业化以及灌溉对水的需求日益增加，21 世纪将出现许多用水紧缺问题。在可供淡水资源有限的情况下，应积极采采取措施保护宝贵的水资源。一般采取以下几种措施右

1．提高水的利用效率，开辟第二水源

这是目前解决水资源紧张的重要途径，主要方法如下所述。

（1）降低工业用水量，提高水的重复利用率

降低工业用水量的主要途径是改革生产用水工艺，争取少用水，提高循环用水率。如炼钢厂用氧气转炉代替老式平炉，不但提高了钢的质量，而且用水量降低了86% ~ 90%。现在世界上许多工业发达的国家都把提高工业重复用水率作为解决城市用水困难的主要手段。有的国家还铺设了专门供工业循环用水的管道，效果很好。我国近几年来，对水的重复利用也逐步开展起来。在一些水源特别紧张的城市，水的重复利用率已达到较高水平，如大连市为79.5%，青岛为77.3%，太原为83.8%，但整体水平还比较低，平均工业用水重复利用率仅为20% ~ 30%。如果把全国工业用水的平均重复利用率从目前的20%提高到40‰每天可节水1300万吨，相应地节省供水工程投资26亿元，节水量和经济效益都是相当可观的。

提高工业用水重复利用率，不仅是合理利用水资源的重要措施，而且减少了工业废水量，减轻了废水处理量和对水体的污染。

（2）实行科学灌溉，减少农业用水浪费

全世界用水的70%为农业灌溉用水，但其利用率很低，浪费严重。据估计，全世界有37%的灌溉水用于作物生长，其余63%都被浪费掉了。因此，改革灌溉方法是提高用水效率的最大潜力所在。渠道渗漏是世界各国在发展灌溉事业时遇到的共同问题。据国际灌溉排水委员会的统计，灌溉水渗漏损失量一般为15% ~ 30%，高的甚至达到50% ~ 60%。我国渗漏损失一般为40% ~ 50%，高的甚至达到70% ~ 80%。因此，防渗渠道和暗管输水等工程技术的应用可以得到明显的节水效果。

灌溉方式的改进是农业节水的重要途径，20世纪60年代，在以色列发展起来的滴灌系统，可将水直接送到紧靠植物根部的地方，以使蒸发和渗漏水量减到最小。当前，国外灌溉节水技术的发展趋向是采用完整的灌溉排水管道系统，它具有能源消耗少、输水快、配水均匀、水量损失小、不影响机耕等优点。此外，一些国家还研究了新的灌溉技术，如涌流灌溉、水平畦田灌溉、采用自动升降竖管等。内布拉斯加农业和自然资源研究所设计了一种灌溉计算机程序，利用各小型气象站收集来的数据计算各地区生长的不同作物的蒸发蒸腾率，指导农民调整灌溉日期。自动灌溉技术，利用计算机控制流量、监测渗漏、调节不同风速和土壤湿度条件下的用水量，并使肥料用量最佳化。我国最新的研究表明，覆盖滴灌对水的利用效率更高，是适合干旱半干旱地区的新型灌溉技术。

（3）回收利用城市污水、开辟第二水源

回收和重新使用废水，使其变为可用的资源是另一种提高水使用效率的方法。在东京，城市水回收中心通过三级水处理厂慢沙过滤回收废水，氯化消毒后用于冲洗高层建筑的厕所。北京也曾修建过类似的"中水道"系统。

2．调节水源流量，增加可靠供水

水资源紧张的第一个原因是自然条件的影响，如气候、地理位置、淡水分布不均匀等问题。人们试图通过调节水源流量、开发新水源的方式加以解决。

（1）建造水库

建造水库调节流量，可以将丰水期多余水量储存在库内，补充枯水期的流量不足。不仅可以提高水源供水能力，还可以为防洪、发电、发展水产等多种用途服务。目前，各国在江河上建造的库容超过 I 亿立方米的水库共有 1350 个，总蓄水量达到 4100km³。然而，在很多工业发达国家，随着建库地址的选择日益困难，增加新蓄水设施的成本迅速提高，水库发展的速度明显减慢了。发展中国家的水库建设仍处于全盛时期。在建库时，还必须研究对流域和水库周围生态系统的影响，否则会引起不良后果。

（2）跨流域调水

跨流域调水是一项耗资昂贵的增加供水工程，是从丰水流域向缺水流域调节。由于其耗资大、对环境破坏严重，许多国家已不再进行大规模的流域间调水。巴基斯坦的西水东调工程和澳大利亚的雪山河调水工程，以及我国近年来相继完成的引黄济青、南水北调、引滦入津和引滦入唐等工程都是从丰水流域向缺水流域供水的大工程。

（3）地下蓄水

目前，已有 20 多个国家在积极筹划人工补充地下水。在美国，加利福尼亚的地方水利机构每年将 25 亿立方米左右的水储存地下。到 1980 年，该州已有 3450 万立方米的水储存在两个水利工程项目的示范区内；其单位成本平均至少比新建地表水水库低 35% ~ 40%。美国国会于 1984 年秋通过立法，批准西部 17 个州兴建蓄水层回灌示范工程。在荷兰，实现人工补给地下水后，解决了枯水季节的供水问题，每年增加含水层储量 200 万 ~ 300 万立方米。

（4）海水淡化

海水淡化可解决海滨城市的淡水紧缺问题。目前，世界海水淡化的总能力为 2.7km³/a，不到全球用水量的 1%。沙特阿拉伯、伊朗等国家海水淡化设备能力占世界的 60%，在沙特阿拉伯还建造了世界上最大的淡化海水管道引水工程。

（5）拖移冰山

此工程在近期内还不可能实现，仍处于计划阶段。据估计，南极的一小块浮冰就可获得 10 亿立方米的淡水，可供 400 万人一年的用量。

（6）恢复河、湖水质

采用综合防治水污染的方法恢复河湖水质。即采用系统分析的方法，研究水体自净、污水处理规模、污水处理效率与水质目标及其费用之间的相互关系，应用水质模拟预测及评价技术，寻求优化治理方案，制订水污染控制规划。采用这种方法治理的河流，如美国的特拉华河、英国的泰晤士河、加拿大的圣约翰河等水质都得到恢复，增加了淡水供应。

（7）合理利用地下水

地下水是极其重要的水资源之一，其储量仅次于极地冰川，比河水、湖水和大气水分的总和还多。但由于其补给速度慢，过量开采将引起许多问题。在开发利用地下水资源时，应采取以下保护措施。

（1）加强地下水源勘察工作，掌握水文地质资料，全面规划，合理布局，统一考虑地表水和地下水的综合利用，避免过量开采和滥用水源。

（2）采取人工补给的方法，但必须注意防止地下水的污染。

（3）建立监测网，随时了解地下水的动态和水质变化情况，以便及时采取防治措施。

4．加强水资源管理

为加强水资源管理，制定合理利用水资源和防止污染的法规，改革用水经济政策：如提高水价、堵塞渗漏、加强保护等。提高民众的节水意识，减少用水浪费严重和效率低的状况。

5．增加下水道建设，发展城市污水处理厂

欧美等国从长期的水系治理中认识到，普及城市下水道，大规模兴建城市污水处理厂，普遍采用二级以上的污水处理技术，是水系保护的重要措施。

第四章 大气污染及其防治

第一节 火气及大气层结构

一、大气

地球表面环绕着一层很厚的气体，称为环境大气或地球大气，简称大气。

二、大气的组成

自然情况下，大气的组成成分如表 4-1 所列，各成分具有的相应作用也列在表 4-1 中。

表 4-1 大气的组成成分及各成分的作用

大气组成				主要作用
干洁大气	主要成分（99.96%）	N_2	78.08%	生物体的基本成分
		O_2	20.95%	维持生物活动的必要物质
		Ar	0.93%	
		CO_2	0.03%	植物光合作用的原料；对地面保温
	次要成分（0.04%）	氖、氦、氟、臭氧、甲烷等		
	水蒸气			成云致雨的必要条件；对地面保温
	固体杂质（气溶胶粒子）			成云致雨的必要条件

所有干洁大气的成分在自然状态下都是气体状态。

大气中的二氧化碳主要来源于有机物的燃烧、腐烂以及生物的呼吸，矿泉、地裂隙和火山喷发也向大气排出二氧化碳；所以大气中的二氧化碳也随时间和空间变化。

大气中的水蒸气来源于海洋、湖泊、江河、沼泽、潮湿地面及植物表面的蒸发或蒸腾作用。大气中的水蒸气一般是低纬度地区大于高纬度地区，沿海地区大于内陆地区，夏季大于冬季。在垂直方向水蒸气含量迅速减小，观测表明，在 1.5 ~ 2km 高度处空气中水蒸气含量只有地面附近的 1/2，在 5km 高度只有地面的 1/10。

大气气溶胶粒子是指悬浮于空气中的液体和固体粒子，包括水滴、冰晶、悬浮着的固体灰尘微粒、烟粒、微生物、植物的砲子花粉以及各种凝结核和带电离子等。它是低层大气的重要组成部分，是自然现象和人类活动的产物。

三、大气层的结构

大气层的空气密度随高度升高而减小，高度越高空气越稀薄。大气层的厚度大约在 1000km 以下，但没有明显的界线。整个大气层随高度不同表现出不同的特点，分为对流层、平流层、中间层、暖层和散逸层，再上面就是星际空间了。

（1）对流层。对流层在大气层的最低层，紧靠地球表面，其厚度大约为 10 ~ 20km。对流层的大气受地球影响较大，云、雾、雨等现象都发生在这一层内，水蒸气也几乎都在这一层内存在。这一层的气温随着高度的增加而降低，大约每升高 1000m，温度下降 5 ~ 6℃。动植物的生存，人类的绝大部分活动，也在这一层内进行。因为这一层的空气对流很明显，故称对流层。

（2）平流层。对流层上面，直到高于海平面 50km 这一层，气流主要表现为水平方向运动，对流现象减弱，这一大气层叫作"平流层"，又称"同温层"。这里基本上没有水蒸气，晴朗无云，很少发生天气变化，适于飞机航行。在 20-30km 高处，氧分子在紫外线作用下形成臭氧层，像一道屏障保护着地球上的生物免受太阳紫外线的袭击。

（3）中间层。平流层以上是中间层，大约距地球表面 50-85km，这里的空气已经很稀薄，突出的特征是气温随高度增加而迅速降低，空气的垂直对流强烈。

（4）暖层。中间层以上是暖层，大约距地球表面 80-1000km，暖层最突出的特征是当太阳光照射时，太阳光中的紫外线被该层中的氧原子大量吸收，因此温度丹高，故称暖层。

（5）电离层。大气因受太阳辐射，温度较高，气体分子或原子大量电离，复合概率又少，形成电离层，能导电，反射无线电短波。人类还借助于暖层，实现短波无线电通信，使远隔重洋的人们相互沟通信息。经常会出现许多有趣的天文现象，如极光、流星等。

第二节　大气污染与大气污染物

一、大气污染

在干洁的大气中，痕量气体的组成是微不足道的。但是在一定范围的大气中出现了原来没有的微量物质，其数量和持续时间都有可能对人、动物、植物及物品、材料产生利影响和危害。大气中污染物质的浓度达到有害程度，以致破坏生态系统和人类正常生存和发展的条件，对人或物造成危害的现象叫作大气污染。

二、大气污染源

大气污染来源从总体看可分为自然源和人为源。由自然源造成的污染多为暂时的、局部的；由人为源造成的污染通常延续时间长、范围广。随着人类经济活动和生产的迅速发展，在大量消耗能源的同时，也将大量的废气、烟尘物质排入大气，严重影响了大气环境的质量，特别是在人口稠密的城市和工业区域。当前面临的大气污染多与人为活动有关，称为人工污染源。

（1）如果按空间分布，大气污染源可以分为以下几种。

①点源，污染物集中于一点或相当于一点的小范围排放源，如工厂烟囱排放源。

②线源，交通干线两侧汽车尾气污染源。

③面源，在相当大面积范围内有许多个污染排放源，如一个大城市内的许多污染物排放源。

（2）如果从产生的来源来看，大气污染源可以分为以下几种。

①生活污染源，城市居民、机关和服务性行业，由于烧饭、取暖、沐浴等生活上的需要，燃烧矿物燃料，向大气排放煤烟、油烟、废气等造成大气污染；城市生活垃圾在堆放过程中厌氧分解排出的二次污染物和垃圾焚烧过程中产生的废气等。

②工业污染源，大气污染的重要来源，包括燃料燃烧排放的污染物、工艺生产过程中排放的废气（如化工厂向大气排放的具有刺激性、腐蚀性、异味和恶臭的有机和无机气体；炼焦厂排放的酚、苯、炷类和化纤厂排放的氨、二硫化碳、甲醇、丙酮等有毒有害物质）以及生产过程中排放的各类金属和非金属粉尘。由于工业企业的性质、规模、工艺过程、原料和产品等种类不同，对大气污染的程度也不同。

③交通污染源，由行驶中的汽车、火车、船舶和飞机等交通工具，排放出含有一氧化碳、碳氢化合物、含铅等污染物的尾气造成大气污染。从目前来看，排放污

染物最多的还是汽车。近年来，我国的公路交通发展很快，汽车排放的废气在一些大城市也已成为主要的空气污染源。

④农业污染源，农业机械运行时排放的尾气；农田施用化学农药、化肥、有机肥时有害物质直接逸散到大气中，或从土壤中经分解后向大气排放的有毒、有害及恶臭气态污染物等；露天燃烧秸秆、树叶或者废弃物等。

⑤沙尘污染源，由于农村和城市过度开发，植被和水面遭受破坏而减少或消失，地表裸露，地面沙尘被风力或交通工具扬起，可吸入颗粒物悬浮于大气中，造成大气污染。2000 年 4 月 29 日修改后的《大气污染防治法》特别加强了对这一污染源的防治。

三、大气污染物

（一）大气污染物概念

大气污染物指由于人类活动或自然过程排入大气中，并对人和环境产生有害影响的那些物质。

（二）大气污染物分类

大气污染物的种类很多，目前已知约有 100 多种。按其存在状态可分为两大类：一种是气溶胶状态污染物，另一种是气体状态污染物。

大气污染物还可以根据其形成过程的不同，分为一次污染物和二次污染物。

1. 气体状态的污染物

气体状态的污染物是指某些污染物在常温下以分子状态分散在空气中，运动速度较大，扩散快，并在空气中分布均匀，许多污染物可扩散到很远的地方。

常见的气体状态的污染物分类如表 4-2 所列，有硫氧化物、氮氧化物、碳氧化物、碳氢化合物和臭氧等。

表 4-2　气体状态污染物分类

污染物名称	代表性物质	主要来源	危害
硫氧化物	doz，so_3	几乎所有工业企业	刺激性，腐蚀作用，酸雨
氮氧化物	NO，NCh	燃料的燃烧过程	刺激性，腐蚀性，光化学污染，烟雾
碳氧化物	CQ，CO	燃料的燃烧和加工、汽车排气	CO 引起缺氧窒息；浓度达 1% 时，人会在 2min 内死亡
碳氢化合物	TVOC	汽车排放	化学烟雾
臭氧	O_3	汽车尾气	光化学烟雾，刺激性

2．颗粒状污染物

颗粒状污染物也称气溶胶污染物或气体中的微粒污染物，包括粉尘、烟、雾、降尘、飘尘、总悬浮物和液滴等。

（1）粉尘，粉尘指悬浮于气体介质中的小固体粒子，形状不规则，尺寸（粒径）通常在 $1 \sim 200 \mu m$。

（2）烟，烟是指由冶金过程形成的固体颗粒的气溶胶，颗粒尺寸很小（$0.01 \sim 1 \mu m$），粒径一般小于 $1/\mu m$。

（3）雾，雾是由蒸汽凝结和化学反应形成的液体颗粒。烟雾是煤烟、粉尘和水蒸气的集合体，典型的烟雾粒径为 $0.5 \sim 1 \mu m$。

（4）飘尘，飘尘指的是粒径小于10ptm的微粒（烟气、煤烟、雾），能在大气中长期飘浮的悬浮物质，能被人直接吸入呼吸道内造成危害（可吸入颗粒物PM10）；易将污染物带到很远的地方，导致污染范围扩大；为化学反应提供反应床。

3．一次大气污染物（原发性污染物）

一次大气污染物是指由人为污染源或自然污染源直接排放到环境中的原始物质，进入大气后其物理、化学性状均未发生变化的污染物。

一次污染物包括各种气体、蒸汽和颗粒物，最主要的是二氧化硫、一氧化碳、氮氧化物、颗粒物、碳氢化合物等。

4．二次大气污染物（继发性污染物）

二次大气污染物是指由污染源排入环境中的一次污染物与大气中原有成分，或几种一次污染物之间，发生了一系列的化学变化或光化学反应，形成了与原污染物性质不同的新污染物。

二次污染物包括硫酸烟雾、光化学烟雾等，这类物质的颗粒微小，通常在0.01 ~ 1.0Mm，其毒性比一次污染物还强。

5．总悬浮颗粒物（TSP）和可吸入颗粒物（PM10）

在我国的环境质量标准中，还根据粉尘（烟尘）颗粒的大小，将其分为：总悬浮颗粒物（TSP），是指能悬浮在空气中，空气动力学当量直径小于等于100Mm的颗粒物；可吸入颗粒物（PM10），是指悬浮在空气中，空气动力学当量直径小于等于的颗粒物。

四、全球性大气污染问题

国外大气污染从18世纪末到20世纪中，主要为煤烟型污染，主要污染物为二氧化硫、烟尘。历史上的大气污染公害事件如伦敦烟雾事件、比利时马斯河谷烟雾事件、美国多诺拉烟雾事件等，都属于煤烟型污染带来的灾害。

20 世纪 50—60 年代，主要为"石油型"污染和复合型污染。

表现为以下几方面。

（一）酸雨

酸雨是复杂的大气化学和大气物理现象，是由自然排放和人为活动等释放到大气中的二氧化硫或氮氧化物通过氧化反应（气相或液相反应），生成硫酸或硝酸和亚硝酸，附着在凝结核上降落到地面上的。

大气中的二氧化硫和氮氧化物主要来源于煤和石油的燃烧，它们在空气中氧化剂的作用下形成溶解于雨水的酸。据统计，全球每年排放进大气的二氧化硫约 1 亿 t，二氧化氮约 5000 万 t，所以酸雨主要是人类生产活动和生活造成的。

目前，全球已形成三大酸雨区。我国酸雨区覆盖四川、贵州、广东、广西、湖南、湖北、江西、浙江、江苏和青岛等省市部分地区，我国面积达 380 多万 km² 的酸雨区是世界三大酸雨区之一。我国酸雨区面积扩大之快、降水酸化率之高，在世界上是罕见的。世界上另两个酸雨区是以德、法、英等国为中心，波及大半个欧洲的北欧酸雨区，以及包括美国和加拿大在内的北美酸雨区。这两个酸雨区的总面积大约 1000 多万 km²。酸雨是由大气污染造成的，而大气污染是跨越国界的全球性问题，所以，酸雨是涉及世界各国的灾害，需要世界各国齐心协力、共同治理。

酸雨给地球生态环境和人类社会经济都带来了严重的影响和破坏。研究表明，酸雨对土壤、水体、森林、建筑、名胜古迹等人文景观均带来了严重危害。不仅造成重大的经济损失，更危及人类的生存和发展。

酸雨使土壤酸化，肥力降低，有毒物质毒害作物根系，杀死根毛，导致作物发育不良或死亡。

酸雨会杀死水中的浮游生物，减少鱼类食物来源，破坏水生生态系统；酸雨污染河流、湖泊和地下水，直接或间接危害人体健康，如在瑞典的 9 万多个湖泊中，已有 2 万多个遭到酸雨危害，其中 4000 多个成为无鱼湖。

酸雨对森林的危害更不容忽视，酸雨淋洗植物表面，直接伤害或通过土壤间接伤害植物，促使森林衰亡。北美酸雨区已发现大片森林死于酸雨。德、法、瑞典、丹麦等国已有 700 多万 hm² 森林正在衰亡，我国四川、广西壮族自治区区有 10 多万 hm² 森林也正在衰亡。

酸雨对金属、石料、水泥、木材等建筑材料均有很强的腐蚀作用，因而对电线、铁轨、桥梁、房屋等均会造成严重损害。如加拿大的议会大厦，我国四川的乐山大佛、北京卢沟桥的石狮和附近的石碑，五塔寺的金刚宝塔等均遭酸雨侵蚀而严重损坏。

（二）全球变暖和气候变化

大气能使太阳短波辐射到达地面，但地表向外放出的长波热辐射线却被大气吸收。在地球大气成分中，二氧化碳的含量虽然只有0.031%，但它却同水蒸气一样，对红外长波辐射具有强烈的吸收作用。也就是说，地面发生的长波辐射被大气中的二氧化碳"截留"，而没有使地面发生的长波辐射散逸到宇宙空间去，从而使低层大气增温。这种只允许太阳短波辐射进入而阻挡地面长波辐射散失的增温效应，类似于栽培农作物的温室，故名温室效应。

温室效应告诉我们，如果大气中的二氧化碳含量逐渐增加，全球的大气平均温度将逐步升高。自从工业革命之后，尤其是在过去的一个世纪内，由于工业的飞速发展，化石燃料的大量燃烧，大气中二氧化碳的含量已增加了约5%。

大气中二氧化碳的含量增加时，将有一部分二氧化碳溶解于海水中，以碳酸氢根离子的形式贮存起来，而且绿色植物的光合作用也会消耗一部分二氧化碳。但是，如果人类毫无节制地大量燃烧化石燃料，大肆砍伐森林，则大气中二氧化碳的含量势必迅猛增加。

当二氧化碳增加的量超过了海洋溶解吸收的能力后，"多余的"二氧化碳将长期地保留在空气中。这是因为，当旧的平衡被破坏之后，要达到海洋与大气之间二氧化碳含量的新平衡，需要很长的时间。而这段滞后时间，可能长到足以引起气候上的较大变化。

随着人类活动范围的扩大，二氧化碳、沼气、氧化氮等温室效应气体含量逐渐增加，地球表面温度也随之升高。政府间气候变化专门委员会（IPCC）得出的几个结论是：在过去的100年间，地球的平均温度升高0.3～0.6℃，海平面高度增加了10～25cm。气温和海平面高度仍会持续上升。众多模型的模拟结果表明，到2030年气温将升高1～3.5℃海平面将上升15～95cm。

地球表面温度的上升带来了一系列问题，从长远来看这一问题正在逐渐严峻。

（1）由于海平面上升，部分国家的国土面临着被淹没的危险。二氧化碳引起的温度升高，最终将导致北美格陵兰与南极冰盖的融化，加上其他高山冰川的消融，全球的海平面将逐步上升。对于世界各大河流入海处三角洲地带的经济和社会生活将带来灾难性的冲击和影响。如我国的长江、孟加拉国的恒河、巴基斯坦的印度河、埃及的尼罗河以及南美洲哥伦比亚的马格达雷纳河等河口周围地区，都是人口密集、经济繁荣的"黄金地带"。但是，这些地区地势低洼，尤其像我国的天津、上海等大城市，都是在千百年前刚刚退海成陆的滨海之区兴建起来的，因此海平面只要稍有上升，就会发生海水倒灌而加重盐渍化程度的问题，或者径直沉于海底。

（2）对生态系统的影响。二氧化碳引起温度升高，导致暴雨、干旱等异常气候增加，部分珍稀遗传基因减少，沙漠化面积增大，水资源短缺的现象更为严重。温度升高还会导致各种农作物病虫害的发生，粮食作物产量下降，粮食不足问题加剧，热带传染病发生增多（疟疾、霍乱等）。高温引起用于空调等的能源增加，进而引发能源危机。

二氧化碳是全球变暖的原因之一。燃烧石油和汽油时会排出大量的二氧化碳。日本、美国、俄罗斯等国家都是二氧化碳的排放大国。控制全球变暖，就必须减少大气中的温室气体含量，其中关键的问题是控制 CO_2 的含量。发达国家负有减少温室气体的主要责任。基本控制对策主要是开发利用新能源、开发替代能源、发展核能与氢能。另外，从我们自身做起，以，"低碳生活"的生活态度，尽力减少能量的耗用来降低碳，特别是二氧化碳的排放量，从而减少对大气的污染，减缓生态恶化。

（三）臭氧层破坏

臭氧（O_3）是一种有臭味的气体，常温下呈浅蓝色。大气中的臭氧含量仅为一亿分之一，但在离地面 20 ~ 30km 的平流层中，有一个臭氧含量较高的臭氧层，其中臭氧的含量占这一高度空气总量的十万分之一。臭氧层的臭氧含量虽然极其微小，但它好像一个巨大的过滤网，可以吸收和滤掉太阳光中有害的紫外线。由于臭氧层有效地挡住了来自太阳紫外线的侵袭，才使得人类和地球上各种生命能够存在、繁衍和发展。

但近地低空中（对流层）的臭氧却是一种污染物。低层臭氧含量的增加可以引起光化学烟雾，危害森林、作物、建筑物等。臭氧还会直接引起人的机体失调和中毒。

1985 年，英国科学家观测到南极上空出现臭氧层空洞，并证实其同氟利昂（CFG）分解产生的氯原子有直接关系。氟利昂等消耗臭氧物质是破坏臭氧层的"元凶"。氟利昂是 20 世纪 20 年代合成的，其化学性质稳定，被当作制冷剂、发泡剂和清洗剂，广泛用于家用电器、泡沫塑料、日用化学品、汽车、消防器材等领域。80 年代后期，氟利昂的生产达到了高峰，产量达到了年产 144 万 t。在对氟利昂实行控制之前，全世界向大气中排放的氟利昂已达到了 2000 万 t。由于它们在大气中的平均寿命达数百年，所以排放的大部分仍留在大气层中，其中大部分仍然停留在对流层，一小部分升入平流层。在对流层相当稳定的氟利昂，在上升进入平流层后，在 ~ 定的气象条件下，会在强烈紫外线的作用下被分解，分解释放出的氯原子同臭氧会发生连锁反应，不断破坏臭氧分子。科学家估计，一个氯原子可以破坏数万个臭氧分子。

臭氧层被破坏的后果是很严重的。如果平流层的臭氧总量减少1%，预计到达地面的有害紫外线将增加2%。有害紫外线的增加，会产生以下一些危害。

（1）使皮肤癌和白内障患者增加，破坏人的免疫力，使传染病的发病率增加。

（2）过量的紫外线辐射会使植物的生长和光合作用受到抑制，使农作物减产。紫外线辐射也使处于食物链底层的浮游生物的生产力下降，从而损害整个水生生态系统。紫外线辐射也可能导致某些生物物种的突变。

（3）过量的紫外线能使塑料等高分子材料更加容易老化和分解，带来光化学大气污染。

1985 年，在联合国环境规划署的推动下，制定了保护臭氧层的《维也纳公约》。1987 年，联合国环境规划署组织制定了《关于消耗臭氧层物质的蒙特利尔议定书》，对 8 种破坏臭氧层的物质（简称受控物质）提出了削减使用的时间要求。这项议定书得到了 163 个国家的批准。中国于 1992 年成为《蒙特利尔议定书》的签署国。

中国由于经济持续高速增长，家用电器、泡沫塑料、日用化学品、汽车、消防器材等产品都大幅度增长，受控物质使用量比 1986 年增长了一倍以上，成为世界上使用受控物质最多的国家之一。

从各项国际环境条约执行情况来看，这项议定书执行得是最好的。目前，向大气层排放的消耗臭氧层物质已经逐年减少。但是，由于氟利昂相当稳定，可以存在 50-100 年，即使议定书完全得到履行，臭氧层的耗损也只能在 2050 年以后才有可能完全复原。大约再过 20 年，人类才能看到臭氧层恢复的最初迹象，只有到 21 世纪中期臭氧层含量才能达到 20 世纪 60 年代的水平。

五、中国大气污染现状

以煤为主的能源消费结构以及工业结构和布局不尽合理，普遍形成城市大气总悬浮颗粒物超标、二氧化硫污染保持在较高水平的煤烟型污染。2005 年监测的 522 个城市中，39.7% 的城市处于中度或重度污染。颗粒物仍是影响中国环境空气质量的首要污染物。

城市机动车保有量快速增加，2015 年，中国汽车保有量超过 3100 万辆，城市机动车尾气排放污染物剧增，机动车尾气排放已经成为大城市空气污染的重要来源，许多大城市大气污染已由煤烟型向煤烟、交通、氧化型等共存的复合型污染转变。氮氧化物污染呈加重趋势，其中氮氧化物排放量已占总量的 50%，一氧化碳占 85%。另外，中小城市机动车保有量也将日益增加，如不及时提高机动车尾气排放标准和燃油品质。到 2020 年，城市机动车污染物排放量将比 2015 年提高 1 倍。

除燃煤外，工业粉尘、地面扬尘、建筑工地尘、土壤风蚀尘等都对空气中颗粒物含量有较大影响，特别是可吸入颗粒物对人体健康造成的危害更大，目前大多数城市人口长期生活在可吸入颗粒物超标的环境空气中。由于大规模建筑施工等人为活动，引起扬尘污染加重。部分地区生态被破坏，使得我国北方沙尘暴污染有所加重。

由于硫氧化物、氮氧化物等致酸物质的排放仍未得到有效控制，全国已形成华中、西南、华东、华南等多个酸雨区，尤以华中酸雨区为重。我国酸雨属硫酸型，主要来源于大量的二氧化硫排放。我国酸雨的特征是 pH 酸碱度低、离子浓度高，硫酸根（泹）、氨离子（N成）和钙离子（Ca2+）浓度远远高于欧美，而硝酸根浓度则低于欧美。

第三节　大气污染的危害

大气污染对人体健康、动植物、器物和材料及大气能见度和气候皆有重要危害。

一、大气污染对人体的危害

成年人每天约吸入 $10 \sim 12m^3$ 空气，大气中的有害化学物质一般是通过呼吸道进入人体的，也有少数的有害化学物质经消化道或皮肤进入人体。大气污染对人体健康的影响，取决于大气中有害物质的种类、性质、浓度和持续时间，也取决于人体的敏感性，对人体造成的危害也不尽相同。大气中的有害物质侵入人体，造成的主要危害表现在以下几方面。

（1）直接刺激呼吸道的有害化学物质（如二氧化硫、硫酸雾、氯气、臭氧、烟尘）被吸入后，首先刺激上呼吸道黏膜表层的迷走神经末梢，引起支气管反射性收缩和痉挛、咳嗽、喷嚏和气道阻力增加。在毒物的慢性作用下，呼吸道的抵抗力会逐渐减弱，诱发慢性呼吸道疾病，严重的还可引起肺水肿和肺心性疾病。流行病学调查资料表明，城市大气污染是慢性支气管炎、肺气肿和支气管哮喘等疾病的直接原因或诱因。大气污染严重的地区，呼吸道疾病总死亡率和发病率都高于轻污染区。慢性支气管炎症状随大气污染程度的增加而加重。

（2）大气中的无刺激性有害气体例如一氧化碳，由于不能为人体感官所觉察，其危害比刺激性气体还要大。一氧化碳通过呼吸道进入血液，可形成碳氧血红蛋白，造成低氧血症，使组织缺氧,影响中枢神经系统和酶的活动，人出现头晕、头痛、恶心、乏力，严重时会昏迷致死。

（3）在城市，特别是某些工厂附近的大气中，还含有潜在危害的化学物质，如镉、铍、锑、铅、镍、铬、锰、汞、砷、氟化物、石棉、有机氯杀虫剂等。它们虽然含量很低，但可在体内逐渐蓄积。大气中的这些有毒污染物，还可降落在农作物上、水体和土壤内，然后被农作物吸收并富集于蔬菜、瓜果和粮食中，通过食物和饮水也能在人体内蓄积，造成慢性中毒。这些物质对机体的危害，在短期内并不明显，但经过长期蓄积，也会引起远期效应，影响神经系统、内脏功能和生殖、遗传等。

（4）大气中某些有害化学物质，大部分是有机物，如多环芳灯及其衍生物；只有小部分是无机物，如坤、镱、被、铬等，但具有致癌作用。在严重污染城市的大气烟尘和汽车废气中，可检出 30 多种多环芳组分，其中苯并芘的存在比较普遍．致癌性也最强。20 世纪 50 年代以来，各国城市居民的肺癌发病率和死亡率都在逐渐增高，而且在有的地区，肺癌已超过其他癌症上升为第一位。

二、大气污染对动植物的危害

大气受到严重污染时，动物会由于吸入有害物质而中毒或死亡'但大气污染对动物的危害，往往是由于动物食用或饮用积累了大气污染物的植物和水。大气污染物浓度超过植物的忍耐限度，会使植物的细胞和组织器官受到伤害，生理功能和生长发育受阻，产量下降，产品品质变坏，群落组成发生变化，甚至造成植物个体死亡，种群消失。植物受大气污染物的伤害一般分为两类：受高浓度大气污染物的袭击，短期内即在叶片上出现坏死斑，称为急性伤害；长期与低浓度污染物接触，因而生长受阻，发育不良，出现失绿、早衰等现象，称为慢性伤害。

三、大气污染对器物和材料的危害

大气污染是城市地区经济损失的一大原因。这种损害有不同的形式，如腐蚀金属、侵蚀建筑材料、使橡胶制品脆裂、损坏艺术品、使有色材料褪色等。此外，颗粒物沉积在高压输电线绝缘器件上，在高湿度时可成为导体而造成短路事故。大气污染物还能在电子器件接触器上生成绝缘膜层。

四、大气污染对大气能见度的影响

大气能见度是反映大气透明度的一个指标。一般定义为具有正常视力的人在当时的天气条件下还能够看清楚目标轮廓的最大地面水平距离。大气能见度与当时的天气情况密切相关。当出现降雨、雾、霾、沙尘暴等天气时，大气透明度较低，能见度较差。

近年来由于空气污染，城市中的大气能见度均显著下降。在逆温、静风、降温前、相对湿度较大等气象条件下，霾的天气现象时常发生。

雾和霾（haze）在本质上都是一样的，其核心物质都是灰尘颗粒，大都由灰尘和汽车尾气中的污染物组成，但两者在空气中的水分含量不同，水分含量低于 70 时称为"霾"，水分含量达到 70 以上的则叫"雾"。中国气象局的《地面气象观测规范》中，灰霾天气被这样定义："大量极细微的干尘粒等均匀地浮游在空中，使水平能见度小于 10km 的空气普遍有混浊现象，使远处光亮物微带黄、红色，使黑暗物微带蓝色。"

目前，在我国的部分区域存在着 4 个灰霾严重地区：黄淮海地区、长江河谷、四川盆地和珠江三角洲。

第四节　影响大气污染的气象因素

污染物在大气中的污染程度，除了取决于排放的污染物总量外．还同风与湍流、大气稳定度等气象因素和地形等因素有关。如 1930 年 12 月比利时的马斯河谷烟雾事件，1948 年 10 月美国的多诺拉烟雾事件都是出现在铁厂、锌厂、硫酸厂等山谷地区的工厂区，而且处于无风、有逆温层的气象条件。

一、风与湍流

大气运动包括了有规则的平直的水平运动（称为风）和不规则的、紊乱的湍流运动，实际的大气运动就是这两种运动的叠加。

描述风的两个要素为风向和风速。风对污染物的扩散有两个作用：整体的输送和污染物的冲淡稀释。风向决定了污染物迁移运动的方向，风速则影响污染物的稀释程度。风速越大，一定空间内单位时间与污染物混合的清洁空气量越大，冲淡稀释的作用就越好。

大气中不同于主流方向（风）的无规则运动，称作湍流。湍流运动造成大气中各组分间的强烈混合。当污染物由污染源排入大气中时，高浓度部分污染物由于湍流混合，不断被清洁空气渗入，同时又无规则地分散到其他方向去，使污染物不断地被稀释、冲淡。大气湍流与大气的垂直稳定度有关，又与近地面状况有关。

风和湍流是决定污染物在大气中扩散状况的最直接的因子，也是最本质的因子，是决定污染物扩散快慢的决定性因素。风速愈大，湍流愈强，污染物扩散稀释的速率就愈快。因此，凡是有利于增大风速、增强湍流的气象条件，都有利于污染物的稀释扩散，否则，将会使污染加重。

二、大气稳定度

大气稳定度是空气团在铅直方向的稳定程度。气象学家把近地层大气划分为稳定、中性和不稳定三种状态。当大气处于稳定状态时，湍流受到限制，大气不易产生对流，因而大气对污染物的扩散能力很弱，易引起污染。当大气处于不稳定状态时，空气对流受阻小，湍流可以充分发展，对大气中的污染物扩散稀释能力就很强。

（一）烟流形状与大气稳定度的关系

通过大气稳定度对烟流扩散的影响，可以直观地看出大气稳定度与污染物扩散的关系。

（1）波浪形，多出现于太阳光较强的晴朗中午。烟云上下摆动很大。大气处于不稳定状态。由于扩散速度快，靠近污染源地区污染物落地浓度高，对附近居民有害，一般不会造成烟雾事件。

（2）锥型，多出现于多云或阴天的白天，强风或冬季的夜间。

烟云离开排放口一定距离后，云轴仍基本保持水平，外形似一个椭圆锥。烟云比波浪形规则，扩散能力比它弱。污染物输送得较远。

（3）扇形，多出现于弱晴朗的夜晚和早晨。烟云在垂直方向上扩散速度很小，在水平方向缓慢扩散。大气处于稳定状态。污染物可传送到较远的地方，遇山或高大建筑物阻挡时，污染物不易扩散。

（4）爬升型，多出现在日落后，因地面大气稳定，高空大气不稳定，烟云的下侧边缘清晰，呈平直状，而其上部出现湍流扩散。这种烟型对地面影响较轻。

（5）漫烟型，与爬升型相反，日出后，烟云的上侧边缘清晰，呈平直状，而其下部出现较强的湍流扩散，排出口上方烟云就好像被盖子盖住，只能向下部扩散，像熏烟一样直扑地面。在污染源附近污染物的浓度很高，地面污染严重，这是最不利于扩散和稀释的气象条件。

（二）逆温

一般情况下，大气温度随着高度增加而下降，每上升 100m，温度降低 0.6C 左右。换言之，在数千米以下，总是低层大气温度高、密度小，高层大气温度低、密度大，显得"头重脚轻"。这种大气层

结容易发生上下翻滚即"对流"运动，可将近地面层的污染物向高空乃至远方疏散，从而使城市上空污染程度减轻。

可是在某些天气条件下，一地上空的大气结构会出现气温随高度增加而升高的反常现象，从而导致大气层结"脚重头轻"，气象学家称之为"逆温"，发生逆温现象的大气层称为"逆温层"。它像一层厚厚的被子罩在城乡上空，上下层空气减少了流动，近地面层大气污染物"无路可走"，只好原地不动，越积越多，空气污染势必加重。

导致"逆温"现象的原因有多种。根据逆温形成的原因可分为辐射逆温、平流逆温、湍流逆温、下沉逆温和锋面逆温 5 种逆温形式。

三、地方性风场

大气环境污染除了与不利气象条件有关外，还与特殊的地方性风场，如海陆风和山谷风以及城市热岛效应有关。

（一）海陆风

由于海洋和陆地的昼夜温差不同，沿海、沿湖地区便会产生海陆风。也就是夜间大陆冷得快、海洋冷得慢，便产生由大陆吹向海洋的陆风，白天午后便产生相反的海风。这股凉风不但把夜里由陆风带到湖海的污染物又带回来，而且也阻止了这些城镇排放的污染物往海上、湖上扩散，从而造成或加重了这些城镇的地方性大气污染。

（二）山谷风

山谷风是山风和谷风的总称。它发生在山区，是以24h为周期的一种大气局地环流。这时若有大量污染物排入山谷中，由于风向的摆动，污染物不易扩散，在山谷中停留时间较长，有可能造成严重的大气污染。

（三）城市热岛效应

城市热岛效应是指城市中的气温明显高于外围郊区的现象。在近地面温度图上，郊区气温变化很小，而城区则是一个高温区，就像突出海面的岛屿，由于这种岛屿代表高温的城市区域，所以就被形象地称为城市热岛。城市热岛效应使城市年平均气温比郊区高出IV，甚至更多。夏季，城市局部地区的气温有时甚至比郊区高出6C以上。此外，城市密集高大的建筑物阻碍气流通行，使城市风速减小。由于城市温度经常比乡村高（特别是夜间），气压比乡村低，所以可以形成一种从乡村吹向城市的特殊的局地风，称为城市热岛环流或城市风。

这种风在市区会合就会产生上升气流，并在300-500m² 高度向四周辐射。因此，若城市周围有较多排放污染物的工厂，就会使污染物在夜间向市中心输送，造成严重污染，特别是夜间城市上空有逆温存在时。

沈阳市是内陆地区，冬天如果白天是无风或微风的晴朗天气条件，日落后大气污染天气特别容易发生，主要是由于逆温和城市热岛效应双效作用。

第五节　大气污染防治

第二次世界大战以后，随着工业和交通事业的发展，社会生产力突飞猛进，石油在能源结构中的比重不断上升，以致大气污染物的种类越来越多，大气污染日益严重，给人类的健康、动植物的生长、建筑物和生产设备的使用寿命等带来严重的危害。从 20 世纪 60 年代起，许多国家相继开展大气污染防治的研究，对硫化物、氮氧化物、烟尘等主要的大气污染物进行了单项治理和综合防治，初步形成了大气污染防治工程体系。

一、《环境空气质量标准（GB3095—1996）》

《环境空气质量标准（GB 3095—1996）》是根据《中华人民共和国环境保护法》和《中华人民共和国大气污染防治法》，为改善环境空气质量，防止生态破坏，创造清洁适宜的环境，保护人体健康而制订的标准。本标准规定了环境空气质量功能区划分、标准分级、污染物项目、取值时间及浓度限值，采样与分析方法及数据统计的有效性。本标准适用于全国范围的环境空气质量评价。环境空气质量功能区分为三类：一类区为自然保护区、风景名胜区和其他需要特殊保护的地区；二类区为城镇规划中确定的居民区、商业交通居民混合区、文化区、一般工业区和农村地区；三类区为特定工业区。

空气环境质量分为三级：一类区执行一级标准，二类区执行二级标准，三类区执行三级标准。共限定了 6 种污染物的浓度值：SO_2，TSP，PM10，NO_x，CO，O_3，Pb，B[a]P，F。标准同时配有各项污染物分析方法。

二、空气污染指数

空气污染指数（Air Pollution Index，简称 API）首先由美国在 20 世纪 70 年代提出，是世界上许多发达国家和地区用来评估空气质量状况的一种指标。它是将常规监测的几种空气污染物浓度简化为单一的概念性指数值形式，并分级表征空气污染程度和空气质量状况，它适合表示城市的短期空气质量状况和变化趋势。

根据我国空气污染的特点和污染防治重点，目前计入空气污染指数的项目暂定为：二氧化硫、氮氧化物和总悬浮颗粒物。我国目前采用的空气污染指数（API）分为 5 个等级：API ≤ 50，说明空气质量为优，相当于国家空气质量一级标准，符合自然保护区、风景名胜区和其他需要特殊保护地区的空气质量要求；50 < API ≤ 100，表明空气质量良好，相当于达到国家质量二级标准；100 < API ≤ 200，表明空气质量为轻度污染，相当于国家空气质量三级标准；200 < API ≤ 300，表明空气质量差，称之为中度污染，为国家空气质量四级标准；API > 300，表明空气质量极差，已严重污染。

三、大气污染防治措施

（一）中国大气污染防治工作进程

1973 年国务院第一次全国环境保护工作会议后，我国开始了以工业点源治理为主的大气污染防治工作。20 世纪 80 年代，大气污染防治从点源治理阶段进入了综合防治阶段。90 年代以来，我国大气污染防治工作开始从浓度控制向总量控制转变、从城市环境综合整治向区域污染控制转变，进入了一个新的历史阶段。近三十年来，我国大气污染防治工作取得了很大进展。

（二）中国大气污染防治的途径

大气污染防治的途径很多，主要有调整能源战略、采用清洁能源、推行清洁生产工艺、合理使用煤炭资源、强化大气境管理、进行污染物总量控制、应用绿色植物净化大气等。

（1）调整能源战略，采用清洁能源。开发新能源要逐步推广使用天然气、煤气和石油液化气，选用低硫燃料，对重油和煤炭进行脱硫处理。大力开发水利资源，有步骤地发展核能，努力利用太阳能、风能、海洋能等清洁能源。

（2）推行清洁生产工艺是实现清洁生产、减轻大气污染的重要途径。要加大执法力度，对那些耗能大、污染重、效益差的企业，依据环保法规及行政的、经济的调控手段，坚决实行关、停、转。对污染大户要强制执行环保处理措施，促使其达到国家规定级别的排放标准。工业企业也应站在保护人类生命之气的高度，积极进行工艺改造，加大环保投资力度，对废气的排放进行综合利用，杜绝或减少"滴""冒""跑""漏"，能进行封闭生产的要进行封闭生产，最大限度地降低污染物的排放量和毒害程度。改变燃料结构，采用清洁能源。改变燃烧方式，使用节能、高效、低排放的燃煤设备。发展废热利用、集中供热与热电联用。

（3）依法强化城市大气污染管理，全面规划、合理布局，根据城市大气质量现状与发展趋势进行功能区划，并按拟定的环境目标计算各功能区最大允许排放量和削减量，从而制定污染治理方案，进行大气污染物总量控制。采用高新技术，合理利用煤炭资源。城市燃气化是防治煤烟型污染的重要途径。发展民用型煤，改进燃烧方式。

（4）控制流动源污染即汽车尾气的治理。同时应该减少汽车尾气的排放，使用环保节能资源，出门坐车要首先选择公交车，减少大气污染物的排放。

（5）加强环境管理，严格监督管理，必须严格贯彻执行国家环保法律、法规。同时还要充分发挥舆论的宣传监督作用，宣传环保的有关知识，环保部门要重视和及时处理群众对环境违法行为的投诉和举报，使舆论监督及时得到反馈。

（6）提高城市绿化率，选择抗污染性好的树种，提高生物净化能力，大力发展植物净化。利用植物杀菌、滞尘、吸收有毒气体、调节二氧化碳和氧气比例等特性，减少大气污染，提高大气质量。

（7）利用气象条件防治大气污染。污染物在大气中的稀释和扩散受气象条件的支配非常明显，因此，利用气象条件来制约污染源是防治大气污染现实而又有效的途径，而污染气象条件预报则是其中的关键。气象部门可以通过人工增雨、增雪、消雾等技术来净化大气，消除污染。

四、大气污染控制技术

大气中常见的污染物主要有总悬浮颗粒物、降尘、可吸入颗粒物、二氧化硫、氮氧化物、总烃、铅、氟化物、臭氧和苯芘花。大气污染控制技术主要分为颗粒状污染物控制技术和气态污染物控制技术。

（一）颗粒状污染物控制技术

颗粒状污染物控制技术主要是除尘技术。从废气中将颗粒物分离出来并加以捕集、回收的过程称为除尘。实现上述过程的设备装置称为除尘器。

除尘器可分为以下两大类。

（1）干式除尘器，包括重力沉降室、惯性除尘器、电除尘器、布袋除尘器、旋风除尘器。

（2）湿式除尘器，包括喷淋塔、冲击式除尘器、文丘里洗涤剂、泡沫除尘器和水膜除尘器等。

目前运用最多的是旋风分离器、静电除尘器和布袋除尘器。

（二）气态污染物控制技术

气态污染物种类繁多，依据这些物质的不同化学性质和物理特性，治理方式通常有吸收法、吸附法、催化转化法、燃烧法和冷凝法等。我国二氧化硫和氮氧化物排放量 90% 来自煤炭消耗，因此控制大气污染最紧迫的任务就是燃煤二氧化硫和氮氧化物的控制。从 20 世纪 60 年代开始，世界各国开发的控制二氧化硫和氮氧化物的技术有 200 多种，但能商业应用的不到 10%。目前，控制二氧化硫、氮氧化物污染的技术可分为 3 类，即燃烧前控制技术、燃烧中控制技术和燃烧后控制技术。

1. 燃烧前控制技术

燃烧前控制技术也称首端控制技术，是控制污染的第一步。对于燃煤中硫的燃烧前控制技术包含物理的、化学的、生物的方法，以及多种技术联合使用的综合工艺、煤炭转化脱硫等。

2. 燃烧中控制技术

燃烧中控制技术主要指清洁燃烧技术，旨在减少燃烧过程污染物排放，提高燃料利用效率的加工、燃烧、转化和排放污染控制的所有技术的总称。

燃烧中控制技术主要是指型煤固硫技术、循环流化床燃烧技术和水煤浆燃烧技术等方法。

3. 燃烧后控制技术

燃烧后控制技术指的是烟气脱硫技术（FGD）。经过长期的研究、开发和应用，烟气脱硫工艺流程多达180种，然而具有工业应用价值的不过10余种。烟气脱硫技术分类方法很多：按照操作特点，分为干法、湿法和半干法；按照生成物的处置方式，分为回收法和抛弃法；按照脱硫剂是否循环使用，分为再生法和非再生法。

燃料脱氮技术至今尚未得到很好的开发。燃烧中改进燃烧方式和生产工艺脱氮技术开发了许多低氮氧化物燃烧技术和设备，并已在一些锅炉和其他炉窑上应用。烟气脱氮是近期内氮氧化物控制措施中最重要的方法。探求技术上先进、经济上合理的烟气脱氮技术是现阶段工作的重点。

（三）城市机动车污染控制

随着世界经济的发展和机动车保有量的不断增加，机动车尾气污染已经成为越来越严重的环境问题。为了控制和减少机动车的排放污染，保护人类赖以生存的大气环境，世界各国纷纷采取了各种措施和控制对策。机动车尾气排放的污染物主要有一氧化碳、碳氢化合物、氮氧化物、细微颗粒物及硫化物等。这些一次污染物还会通过大气化学反应生成光化学烟雾、酸沉降等二次污染物。作为低空流动污染源，机动车尾气的排放高度与人们的呼吸道在同一个水平线，直接危害到人体健康，极易导致人体患上多种疾病。

国际上通常采用先进的排放控制技术和完善的后处理系统来达到削减机动车污染物的目的，同时辅之以不断从严的排放控制法规标准和严格的机动车污染控制管理体系。

国外的机动车尾气排放控制技术大体经历了以下4个阶段。

（1）最初采用源头削减，如采用稀薄燃烧技术、废气再循环技术。

（2）采用末端治理技术，如采用三效催化装置。

（3）运用现代的电子技术，对整车进行综合监控和调节，使得尾气排放污染更少，行驶状态更佳，如安装电子点火系统、车载诊断系统等。其未来的目标定位在发展超低排放混合动力车和"零排放"燃料电池车上。通过上述控制技术，机动车的单车尾气排放已经下降到很低的水平。

（4）改善车用燃料。燃料质量的改进主要涉及两个方面：燃料组分和性质的改进以及替代燃料的使用。燃料组分和性质的改进主要是汽油无铅化和燃料清洁化。替代燃料的使用主要包括以下燃料：①天然气和液化石油气；②甲醇和甲醇混合燃料；③乙醇和乙醇混合燃料；④氢燃料和生化燃料。

第五章　水资源及其污染防治

第一节　世界水资源

水是地球上分布最广泛的物质之一。它以气态、液态和固态3种形式存在于空中、地表和地下，成为大气水、海水、陆地水，以及存在于所有动植物有机体内的生物水，组成了一个统一的相互联系的水圈。

水是人类一切文明之源。人类的祖先来源于水，水对人体健康至关重要，一旦失去体内水分的10%，人的生理功能即严重紊乱；失去水分20%，人很快就会死亡。

水对人类以外的生命也是如此，它是一切生命之源，人类在外星球寻找生命，首先是找水。

一、世界水资源概况

（一）水资源

广义上讲，水资源是指地球水圈中多个环节、多种形态的水，即水圈中所有的水体（包括海洋、河流、湖泊、沼泽、冰川、地下水及大气中的水分）。但目前人类重点调查、评价、开发利用和保护的水资源多指狭义的水资源，通常指参与自然界水循环、通过陆海间水分交换、陆地上逐年可得到更新的淡水资源。

（二）世界水资源概况

地球上水储存总量为 $1.386 \times 10^{15} m^3$。自然界水的分布，但地球上 97.4% 的水是咸水，淡水仅占 2.6%。淡水中绝大部分为极地冰雪冰川和地下水，比较容易开发利用。与人类生活生产关系最为密切的湖泊、河流和浅层地下淡水资源，只占淡水总储量的 0.34%，还不到全球水资源总量的万分之一。因此地球上的淡水资源并不丰富。

淡水补给依赖于海洋表面的蒸发。每年海洋要蒸发掉 5050 亿 m^3 的海水，即 1.4m 厚的水层。此外，陆地表面还要蒸发 720 亿 m^3。所有降水中有 80%（即 4580 亿 m^3/年）降落到海洋中，其余 1190 亿 m^3 降落于陆地。地表降水量与蒸发量之差（每年约 1190 亿 –720 亿）就形成了地表径流和地下水的补给——大约 470 亿 m^3/年。

全年流经河流的淡水总量约 68% 为地表径流，其余为稳定的地下水流。所有径流中，半数以上发生在亚洲和南美洲，很大一部分发生在亚马孙河，这条河每年要带走 60 亿 m^3 的水。另外，世界各地的降水差别也很大。

当今世界的水资源分布十分不均匀。世界淡水资源的 75% 集中在南美洲、俄罗斯、加拿大、印度尼西亚、中国、美国、印度、大洋洲、孟加拉国、缅甸、刚果 11 个地区。南美是水资源最为丰富的地区，该地区人口不到全球的 6%，但水资源却占全球的 1/3；巴西一个国家的水资源超过全球的 1/6，而人口只占全球的 1/35。上述 11 个水资源丰富地区除中国、印度、孟加拉国 3 个国家外，人口只有 11.85 亿（占全球总人口数的 18.8%），但却拥有全球 64% 的水资源。

世界上最为明显的缺水地区是非洲撒哈拉以南的内陆国家，那里几乎没有一个国家不存在严重缺水的问题。人口共占世界总人口 40% 的 80 个非洲内陆国家严重缺水，其他 26 个国家（共有 2.3 亿人口）的水资源也很少。全世界约有 1/3 的人生活在中度和高度缺水的地区。

《世界水资源开发报告》指出，人类对水的需求正以每年 640 亿 m^3 的速度增长，到 2030 年，全球将有 47% 的人口居住在用水高度紧张的地区。一些干旱和半干旱地区的水资源缺乏将对人口流动产生重大影响。

（三）人类活动对水循环的干预

人类诞生以来，对水循环的干预作用越来越大，尤其是工业革命以来，包括农业灌溉、工业用水和居民生活用水 3 个系统。这些系统通过取水系统和排水系统相互连接成一个复杂的网络系统。在该系统中大量的水被应用，同时大量的含有高浓度有机物和无机物的水被排放到自然水体，大大超过了水体自然循环中太阳能和生物能所能带走的负荷，造成大量物质在水体中积累，也增加了人类的利用成本。水循环系统原有的平衡被打破。

多年来的人类活动结果表明，人类的有组织活动违背了水自主活动的基本规律，这就是水危机产生的根源，也是生态环境恶化的根源。

二、世界水危机

（一）水资源紧缺

随着经济的发展和人口的增加，世界用水量也在逐年增加。过去 300 年中，人类用水量增加了 35 倍多，增加的水量 69% 用于农业，23% 用于工业，8% 为居民用水。目前全球人均供水量比 1970 年减少了 33.3%，这是因为在这期间地球上又增加了 18 亿人口。目前年人均供水 1000m^3 以下的国家有 15 个。马耳他年人均供水只有 82m^3，其缺水情况位居缺水国家之首。预计到 21 世纪中期，这些国家的淡水将比石油还贵。

1972 年，联合国向全世界发出警告："水不久将成为一项严重的社会危机，石油危机之后的下一个危机就是水。"

1977 年，联合国大会进一步强调："水，不久将成为一个深刻的社会危机。"

1992 年，一些专家指出，到 21 世纪，水、粮食和能源这三种资源中，最重要的是水。

1997 年，联合国再次大声疾呼："目前地区性的水危机可能预示着全球性危机的到来。"

据联合国预计，到 2025 年，世界将近一半的人口会生活在缺水的地区。水危机已经严重制约了人类的可持续发展。

（二）水质污染严重

20 世纪 50 年代以后，全球人口急剧增长，工业发展迅速。一方面，人类对水资源的需求以惊人的速度扩大；另一方面，日益严重的水污染蚕食着大量可供消费的水资源。例如，欧洲著名的莱茵河曾因工业污染而使河中鱼类消失殆尽。伏尔加河沿岸 75% 的工业废水未经处理就排入河中。亚洲的大部分河流被污染，成了世界上退化最严重的河流。欧盟的一份报告指出，在欧洲，农药对地下水的污染比预计的要严重得多，从现在起 50 年内，6 万 $km^3/$ 的含水层将受到这种污染。联合国水资源世界评估报告显示，全世界每天约有 200t 垃圾倒进河流、湖泊和小溪，每升废水会污染 8L 淡水；所有流经亚洲城市的河流均被污染；美国 40% 的水资源流域被加工食品废料、金属、肥料和杀虫剂污染；欧洲 55 条河流中仅有 5 条河流水质差强人意。

水污染不仅对淡水，而且对海洋污染的情况也是令人震惊的。海洋的浩瀚无边与自动净化能力，使人类一直把海洋当作最大的天然垃圾场，倾废是人类利用海洋的主要方式。各国特别是工业国家每年都向海洋倾倒大量废物，如下水污泥、工业废物、疏浚污泥、放射性废物等。在各种倾废中，倾倒放射性废物尤为令人关注，这相当于在人们的四周放置了一个又一个失控的核废弹，一旦废物产生泄漏，其产生的生态灾难将超过广岛核爆的程度。尽管如此，海上倾废至今仍然为一些国家所热衷。此外，海上石油污染也是海洋污染的凶手。石油污染形成的海面油膜，影响海水复氧和海洋生物的生存，石油中所含的有毒成分又通过食物链传递给人类，危害不容忽视。2010 年 4 月发生在美国墨西哥湾的漏油事件，是人类历史上最为严重的石油泄漏事件，对墨西哥湾海域及沿岸的生态环境造成了灾难性的破坏。

由于水质的污染，污水已成为人类健康的隐形杀手。据统计，全世界污水排放量已达到 4000 亿 m^3，使 55000 亿 m^3 水体受到污染。目前世界上有 12 亿人（占全球人口的 1/5）得不到安全饮用水，有 30 亿人（占全球人口的 1/2）缺乏卫生设施，每年有 300 万~ 400 万人死于水致性疾病。世界卫生组织（WHO）调查显示：

全世界 80% 的疾病是由饮用被污染的水引起的；

全世界 50% 的儿童死亡是由饮用被污染的水造成的；

全世界 12 亿人因饮用被污染的水而患上多种疾病；

全世界每年有 2500 万儿童，死于饮用被污染的水引发的疾病；全世界因水污染而患上霍乱、痢疾和疟疾等传染病的人数超过 500 万…

第二节　中国水资源

一、中国水资源概况

（一）中国水资源总量

中国是一个干旱缺水严重的国家。2009 年的最新统计显示，中国水资源总量约为 28124 亿 m^3，其中多年平均河川径流量为 27115 亿 m^3，多年平均地下水资源量为 8288 亿 m^3，重复计算水量为 7279 亿 m^3 位居世界第六。排在前五位的分别是巴西、俄罗斯、加拿大、美国和印度尼西亚。由于中国人口众多，人均水资源占有量是 $2240m^3$，人均淡水资源仅为世界人均量的 1/4，按国际标准，属于轻度缺水和中度缺水之间的水平。

（二）中国水资源特点

1. 水资源总量多，人均占有量少

如上所述，我国水资源总量居世界第六位，而人均水资源占有量仅为世界平均值的 1/4。按国际上现行标准，人均年拥有水资源量在 1000-2000m^3 时，会出现缺水现象；少于 1000m^3 时，会出现严重缺水的局面。我国黄河、淮河、海河流域（片）人均水资源占有量为 350 ~ 750m^3，这些地区的用水紧张情况将长期存在。

2. 时空分布不均

中国水资源受季风的影响，时空分布不均，基本上是南方丰富，北方贫乏，旱灾的发生概率比较高。中国长江及其以南地区的流域（包括长江流域片、珠江流域片、浙闽台诸河片、西南诸河片）面积占全国总面积的 36.5%，却拥有全国 80.9% 的水资源量；北方地区和西北内陆地区（包括淮河流域片、黄河流域片、海滦河流域片、辽河流域片、黑龙江流域片以及额尔其斯河的中国流域范围）面积占全国 63.5%，拥有的水资源量仅占全国的 19.1%，其中西北内陆河流域及额尔其斯河中国流域范围的水资源量仅占全国的 4.6%。中国水资源时间分配不均匀，我国水资源年内、年际变化大，年内雨季又比较集中，水灾、旱灾频繁发生，枯水年和枯水季节的缺水矛盾更为突出。对我国农业来说，旱灾甚于水灾。

3. 水资源与人口、耕地分布不匹配

中国北方地区人口占全国总人口的 2/5，但水资源量不足全国水资源的 1/5；北方地区人均水资源量为 1127m³，仅为南方地区人均的 1/3。在全国人均水资源量不足 1000m³ 的 10 个省区中，北方地区占了 8 个。中国北方地区耕地面积占全国的 3/5，南方地区占全国的 2/5；南方地区每亩耕地占有水资源量为 1913m³，而北方地区只有 631m³，前者是后者的 3 倍。

4. 水环境形势严峻，地下水严重超采

目前我国水资源污染形势十分严峻，全国约有 1/3 以上的工业废水和 80% 以上的生活污水未经处理直接排入河湖，90% 的城市水环境恶化。水环境问题加剧了可利用水资源的不足。

二、中国水资源的危机

（一）水资源告急

中国水资源的问题十分突出，到 2030 年，中国人口将增至 16 亿，人均水资源量将降到 1760m³，成为用水紧张的国家。由于中国水资源的不足，农业年缺水量约 3000 亿 m³，城市与工业年缺水量达 58 亿 m³。在全国 600 多座城市中，有近 400 座城市缺水，其中缺水严重的城市达 130 多个，日缺水量已超过 1600 亿 m³。

北京是全国十大缺水城市之一，人均水资源的年占有量为 300m³，仅为全国人均的 1/8，世界人均的 1/32，比处于沙漠地带的以色列还要低。

（二）水体污染日趋严重

中国水资源当前面临的主要问题是资源性缺水与水质性缺水并存，水资源的紧缺与用水的浪费并存。

由于水污染加剧了一些地区的缺水程度，许多地方出现了用水告急。由于工业废水、生活污水等对水体的污染，至少还要损失 3000 亿 m³，剩下的淡水仅为人均 600m³。长江三角洲和珠江三角洲，由于水体受到污染，成为典型的污染型（水质型）缺水区。

目前，我国水体污染正在从城市向农村蔓延，从东部向西部发展，从支流向干流延伸，从地区向流域扩散，从地表向地下渗透，从陆地向海洋推进。全国有 1/4 以上的人口饮用不符合卫生标准的水。水体总体污染形势严峻，并有逐年加重的趋势。

1. 我国河流水质污染的特点：江河流域普遍遭到污染，且污染严重

2008 年，长江、黄河、珠江、松花江、淮河、海河和辽河 7 大水系 200 条河流 409 个断面中，Ⅰ～Ⅲ类、Ⅳ-Ⅴ类和劣Ⅴ类水质的断面比例分别为 55.0%，24.2% 和 20.8%。其中，珠江、长江水质总体良好，松花江为轻度污染，黄河、淮河、江河为中度污染，海河为重度污染。

我国各大流域污染均主要集中在城市河段。在 141 个国家控制断面中，36.2% 的城市河段为类水质，63.8% 的城市河段为Ⅳ～劣Ⅴ类水质。海河、辽河等沿岸的城市地表水水质较差，未经处理直接排入江河湖库，是我国目前主要的水污染源。有的大江大河已形成了岸边的污染带，不少支流小河成了排污沟。

2. 我国湖泊（水库）污染的特点：水体富营养化

由于氮、磷等植物营养物质含量过多而引起的水质污染现象称为水体富营养化，一般是水流缓慢、更新期长的地表水体，接纳大量氮、磷、有机碳等植物营养素引起的藻类等浮游生物急剧增殖的水体污染。自然界湖泊也存在富营养化现象，由贫营养湖—富营养湖沼泽—于地变化，但速率很慢。人为污染所致的富营养化，速率很快。因占优势的浮游藻类颜色不同，水面往往呈现蓝、红、棕、乳白等颜色，海水中出现叫"赤潮"，淡水中称"水华"。在地下水中发生富营养化现象，称该地下水为"肥水"。

我国湖泊普遍遭到污染，尤其是重金属污染和富营养化问题十分突出。28 个国家监控的重点湖（库）中，满足Ⅱ类水质的 4 个，占 14.3%；D1 类的 2 个，占 7.1%；Ⅳ类的 6 个，占 21.4%；Ⅴ类的 5 个，占 17.9%：劣Ⅴ类的 11 个，占 39.3%。在监测营养状态的 26 个湖（库）中，重度富营养的 1 个，占 3.8%；中度富营养的 5 个，占 19.2%；轻度富营养的 6 个，占 23.0%。尤以太湖、巢湖和滇池污染最为严重。太湖已被严重污染，出现了Ⅴ类水质。巢湖流域目前仍处于富营养状态，11 个水质监测点中，7 个属于Ⅴ类和劣Ⅴ类水质。滇池出现严重的富营养化，水质超出Ⅴ类标准，作为饮用水源已有多项指标不合格，滇池内湖中的水葫芦覆盖面积和生长厚度逐年增加，形成厚达数十厘米的"绿油漆"。

城市内湖情况更是严重。昆明湖（北京）为Ⅳ类水质，西湖（杭州）、东湖（武汉）、玄武湖（南京）、大明湖（济南）为劣Ⅴ类。

在国家监控的大型水库中，9 座大型水库均为中营养状态。

水体富营养化能带来一系列严重后果，主要表现为以下几点。

（1）藻类在水体中占据的空间越来越大，使鱼类活动的空间越来越小；死亡的藻类将沉积塘底。

（2）藻类种类逐渐减少，并由以硅藻和绿藻为主转为以蓝藻为主，而蓝藻中不

少种有胶质膜，不适于作鱼饵料，而其中有一些种属是有毒的。

（3）藻类过度生长繁殖，将造成水中溶解氧的急剧变化，藻类的呼吸作用和死亡的藻类的分解作用消耗大量的氧，有可能在一定时间内使水体处于严重缺氧的状态，严重影响鱼类的生存。

3. 我国地下水污染的特点：超量开采和污染加剧

我国城市地下水污染日益加剧。据有关部门对 118 个城市 2 ~ 7 年的连续监测资料，约有 64% 的城市地下水遭受了严重污染，33% 的城市地下水受到轻度污染，基本清洁的城市地下水只有 3%。在北京，浅层地下水中普遍检测出了具有巨大潜在危害的 DDT、"六六六"等有机农药残留和单环芳烃、多环芳烃等"三致"（致癌、致畸、致突变）有机物。

地下水超采与污染互相影响，形成恶性循环。水污染造成的水质型缺水，加剧了对地下水的开采，使地下水漏斗面积不断扩大，地下水水位大幅度下降；地下水位的下降又改变了原有的地下水动力条件，引起地面污水向地下水的倒灌，浅层污水不断向深层流动，地下水污染向更深层发展，使地下水污染的程度不断加重。

4. 我国海洋污染的特点：污染源广，污染物质种类多，影响范围大，危害深远，控制复杂 海洋环境问题包括两个方面：一是海洋污染，即污染物质进入海洋，超过海洋的自净能力；二是海洋生态遭到破坏，即在各种人为因素和自然因素的影响下，海洋生态环境遭到破坏。

（1）海洋污染。海洋污染物绝大部分来源于陆地上的生产过程。从类型上说，目前危害较大的海洋污染物质主要有：石油、重金属、农药、有机物质、放射性物质、固体废物和废热水中的热能等。如海水中的赤潮与海洋环境污染有着直接和密切的关系。以渤海为例，20 世纪 60 年代以前赤潮发生过 3 次；70 年代赤潮发生了 9 次；80 年代赤潮发生了 74 次；而到了 90 年代，仅 1990 年赤潮发生频率就达 34 次。2007 年我国海域共发生赤潮 82 次，其中渤海 7 次、黄海 5 次、东海 60 次、南海 10 次，累计面积约 11610km^2，直接经济损失 600 万元。其中有毒赤潮生物引发的赤潮为 25 次，面积约 1906km^2。

除赤潮外，渤海、东海、南海都有近海污染状况，东海海区污染最严重。辽东湾和胶州湾海域水质差，I、II 类海水比例低于 60%，劣 IV 类海水比例低于 30%；其他海湾水质极差，劣 IV 类海水比例均占了 40% 以上，其中杭州湾水质最差，劣 IV 类海水比例高达 100%。

（2）海洋生态破坏。除海洋污染物外，人类的生产活动以及自然环境的变化，都会使海洋生态环境遭到破坏和改变。随着人类向海洋的进军，人类对海洋环境影响越来越大。人类的生产建设措施已经和自然因素一起，成为影响和改变海洋生态环境的一个因素，如围海造田、港口建设、过度捕捞等，必然导致区域海洋生态系统发生改变。

（三）水生态环境破坏严重

由于水土资源过度开发，水生态环境恶化和水质污染迅速发展已到了极为严重的程度，造成水土流失严重，河、湖、库泥沙淤积问题突出。

水土流失造成许多河流含沙量增大，泥沙淤积严重，北方河流更为突出。全国平均每年进入河流的悬移质泥沙约为 35 亿 t，其中有 20 亿 t 淤积在外流区的水库、湖泊、中下游河道和灌区内。黄河是我国泥沙最多的河流，也是世界罕见的多沙河流，居世界大河首位。

由于水库上游植被的破坏或开荒种地，泥沙淤积严重，水库库容日趋减少。河道功能退化，湖泊面积缩小。1972—1997 年，黄河下游共有 20 年发生断流。海河流域由于水资源缺乏，中下游平原地区的河流基本干涸，河口淤积加剧。由于无天然径流，城镇排出的污水形成污水河。

近 30 年来，我国湖泊水面面积已缩小了 30%。洞庭湖在 1949—1983 年的 34 年间湖区面积已减少了 1459km^2，平均每年减少 42.9km^2，容量共减少 115 亿 m^3，平均每年减少 3.4 亿 m^3。如果按此速率发展，50 年内洞庭湖就会消失。调查结果显示，我国西北干旱、半干旱地区湖泊干涸现象十分严重，部分现存湖泊含盐和矿化度显著升高，咸化趋势明显。近 30 年中，内蒙古的乌梁素海矿化度增加 4.5 倍，已变成咸水湖。其他如青海湖、布伦托海等正处于咸化过程中。

我国地下水位也持续下降。地下水是北方地区最重要的供水水源。在一些集中用水区，开采量超过补给量，致使地下水位持续下降。近年来，河北平原的地下水位以每年 1m 的速度下降。北京、太原、石家庄、保定等大中城市地下水位下降更为明显。在以地下水为供水水源的城市中，由于过量开采地下水，已经引起了一系列问题。如大面积地下水位下降、地面沉降、沿海地区海水入侵等。北京市由于不合理超采，1961—1989 年全市平原地下水累计亏损 42.78 亿 m^3，其中市区部分累计亏损 18.5 亿 m^3，使地下水位大幅度下降。辽宁、山东沿海地区从 20 世纪 70 年代中期开始陆续发生海水入侵陆地含水层现象。截至 1992 年，在辽宁的大连、锦州、葫芦岛、营口，河北的秦皇岛，山东的烟台、威海、青岛等沿海地区，都发生了不同程度的海水入侵。海水入侵区共 70 块，总面积达 1433.6km^2。大连、烟台两市海水入侵最为严重，入侵面积分别为 433.8km^2 和 495.2km^2。

第三节 水污染防治工程

一、水污染

（一）水污染定义

1984 年颁布的《中华人民共和国水污染防治法》指出，水污染即指"水体因某种物质的介入而导致其物理、化学、生物或者放射性等方面特性的改变，从而影响水的有效利用，危害人体健康或破坏生态环境，造成水质恶化的现象"。

（二）水体污染源

向水体排放污染物的场所、设备、装置和途径统称为水体污染源。

1. 按人类活动方式划分

水体污染源可分为工业污染源、农业污染源、生活污染源。

（1）工业污染源，各种工业生产中所产生的废水排入水体就造成了工业污染。工业污染源向水体排放的废水具有量大、面广、成分复杂的特点，是应重点解决的污染源。

（2）生活污染源，城市居民聚集地区所产生的生活污水，其中含氮、磷、硫较高。此外，还伴有各种洗涤剂和相当数量的微生物。

（3）农业污染源，农村污水和灌溉水是水体污染的主要来源。由于农田施用化学农药和化肥，灌溉后或经雨水将农药和化肥带入水体造成农药污染或富营养化。在污水灌溉区，河流、水库、地下水都会出现污染，同时也出现土壤污染和食品污染。

2. 按照污染物空间分布方式

水体污染源可分为点源污染源和面源污染源。

（1）点污染源，是指工矿废水、生活污水等通过管道、沟渠集中排入水体的污染源。

（2）面污染源，是指污染物来源于集水面上。农村污水和农田排水是水体污染的主要面污染源。由于农田施用化肥、农药，灌溉后排出的水或雨后径流中，常含有农药和化肥，对水体影响很大，如农药污染，富营养化。此外，由于地质溶解作用以及降水对大气的淋洗，使污染物进入水体，这也是一种面污染源。

（三）水体污染物质类型

1. 悬浮物

主要是泥沙类无机物质和动植物生存过程中产生的物质或死亡后的腐败产物等

有机物。悬浮物能使水体变浑，影响水生植物的光合作用，吸附有机毒物、重金属等，形成危害更大的复合污染物沉入水底，日久形成淤积，妨碍水上交通或减少水库容量，增加挖泥负担。

2. 耗氧有机物

废水中含有大量的碳水化合物、蛋白质、脂肪和木质素等有机物。这类物质进入水体后，在好氧微生物的作用下，多分解为简单无机物质。在此过程中消耗水体中的大量溶解氧。大量的有机物进入水体，势必导致水体中溶解氧急剧下降，因而影响鱼类和其他水生生物的正常生活。严重的还会引起水体发臭，鱼类大量死亡。

3. 植物性营养物

植物性营养物主要指含有氮、磷的无机、有机化合物，易引起水中藻类及其他浮游生物大量繁殖，形成富营养化，造成饮用水的异味，严重时会使水中溶解氧的量下降，鱼类大量死亡，甚至会导致湖泊的干涸。

4. 重金属

重金属是具有潜在危害的重要污染物质，20世纪50年代前后日本出现的水俣病和骨痛病，已查明是由于汞、镉污染引起的公害病。重金属的环境污染已受到人们极大的关注。常见的污染水体重金属有汞、铬、镉、铅、锌、铜等。

5. 难降解有机物

难降解有机物是指难以被微生物降解的有机物，能在水中长期稳定地存留，并通过食物链富集最后进入人体。它们中的一部分化合物即使含量很低，仍具有致癌、致畸和致突变的作用。例如杀虫剂、除草剂、表面活性剂等。

6. 石油类

主要来源于船舶废水、工业废水、海上石油开采及大气石油烃沉降口它会阻止氧进入水中，妨碍水生植物的光合作用。同时，石油还会黏附在鱼上，使之呼吸困难直至死亡，还会抑制水鸟产卵和孵化。食用在含有石油的水中生长的鱼类等水产品，会危及人体健康。随着石油工业的迅速发展，油类对水体特别是海洋的污染越来越严重。目前，由人类活动排入海洋的石油每年达几百万吨以至几千万吨。2010年4月发生的墨西哥湾漏油事件，成为至今最大的石油污染事件。

7. 酸碱

主要来自矿山排水及许多工业废水。它会破坏水生生态系统的平衡；影响渔业生产，腐蚀船只、桥梁及其他水上建筑。用酸化或碱化的水浇灌农田，会破坏土壤的理化性质，对工业、农业、渔业和生活用水都会产生不良的影响。

8. 病原体

生活污水、医疗污水和屠宰、制革、洗毛、生物制品等工业废水，常含有各种病原体，如病毒、病菌、寄生虫，会传播霍乱、伤寒、胃炎、肠炎、痢疾以及其他病毒传染的疾病和寄生虫病。

9. 热污染

天然水体接受"热流出物"而使水温升高。火力发电厂、核电站的冷却水，炼钢、炼油产生的冷却水是主要来源。水温升高后，降低了水中溶解氧的含量，水体生化反应速度加快，可使某些化合物的毒性提高；并且破坏水生生态平衡.加速细菌繁殖，限制鱼类繁殖，使鱼死亡等。

10. 放射性污染

水体中放射性物质主要来源于铀矿开采、选矿、冶炼，核电站和核试验以及放射性同位素的应用等。从长远来看,放射性污染是人类所面临的重大潜在性威胁之一。

二、水体自净与环境容量

（一）水体自净

水体受到污染后，由于物理、化学和生物等作用，使排入污染物质的浓度和毒性随着时间的推移，在向下游流动的过程中自然降低，称为水体的自净作用。也可简单地说，水体受到污染后，靠自然能力逐渐变洁的过程称为水体的自净。

水的自净能力与水体的水量、流速等因素有关。水量大、流速快，水的自净能力就强。但是，水对有机氯农药、合成洗涤剂、多氯联苯等物质以及其他难以降解的有机化合物、重金属、放射性物质等的自净能力是极其有限的。

（二）水环境容量

水环境容量是指"一定区域的水体在规定的水功能和环境目标要求下，对排放于其中的污染物所具有的容纳能力，也就是水体对污染物的最大容许负荷量"。水环境容量通常以单位时间内区域水体所能承受的污染物总量来表示。水环境容量的大小取决于水体对污染物的自净能力。

三、水质指标与水质标准

（一）水质与水质指标

水质是指水和其中所含的杂质共同表现出来的物理学、化学和生物学的综合特性。水质指标是表示水中杂质的种类、成分和数量，是判断水质的具体衡量标准。

1. 物理性水质指标

（1）温度，水的许多物理特性、物质在水中的溶解度以及水中进行的许多物理化学过程都和温度有关。

（2）颜色和色度，纯水是无色的。在比色管中将水样用无色清洁水稀释成不同倍数，并与液面高度相同的清洁水做比较，取其刚好看不见颜色时的稀释倍数，即为色度。

（3）浑浊度和透明度。水中由于含有悬浮及胶体状态的杂质而产生浑浊现象。水体中悬浮物质含量是水质的基本指标之一，表明的是水体中不溶解的悬浮和漂浮物质，包括无机物和有机物。

（4）悬浮性固体（Suspended Solids），水样过滤后，滤样截留物蒸干后的残余固体称为悬浮性固体。

2. 化学性水质指标

（1）pH 值，它是重要的水质指标之一，一般天然水体的 pH 值为 6.07.5。

（2）化学需氧量（COD），在一定严格的条件下，水中各种有机物质与外加的强氧化剂（WCrzOg KMnOQ 作用时所消耗的氧化剂量，以氧（O）的质量浓度（mg/L）表示。

（3）生化需氧量（BOD），指在人工控制的一定条件下，使水样中的有机物在有氧的条件下被微生物分解，在此过程中消耗的溶解氧的质量浓度（mg/L）。BOD 愈高，反映有机耗氧物质的含量也愈多。

（4）总需氧量（TOD），在特殊的燃烧器中，以钮为催化剂，在 900C 高温下使一定量的水样汽化，其中有机物燃烧变成稳定的氧化物时所需的氧量，结果以氧（O_3）的质量浓度（mg/L）表示。

（5）含氮化合物。有机氮是表明各种蛋白质、氨基酸、尿素等含氮有机物总量的水质指标。

（6）含磷化合物。磷的水质指标通常用总磷表示，总磷包括有机磷和无机磷。

3. 生物性水质指标

（1）大肠菌群数，它是每升水样中含有大肠菌群的数目，一个 /L 计。作为卫生指标，可以判断水体是否受到粪便的污染，进而判断水体中是否存在病原菌。

（2）病毒，它是表明水体中是否存在病毒及其他病原菌的指标。而检出大肠菌群，只能表明肠道病原菌的存在，但不能表明是否存在病毒。

（3）细菌总数，它是大肠菌群数、病原菌、病毒及其他细菌的总和，以每毫升水样中的细菌菌落总数表示。细菌总数越多，表示病原菌和病毒存在的可能性越大。

（二）水质标准

不同用途的水质要求有不同的质量标准。下面介绍我国几种常用的水质标准。

1. 地表水环境质量标准

环境保护部发布的《地表水环境质量标准（GB 3838—2002）》依据地面水使用目的和保护目标，将我国地表水分为 5 大类：

Ⅰ类——主要适用于源头水,国家自然保护区;

Ⅱ类——主要适用于集中式生活饮用水、地表水源地一级保护区,珍稀水生生物栖息地,鱼虾类产卵场,仔稚幼鱼的索饵场等;

Ⅲ类——主要适用于集中式生活饮用水、地表水源地二级保护区,鱼虾类越冬、河游通道,水产养殖区等渔业水域及游泳区;

Ⅳ类——主要适用于一般工业用水区及人体非直接接触的娱乐用水区;

Ⅴ类——主要适用于农业用水区及一般景观要求水域。

对于不同区域,又规定了水质指标的相应标准限制。

2. 《污水综合排放标准(GB 8978—1996)》

本标准按照污水排放去向,分年限规定了69种水污染物最高允许排放浓度及部分行业最高允许排水量。本标准适用于现有单位水污染物的排放管理,以及建设项目的环境影响评价、建设项目环境保护设施设计、竣工验收及其投产后的排放管理。

标准将排放的污染物按其性质及控制方式分为两类。第一类污染物是不分行业和污染排放方式,也不分收纳水体的功能类别,一律在车间或车间处理设施排放口采样,其最高排放浓度必须达到标准要求。第二类污染物在排污单位排放口采样,其最高允许排放浓度必须达到标准要求。

常用的还有《生活饮用水卫生标准》《海水水质标准》《景观娱乐用水水质标准》《农业灌溉水质标准》《地下水质量标准》和各种行业排放标准,如《船舶污染物排放标准》《造纸工业水污染物排放标准》《钢铁工业水污染物排放标准》《肉类加工水污染物排放标准》等。

四、水污染控制

水污染基本控制模式分为源头控制、污水集中处理和尾水最终处置等3种模式。

(一)源头控制

(1)工业废水,对于工业废水可以实行优化产业结构、调整规划布局、实施清洁生产、就地处理达到污水排放标准等源头控制。

(2)生活污水,对于生活污水可以合理进行人口密度及分布规划、"绿色消费""绿色生活"的公众教育等手段。

(3)面源水污染。对于城市面源水污染可以进行城市径流、收集雨水利用、减少硬质地面、增加绿化用地等手段和技术;对于农村面源水污染可以进行发展节水农业,减少土壤侵蚀,合理利用农药,截流农业污水,畜禽粪便处理,乡镇企业废水及村镇生活污水处理等手段和技术。

（二）污水集中处理

主要是建设污水处理厂，进行污水集中处理。详细内容见本书水污染控制技术内容。

（三）尾水最终处置

（1）建立污水生态工程，利用土壤—微生物—植物系统的自我调控机制和对污染物的综合净化功能，既达到对城市污水及部分工业废水的高级净化处理，又可以利用其中的有用物质，实现污废水的资源化。

（2）废水的再利用，通过废水回用技术的开发，控制水质标准，废水再利用途径经济可行。

废水也是一种资源，废水中含有多种有用的物质，如果不经过处理就排放出去，不仅浪费资源，而且污染环境。因此必须注意废水的处理和重复利用，以及废水中有用物质的回收利用。

近几十年，随着工业化和城市化的不断发展，用水量和废水排放量迅速增加。在水资源日趋紧张和污染加重的情况下，工业废水和城市污水的重复利用日益受到重视，并且成为缺水地区解决水资源问题的一种常用的方法。

经过妥善处理的城市污水和工业废水，首先可用于灌溉农田、养鱼、养殖藻类和海带等水生生物。这样，既利用了废水和其中的肥分，又使废水得到进一步净化。其次可用做工业用水，如在电力工业、石油开采和加工工业、采矿业和金属加工工业中，把处理后的废水用作冷却水、生产过程用水、油井注水、矿石加工用水、洗涤水和消防用水等。若水质不能满足某些工艺的要求，可在厂内进行附加处理。此外，还可作为城市低质给水的水源即"中水回用"，用作不与人体直接接触的市政用水，如厕所用水、空调用水、消防用水、喷泉水、绿化带喷灌用水等。在不用地下水作饮用水水源的地区，可回灌地下水。

"中水"起源于日本，"中水"的定义有多种解释，其水质介于自来水（上水）与排入管道内污水（下水）之间，故名"中水"。中水利用也称作污水回用。在污水工程方面称为"再生水"，工厂方面称为"回用水"，一般以水质作为区分的标志。其主要是指城市污水或生活污水经处理后达到一定的水质标准，可在一定范围内重复使用的非饮用水。"中水回用"可以降低给水处理和供水费用，减少城市污水排放及相应的排水工程投资与运行费用。20多年来，国内外的实践经验表明，"中水回用"是开源节流、减轻水体污染、改善生态环境、解决城市缺水的有效途径之一，不仅技术可行，而且经济合理。我国水资源短缺，在缺水地区特别是城市、工业和人口比较集中的地区，水资源已成为社会经济发展的严重制约因素。城市污水的再生利用即"中水回用"既可解决污染问题，又可使污水得到有效利用，缓解水资源短缺的紧张状况，是个一举两得的措施，具有明显的经济效益和社会效益。

五、水污染控制技术

（一）废水处理的目的

废水处理的目的是对废水中的污染物以某种方法分离出来或将其分解转化为无害稳定的物质，使污水得到净化，达标排放（防止毒害、病菌传染，去除异味、恶臭等）。

（二）废水处理方法分类

废水处理方法主要有废水物理处理法、废水化学处理法和废水生物处理法。

1. 废水物理处理法

主要去除水中不溶性的、呈悬浮状态的污染物。主要工艺是筛滤截留、重力分离、离心分离等。主要处理设备是格栅和筛网、沉砂池和沉淀池、气浮装置、离心机、旋流分离器等。

2. 废水化学处理法

主要去除水中呈溶解、胶体状态的污染物。主要工艺有中和、混凝、化学沉淀、氧化还原、吸附、离子交换、膜分离等。

3. 废水生物处理法

废水生物处理法是利用微生物的代谢作用除去废水中有机物的一种方法。废水生物处理法的分类，废水生物处理工艺主要分为人工强化废水处理系统和天然废水生物处理系统两类。其中人工强化废水处理系统主要包括好氧生物处理工艺和厌氧生物处理工艺；天然废水生物处理系统主要包括生物稳定塘系统和土地处理系统。

（1）生物稳定塘，又名氧化塘或生物塘。它是一种利用天然净化能力处理废水的生物处理工艺，其对废水的净化过程与自然水体的自净过程类似。生物稳定塘多用于小型污水处理。生物稳定塘污水处理与综合利用相结合，发展养鱼、养禽、水生植物、饲料等。

（2）土地处理系统，它是在人工调控和系统自我调控的条件下，利用土壤—微生物—植物组成的生态系统对废水中的污染物进行一系列物理、化学和生物净化的过程，使废水水质得到改善。土地处理系统可分为快速渗滤（RI）、慢速渗滤（SR）、地表漫流（OF）、地下渗滤（UG）、湿地系统（WL）等5种工艺类型。对于传统的人工二级生物处理无法解决的氮磷富营养化问题，要求增加三级处理，这一切导致水污染控制的投入大大增加，需要大量的资金，能耗高，运行管理复杂，对污染不能完全去除，甚至带来二次污染。在这种情况下，土地处理技术得到了巨大发展。沈阳大学污染环境的生态修复与资源化技术教育部重点实验室在对沈阳大学校园生活污水的"中水回用"处理工程中就采用了土地处理系统。实践证明，处理后的"中水"不但满足沈阳大学日常绿化和景观的用水需要，而且该生态处理系统处理基建投资低，能源消耗少，无次生环境影响，吨水处理费用是传统的人工处理费用的 1/3 左右。所以说，污水土地处理是一项发展中的污水处理生态工程技术，是实现污水资源化和保护水体生态环境的重要途径。

（3）好氧生物处理。它主要分为活性污泥法和生物膜法。好氧生物处理废水的方法主要用于从污水中去除溶解性有机污染物，溶解的有机污染物被微生物吸附转化为压 O_3，CO_2，NH_3 和微生物细胞物质，污水得到净化，所需氧气一般来自大气。这是一种被广泛采用的生物处理方法。

活性污泥法的特点是微生物群体附着在有一定活力、具有良好净化污水功能的絮绒状污泥上，污水中的溶解性有机污染物同污泥接触后被净化。主要优点是工艺操作相对成熟简单，处理效果较好。

生物膜法的共同特点是微生物附着在介质"滤料"表面上，形成生物膜，污水同生物膜接触后被净化。主要优点是对水质、水量变化的适应性较强。

（4）厌氧生物处理方法。有些废水含有很多复杂的有机物，采用好氧生物处理往往难以生物降解或不能降解，但这些有机物往往可以通过厌氧菌分解为较小分子的有机物，而那些较小分子的有机物可以通过好氧菌进一步分解。厌氧生物处理方法主要用于污泥的消化、高浓度有机废水和温度较高的有机工业废水的处理。

（三）城市污水处理工艺

城市污水处理工艺主要采取二级处理或三级处理工艺。每级处理工艺主要功能如下。

（1）一级处理即初级处理。通过机械过滤、筛滤等沉淀方法，主要去除固体悬浮物。

（2）二级处理主要为生化处理工艺。可大幅度去除污水中呈胶态和溶解态的有机物（BOD），使出水 BOD 可达标排放。

（3）三级处理又称污水的高级处理或深度处理，主要去除难降解物质（氮、磷）。主要采用物理化学法或土地利用法实现。

六、我国水污染防治举措

（一）提高水资源利用率

提高水资源利用率，不但可以增加水资源，而且可以减少污水排放量、减轻水体污染。为了提高水资源利用率，可以从以下 3 方面进行。

1. 提高农业灌溉用水利用率

目前我国农业用水量约占全国总用水量的 64%，水的有效利用率只有 45% 左右，而发达国家利用率为 70% ~ 80%；我国农作物水分生产率平均为 0.87kg/m³，发达国家一般为 2kg/m³，而以色列为 2.32kg/m³。如果灌溉水利用率提高 10%–15%，那么每年可减少灌溉用水量 600 亿 ~ 800 亿 m³。

据估算，如果科学地发展节水农业，到 2030 年我国灌溉水的利用系数可达到 0.6–0.7，水分生产率可以达到 1.5kg/m³，则可利用节约的水增产 1.2 亿 t 粮食。

2. 提高工业用水利用率

由于技术和管理等方面的原因，我国工业用水存在着严重的高耗水率、低重复利用率的现象。例如，我国生产 1t 钢需用水 23 ~ 56m³，而在美国、日本和德国，其用水量不到 6m³；我国生产 1t 纸需用水 450m³，而发达工业国家至多使用 200m³。此外，我国工业用水重复利用率在 30%–40%，而发达国家基本在 70% ~ 90%。

针对这一现象，应从以下几方面着手：第一，需要对高耗水、低重复利用的企业责令实行强制性技术改造，促使其采用节水工艺，加装污水净化设施以降低水资源浪费，减少污染；第二，要放开污水处理市场，鼓励企业建设污水回用设施或投资污水处理，并给予政策上的扶持和财政上的补贴，以提高其污水处理率；第三，根据科技发展状况逐年降低单位产品用水限额，以促使企业节约用水，提高水资源的效率。

3. 提高城市生活用水利用率

我国多数城市自来水管网跑、冒、滴、漏现象严重，损失至少达城市生活总用水量的 20%，家庭生活用水浪费现象十分普遍。因此，城市生活用水的节水潜力也很大，据调查有 1/3 ~ 1/2 的潜力可挖。除了完善管线、管网外，在社会范围内大力提倡节约用水十分必要。

（二）发展城市污水资源化

城市污水资源化既可缓解供需矛盾，又可减轻水污染。我国"十五"规划纲要中指出，到 2010 年全国城市污水处理率必须达到 60%，全国 113 个环保重点城市污水处理率达 70%。这为城市污水资源化工作的推进提供了坚实和可靠的基础。

（三）因地制宜发展污水处理技术

鉴于我国水资源紧缺，水资源在时空分布上极不平衡，加之各地在经济发展上的差异，在水污染防治上应采取不同的对策。在南方地区，根据水环境容量相对充沛的特点，应科学地利用大江、大海的自然净化能力，通过论证，在初级处理的基础上，发展城市污水排海、排江工程。还可利用南方小河、小湖纵横交错的优势，合理规划，科学布局，适当发展一些生态水处理和脱氮除磷技术。

在北方和中部地区，水资源短缺是突出的矛盾，应以污水资源化为重点，发展污水资源的二次利用、多次利用和重复利用。以污水回用为目标，城市排水管网和污水处理厂的设置应作相应的调整，并发展以二级生物处理为主的处理工艺。

在西部高原干旱、半干旱地区，主要是采取改善生态的措施，发展一些污水资源化技术和土地处理技术。

（四）开展流域性水污染防治

所谓流域性防治，是指按水文地理划分区域，综合考虑地表和地下水流，针对优先要解决的水污染问题，公共和私人部门相协调对水污染所做的各种努力。

从 1994 年开始，以淮河、海河、江河、太湖、巢湖、滇池等"三河""三湖"为重点，开展了流域水污染治理工作。

以辽河为例，辽河流域是我国七大流域之一，在辽宁省境内由辽河水系和大辽河水系组成，共有主要支流河 43 条。"50 年代淘米做饭，60 年代洗衣灌溉，70 年代水质变坏，80 年代鱼虾绝代"，这是辽河水质由清变浊的真实写照。大部分支流河与人群集中居住区距离较近，环境污染问题严重，是群众关心的热点和难点问题。要搞好辽河治理，支流河的治理是关键。鉴于此，辽宁省结合本省实际，抓住关键，多措并举，深入开展支流河整治，取得了初步成效。

1. 大力调整产业结构

产业结构不合理、污染排放强度高、结构性污染严重是辽河流域水污染的一个突出特点。针对这一特点，把产业结构调整作为促进工业污染防治、提高经济质量的一条治本之策，在源头上降低污染物排放量，促进环境与经济的协调发展。辽宁省"十五"期间关停经济效益差、污染严重的企业 600 余家，取缔"十五小"（指小造纸、小制革等 15 种污染严重的小型企业）和"新五小"（指小钢铁、小水泥等 5 种污染严重的小型企业）企业 1700 多家，关闭制浆规模在 2 万 t 以下的造纸厂 12 家，年减排污水 200 多万 t，减排 CO3.1L 万 t。

2. 深化工业污染防治

工业污染源是流域第二大污染源。2000 年工业污染源达标排放以来，政府大力推行清洁生产，不断深化工业污染防治工作。2004 年与 2000 年相比，工业企业新鲜水取用量减少了 24.5%。在冶金、电力、煤炭和选矿等高耗水行业创建了 50 多家废水"零排放"企业。

3. 加快城市环境基础设施建设

2004 年，辽河流域 COD 排放总量为 41.18 万 t，其中有 26.73 万 t 来源于生活污染，生活污染已经成为流域的第一大污染源。建设城市污水处理厂是治理生活污染的根本之策，从 2008 年开始启动了 99 座污水处理厂建设。2010 年底全部建成后，将有大部分污水处理厂达标水排入一级支流河。

4．采取系列综合整治措施

全省针对支流河污染治理，建立了重点支流断面监测、管理和考核体系，实行水质月分析制度、生态补偿制度，实行河（段）长负责制、推行红色警戒线制度等一系列综合整治措施，辽河支流水质明显改善。

5．启动河道生态治理工程

辽河流域11个市在支流河水质明显好转的基础上，全部启动了"乔、灌、草、水面"相结合的河道生态治理工程。主要做法是，因地制宜，规划建设一批湿地，通过"地球之肺"的过滤功能，使得辽河自净能力得到显著提高；在河道内大面积种植蒲草、芦苇等草本植物，实行生物治理，提高水体自净能力；在河滩地栽植柳条、槐条等矮科灌木，以防沙固沙，控制扬尘；在河流两岸植树，进行景观绿化。还实施了入河道清淤、取缔入河排污口、疏浚、主要河段景观化建设等工程。

6．实施经济处罚

辽宁目前正在酝酿实施河流出市断面水质超标补偿制度，对出市断面水质超过规定标准的市，给予经济处罚。

通过几年来不懈的努力，辽河流域水污染防治工作取得了阶段性的成果。2009年5月，辽河流域水质总体呈好转趋势。支流水质同比2009年明显好转，与2009年同期相比，78.1%的支流水质COD浓度有所下降，降幅为11.3%～85.5%。

第六章 土壤环境

第一节 土壤

土壤不仅是人类赖以生存的物质基础和宝贵财富的源泉，又是人类最早开发利用的生产资料。在人类历史上，由于土壤质量衰退曾给人类文明和社会发展留下了惨痛的教训，但是，长期以来居住在这个地球上的人们，对土壤在维护地球上多种生命的生息繁衍、保持生物多样性的重要性并不在意。直到20世纪中期以来，随着全球人口的增长和耕地的锐减，资源耗竭，人类活动对自然系统的影响迅速扩大，人们对土壤的认识才不断加深，土壤与水、空气一样，既是生产食物、纤维及林产品不可替代或缺乏的自然资源，又是保持地球系统的生命活性，维护整个人类社会和生物圈共同繁荣的基础。因此，保护土壤，特别是保护耕地土壤的数量和质量，理所当然成为一个国家的重要方针。

一、土壤的概念

什么是土壤？虽然土壤对每一个人都并不陌生，但回答这个问题，不同学科的科学家常有不同的认识。生态学家从生物地球化学观点出发，认为土壤是地球表层系统中，生物多样性最丰富，生物地球化学的能量交换、物质循环（转化）最活跃的生命层；环境科学家认为，土壤是最重要的环境因素，是环境污染物的缓冲带和过滤器；工程专家则把土壤看作承受高强度压力的基地或作为工程材料的来源；对于农业科学工作者和广大农民则认为，土壤是植物生长的介质，他们更关心影响植物生长的土壤条件，土地肥力供给、培肥及持续性。

由于不同学科对土壤的概念存在着种种不同认识，要想给土壤一个严格的定义几乎是困难的。土壤学家和农学家传统地把土壤定义为："发育于地球陆地表面能生长绿色植物的疏松多孔结构表层。"在这一概念中重点阐述了土壤的主要功能是能生长绿色植物，具有生物多样性，所处的位置在地球陆地的表面层。土壤有其独特的生成发展规律，也有其独特的功能－－肥力与净化力。它的功能是以岩石风化产物（母质）为基础，在其周围大气、水体和生物的共同作用之下形成的。所以，土壤的肥力功能特性与变化都依赖于它所处的环境条件及有关的人为措施。

二、土壤组成

（一）土壤的物质组成

自然界土壤是由矿物质、有机质（土壤固相）、土壤水分（液相）和土壤空气（气相）三相物质组成的，这决定了土壤具有孔隙结构特性。土壤水分含有可溶性有机物和无机物，又称土壤溶液。土壤空气主要由氮气（N_2）和氧气（O_2）组成，并含有比大气中高得多的二氧化碳（CO_2）和某些微量气体。土壤三相之间是相互联系、相互制约、相互作用的有机整体，矿质土壤中固相容积与液相和气相容积通常是各占一半，由于液相和气相经常处于彼此消长状态，即当液相容积增大时，气相所占容积就减少，反之亦然，两者之间的消长幅度在 15% ~ 35%。按重量计，矿物质可占固相部分的 95% 以上，有机质占 5% 左右。

（二）土壤的机械组成

岩石矿物风化过程中形成的土壤颗粒（土粒）是构成土壤固相骨架的基本颗粒，它们的数目众多、大小和形状迥异，矿物组成和理化性质变化甚大，尤其是粗土粒与细土粒的成分和性质几乎完全不同。根据土粒直径（当量直径——假定土粒为圆球形的直径）的大小，将大小相近、性质相似的土粒加以归类，分为若干组，称为土壤粒级（粒组）。一般可分为石砾、砂粒、粉粒和黏粒四级。根据土壤的机械分析，分别计算其各粒级的相对含量，即为土壤机械组成（或称颗粒组成），并可由此确定土壤质地。土壤质地是根据土壤机械组成划分的土壤类型，一般将土壤质地类型划分为砂土、壤土和黏土三类，它们的基本性质不同，因而在农田种植、管理或工程施工上有很大差别。由不同质地土层序列组成的土壤垂直断面称为土壤质地剖面构型。土壤质地是影响土壤环境中物质与能量交换、迁移与转化的重要因素。

三、土壤的基本性质

（一）土壤的吸附性

土壤中两个最活跃的组分是土壤胶体和土壤微生物，它们对污染物在土壤中的迁移、转化有重要作用。土壤胶体以巨大的比表面积和带电性，而使土壤具有吸附性。

1. 土壤胶体的性质

（1）具有巨大的比表面和表面能。比表面是单位重量（或体积）物质的表面积。颗粒越小，比表面越大。土壤胶体由于颗粒细小，因而具有巨大的表面积。且表面分子受到的分子引力是不均衡的，使表面分子具有一定的剩余能量——表面能，物质的比表面越大，表面能也越大。

（2）电荷性质。土壤胶体微粒具有双电层，微粒的内部称微粒核，一般带负电荷，形成一个负离子层（即决定电位离子层）；其外部由于电性吸引，而形成一个正离子层（又称反离子层，包括非活动性离子层和扩散层），即合称为双电层。决定电位层与液体间的电位差通常叫作热力电位，在一定的胶体系统内它是不变的。在非活动性离子层与液体间的电位差叫电动电位，它的大小视扩散层厚度而定，随扩散层厚度增大而增加。扩散层厚度决定于补偿离子的性质，电荷数量少，而水化程度大的补偿离子（如 Na+），形成的扩散层较厚；反之，则扩散层较薄。

（3）凝聚性和分散性。由于胶体的比表面和表面能都很大，为减少表面能，胶体具有相互吸引、凝聚的趋势，这就是胶体的凝聚性。但是在土壤溶液中，胶体常带负电荷，即具有负的电动电位，所以胶体微粒又因相同电荷而相互排斥，电动电位越高，相互排斥力越强，胶体微粒呈现出的分散性也越强。

2. 土壤胶体的离子交换吸附

在土壤胶体双电层的扩散层中，补偿离子可以和溶液中相同电荷的离子以离子价为依据作等价交换，称为离子交换。离子交换作用包括阳离子交换吸附作用和阴离子交换吸附作用。

（1）土壤胶体的阳离子交换吸附。土壤胶体吸附的阳离子，可与土壤溶液中的阳离子进行交换。

土壤胶体阳离子交换吸附过程，除以离子价为依据进行等价交换和受质量作用定律支配外．各种阳离子交换能力的强弱，主要依赖于以下因素：①电荷数。离子电荷数越高，阳离子交换能力越强。'②离子半径及水化程度。同价离子中，离子半径越大，水化离子半径就越小，因而具有较强的交换能力。土壤中一些常见阳离子的交换能力顺序如下：$Fe^{3+} > Als^{3+} > H^+ > Ba^{2+} > ASr^{2+} > Ca^{2+} > AMg^{2+} > Cs^+ > Rb^+ > NH_4^+ > K^+ > Na^+ > Li^+$。

（2）土壤胶体的阴离子交换吸附。土壤中阴离子交换吸附是指带正电荷的胶体所吸附的阴离子与土壤溶液中阴离子的交换作用。阴离子的交换吸附比较复杂，它可与胶体微粒（如酸性条件下带正电荷的含水氧化铁、铝）或与土壤溶液中的阳离子形成难溶性沉淀而被强烈地吸附。

（二）土壤的酸碱性

由于土壤是一个复杂的体系．其中存在着各种化学和生物化学反应，因而使土壤表现出不同的酸性或碱性。

我国土壤的 pH 值大多在 4.5–8.5 范围内，并有由南向北递增的规律性，长江（北纬 33°）以南的土壤多为酸性和强酸性，如华南、西南地区广泛分布的红壤、黄壤，

pH 值大多为 4.5 ~ 5.5，有少数低至 3.6 ~ 3.8。华中、华东地区的红壤的 pH 值为 5.5 ~ 6.5。长江以北的土壤多为中性或碱性，如华北、西北的土壤大多含 $ccco_3$，pH 值一般为 7.5-8.5，少数强碱性土壤的 pH 值可高达 10.5。

（三）土壤的氧化还原性

氧化还原反应是土壤中无机物和有机物发生迁移转化并对土壤生态系统产生重要影响的化学过程。

土壤中主要的氧化剂有氧气、NO_3：和高价金属离子，如 Fe（Ⅲ）、Mn（Ⅳ）、V（Ⅴ）、Ti（Ⅵ）等。主要的还原剂有有机质和低价金属离子。此外，土壤中植物的根系和土壤生物也是土壤发生氧化还原反应的重要参与者。

土壤氧化还原能力的大小可以用土壤的氧化还原电位（Eh）来衡量。一般旱地土壤的氧化还原电位（Eh）为 +400 ~ +700 MV；水田的 Eh 值为—200 ~ +300MV。根据土壤的 Eh 值可以确定土壤中有机物和无机物可能发生的氧化还原反应和环境行为。

（四）土壤中的生物体系

土壤环境中的生物体系，是土壤环境的重要组成成分和物质能量转化的重要因素。土壤生物是土壤形成、养分转化、物质迁移、污染物的降解、转化或固定的重要参与者，主宰着土壤环境物理化学和生物化学过程、特征和结果。

第二节 土壤环境

一、土壤环境

土壤环境是指岩石经过物理、化学、生物的侵蚀和风化作用，以及地貌、气候等诸多因素长期作用下形成的土壤的生态环境。它是由矿物质、动植物残体腐烂分解产生的有机物质以及水分、空气等固、液、气三相组成，固相（包括原生矿物、次生矿物、有机质和微生物）占土壤总重量的 90% ~ 95%，液相（包括水及其可溶物）称为土壤溶液。土壤环境是构成生态系统的基本环境要素、是人类赖以生存的物质基础，也是经济社会发展不可或缺的重要资源。因此，土壤环境的形成和发展、物质组成、结构与功能都与地球表层自然系统的时空变化密切相连。正确地认识土壤环境，有利于人类充分地利用土壤的净化功能，实施污染土壤的清洁生产，防治土壤污染，也有利于加强土壤肥力的培育 . 保障农作物的安全。

二、土壤环境背景值

（一）土壤环境背景值的概念

土壤环境背景值在理论上应该是土壤在自然成土过程中，构成土壤自身的化学元素的组成和含量。即未受人类活动影响的土壤本身的化学元素组成和含量。然而，土壤是一个复杂的开放体系，它一直处在不断发展和演变中，特别由于人类对土壤需求的日益扩展，地球上的土壤几乎不同程度地受到人类活动直接或间接的影响。目前已很难找到绝对不受人类活动影响的土壤。因此，所谓土壤环境背景值只能代表土壤某一发展、演变阶段的一个相对意义上的数值，即严格按照土壤背景值研究方法所获得的尽可能不受或少受人类活动影响的土壤化学元素的原始含量。

（二）土壤环境背景值的获得

既然在地球上很难找到绝对不受人类活动影响的土壤，那么，要获得一个尽可能接近自然土壤化学元素含量的真值是相当困难的。也就是说，确定土壤背景值是一项难度很高的基础性研究。各国都很重视土壤环境背景值的研究，例如美国、英国、德国、加拿大、日本以及俄罗斯等国都已公布了土壤某些元素背景值。我国也将土壤背景值列入"六五"和"七五"国家重点科技攻关项目，并于1990年出版了《中国土壤元素背景值》一书。各国虽然在获取土壤环境背景值的具体方法或环节上不完全相同，但都必须建立一个完善的工作系统。通常，土壤环境背景值的研究应建立包括情报检索、野外采样、样品处理和保存、实验室分析质量控制、分析数据统计检验、制图技术等的工作系统。

（三）土壤环境背景值的应用

土壤环境背景值在土壤污染评价、污染灌溉与作物施肥上是一个不可缺少的依据。在环境质量评价、土地资源评价与国土规划，以及环境医学和食品卫生等方面有重要的实用意义。土壤环境背景值主要应用在以下几方面：

（1）农田施肥：土壤环境背景值反映了土壤的化学元素的丰度，在研究化学元素，特别是微量元素的生物有效性时．土壤环境背景值是预测元素丰缺程度．制订施肥规划、方案的基础数据。

（2）土壤污染评价：土壤环境背景值是土壤污染评价不可缺少的依据。土壤质量评价，划分质量等级和污染等级，进行污染评价，均必须以土壤环境背景值作为基础参数和标准，进而对土壤质量进行预测、调控和制定土壤污染防治措施等。

（3）土壤环境容量：土壤环境背景值是研究和确定土壤环境容量，制定土壤环境标准的不可缺少的基础数据。

（4）环境医学和食品卫生：土壤环境背景值反映了区域土壤生物地球化学元素的组成和含量。通过对元素背景值的分析，可以找到土壤、植物、动物和人群之间某些异常元素的相互关系。例如，已证实在低硒土壤背景区域，是克疵病、大骨节病及动物白肌病的发病区，这是由于土壤缺硒，使得整条食物链缺硒，最终导致人体内硒营养失常，危害人体健康。土壤环境背景值对人类健康的影响，有大量的疑问还没有被揭示，是一个很有实际意义的研究领域。

可见，土壤环境背景值作为一个"基准"数据，不仅仅在土壤学、环境科学上有重要意义，在农业、医学、国土规划等方面都有重要的应用价值。

三、土壤环境容量

（一）环境容量

环境容量指的是在一定条件下环境对污染物的最大容纳量。它最早来源于"人口承载力"的研究，即国际人口生态界对世界人口容量的研究。环境科学家为了防止和控制日益扩展和严重的环境污染问题，提出了环境容量的概念，并从不同角度给环境容量定义。一种定义为："环境容量是指某环境单元所允许容纳的污染物最大量。"另一种定义为："在人类生存和自然生态不受损害的前提下，某一环境单元所能容纳的污染物的最大负荷量。"后者，不仅考虑到某一环境单元（要素）本身能容纳的污染物的负荷量，还考虑到这个负荷量对人类生存和自然生态的危害。故在环境污染控制与管理中更具实际意义。

（二）土壤环境容量

在地球表层系统中，土壤作为多种化学元素的载体，具有贮存表生带化学元素的功能。其"仓库"的大小，对于土壤植物营养元素来说，越大表示土壤的潜在肥力越大。对于土壤污染元素来说，越大则表示土壤对污染物缓冲能力越大，在某种意义上也表示土壤自净作用的大小。但从环境保护的角度看，进入土壤的污染物不能超过"仓库"最大容量，否则人类的生存和自然生态系统就要受到危害或破坏。因而，就从"环境容量"概念，派生出"土壤环境容量"的概念。土壤环境容量被定义为："土壤环境单元在一定时限内遵循环境质量标准，既保证农产品产量和生物学质量，同时也不使环境受污染时，土壤所能允许容纳的污染物的最大数量或负荷量。"由定义可知，土壤环境容量实际上是土壤污染物的起始值和最大负荷量之差。因此，衡量土壤允许量时需要有一个基准含量水平，这个水平所获得的容量称为土壤静容量，即土壤标准容量。但此容量没有考虑土壤污染物在累积过程中，污染物的输入与输出、固定与释放、累积与降解和净化的过程。将土壤的这一部分净化的量（土壤环境动容量）与静容量相加，便构成了土壤环境容量。

土壤环境容量具有限制性，即污染物向土壤散布的数量不能超过容量，否则就会引起明显的污染问题。如果土壤的利用方式改变，土壤环境容量的限值也可能会发生变化。因为在一种利用方式上出现了污染危害，换一种利用方式就可能不会产生污染危害。例如水田土壤受到镉（Cd）污染，使生产出的米中的镉含量超标，对人体健康有危害。如果将生产大田改为水稻良种繁殖田，就不存在镉污染危害人体健康的问题。也就是相应提高了土壤环境容量的限制。因此，可以说土壤环境容量的限制性是相对的。

土壤环境容量还具有一定的可再生性。因为有机污染物可以逐步分解；无机污染物有的可以流失，有的可被作物吸收，有的还可以被甲基化或气化挥发等。因此，保护土壤免遭污染，不仅有必要控制总量，还有必要控制污染物的接纳速率。科学地利用土壤环境容量的可再生性，可以使土壤的自净能力保持常新。

研究土壤环境容量的目的，首先是控制进入土壤的污染物数量，因此，它可以在土壤质量评价中，制定"三废"农田排放标准、灌溉水质标准、污泥施用标准、微量元素累积施用量等方面发挥作用。土壤环境容量充分体现了区域环境特征，是实现污染物总量控制的重要基础。在此基础上，人们可以经济、合理地制定污染物总量来控制规划，也可以充分利用土壤环境的纳污能力。

四、土壤自净作用

土壤自净是指进入土壤的污染物，在土壤矿物质、有机质和土壤微生物的作用下，经过一系列的物理、化学及生物化学反应过程，降低其浓度或改变其形态，从而消除或降低污染物毒性的现象。土壤的自净作用对维持土壤生态平衡起着重要的作用。正是由于土壤具有这种特殊功能，少量有机污染物进入土壤后，经生物化学降解可降低其活性变为无毒物质；进入土壤的重金属元素通过吸附、沉淀、配合、氧化还原等化学作用，可变为不溶性化合物，使得某些金属元素暂时退出生物循环，脱离食物链。土壤自净作用主要有以下三种类型。

（一）物理自净作用

土壤是多孔介质，进入土壤的污染物可以随土壤水迁移，通过渗滤作用排出土体；某些有机污染物亦可通过挥发、扩散方式进入大气。挥发和扩散主要决定于蒸汽压、浓度梯度和温度。水迁移则与土壤颗粒组成、吸附容量密切相关。但是，物理净化作用只能使土壤污染物的浓度'降低或使污染物迁移；而不能使污染物从整个自然界消失，如果污染物迁移入地表水或地下水层，将造成水体污染，逸入大气则造成空气污染。

（二）化学和物理化学自净作用

土壤中污染物经过吸附、配合、沉淀、氧化还原作用使其毒性浓度降低的过程，称为化学和物理化学自净。土壤黏粒、有机质具有巨大的表面积和表面能，有较强的吸附能力、是产生化学和物理化学自净的主要载体。酸碱反应和氧化还原反应在土壤自净过程中也起着主要作用，许多重金属在减性土壤中容易沉淀。同样在还原条件下，大部分重金属离子能与 s– 离子形成难溶性硫化物沉淀，而降低污染物的毒性。严格地说，土壤黏粒对重金属离子的吸附、配位和沉淀过程等，只是改变了金属离子的形态，降低它们的生物有效性，是土壤对重金属离子生物毒性的缓冲性能。从长远来看，污染物并没有真正消除，而相反在土壤中"积累"起来，最终仍有可能被生物吸收，危及生物圈。

（三）生物化学自净作用

生物化学自净是指有机污染物在微生物及其酶的作用下，通过生物降解，被分解为简单的无机物而消散的过程。从净化机理看，生物化学自净是真正的净化，但不同化学结构的物质，在土壤中的降解历程不同。污染物在土壤中的半衰期的长短悬殊，其中有的降解中间产物的毒性可能比母体更大。

总之，土壤的自净作用是各种化学过程共同作用、互相影响的结果，土壤自净能力是有一定限度的，这就涉及土壤环境容量问题。

第三节　土壤环境污染

一、土壤污染

（一）土壤污染的概念

对于土壤污染有不同的定义。第一种定义认为：由于人类的活动向土壤添加有害物质，此时土壤即受到污染。此定义的关键是存在有可鉴别的人为添加污染物，可视为"绝对性"定义。第二种定义是以特定的参照数据来加以判断的，如以土壤背景值加二倍标准差为临界值，如超过此值，则认为该土壤已被污染，可视为"相对性"定义。第三种定义是不但要看含量的增加，还要看后果，即当加入土壤的污染物超过土壤的自净能力，或污染物在土壤中积累量超过土壤基准量，而给生态系统造成了危害，此时才能被称为污染，这可视为"相对性"定义。显然，在现阶段采用的第三种定义更具有实际意义。

土壤污染不但直接表现于土壤生产力的下降，而且也通过以土壤为起点的土壤、植物、动物、人体之间的链，使某些微量和超微量的有害污染物在农产品中富集起来，其浓度可以成千上万倍地增加，从而会对植物和人类产生严重的危害。

土壤污染还能危害其他环境要素。如土壤中可溶性污染物可被淋洗到地下水，致使地下水受污染；另一些悬浮物及其吸附的污染物，可随地表径流迁移，造成了地表水的污染。而风又可将污染土壤吹扬到远离污染源的地方，扩大了污染面。所以，土壤污染成为水和大气污染的来源。

（二）土壤污染量度指标

迄今，国内外还没有制订出土壤污染的量的指标。目前用以度量土壤污染与否的指标有以下几个方面。

1. 土壤背景值

用同一类型的污染土壤中元素的含量与非污染土壤中的元素背景值作对比来了解土壤受污染的情况。但这样对比，只能说明土壤元素含量存在异常现象或只能表示土壤"相对污染"现象．还不能就此断定对作物或人体一定有害。

2. 植物中污染物质的含量

如果土壤中某种有害元素或污染物含量较高时，被植物吸收的量也相应增加，因而土壤和植物体中污染物含量之间一定成正比关系。所以可以用植物体的污染物含量作为土壤污染的量的指标。

但各种植物对各种污染物的吸收能力不同，因而不同植物中各元素的含量．或同一污染物在植物体不同器官组织内的积累量都有很大差异。因此．选择何种植物或植物体的哪一组织器官作为量度土壤污染的指标，有待进一步研究。

3. 生物指标

生物指标是指如植物反应，生长发育受到抑制，生态发生明显变异，土壤微生物区系（种类和数量）的变化．．人们食用污染土壤上生长的植物性食物后对人体健康的危害程度等。但是影响生物的因素很复杂，进行毒理试验的难度也较大。

因此，在度量土壤污染时．最好要结合考虑土壤的背景值，植物体中有害物质的含量、生物反应以及土壤污染对人体健康的影响等几个方面。但是它们并不完全一致，有的污染物超过背景值，但未影响植物正常生长，也未在植物体内积累；而有时，土壤污染物虽然没有超过背景值．但由于某种植物对某些污染物的富集吸收能力特别强，反而使植物体中的污染物达到了污染程度。所以土壤背景值，只能作为土壤污染起始值的指标。另外，土壤污染对人体健康的影响，还需要从食物链中去探索更为适宜的指标。

（三）土壤污染的特点

1. 蓄积性

土壤污染与河流、大气污染不同，河流、大气由于不停息地运动，可使污染物质不断地得到稀释、扩散。但污染物在土壤中的运动速度则比较缓慢，很多污染物质都能被土壤无机或有机胶体所吸附。因此，某些化学性质稳定的污染物可以在土壤表层不断蓄积.使污染越来越严重。这种"蓄积性"是土壤污染的重要特点。

2．隐蔽性

土壤被污染与大气和水体被污染不同，水体和大气污染比较直观，有时通过人的感觉器官也能发现。而土壤污染则比较隐蔽，不可能通过感官观察，往往要通过农作物，包括粮食、蔬菜、水果等食品的污染.再通过吃食物的人或动物的健康状况才能反映出来。从开始污染到导致后果的出现，有一个较长时期的隐蔽过程。

3．不可恢复性

土壤对污染物具有净化能力，这种能力是指污染物进入土壤后，便与土壤固相、液相、气相物质之间发生物理、化学等一系列反应，或使污染物的形态改变，致毒作用减弱，或使污染物被分解成无害物质。但土壤的自净能力有一定限度.当进入土壤的污染物数量大大超过土壤本身的自净能力时，特别是一些不能被分解的重金属大量进入土壤后，就会使土壤受到严重污染，这时再去治理就十分困难，难以恢复。

4．间接危害性

土壤污染的后果是严重的，第一，污染物可以通过食物链危害动物和人体健康；第二,土壤污染还可通过地下渗漏、造成地下水污染，或通过地表径流污染水域; 第三,土壤污染地区若遭风蚀，风又可将污染的土粒吹扬到远方，扩大污染面。所以土壤污染又间接地污染水体和大气，成为二次污染源。

二、土壤污染发生类型及其特征

（一）土壤污染发生类型

1．水质污染型

水质污染型是指污染源主要是工业废水、城市生活污水和受污染的地面水体。据报道，在日本曾由受污染的地面水体所造成的土壤污染占土壤环境污染总面积的80%，而且绝大多数是由污灌所造成的。

利用经过预处理的城市生活污水或某些工业废水进行农田灌溉，如果使用得当，一般可有增产效果，因为这些污水中含有许多植物生长所需要的营养元素。同时，节省了灌溉用水，并且使污水得到了土壤的净化，减少了治理污水的费用等。但因为城市生活污水和工矿企业废水中还含有许多有毒、有害的物质，成分相当复杂。若这些污水、废水直接输入农田，将造成土壤环境的严重污染。

经由水体污染所造成的土壤污染，由于污染物质大多以污水灌溉形式从地表进入土体。所以污染物的分布特点是一般集中于土壤表层。但是，随着污灌时间的延续，某些污染物质可随水自上部向土体下部迁移，以至达到地下水层。这是土壤环境污染的最主要发生类型，它的特点是沿已被污染的河流或干渠呈树枝状或片状分布。

2. 大气污染型

土壤污染物质来自被污染的大气。经由大气的污染而引起的土壤环境污染，主要表现在以下几个方面。

（1）工业或民用煤的燃烧所排放出的废气中含有大量的酸性气体，如 SO_2、NO_2 等，汽车尾气中的铅化合物、NO_2 等，经降雨、降尘而输入土壤。

（2）工业废气中的粒状浮游物质（包括飘尘），如含铅、镉、锌、铁、镒等的微粒，经降尘而落入土壤。

（3）炼铝厂、磷肥厂、砖瓦窑厂、氟化物生产厂等排放的含氟废气，一方面可直接影响周围农作物，另一方面可造成土壤的氟污染。

（4）原子能工业、核武器的大气层试验所产生的放射性物质，随降雨、降尘而进入土壤，对土壤环境产生放射性污染。

经由大气的污染所造成的土壤污染，其特点是以大气污染源为中心，呈椭圆状或条带状分布，长轴沿主风向伸长。其污染面积和扩散距离，取决于污染物的性质、排放量以及排放形式。大气污染型土壤的污染物质主要集中于土壤表层（0～5cm），耕作土壤则集中于耕层（0～20cm）。

3. 固体废弃物污染型

在土壤表面堆放或处理、处置固体废物、废渣，不仅占用大量耕地，而且可通过大气扩散或降水淋滤，使周围地区的土壤受到污染，所以称为固体废弃物污染型。其污染特征属点源性质，主要是造成土壤环境的重金属污染，以及油类、病原菌和某些有毒有害有机物的污染。

4. 农业污染型

所谓农业污染型是指由于农业生产的需要而不断地施用化肥、农药：城市垃圾堆肥、厩肥、污泥等所引起的土壤环境污染。其中主要污染物质是化学农药和污泥中的重金属。而化肥既是植物生长发育必需营养元素的给源，又是日益增长着的环境污染因子。

5. 综合污染型

土壤污染的发生往往是多源性质的。对于同一区域受污染的土壤，其污染源可能同时来自受污染的地面水体和大气，或同时遭受固体废弃物，以及农药、化肥的污染。因此，土壤环境的污染往往是综合污染型的。但对于一个地区或区域来说，可能是以某一种污染类型或某两种污染类型为主。

（二）影响土壤污染的因素

（1）土壤污染的发申与发展，决定于人类的生产活动所排放的"三废"与人类的生活活动所排放的废弃物富、量。随着人口的增长、工业的发展，人们向大自然界索取的物质越来越多，同时排放出的废弃物，特别是工业的废水、废气、废渣日益增多。而我国当前正处于经济迅速发展时期，尤其是乡镇企业发展迅速，但是相对来说，生产技术水平不高，能源、资源利用率较低，污染治理技术落后与投入不足，对土壤环境污染的影响更为突出。

（2）土壤污染的发生与发展还与当地的灌溉、施肥制度、施用农药方式，以及处置城市污泥、垃圾等是否按规定的标准和方法进行有关。不恰当的灌溉与施药、施肥制度，不正确地处置城市污泥、垃圾等，是造成土壤环境污染的又一重要因素。

（3）由于不同污染物在土壤环境中的迁移、转化、降解、残留的规律不同，因此，对土壤环境造成的威胁与危害程度也就不同。所以，土壤污染的发生与发展，还取决于污染物的种类和性质。在诸多的土壤环境污染物质中，直接或潜在威胁最大的是重金属和某些化学农药。

（4）土壤污染的发生与发展，还受到土壤的类型和性质，以及土壤生物和栽培作物种类等因素的影响。不同的土壤类型，由于组成、结构、性质的差异，其对同一污染物的缓冲与净化能力就不同；此外，不同的土壤生物种群和栽培作物，其对污染物的降解、吸收、残留、积累等均有差异。因此，即使污染物的输入量相同，其土壤环境污染的发生与发展速度也有差异。

三、土壤污染物及污染源

（一）土壤污染物

通过各种途径输入土壤环境中的物质种类十分繁多，有的是有益的，有的是有害的，有的在量少时是有益的，而在量多时是有害的；有的虽无益，但也无害处。我们把输入土壤环境中的足以影响土壤环境正常功能、降低作物产量和生物学质量、有害于人体健康的那些物质，统称为土壤环境污染物质。其中主要是指城乡工矿企业所排放地对人体、生物体有害的"三废"物质，以及化学农药、病原微生物等。根据污染物的性质，可把土壤环境污染物质大致分为无机污染物和有机污染物两大类。

1. 无机污染物

污染土壤环境的无机物，主要有重金属（汞、镉、铅、铬、铜、锌、镍，以及类金属砷、硒等）和放射性元素（锚 W、锶。等）以及氟、酸、碱、盐等。其中尤以重金属和放射性物质的污染危害最为严重，因为这些污染物都是具有潜在威胁的，而且一旦污染了土壤，就难以彻底消除，并较易被植物吸收，通过食物链而进入人体，危及人类的健康。

2. 有机污染物

污染土壤环境的有机物，主要有人工合成的有机农药、酚类物质、氰化物、石油、稠环芳烃、洗涤剂.以及有害微生物和高浓度耗氧有机物等。其中尤以有机氯农药、有机汞制剂、稠环芳烃等性质稳定不易分解的有机物，在土壤环境中易累积，造成污染危害。

（二）土壤污染源

土壤环境污染物的来源极其广泛，这是与土壤环境在生物圈中所处的特殊地位和功能密切相关的。

（1）人类把土壤作为农业生产的劳动对象和获得生命能源的生产基地。人类为了提高农产品的数量和质量，每年都不可避免地要将大量的化肥、有机肥、化学农药施入土壤，从而带入某些重金属、病原微生物、农药本身及其分解残留物。同时，还有许多污染物随农田灌溉用水输入土壤。利用未做任何处理的.或虽经处理而未达标排放的城市生活污水和工矿企业废水直接灌溉农田，这是土壤有毒物质的重要来源。

（2）土壤历来就是作为废物的堆放、处置与处理场所，而使大量有机和无机污染物。随之进入土壤，这是造成土壤环境污染的重要途径和污染来源。

（3）由于土壤环境是个开放系统，土壤与其他环境要素之间不断地进行着物质与能量的交换，因大气、水体或生物体中污染物质的迁移转化，从而进入土壤，使土壤环境随之遭受二次污染，这也是土壤环境污染的重要来源。

以上这几类污染是由人类活动的结果而产生的，统称人为污染源。根据人为污染物的来源不同，又可大致分为工业污染源、农业污染源和生物污染源。

工业污染源就是指工矿企业排放的废水、废气、废渣。一般直接由工业"三废"引起的土壤环境污染，仅限于工业区周围数十公里范围内，属点源污染。工业"三废"引起的大面积土壤污染往往是间接的，并经长期作用使污染物在土壤环境中积累而造成的。

农业污染源主要是指由于农业生产本身的需要，而施入土壤的化学农药、化肥、有机肥，以及残留于土壤中的农用地膜等。

生物污染源是指含有致病的各种病原微生物和寄生虫的生活污水、医院污水、垃圾，以及被病原菌污染的河水等，这是造成土壤环境生物污染的主要污染源。

第七章　固体废弃物及其环境保护

第一节　固体废弃物的概述

一、固体废弃物的定义

固体废物是指在社会的生产、流通、消费等一系列活动中产生的一般不再具有原使用价值而被丢弃的以固态和泥状赋存的物质。

2004 年 12 月 29 日修订、2005 年 4 月 1 日施行的《中华人民共和国固体废物污染环境防治法》第六章第八十八条第（一）款中指出："固体废物是指在生产、生活和其他活动中产生的丧失原有利用价值或者虽未丧失利用价值但被抛弃或者放弃的固态、半固态和置于容器中的气态的物品、物质以及法律、行政法规规定纳入固体废物管理的物品、物质。"

在《巴塞尔公约》的有关文件中，也对"废物"给出了比较确切的理解："废物"是指处置的或打算予以处置的或按照国家法律规定必须加以处置的物质或物品。

另一个在国际上较为通用的定义是："无直接用途的、可以永久丢弃的可移动的物品"。这里所谓的"永久丢弃"意味着废物将不再回收利用。

二、固体废弃物的特性

固体废物具有随时间、空间变化的二重性。所谓不再具有原使用价值，并不意味其没有利用价值，事实上，废与不废是一个相对的概念，它与当时的社会发展阶段，技术水平与经济条件以及生活习惯均密切相关。在实际的生产和生活过程中，人们对自然资源及其产品的利用总是只利用需要的一部分或只利用一段时间，而剩下的无用或失效部分则被丢弃。被丢弃的这部分物质是多种多样的，它是否成为废物，是具有一定时空条件的。某一种生产活动产生的废物，可能成为另一种生产活动的原料；同样，在一个时期被视为废物的东西，随着科学技术的发展和进步，又可能成为宝贵的资源。例如，采矿废渣可以作为水泥生产的原料，电镀污泥可用来回收高附加值的重金属产品，城市垃圾可以焚烧发电……

固体废物也有二次资源、再生资源、放错了地方的资源等称谓。固体废物工程也发展成为一门新兴的应用技术型学科,即再生资源工程。总之,"放错地点的原料","废"具有时间和空间的相对性。

三、固体废弃物的分类

按照其化学组成,分为有机废物和无机废物。

按照其对环境与人类健康的危害程度,分为一般废物和危险废物。

按照其来源,分为工业固体废物、城市垃圾、放射性废物等。我国《固体废物污染环境防治法》将固体废物分成城市生活垃圾、工业固体废物、危险废物。

(一)工业固体废弃物

这类固体废弃物指工业生产过程和工业加工过程所产生的废渣、粉尘、废屑、污泥等。主要包括以下几种。

(1)冶金工业废弃物,这主要指各种金属冶炼或加工过程中所产生的各种废渣,如炼铁产生的炉渣,炼钢产生的钢渣,铜、镍、铝、锌等冶炼过程中产生的有色金属渣,铁合金渣以及提炼氧化铝时产生的赤泥等。

(2)能源工业固体废弃物,这主要指燃煤电厂产生的粉煤灰、炉渣、烟道灰、采煤及洗煤过程中产生的煤矸石等,还有石油工业产生的油泥、焦油、页岩渣、废催化剂等。

(3)化学工业固体废弃物,这主要指化学工业生产过程中产生的硫铁矿渣、酸渣、碱渣、盐泥等。

(4)其他固体废弃物,这主要指机械加工过程中产生的金属碎屑、建筑废料以及轻工纺织系统产生的废渣及水处理污泥等。

(5)矿业固体废弃物,这类废弃物主要包括采矿废石和尾矿。废石是指各种金属、非金属矿山开采过程中剥离下来的各种岩石。

这类废弃物量大,多在采矿现场就近堆放;尾矿则是指各种选矿、洗矿过程中产生的剩余尾砂。

(二)城市垃圾

城市垃圾指居民生活、商业活动、市政维护、机关办公等产生的生活废弃物。如炊厨废弃物、废纸、织物、家用杂具、玻璃陶瓷碎物、电器制品、废旧塑料制品、废交通工具、煤灰渣、脏土及粪便等。

(三)农业固体废物

农业固体废物指农、林、牧、渔各业生产、科研及农民日常生活过程中的植物秸秆、牲畜粪便、生活废物等。

（四）放射性固体废弃物

放射性固体废弃物指燃料生产加工、同位素应用、核电站、科研单位、医疗单位以及放射性废物处理设施的放射性废弃物：如尾矿、被污染的废旧设备、仪器、防护用品、废树脂、水处理污泥及残液等。

（五）有害废弃物

有毒有害固废国际上称之为危险固体废物，泛指除放射性废物外，具有直接毒害，即具有毒性、易燃性、反应性、腐蚀性、爆炸性、传染性的废物，如：医药废物、二噁英的废物。有毒有害废弃物一旦管理不当，就会对人体健康和环境造成危害。这种危害包括急性危害，如急性中毒、火灾爆炸等。还包括长期潜在性危害，如慢性中毒、致癌、污染地面和地下水等。

危险废物（法规定义），是指列入国家危险废物名录或者根据国家规定的危险废物鉴别标准和鉴别方法认定的具有危险特性的固体废物。

第二节　固体废弃物的环境问题

一、固体废弃物的污染现状

固体废弃物的种类繁多，成分复杂，数量巨大，是环境的主要污染源之一，其危害程度不亚于水污染和大气污染。由各种废弃物造成的环境污染及其控制已成为世界各国所共同面临的一个重大环境问题，特别是危险废物，由于其对环境造成污染的严重性，1983 年联合国环境规划署将其与酸雨、气候变暖和臭氧层保护并列作为全球性环境问题，1992 年 6 月在联合国第二次世界环境与发展大会上制定的 21 世纪议程中，也把解决危险废物的污染问题列入重要内容。

我国对固体废弃物污染控制起步较晚，虽然在固体废弃物的处理利用方面已取得一定进展，并出现了一些适合我国目前经济技术发展水平的固体废弃物处理技术，但与发达国家相比，水平还很低，处理、处置技术还远远不能满足国内经济和社会发展的需要。

（一）工业固体废弃物污染现状

随着工业生产规模的扩大，工业固体废物的产生量逐年递增，自 1981 年到 1988 年，中国经历了一个工业固体废弃物产生量以年增长率 8% ~ 15% 高速增长的时期，1989 年起，增长率降为 2% ~ 5%。进入 20 世纪 90 年代后年产生量超过 6 亿 t。目前，我国工业固体废弃物的产生量已经达到 12 亿 t，年产生量最大的是矿山开采和以矿石为原料的冶炼工业产生的固体废弃物，超过工业固体废弃物产生量的 80% 以上。产生量最大的几种工业固体废弃物是：尾矿、煤矸石、粉煤灰、炉渣、冶炼废渣。

在所产生的工业固体废弃物中，占产生量 40% 多的工业固体废弃物得到综合利用，占产生量 35% 左右的工业固体废弃物被贮存，占产生量 15% 左右的工业固体废弃物被处理，排放进入环境的废物量为占产生量的 9%～10%。尽管近年来加强了对工业固体废物的管理，特别是废物的再生利用得到了较大的发展，但仍有 40% 左右的废物没有得到妥善的处理，只是在企业内部临时贮存。有些大型企业虽然建起了填埋场，但由于没有采取严格的防渗措施和缺乏科学的管理，仍存在污染地下水的情况。此外，每年还有几千万吨的工业固体废物非法排入环境，其中约有 1/3 直接排入天然水体，成为地表水和地下水的重要污染源之一。由此造成的环境纠纷也时有发生。

（二）城市垃圾污染现状

随着城市人口的增加、城市规模的扩大和居民生活水平的提高，我国的城市垃圾产生量也急剧增加，近 20 年来，城市生活垃圾对市容景观的破坏和对生态环境的污染已相当严重。全国城市生活垃圾年产量约 1.5 亿 t，并以每年近 10% 的速度递增。中国约有 2/3 的城市陷入垃圾围城的困境。由于历史欠账多，各城市普遍缺乏符合标准的处置设施，年复一年地将生活垃圾裸露堆放在郊区。对大气和地下水都造成了严重的污染。

城市垃圾不仅造成公害，更是资源的巨大浪费。每年产生的 1.5 亿 t 城市垃圾中，被丢弃的"可再生资源"价值高达 250 亿元。当前存在大量未经分类就填埋或焚烧的垃圾，这既是对资源的巨大浪费，又会产生二次污染。

（三）农业固体废弃物污染现状

随着农村经济快速增长，农村消费品种类和数量明显增加，广大农村的环境污染和生态破坏问题已经成为保持农村经济可持续发展的一大障碍。

乡镇企业排放的固体废弃物和农村生活垃圾得不到妥善的处理处置，乡镇企业排放的污染物占整个工业污染的比重已由 20 世纪 80 年代的 11% 增加到现在的45%，主要污染物排放量已经接近或超过工业企业的一半以上。田头、路旁、水边，许多天然河道、溪流成了天然垃圾桶。我国是农业大国，农作物秸秆的年产生量约 6 亿 t，每年秸秆利用数量相当有限。秸秆还田腐烂速度和秸秆还田机械问题尚待解决，秸秆造纸引起的污染难题也需根治，秸秆不完全燃烧产生的二噁英、一氧化碳、二氧化碳等有毒有害气体，严重污染了农村大气环境。

农业农村部组织的地膜残留污染调查结果表明，我国农膜年残留量高达 35 万

t，残膜率达 42%。地膜残留污染较重的地区，其残留量在 90 ～ 135kg/hm²，高者达 270 kg/hm²。

20 世纪 90 年代以来，我国兴建了许多大中型集约化的禽畜养殖场，养殖业规模及产值均发生了巨大的变化，同时禽畜粪便的排放量也急剧增加。有关资料显示，2000 年全国畜禽粪便年产生量已达到约 17.3 亿 t，是工业废弃物的 2.7 倍。这种直接排放已造成地表水、饮用水的严重污染，同时也是大气与地下水的严重污染源。

（四）危险废物污染现状

我国工业危险废物的产生量逐年递增，近几年每年产生工业危险废物在 1000 万 t 左右。

据统计，在所产生的危险废物中，占产生量 40% 左右的危险废物得到了综合利用，占产生量 40% 左右的危险废物被贮存；占产生量 15% 左右的危险废物被处理，占产生量 5% 左右的危险废物被排放进入环境。

二、固体废弃物对环境的危害

1943—1953 年，在美国纽约州尼加拉市的一段废弃腊芙运河的河床上，两家化学公司填埋处置了 80 余种化学废物约 21000t。从 1976 年开始，当地居民家中的地下室发现了有害物质的浸出，同时还发现在当地居民中有癌症、呼吸道疾病、流产等多发现象。当地政府对约 900 户居民采取紧急避难措施，并对处置场地实施了污染修复工程，前后共耗资约 1.4 亿美元。作为国际上固体废物污染环境的典型案例，腊芙运河事件可以说是最著名的。

近几年，我国的"白色污染"日益严重，已引起社会普遍关注和强烈反响。"白色污染"指的是大量的废旧包装用塑料膜、塑料袋和一次性塑料餐具（统称塑料包装物）以及使用后的地膜。据有关部门调查，北京市生活垃圾日产量为 1.2 万 t，其中塑料废弃物含量约为 3%，每年总量约为 14 万 t；上海市生活垃圾日产量为 1.1 万 t，其中塑料废弃物含量约为 7%，每年总量约为 29 万 t。天津市生活垃圾日产量为 0.58 万 t，其中塑料含量约为 5%，每年总量约为 10.6 万 t。它的潜在危害是进入自然环境后难以降解而带来的长期的深层次环境问题。"白色污染"是固体废物污染环境的最直观的范例。

固体废物堆积量大、成分复杂，性质也多种多样。特别是在废水、废气治理过程中所排出的固体废物，浓集了许多有害成分，因此，固体废物对环境的危害极大，污染也是多方面的。

（一）侵占土地，破坏地貌和植被

固体废物如不加利用处置，只能占地堆放。据估算平均每堆积 1 万 t 废渣和尾矿，

占地 $670m^2$ 以上。这些城市垃圾、矿业尾矿、工业废渣等侵占了越来越多的土地，土地是宝贵的自然资源，我国虽然幅员辽阔，但耕地面积却十分紧缺，人均耕地面积只占世界人均耕地的 1/3。固体废物的堆积侵占了大量土地，造成了极大的经济损失，从而直接影响了农业生产、妨碍了城市环境卫生，而且埋掉了大批绿色植物，大面积地破坏了地球表面的植被，这不仅破坏了自然环境的优美景观，更重要的是破坏了大自然的生态平衡。

（二）污染土壤

固体废弃物长期露天堆放，其中有害成分经过风化、雨淋、地表径流的侵蚀很容易渗入土壤中，不仅会使土壤中的微生物死亡，使之成为无腐解能力的死土，而且这些有害成分在土壤中过量积累，还会使土壤盐碱化、毒化。

由于工业固体废弃物中的有害物质释入土壤，积累量过大，导致土壤破坏、废毁、无法耕种的事例很多。如前联邦德国某冶金厂附近的土壤被污染后，在该土地上生长的植物体内含铅量为一般植物的 80~260 倍，含锌量为一般植物的 26~80 倍，含铜量为 30 ～ 50 倍。我国也有一些地区的稻田受到镉的污染，稻米含镉超标，无法食用。

如果直接用垃圾、粪便或来自医院、肉联厂、生物制品厂的废渣作为肥料施入农田，其中的病原菌、寄生虫等就会使土壤污染，被病原菌污染后的土壤，可通过以下两条途径使人致病。

（1）人与污染后的土壤直接接触，或生吃该土壤上种植的蔬菜、瓜果致病。

（2）污染土壤中的病原体和其他有害物质，随天然降水径流和渗流进入水体，再传于人体。

另外，垃圾、粪便长期弃置郊外，作为堆肥使用，使土壤碱性增加，重金属富集。因过量施用废弃物使土质被破坏的土地每年有近 $7000hm^2$，从而影响了农业生产。

受到污染的土壤，由于一般不具有天然的自净能力，也很难通过稀释扩散的办法减轻其污染程度，所以不得不采取耗资巨大的办法解决。

（三）污染水体

固体废弃物一般通过下列几种途径进入水体，使水体污染。

（1）废弃物随天然降水流入江、河、湖、海，污染地表水。堆积的固体废物可随天然降水和地表径流流入河流湖泊，或将固体废物直接向临近江、河、湖、海等水域排放，均会造成地表水受到严重污染。不仅破坏了天然水体的生态平衡，妨碍了水生生物的生存和水资源的利用，而且使水域面积减少，严重时还会阻塞航道。据统计，全国水域面积与新中国成立初期相比，已减少 1330 万 m^2。

（2）废弃物中的有害物质随水渗入土壤，进入地下水，使地下水污染。

（3）较小的颗粒、粉尘随风散扬，落入地面水，使其污染。

（4）将固体废弃物直接排入江、河、湖、海，使之造成更大的污染。由于许多企业的堆渣无地可征，我国有不少场所直接把废渣排入水体，每年4000多万 t，仅电厂每年向长江、黄河等水系统排放粉煤灰500万 to 有的企业在排污口外形成的灰滩已延伸到航道中央，长江上游的一些沿江企业排出的灰渣在河道中大量淤积，将对中游的大型水利工程造成潜在的危害。

（四）污染大气

固体废物中所含的粉尘及其他颗粒物在堆放时会随风飞扬，在运输过程中也会产生有害气体和粉尘，这些粉尘或颗粒物不少都含有对人体有害的成分，有的还是病原微生物的载体，对人体健康造成危害。有些固体废物在堆放或处理过程中还会向大气散发出有害气体和臭味，危害则更大。例如，煤矸石的自燃在我国时有发生，散发出煤烟和大量的二氧化硫、二氧化碳、氨等气体，造成严重的大气污染。焚烧塑料垃圾会释放出多种有毒气体，其中一种称为二噁英（Dio×in）的化合物对人类和动物的毒性极大。

二噁英是一类化合物的简称，包括210种化合物，这类物质非常稳定，熔点较高，极难溶于水，可以溶于大部分有机溶剂，是无色无味的脂溶性物质，所以非常容易在生物体内积累。自然界的微生物和水解作用对二噁英的分子结构影响较小，因此，环境中的二噁英很难自然降解消除。它的毒性十分大，是氰化物的130倍、砒霜的900倍，有"世纪之毒"之称。国际癌症研究中心已将其列为人类一级致癌物。环保专家称，二噁英常以微小的颗粒存在于大气、土壤和水中，主要的污染源是化工冶金工业、垃圾焚烧、造纸以及生产杀虫剂等产业。日常生活所用的胶袋，PVC（聚氯乙烯）软胶等物都含有氯，燃烧这些物品时便会释放出二噁英，悬浮于空气中。

（五）造成巨大的直接经济损失和资源能源的浪费

我国的资源能源利用率很低，大量的资源、能源会随固体废物的排放流失。矿物资源一般只能利用50%左右，能源利用只有30%。同时，废物排放和处置也要增加许多额外的经济负担。目前我国每输送和堆存 It 废物，平均能耗都在10元左右，这就造成了巨大的经济损失。此外，某些有害固体废物的排放除了上述危害之外，还可能造成燃烧、爆炸、中毒、严重腐蚀等意外事故和特殊损害。

（六）影响环境卫生

固体废物在城市里大量堆放而又处理不妥，不仅妨碍市容，而且有害城市卫生。城市堆放的生活垃圾，非常容易发酵腐化，产生恶臭，招致蚊蝇滋生、老鼠繁衍等，容易引起疾病传染；在城市下水道的污泥中，还含有几百种病菌和病毒。长期堆放的工业固体废物有毒物质潜伏期较长，会造成长期威胁。

第三节　固体废弃物的管理与控制

固体废物会造成环境污染，但它也有可利用的一面。所谓固体废物，只是相对而言。实际上，固体废物中仍然不同程度地含有可利用的物质。因此，研究开发固体废物的处理与综合利用途径，对固体废弃物进行适当的管理，一方面可以变"废"为宝，开发出新产品；另一方面又可消除其中的有害物质，减轻对环境的污染。

一、固体废弃物的管理

1985 年，国家环保局开始组织人力制订《中华人民共和国固体废物污染环境防治法》。经过十年的艰难过程，最终于 1995 年 10 月 30 日颁布，并于 1996 年 4 月 1 日正式实施。该法于 2004 年经第十届全国人大常委会第十三次会议予以修订通过。

（一）固体废弃物管理的基本原则

在初期，世界各国都把注意力放在末端治理上，提出了资源化、减量化和无害化的"三化"原则。

（1）资源化，也称为综合利用，是指通过对废弃物中的有用成分进行回收、加工、循环利用或其他再利用，使废弃物直接变为产品或转化为能源及二次原料。如废旧容器的回用、废塑料热解制燃料油、废纸回用作纸浆、垃圾焚烧发电、填埋产沼利用等。

（2）减量化，是对已经产生的固体废弃物通过处理减少其体积或重量的过程。如固体废弃物的焚烧、破碎、压实等。这里需要强调的是，固体废弃物的资源化也是一种非常有效的减量化处理手段。

（3）无害化，是指对已经产生，但又无法或暂时无法进行综合利用的固体废弃物通过处理降低或消除其危害特性的过程，是保证最终处置长期安全性的重要手段。如固化福定化、焚烧、中和、氧化、还原等。

经历了许多事故与教训之后，人们越来越意识到对固体废弃物实行源头控制的重要性。由于固体废弃物本身往往是污染的"源头"，故需对其产生—收集—运输—综合利用—处理—贮存—处置实行全过程管理，在每一环节都将其作为污染源进行严格的控制。因此，解决固体废弃物污染控制问题的基本对策是，避免产生（Clean）、综合利用（Cycle）、妥善处置（Control）的所谓"3C"原则。另外随着循环经济、生态工业园及清洁生产理论和实践的发展，有人提出了"3R"原则，即通过对固体废弃物实施减少产生（Reduce）、再利用（Reuse）、再循环（Recycle）策略实现节约资源、降低环境污染及资源永续利用的目的。

（二）固体废弃物管理的手段

（1）搞清固体废弃物的来源和数量。对固体废弃物产生量的计算在固体废弃物管理中是十分重要的，它是保证收集、运输、处理、处置以及综合利用等后续管理能够得以正常实施和运行的依据，只有搞清了固体废物的来源和数量，才能对其进行合理的鉴别和分类。

（2）对固体废弃物进行鉴别和分类。掌握固体废弃物的基本性质是选择处理处置工艺、制定管理对策的重要前提。

（3）标明固体废弃物的特性、有害成分的含量。

（4）对固体废弃物进行收集和运输。与固体废物收集、运输有关的因素有很多，例如：收集容器、收集方式、运输车辆、运输路线、转运站的类型与设置、交通状况等，都对固体废弃物的收运效率和费用产生较大的影响。

（5）固体废弃物处理和处置。

二、固体废弃物的控制

固体废物污染控制需从两个方面入手，一是减少固体废物的排放量，二是防治固体废物污染。

（一）减少固体废弃物的产生

1. 工业固体废物

要想减少工业固体废物的产生，可采取以下主要控制措施。

（1）积极推行清洁生产审核，实现经济增长方式的转变，限期淘汰固体废物污染严重的落后生产工艺和设备。

（2）采用清洁的资源和能源。

（3）采用精料、改进生产工艺，采用无废或少废技术和设备。

（4）加强生产过程控制，提高管理水平和加强员工环保意识的培养。

（5）提高产品质量和寿命。

（6）发展物质循环利用工艺，进行综合利用。

2. 城市生活垃圾

为有效减少生活垃圾的产生，可采取以下控制措施：

（1）鼓励城市居民使用耐用环保物质资料，减少对假冒伪劣产品的使用。

（2）加强宣传教育，积极推进城市垃圾分类收集制度。

（3）改进城市的燃料结构，提高城市的燃气化率。

（二）对于产生的固体废物，尽量进行系统内外的回收利用

1. 工业固体废弃物的利用

（1）煤系固体废物的利用。

①粉煤灰，粉煤灰来自工厂的锅炉和煤气站，产生量很大。各厂所采取的利用方式及处置方法与锅炉渣相似，即生产建材、作燃料、外卖等。国内一些行业有许多粉煤灰的成熟技术可以借鉴。将粉煤灰分类，可以提高综合利用的成效。

②煤矸石，煤矸石是采煤过程中产生的废渣，也是一种可用的资源。含碳量较高的煤矸石，可直接供沸腾炉作燃料；含碳量较低的，可以用于砖瓦、水泥等建材的生产；含碳量极低的，可填坑造地或用作路基材料。

（2）冶金废渣的利用。

①高炉渣，高炉渣的产量随冶炼技术及矿石的品位不同而变化。高炉渣属于硅酸盐材料。它化学性质稳定，并具有抗磨、吸水等特点，可供广泛应用，国内对高炉渣的应用都很重视，美、英、法、日等国高炉渣的利用率已达 100%，甚至出现了很多专营高炉渣商品的公司和工厂。我国高炉渣的利用率已达 85% 以上。为了适应不同的用途，高炉渣可分别被加工成水渣、矿渣碎石和膨胀矿渣等几类主要产品。

②钢渣，钢渣是炼钢过程中排出的固体废物，迄今人们已开发出了多种有关钢渣综合利用的途径，主要包括冶金、建筑材料、农业利用和回填几个领域。

（3）化工固体废物的利用。化工固体废物种类繁多，成分复杂，治理的方法和综合利用的工艺多种多样，应重点抓好量大面广的治理和综合利用。

①对硫铁矿烧渣，应根据其含铁量的不同确定其用途，铁含量高的应回炉炼铁；低铁、高硅酸盐的硫铁矿烧渣宜做水泥配料。

②铬渣可代替石灰石作炼铁熔剂，在冶炼过程中铬成为金属进入铁组分中，可彻底消除六价铬浸出的危害；根据铬渣在高温下能还原成低价态无毒铬的原理，可将铬渣掺入煤中用于发电、用铬渣作玻璃着色剂或钙镁磷肥和铸石。还可利用碳对铬渣进行干法还原除毒；用电解法处理铬酸、生产铬盐精、回收铬硫酸氢钠等。电镀含铬废液应采用一步处理，除铬后的水达标排放，其泥污可用化学方法制成铬黄、柠檬黄等化工产品。

③烧碱盐泥可采用抽滤、沉淀过滤法进行处理，或用于制氧化镁等；含汞盐泥可用次氯酸钠氧化法、氯化—硫化—熔烧法进行处理，并回收金属汞。

④电石渣可制水泥或代替石灰做各种建筑材料、筑路材料等，还可用来生产氯酸钾等化工产品。

（4）石油工业固体废物的利用，石油工业固体废物种类繁多，成分复杂，治理的方法和综合利用工艺多种多样。十几年来，国内外在这方面做了大量的研究工作，开发出一批技术成熟、经济效益高的处理和综合利用技术，目前主要采取的技术措施有：化学反应、物理分离、焚烧、填埋等。

①化学反应法，该方法主要利用废物的某些化学特性，使用相应的化学药剂进行废物性质的改善或回收某些有用成分。如：用氨吸收法处理废酸液生产硫酸铉，利用硝酸溶解法从废催化剂中回收银等。

②物理分离法，这个方法主要是利用废物中某些成分之间物理特性的差异，达到分离的目的。如用活性炭吸附法治理甲乙酮生产废酸等。

③焚烧法，石油化学固体废物大部分含有有机物，因此焚烧可使废物的重量和体积减小 80% 以上，同时可使各种有害成分转化为无害物质，还可回收热能。目前我国石油化工企业已建立了数十个固体废物焚烧炉。

2．城市垃圾的利用

20 世纪 70 年代世界性能源危机产生以来，从固体废弃物中，特别是城市垃圾回收能源的技术得到迅速发展。将城市固体废弃物直接焚烧，然后利用焚烧释放出的热量供热或发电。从目前世界上发展的趋势来看，大多数人认为垃圾的焚烧法具有广阔的发展前景，是垃圾处理的必然发展趋势。然而该方法存在着较严重的大气污染问题，它排出的硫氧化物、氮氧化物、二噁英等对大气有着一定的威胁，尤其是对二噁英的争议很大。

利用城市垃圾进行堆肥制作的技术在国内外发展已比较成熟，对此项技术的推广与应用需要与之相应的垃圾分类管理体系以及对有机农业所应有的重视。将城市垃圾堆肥施用到农田中是我国传统的垃圾利用方法，是消纳处理城市垃圾的有效措施。目前，我国每年产生城市生活垃圾 5000 万 ~ 7000 万 t，以利用率 60% 计算，其中含有相当于 240 万 ~ 336 万 t 的有机物，180 万 ~ 250 万 t 的氮、磷、钾养分。把垃圾做堆肥施于农田；既可消除垃圾对环境的污染，又为农作物提供了充足的养分。

3．农业固体废弃物的利用

我国是世界上农业固体废弃物产出量最大的国家。当前每年农业固体废弃物产出量大约 40 多亿 t，其中主要包括畜禽粪便 30 亿 t，农作物秸秆 7 亿 t，蔬菜废弃物 1 亿 ~ 1.5 亿 t，乡镇生活垃圾和人粪便共 2.5 亿 to 每年产生的农作物秸秆中约有 3 亿 t 可作为能源使用，折合 1.5 亿 t 标准煤；每年产生畜禽粪便约 30 亿 t，若有效利用可生产数量很大的沼气。以农作物秸秆、畜禽粪便和农产品加工业副产品等农业废弃物的综合利用为主，通过发展农村户用沼气、建设养殖场沼气工程等，推进废弃物循环利用，可满足农村生产生活能源的部分需求，有效替代高污染、高排放的传统能源。

利用现有的固体废弃物好氧堆肥技术，可以使部分农业固体废弃物转化为有机肥料。固体废弃物中常含有丰富的有机质和作物养分，可以用来改良土壤，为作物提供营养元素等。

（三）无害化、稳定化处理

固体废弃物处理通常是指通过物理、化学、生物、物化及生化方法把固体废物转化为适于运输、贮存、利用或处置的过程。固体废弃物处理的目标是无害化、减量化、资源化。目前采用的主要方法包括：压实、破碎、分选、固化、焚烧、生物处理等。

1. 压实技术

压实是一种通过对废物实行减容化，降低运输成本、延长填埋场寿命的预处理技术。压实是一种普遍采用的固体废弃物预处理方法。如汽车、易拉罐、塑料瓶等通常首先采用压实处理。

2. 破碎技术

为了使进入焚烧炉、填埋场、堆肥系统等的废弃物外形尺寸减小，预先必须对固体废弃物进行破碎处理。经过破碎处理的废弃物，由于消除了大的空隙，不仅使尺寸大小均匀，而且质地也均匀，在填埋过程中更容易压实。固体废弃物的破碎方法很多，主要有冲击破碎、剪切破碎、挤压破碎、摩擦破碎等，此外还有专用的低温破碎和湿式破碎等。

3. 分选技术

固体废物分选是实现固体废物资源化、减量化的重要手段。一是通过分选将有用的充分选出来加以利用，将有害的充分分离出来；二是将不同粒度级别的废弃物加以分离。分选技术基本原理是利用物料的某些性质方面的差异，将其分选开。例如利用废弃物中的磁性和非磁性差别进行分离；利用粒径尺寸差别进行分离；利用比重差别进行分离等。根据不同性质，可以设计制造各种机械对固体废弃物进行分选。分选包括手工拣选、筛选、重力分选、磁力分选、涡电流分选、光学分选等。

4. 固化处理技术

固化技术是通过向废弃物中添加固化基材，使有害固体废弃物固定或包容在惰性固化基材中的一种无害化处理过程。理想的固化产物应具有良好的抗渗透性，良好的机械特性，以及抗浸出性、抗干湿、抗冻融特性。这样的固化产物可直接在安全土地填埋场处置，也可用做建筑的基础材料或道路的路基材料固化处理根据固化基材的不同可以分为水泥固化、沥青固化、玻璃固化、自胶质固化等。

5. 焚烧和热解技术

焚烧法是固体废物高温分解和深度氧化的综合处理过程。好处是把大量有害的废料分解而变成无害的物质。由于固体废弃物中可燃物的比例逐渐增加，采用焚烧方法处理固体废弃物，利用其热能已成为必然的发展趋势。以此种处理方法固体废弃物，占地少，处理量大，在保护环境、提供能源等方面可取得良好的效果。欧洲国家较早采用焚烧方法处理固体废弃物，焚烧厂多设在 10 万以上人口的城市，并设有能量回收系统。日本由于土地紧张，采用焚烧法逐渐增多。焚烧过程获得的热能可以用于发电。利用焚烧炉产生的热量，可以供居民取暖，用于维持温室室温等。目前日本及瑞士每年把超过 65% 的都市废料进行焚烧而使能源再生。但是焚烧法也有缺点，例如：投资较大，焚烧过程排烟造成二次污染，设备锈蚀现象严重等。

热解是将有机物在无氧或缺氧条件下高温加热，使之分解为气、液、固三类产物。与焚烧法相比，热解法是更有前途的处理方法，其显著优点是基建投资少。

6. 生物处理技术

生物处理技术是利用微生物对有机固体废物进行分解使其无害化。这种技术可以使有机固体废物转化为能源、食品、饲料和肥料，还可以用来从废物和废渣中提取金属，是固体废物资源化的有效的技术方法。目前应用比较广泛的有：堆肥化、沼气化、废纤维素糖化、废纤维饲料化、生物浸出等。

（四）固体废物的最终处置

因技术原因或其他原因还无法利用或处理的固态废弃物，称为终态固体废弃物。终态固体废弃物可分为海洋处置和陆地处置两大类。

1. 陆地处置

陆地处置的方法有多种，包括土地填埋、土地耕作、深井灌注等。

土地填埋是从传统的堆放和填地处置发展起来的一项处置技术，它是目前处置固体废弃物的主要方法。按法律可分为卫生土地填埋和安全土地填埋。

（1）卫生土地填埋，这是处置一般固体废弃物使之不会对公众健康及安全造成危害的一种处置方法，主要用来处置城市垃圾。通常把运到土地填埋场的废弃物在限定的区域内铺撒成一定厚度的薄层，然后压实以减少废弃物的体积，每层操作之后用土壤覆盖，并压实。压实的废弃物和土壤覆盖层共同构成一个单元。具有同样高度的一系列相互衔接的单元构成一个升层。完整的卫生土地填埋场是由一个或多个升层组成的。在进行卫生填埋场地选择、设计、建造、操作和封场过程中，应该考虑防止浸出液的渗漏、降解气体的释出控制、臭味和病原菌的消除、场地的开发利用等问题。

（2）安全土地填埋，这是卫生土地填埋方法的进一步改进，对场地的建造技术要求更为严格。对土地填埋场必须设置人造或天然衬里；最下层的土地填埋物要位于地下水位之上；要采取适当的措施控制和引出地表水；要配备浸出液收集、处理及监测系统，采用覆盖材料或衬里控制可能产生的气体，以防止气体释出；要记录所处置的废弃物的来源、性质和数量，把不相容的废弃物分开处置。

2．海洋处置

海洋处置主要分为海洋倾倒与远洋焚烧两种方法。

（1）海洋倾倒，这是将固体废弃物直接投入海洋的一种处置方

（2）远洋焚烧，这是利用焚烧船将固体废弃物进行船上焚烧的处置方法。废物焚烧后产生的废气通过净化装置与冷凝器，冷凝液排入海中，气体排入大气，残渣倾入海洋。这种技术适于处置易燃性废物，如含氯的有机废弃物。随着人们环境保护意识的增强和环境科学技术的发展，海洋处置方法已逐渐被人们抛弃。

三、危险固体废物的管理和处置

危险废物处置虽然在固体废物处置中所占的份额不大，但由于其毒性高、危害大、潜伏期长、处理要求高、所需资金多，因此成为比较难解决的环境问题。

（一）对危险废物进行全过程管理

加强政府管理职能，强化行政管理。在加强政府主管部门对危险废物的管理职能的同时，危险废物收集、处理、利用和处置的运营职能者则由企业承担。政府主管部门通过政策法规和污染控制标准对危险废物产生者和运营者实施监督，加强宏观管理；通过政策、价格机制以及资金资助等手段，鼓励先进的危险废物减量化技术、资源回收利用技术和处理处置技术的发展和应用。

（二）加强对危险废物产生源的控制，减少产生量和排放量

实现危险废物的减量化。在源头避免危险废物产生或减少危险废物的产生量，禁止向环境排放危险废物，通过实现危险废物的资源化或减量化处理使最终需要处置的危险废物量减少到最小。这就需要加强对重点危险废物产生源的控制，并全面推行无废、少废工艺和清洁生产。

第八章　物理性污染及其防治

第一节　噪声的污染及其控制

一、噪声

（一）声音与噪声

声音是物体的振动以波的形式在弹性介质中进行传播的一种物理现象。声音的本质是振动。受作用的空气发生振动，当振动频率为 20 ~ 20000Hz 时，这种振动作用于人耳鼓膜而产生的感觉称为声音。高于 20000Hz 的称为超声，而低于 20Hz 的则称为次声。

噪声是人们不希望听到的声音。噪声取决于声音的客观物理性质、人的主观感觉、生理特征和心理特征。物理学认为，噪声是杂乱无章、难听而不协调、人们不需要、令人厌烦的声音的组合。生理学认为噪声是干扰人们工作、学习和休息的声音。

（二）噪声的特点

噪声污染是一种物理污染（称能量污染），它与工业"三废"一起并称为危害人类环境的"四大公害"。但噪声污染有其自身的特点。

（1）噪声与人的主观意愿有关。噪声与人的生活状态有关，关于声音是否构成噪声污染，以及噪声的程度，与人的主观评价关系相当密切。这也是噪声污染区别于其他物质污染的特点之一。

（2）噪声的局限性和分散性。局限性是指环境噪声影响的范围一般不大，不像大气污染和水污染可以扩散或传递到很远的地区。分散性是指环境噪声源常是分散的，这样对它的影响只能规划性防治而不能集中处理。

（3）噪声是暂时性的。噪声源停止发声后，噪声的危害和影响即刻消除，不像其他污染源排放的污染物，即使停止排放，污染物亦可长期停留在环境中或人体内。所以噪声污染是没有长期和积累影响的。即噪声是物理公害、感觉公害、无污染物和无残留公害。

（三）噪声的声学特性

与声音强弱有关的物理量及衡量噪声大小的物理量主要有以下几种。

（1）声源。凡是发出声音的振动体，都称为声源。

（2）声音频率。一个物体每秒振动的次数就是该物体振动的频率，由此而产生的声波的频率与其相等，单位为赫兹（Hz）。频率高，声音尖锐；频率低，声调低沉。人耳能听到的声波的频率范围是 20–20000Hz。

（3）声音波长。沿声波传播方向，振动一个周期所产生的距离。

（4）声音速度，简称音速，空气中音速约为 345m/s。

（5）声压。声源振动时，空气压强比正常大气压增强或减弱的值，称为声压。符号为 P。声压能相对地表征声音强度的大小。

声压单位为帕（Pa），IPa=1 N/m²。

正常人刚能听到的声音的声压为 20Pa—听阈。

人耳产生疼痛时的声音的声压为 20Pa—痛阈。

（6）声强。即声音的强度，表示 1 秒内通过与声音前进方向成垂直的 1m² 面积上的能量称为声强（W/m²）。

（7）声功率。指在单位时间内声源发射出来的总声能，单位为瓦特（W）。

（8）分贝、声压级、声强级和声功率级。人耳能听到的声音，不仅要求声波频率范围是 20–20000 Hz，还要求其声压与基准声功率之比值达 IOO 倍，实际应用很不方便。另外，人对声音大小的响应呈对数关系，故一般用分贝来表征声音的大小。

分贝（dB）是指两个相同的声学物理量（声压、声强或声功率）之比值取常用对数并乘以 10（或 20）。这个对数值称为量度量的"级"。

声功率级 L_w=101g

声强级 Li=10 lg

声压级 Lp=20 lg

式中，W（j 基准声功率，为 10^{-12}w；

10—基准声强，为 10^{-12}W/m²；

PQ—基准声压，为 20μ N/m²。

（9）噪声级。声级只反映人们对声音强度的感觉，不能反映人们对频率的感觉，而且人耳对高频声音比对低频声音更为敏感。因此表示噪声的强弱必须同时考虑声压级和频率对人的作用，这种共同作用的强弱称为噪声级。噪声级可借噪声计测量。噪声计中设有 A、B、C 三种计权网络，其中 A 权网络能较好地模拟人耳听觉特性。由 A 网络测出的声级成为 A 声级，计做"dB（A）"。A 声级越高，人就觉得越吵闹。目前大多都采用 A 声级来表征噪声的大小。

以人们身边的声音为例，人们正常讲话的声音、交通的声音、空压机的噪声以及喷气式飞机的噪声强度分别。

二、噪声的分类

（一）噪声按声音的频率划分

噪声按声音的频率可分为：低频噪声（小于500Hz）.中频噪声（500～1000Hz），高频噪声（大于1000Hz）。

（二）噪声按时间变化的属性划分

噪声按时间变化的属性可分为：稳态噪声、非稳态噪声、起伏噪声、间歇噪声以及脉冲噪声等。

（三）噪声源按其辐射性及其传播距离划分

噪声源按其辐射性及其传播距离，可分为点声源、线声源和面声源3种。

（1）点声源，是指小型设备，或设备的几何尺寸比噪声影响预测距离要小得多，或研究距离远大于噪声源本身的尺度。

（2）线声源，是指声源呈线性。如呈线性排列的水泵、矿山和选煤场的输送系统、繁忙的交通线等，其噪声是以近似线状的形式向外传播的，所以此类声源在近距离范围内总体上可以视作线声源。

（3）面声源，是指体积较大的设备或地域性的噪声发生体，这种声源发出的噪声往往是从一个面或几个面均匀地向外辐射，在近距离范围内，实际上是按面声源的传播规律向外传播。

（四）噪声按照来源划分

噪声按照来源可分为工业噪声、建筑施工噪声、交通运输噪声和社会生活噪声。

1. 工业噪声

《中华人民共和国环境噪声污染防治法》指出，工业噪声是指"在工业生产活动中使用固定的设备时产生的干扰周围生活环境的声音"。工业噪声主要包括空气动力性噪声、机械噪声和电磁噪声等。

空气动力性噪声是由于气体振动产生的。当气体受到扰动，气体与物体之间有相互作用时，就会产生这种噪声。鼓风机、空压机、燃气轮机、高炉和锅炉排气放空等都可以产生空气动力性噪声。

机械噪声是由于固体振动而产生的。在撞击、摩擦、交变机械应力或磁性应力等的作用下，机械设备的金属板、轴承、齿轮等发生碰撞、振动而产生机械噪声。球磨机、轧机、破碎机、机床以及电锯等所产生的噪声都属于此类噪声。

电磁噪声是由于电动机和发电机中交变磁场对定子和转子作用，产生周期性的交变力，引起振动时产生的。电动机、发电机和变压器都可以产生这种噪声。

工业噪声一般占城市噪声的 7%~39%。工业噪声不但会影响车间内外，还能造成局地污染（包括附近居民）。

2. 建筑施工噪声

《中华人民共和国环境噪声污染防治法》对建筑施工噪声的定义为：在建筑施工过程中产生的干扰周围生活环境的声音。

建筑施工噪声的特性：一是具有普遍性，城市中任何位置都可能成为建筑施工现场；二是突发性、干扰非永久性，即建筑施工噪声会随着建筑作业活动的结束而结束；三是强度大且持续时间集中，如打桩机、搅拌机、推土机、运料车等发出的声音一般在 90dB 以上；四是技术强制性强，控制难度大。

3. 交通运输噪声

交通运输噪声的定义为：机动车辆、铁路机车、机动船舶、航空器等交通运输工具在运行时所产生的干扰周围生活环境的声音。

交通运输噪声的特性是具有流动性，污染面大，对环境的影响面甚广，一般占城市噪声的 25%～75%。载重汽车、拖拉机等重型车辆行驶时的噪声约为 89～92dB，公共汽车的噪声约为 80dB。车辆行驶速度加快，轮胎与地面摩擦所产生的滚动噪声增大。喇叭声在城市交通噪声中也较为突出，汽车鸣笛、车辆报站、公共汽车起始站的发车声都是近年来群众反映的交通噪声问题。

4. 社会生活噪声

所谓社会生活噪声，是指人为活动所产生的除工业噪声、建筑施工噪声和交通运输噪声之外的干扰周围生活环境的声音。如集会、娱乐、商业、学校操场（高音喇叭）等，人群熙攘、大声喧哗、楼房内敲打、儿童哭闹等。社会生活噪声的特性是分布范围大，一般占城市噪声的 13%～52%。

三、噪声污染及其危害

（一）噪声污染

《中华人民共和国环境噪声污染防治法》对环境噪声污染的定义为：凡是超过国家规定的环境噪声排放标准，并干扰他人正常生活、工作和学习的现象，称为环境噪声污染。

目前，城市环境噪声的 70%＞来自交通噪声。而交通噪声、建筑噪声和娱乐噪声引起的噪声污染投诉事件日益增多。噪声污染已严重影响了人们正常的生活、工作和学习，甚至带来更大危害。

（二）噪声的危害

1. 噪声对人体的生理影响

（1）长期生活在噪声环境中会导致耳聋。在强烈的噪声环境中，人耳会感到特别难受，刚离开这种环境时，耳朵还会嗡嗡响，听不清本来可以听得很清楚的声音，过一段时间，听觉才会逐渐恢复正常。这种现象叫作听觉疲劳，人的内耳听觉器官还没有受到损伤，医学上称为"暂时性听阈偏移"。

如果长期工作在 90dB 以上的噪声环境中，由于经常不断地受到人耳难以接受的噪声刺激，听觉疲劳现象就无法消除，而且会变得越来越严重，导致人的内耳听觉器官发生器质性病变，发展成为不可治愈的噪声性耳聋，医学上称为"永久性听阈偏移"。

噪声性耳聋与噪声的强度及接触时间有关，噪声强度越大，耳聋的发病率就越高；对于同样强度的噪声，接触时间越长，耳聋的发病率也就越高。另外，噪声性耳聋还与噪声的频率有关，频率越高，内耳听觉器官越容易发生病变。在不同强度的噪声作用下，除听力减退以外，还会有耳鸣或耳疼的症状，甚至造成永久性的痛苦。

一般来说，U5dB 以下的噪声致聋，都属于慢性噪声性耳聋。如果噪声高达 140dB 以上，一次刺激就会使人的内耳听觉器官发生急性外伤，耳鼓膜破裂出血以致双耳完全失听。

（2）噪声引发多种疾病。对于人来说，引起某种疾病的原因常常是多方面的。长期受噪声影响，还可能会诱发一些疾病。

噪声作用于人的中枢神经系统时，会使人的大脑皮层的兴奋和抑制平衡失调，导致条件反射异常，脑血管张力受损等，这些生理变化，如果得不到及时的恢复，就会产生头疼头晕、失眠多梦、心悸恶心、全身乏力和记忆力衰退等症状。医学上称为神经衰弱症。同时，还会影响人的消化系统，引起肠胃机能阻滞，消化分泌异常，胃酸度降低，胃收缩减退，造成消化不良，食欲不振，胃功能紊乱等症状，从而导致胃病及胃溃疡的发病率增高。

噪声作用于人的自主神经系统时，可以产生末梢血管收缩现象。血管收缩时，心脏排血量减少、舒张压增高，因而会给心脏带来坏处。我国对城市噪音与居民健康的调查表明：地区的噪音每上升 IdB，高血压发病率就增加 3%。

2. 噪声对人体的心理影响

噪声使人烦躁、激动、易怒，甚至失去理智；容易使人疲劳，影响精力集中和工作效率；连续 40dB 噪声，10% 的人睡眠受影响；70dB 时，50% 的人受影响；66dB 时，距离 1.5m 交谈困难。

3. 噪声对妇女和儿童的影响

噪声对儿童危害更大。长期暴露于噪声中的儿童的血压比在安静环境中的儿童要高，智力发育略微迟缓。

接触强烈噪声的妇女，其妊娠呕吐的发生率和妊娠高血压综合征的发生率都更高，而且噪声使母体产生紧张反应，会引起子宫血管收缩，影响供给胎儿发育所必需的养料和氧气。

此外，噪声还会导致出生儿体重偏轻。

4. 噪声对生产活动的影响

在嘈杂的环境里，人的心情烦躁，容易疲劳，反应迟钝，工作效率下降，工伤事故增多。据统计，噪声会使劳动生产率降低 10%~50%，随着噪声的增加，差错率上升。

噪声还会掩蔽安全信号，如报警信号和车辆行驶信号等，以致造成事故。由于噪声会造成诸多不良影响，很多国家都做了相应的规定。我国也制订并公布了《工业企业噪声卫生标准》，对生产车间等工作地点噪声做了明确规定。

5. 噪声对动植物的影响

120～130dB 能引起动物听觉器官的病理性变化，130～150dB 能引起动物听觉器官的损伤和其他器官的病理性变化，150dB 以上能造成动物内脏器官发生损伤，甚至死亡。强噪声也会影响植物的生长，甚至使之死亡。

6. 噪声对物质结构的影响

高强度噪声会损害建筑物。1962 年，美国 3 架军用飞机以超声速低空掠过日本藤泽市，使该市许多民房玻璃被震碎、烟囱倒塌、日光灯掉下、商店货架上的物品被震落满地，造成很大损失。美国统计了 3000 件喷气飞机使建筑物受损的事件，其中抹灰开裂的占 43%，窗损坏的占 32%，墙开裂的占 15%，瓦损坏的占 6%。一块 0.6mm 的铝板，在 168dB 的无规则噪声作用下，只要 15min 就会断裂。150dB 以上的强噪声，可使墙震裂、门窗破坏，甚至使烟囱和旧建筑物发生坍塌，钢结构产生"声疲劳"而损坏，高精密度的仪表失灵。

7. 低频噪声对人类健康的危害

所谓低频噪声，是指频率在 500Hz 以下的声音。城市住宅区低频噪声源主要有 5 大类：电梯、变压器、高楼中的水泵、中央空调（包括冷却塔）及交通噪声等。

低频噪声与高频噪声不同，高频噪声随着距离增加或遭遇障碍物，能迅速衰减，如高频噪声的点声源，每 10m 距离就能下降 6dB 而低频噪声却递减得很慢，声波又较长，能轻易穿越障碍物，长距离奔袭和穿墙透壁直入人耳。现代城市中的低频噪声对人类健康有危害，尤其是对老人、孕妇和胎儿的危害最大。

但应该注意的是，声音对人类是必需的，绝对寂静无声对人体是有害的（甚至更大）。所以良好的声环境应该控制在 15 ~ 40dB。

四、环境噪声控制的国家标准

所谓声环境质量标准，是指为防治环境噪声污染、保护和改善生活环境、保障人体健康、促进经济和社会发展而规定的环境中声的最高允许数值。声环境质量标准体现了国家保护声环境的政策和要求，是衡量声环境是否受到污染的一个尺度，同时又是进行环境规划、环境管理的依据。

目前，比较重要的环境噪声国家质量标准有以下几个。

（一）《声环境质量标准（GB 3096—2008）》

该标准按照区域使用功能特点和环境质量的要求，将声环境功能区分为 5 种类型，对应不同的环境噪声限值要求。

其中：

0 类声环境功能区，指康复疗养区等特别需要安静的区域；

1 类声环境功能区，指以居民住宅、医疗卫生、文化教育、科研设计、行政办公为主要功能，需要保持安静的区域；

2 类声环境功能区，指以商业金融、集市贸易为主要功能，或者居住、商业、工业混杂，需要维护住宅安静的区域；

3 类声环境功能区，指以工业生产、仓储物流为主要功能，需要防止工业噪声对周围环境产生严重影响的区域；

4 类声环境功能区，指交通干线两侧一定距离之内，需要防止交通噪声对周围环境产生严重影响的区域，又分为 4a 类和 4b 类两种，4a 类为高速公路、一级公路、二级公路、城市快速路、城市主干路、城市次干路、城市轨道交通（地面段）、内河航道两侧区域，4b 类为铁路干线两侧区域。

（二）《工业企业厂界环境噪声排放标准》

此标准适用于工业企业噪声排放的管理、评价及控制，机关、事业单位、团体等对外环境排放噪声的单位也按此标准执行。它规定了工业企业和固定设备厂界环境噪声排放限值及其测量方法。

另外，该标准对当固定设备排放的噪声通过建筑物结构传播至噪声敏感建筑物室内时，噪声敏感建筑物室内等效声级也规定了限值。

（三）《社会生活环境噪声排放标准（GB 22337—2008）》

该标准是根据现行法律对社会生活噪声污染源达标排放义务的规定，对营业性文化娱乐场所和商业经营活动中可能产生环境噪声污染的设备、设施规定了边界噪声排放限值和测量方法，适用于对营业性文化娱乐场所、商业经营活动中使用的向环境排放噪声的设备、设施的管理、评价与控制。该标准规定，社会生活噪声排放源边界噪声不得超过规定的排放限值。

五、噪声控制

（一）噪声控制原理

一般噪声控制都是分为 3 部分来考虑的，即声源—传播途径—接收者。因此，噪声控制方法首先是降低声源本身的噪声，如果做不到，或能做到却又不经济，则考虑从传播途径中来降低噪声。如上述方案仍然达不到要求或不经济则可考虑接收者的个人防护方法。

1. 声源控制

声源控制是最根本最有效的措施。运转的机械设备和运输工具等是主要的噪声源，控制它们的噪声有两条途径：一是改进结构和工艺，提高其中部件的加工精度和装配质量，采用合理的操作方法等，以降低声源的噪声发射功率；二是利用声的吸收、反射、干涉等特性，采用吸声、隔声、减振和隔振等技术，以及安装消声器等，以控制声源的噪声辐射。

采用各种噪声声源控制方法，可以收到不同的降噪效果。如将机械传动部分的普通齿轮改为有弹性轴套的齿轮，可降低噪声 15-20dB；把铆接改成焊接，把锻打改成摩擦压力加工等，一般可降低噪声 30 ~ 40dB。所示为发电机房的声源采取隔声处理的方法进行噪声控制。

2. 传播途径控制

传播途径控制噪声主要措施如下。

（1）声在传播中的能量是随着距离的增加而衰减的，因此使噪声源远离需要安静的地方，可以达到降噪的目的。

（2）利用声源的指向性，减小污染范围。声的辐射一般有指向性，处在与声源距离相同而方向不同的地方，接收到的声强度也就不同。不过多数声源以低频辐射噪声时，指向性很差；随着频率的增加，指向性就增强。因此，控制噪声的传播方向（包括改变声源的发射方向）是降低噪声尤其是高频噪声的有效措施。

（3）城市规划、工厂设计、建筑布局。在城市建设中，采用合理的城市防噪声规划。

（4）建立隔声屏障，或利用天然屏障（土坡、山丘），以及利用其他隔声材料和隔声结构来阻挡噪声的传播。如声屏障、隔声操作间、机器罩等。

（5）应用吸声材料和吸声结构，将传播中的噪声声能转变为热能等。

（6）对于固体振动产生的噪声采取隔振措施，以减弱噪声的传播。如隔声、隔振、吸声、消声等。

3．接收者的防护

为了防止噪声对人的危害，可采取下述防护措施。

（1）佩戴护耳设备，如耳塞、耳罩、防声盔等。

（2）减少在噪声环境中的暴露时间。

（3）根据听力检测结果，适当调整在噪声环境中的工作人员。

人的听觉灵敏度是有差别的。如在 85dB 的噪声环境中工作，有人会耳聋，有人则不会。可以每年或几年进行一次听力检测，把听力显著降低的人调离噪声环境。

（二）噪声控制技术简介

1．吸声

由于室内声源发出的声波将被墙面、顶棚、地面及其他物体表面多次反射，使得室内声源的噪声级比同样声源在露天的噪声级高。如果用吸声材料装饰在房间的内表面，或在室内悬挂空间吸声体，房间内的反射声就会被吸掉，房间内的噪声级就会降低，这种控制噪声的方法就是吸声。

吸声材料主要是多孔性和共振吸声结构材料。多孔性吸声材料对高频声效果较好，共振吸声结构对低频声有很好的效果。因此，在实际工程中二者常结合使用。工程上，实际效果约能降低噪声 5 ~ 8dB。

2．隔声

隔声是噪声控制中最常用的技术之一。声波在空气中传播时，使声能在传播途径中受到阻挡而不能直接通过的措施，称为隔声。隔声的具体形式有隔声罩、隔声间和隔声屏等。隔声设施在室内、室外均可采用，如轻轨、公路等两侧，车间内部等。隔声结构多采用吸声材料、吸声结构等。

3．消声

主要用于空气动力性噪声的降低，如风机、空气压缩机、汽车排气管等气流管道的噪声降低，一般可降低 20–40abo 其主要装置就是消声器，它既能允许气流顺利通过，又能有效地阻止、减弱声能向外传播。消声器的种类非常多，有阻性消声器、抗性消声器、扩散消声器等，这里不一一列举。

4．隔振

为了减少机器振动通过基础传给其他建筑物，通常的方法就是防止机械基础与其他结构的刚性连接，这种方法就叫基础隔振。常用的隔振材料和装置有钢弹簧、橡胶、软木、玻璃纤维板、毛毡类等，此外，空气弹簧、液体弹簧也开始应用。

5. 阻尼

对于薄板类结构及其辐射噪声，如管道、机械外壳、船体、飞机外壳等，在其结构表面涂抹阻尼材料也能达到明显的减振降噪效果，这种振动控制方法称为阻尼减振。阻尼材料就是将固体机械振动能转变为热能而耗散的材料。

六、噪声控制的管理

在控制城市噪声污染方面，管理措施往往比技术手段更重要，控制人为的可控制排放源，能获得更加经济有效的控制效果。

我国城市环境噪声随经济发展有一个最高点，然后开始下降。我国 47 个城市白天平均约为 60JB，以上海、成都和兰州最严重。噪声的投诉率 1979 年为 29.7%；1981 年为 44.8%；1981 年之后，一直保持在 50% 左右。

城市环境噪声的控制，可以采取下列主要措施。

（1）在城市市区范围内行驶的机动车辆的消声器和喇叭必须符合国家规定的要求。

（2）机动车辆必须加强维修和保养，保持技术性能良好，防止环境噪声污染。禁止制造、销售或者进口超过规定噪声限值的汽车。

（3）敏感建筑物集中区域的高速公路和城市高架、轻轨道路，可能造成环境噪声污染的，应当设置声屏障或者采取其他有效的控制环境噪声污染的措施。

（4）民航部门应当采取有效措施，减轻环境噪声污染。

（5）建筑施工噪声是影响城市声环境质量的重要因素，成为群众环境投诉的热点问题。因此，强化管理，发挥管理的效能，将噪声污染的影响降低到最小限度，是当前较为客观的选择。

第二节　其他物理污染及其防治

一、电磁污染及其防治

（一）电磁辐射

地球本身就是一个大磁场，人类就生活在地球上，电磁辐射无时无处不在。电磁辐射并没有想象中的那么可怕。从某种意义上说，如果人的生存环境完全摆脱了电场、磁场，那么人类将无法适应。只有当电磁辐射超过一定的限度时，才会对人的身体产生不良影响。

人类对电磁的利用始于1831年英国科学家法拉第发现电磁感应现象。时至今日，电磁辐射已经深入到人类生产、生活的各个方面。电磁辐射的大规模应用，也带来了严重的电磁污染。

（二）电磁污染

当电磁辐射强度超过人体所能承受的或仪器设备所能容许的限度时，即产生了电磁污染。环境科学家预言，21世纪电磁污染将代替噪声污染成为影响最严重的物理污染。联合国人类环境会议已将电磁污染列为环境保护项目之一。

（三）电磁辐射的来源

电磁辐射来源可分为天然辐射源与人为辐射源两种。

天然电磁辐射是由大气中的某些自然现象引起的，如大气中由于电荷的积累而产生的放电现象；也可以是来自太阳辐射和宇宙的电磁场源。这种电磁污染除对人体、财产等产生直接的破坏外，还会在广大范围内产生严重的电磁干扰，尤其是对短波通讯的干扰最为严重。

人为源电磁辐射是指人工制造的各种系统、电气和电子设备产生的电磁辐射。人为源按频率的不同可分为工频场源与射频场源。

工频场源主要指大功率输电线路产生的电磁污染，如大功率电机、变压器、输电线路等产生的电磁场，也包括放电型污染源如静电除尘器等，这些设备产生的电磁场，不是以电磁波形式向外辐射，主要是对近场区产生电磁干扰。

射频场源主要是指无线电、电视和各种射频设备（如高频加热设备、微波干燥机和理疗机等）在工作过程中所产生的电磁辐射和电磁感应，这些人工辐射源频率范围宽，影响区域大，对近场工作人员危害也较大，因此已成为电磁污染环境的主要因素。

另外家用电器包括电热毯、手机、电脑、电视机、微波炉、电磁灶等的使用也会引起不同频段的电磁辐射。

（四）电磁辐射污染的危害

电磁辐射污染的危害取决于辐射源的强度、与辐射源之间的距离和受辐射的时间长短三大要素。

1. 电磁辐射对人体的危害

电磁辐射是心血管疾病、糖尿病、癌突变的主要诱因。

电磁辐射会对人体生殖系统、神经系统和免疫系统造成直接伤害。损害中枢神经系统，头部长期受电磁辐射影响后，轻则引起失眠多梦、头痛头昏、疲劳无力、记忆力减退、易怒、抑郁等神经衰弱症，重则使大脑皮层细胞活动能力减弱，并造成脑损伤。

电磁辐射是造成孕妇流产、不育、畸胎等病变的诱发因素。电磁辐射对人体的危害是多方面的，女性和胎儿尤其容易受到伤害。调查表明：1~3个月为胚胎期，受到强电磁辐射可能造成肢体缺陷或畸形；4~5个月为胎儿成长期，受电磁辐射可导致免疫力功能低下，出生后身体弱，抵抗力差。

过量的电磁辐射直接影响儿童组织发育、骨骼发育，导致视力下降；肝脏造血功能下降，严重的可导致视网膜脱落。伤害眼睛功率密度与形成白内障的时间的阈值曲线不是直线，在每一个频率上照射兔眼似乎都需要一个微波功率密度阈值，低于这个曲线，即使连续照射也不会产生眼损伤。在500MHz以上，白内障形成的最小功率密度约150mW/cm²，低于500MHz的频率引起眼损害的可能性也不能完全排除。

电磁辐射可使男性性功能下降，女性内分泌紊乱、月经失调。

2. 电磁辐射产生电磁干扰

电磁辐射会造成导航系统、医疗信息系统、工业过程控制和信息传递系统失控。如因手机的电磁波干扰航空电子装置引发飞机事故，故飞机上严禁使用移动通信设备。此外，电磁辐射还会干扰航海安全，导致交通指挥灯的失控、电子计算机的差错、自动化工厂操作的失灵等。

3. 电磁辐射引起爆炸

电磁辐射会引燃引爆，特别是高场强作用下引起火花而导致可燃性油类、气体和武器弹药的燃烧与爆炸事故。

（五）电磁辐射污染的防治

根据电磁污染的特点，必须采取防重于治的策略。首先是要减少和控制污染源，使辐射量在规定的限值内，其次是要采取相应的防护措施，保障职业人员和公众的人身安全。

1. 执行电磁辐射安全标准

应定期进行监测，发现电磁场强度超过标准的要尽快采取措施。

2. 防护措施

为了减少电子设备的电磁泄漏，防止电磁辐射污染环境，危害人体健康，必须从城市规划、产品设计、电磁屏蔽和吸收等角度着手，采取标本兼治的方案防护和治理电磁污染。

（1）电磁屏将电磁辐射限制在一定空间，包括对辐射源的屏蔽和工作空间的屏蔽。

（2）电磁吸收：主要是针对微波，采用能量吸收材料进行防护是一项有效的办法。如各种塑料、橡胶胶木、陶瓷等加入铁粉、石墨、水等都是较好的吸收材料。

（3）个体防护：对个人而言，可穿戴防护头盔、防护眼镜、防护服装等。

（4）植树绿化：森林、花木可衰减辐射场强，保护人体健康。

3. 加强宣传教育，提高公众认识

鉴于当前电磁辐射对人体健康的危害日益严重，特别是这种看不见、摸不着、闻不到的危害不易为人们察觉，往往会被忽视。因此，广泛开展宣传教育，唤起人们防护意识已成为当务之急。

二、放射性辐射污染及其防治

（一）放射性辐射

1896 年，法国物理学家贝克勒尔在研究铀盐的实验中，首先发现了铀原子核的天然放射性。放射性是指某些核素的原子核具有的自发放出带电粒子流或 Y 射线，或在俘获轨道电子后放出 × 射线或自发裂变的特性。

在自然界和人工生产的元素中，有一些能自动发生衰变，并放射出肉眼看不见的射线。这些元素统称为放射性元素或放射性物质。天然放射性物质在自然界中分布很广，它存在于宇宙射线、矿石、土壤、天然水、大气及动植物的所有组织中。

在自然状态下，来自宇宙的射线和地球环境本身的放射性元素一般不会给生物带来危害。20 世纪 50 年代以来，由于核武器的频繁试验，核能工业的不断发展、供医疗诊断用的电离辐射源的增加，人的活动使得人工辐射源和人工放射性物质大大增加，环境中的射线强度随之增强，危及生物的生存，从而产生了放射性污染。放射性污染很难消除，射线强度只能随时间的推移而衰减。放射性已成为国际社会关注的污染问题。

（二）放射性污染辐射的特点

（1）放射性物质一旦产生和扩散到环境中，就不断对周围发出放射线，永不停止。其半衰期减少到一半所需的时间从几分钟到几千年不等。

（2）自然条件的阳光、温度无法改变放射性核同位素的放射性活度，人们也无法用任何化学或物理手段使放射性核同位素失去放射性。

（3）放射性污染对人类作用有累积性。

（4）放射性污染既不像化学污染那样多数有气味或颜色，也不像噪声振动、热、光等污染，公众可以直接感知其存在，放射性污染的辐射，哪怕强到直接致死的水平，人类的感官对它都没有任何直接感受，从而采取躲避防范行动，只能继续受害。

（三）放射性辐射的来源

1. 核武器试验的沉降物

这些放射性物质主要是铀林的裂变产物，核试验造成的全球性污染要比核工业造成的污染严重得多。

此外，核电站的事故放射性逸出，性质与核试验相近，也会给地面带来散落物，如 1979 年 3 月，美国位于宾夕法尼亚州三里岛上的一座核电站发生了迄今最严重的技术事故，所逸出的放射性散落物相当于一次大规模核试验。据记录，离核电站 4km 处的放射性物质之量超过正常量的 15 倍。

2. 核燃料循环的"三废"排放

目前全球正在运行的核电站有 400 多座，还有几百座正在建设之中。核电站排入环境中的废水、废气、废渣等均具有较强的放射性，会造成对环境的严重污染。核燃料循环的各个阶段均会产生"三废"，这会给周围环境带来一定程度的污染，其中最主要的是对水体的污染。

3. 核工业

核工业的废水、废气、废渣的排放是造成环境放射性污染的重要原因。此外铀矿开采过程中的氡和氢的衍生物以及放射性粉尘造成对周围大气的污染，放射性矿井水造成水质的污染，废矿渣和尾矿造成了固体废物的污染。

4. 人工放射性核素的应用

人工放射性同位素的应用非常广泛。在医疗上，常用"放射治疗"杀死癌细胞；有时也采用各种方式有控制地注入人体，作为临床上诊断或治疗的手段；工业上可用于金属探伤；农业上用于育种、保鲜等，以及一般居民消费用品，包括含有天然或人工放射性核素的产品。但如果使用不当或保管不善，也会造成对人体的危害和对环境的污染。如因运输事故、遗失、偷窃、误用，以及废物处理等失去控制而造成的放射性辐射污染。

5. 居室的氡气污染

随着人们对居室美化装修的重视，花岗岩等石材由于质地坚硬、豪华美观受到大多数人的喜爱，居室污染也在加剧。天然石材中含有镭 226、社 232、钾 40 等放射性元素，它们在衰变过程中，社衰变成镭，镭衰变成气，最终产生氡气。

氡气是一种放射性惰性气体，没有颜色也没有任何气味，比重是空气的 7.5 倍，且不可挥发，因此室内的氡气不会随时间的推移而减少。

（四）放射性辐射的危害和影响

含放射性元素的物质通过空气、饮食等途径进入人体，以体内或体外照射方式危害人体健康。

人体受放射性危害，轻者头晕、疲乏、脱发、红斑、白细胞减少或增多、血小板减少；而大剂量照射，还会引起白血病及骨、肺、甲状腺癌变甚至死亡，放射性还能引起基因突变和染色体畸变。不同射线对人的危害也有差别，如。粒子的放射性物质将引起所接触到的组织的高深度放射性危害；而 γ 射线主要是外部辐射引起危害；β 射线穿透能力介于两者之间，既能引起外部辐射性烧灼和皮肤恶化，又能透过外层组织引起体内放射性损伤。

1986 年 4 月 26 号，位于苏联的切尔诺贝利核电站 4 号反应堆因操作人员违反操作规程发生严重爆炸，造成 31 人当场死亡，200 多人受到严重的放射性辐射，成为人类利用核能史上的一大悲剧。它给核电蒙上的阴影，至今还没有消除。

（五）放射性辐射的防治

为了减少放射性污染的危害，必须从 3 方面着手。

1. 强化管理

为防止放射性物质向环境释放，保证公众和环境的长期安全，必须对废物从产生到最终处置依据有关法律、法规、标准等进行全过程的控制和管理。并强化"源头管理"和"分类管理"的原则。

2. 做好放射性废物的处理与处置

根据放射性只能依赖自身衰变而减弱直至消失的固有特点，对高放及中低放长寿命的放射性废物应采用浓缩、贮存和固化的方法进行处理；对于中低放短寿命废物，则应净化处理或滞留一段时间，待其减弱到一定水平再排放。

3. 做好辐射防护

辐射防护的三要素是距离、时间和屏蔽，俗称为辐射防护的三大方法，其原理如下。

（1）时间防护，在辐射场内的人员所受照射的累积剂量与时间成正比，因此.在照射率不变的情况下，缩短照射时间便可减少所接受的剂量，或者人们在限定的时间内工作，就可能使他们所受到的射线剂量在最高允许剂量以下，确保人身安全（仅在非常情况下采用此法），从而达到防护目的。时间防护的要点是尽量减少人体与射线的接触时间（缩短人体受照射的时间）。

（2）距离防护，距离防护是外部辐射防护的一种有效方法，采用距离防护的射线基本原理是首先将辐射源作为点源的情况下，辐射场中某点的照射量、吸收剂量均与该点源的距离的平方成反比，即辐射强度随距离的平方成反比变化（在源辐射强度一定的情况下，剂量率或照射量与离源的距离平方成反比）。增加射线源与人体之间的距离便可减少剂量率或照射量，或者说在一定距离以外工作，使人们所受到的射线剂量在最高允许剂量以下，就能保证人身安全从而达到防护目的。距离防护的要点是尽量增大人体与射线源的距离。

（3）屏蔽防护，射线穿透物质时强度会减弱，一定厚度的屏蔽物质能减弱射线的强度，在辐射源与人体之间设置足够厚的屏蔽物（屏蔽材料），便可降低辐射水平，使人们所受到的剂量降低最高允许剂量以下，确保人身安全，达到防护目的。屏蔽防护的要点是在射线源与人体之间放置一种能有效吸收射线的屏蔽材料。例如，对于 × 射线常用的屏蔽材料是铅板和混凝土墙，或者是水泥（添加有硫酸翅（也称重晶石）粉末的水泥墙。

三、光污染及其防治

（一）光污染

光污染是指光辐射过量而对生活、生产环境以及人体健康产生的不良影响。它主要来源于人类生存环境中日光、灯光以及各种反射、折射光源造成的各种过量和不协调的光辐射。

国际上一般光污染可分成 3 类，即白亮污染、人工白昼污染和彩光污染。

1. 白亮污染

白天阳光照射强烈时，城市里建筑物的玻璃幕墙、釉面砖墙、磨光大理石和各种涂料等装饰反射光线，明晃白亮，炫眼夺目，即白亮污染。现代城市中，宾馆、饭店、写字楼等建筑物常使用玻璃、釉面砖、铝合金、磨光大理石等来装饰外墙，在太阳光的强烈照射下，这些装饰材料的反射光线明晃白亮、炫眼夺目，反射强度比一般的绿地、森林和深色装饰材料大 10 倍左右，大大超过了人体所能承受的范围，使人宛如生活在镜子世界中，分不清东南西北。

夏天，玻璃幕墙强烈的反射光进入附近居民楼房内，增加了室内温度，影响正常的生活。有些玻璃幕墙是半圆形的，反射光汇聚还容易引起火灾。烈日下驾车行驶的司机会出其不意地遭到玻璃幕墙反射光的突然袭击，眼睛受到强烈刺激，很容易诱发车祸。

2. 人工白昼污染

夜幕降临后，商场、酒店上的广告灯、霓虹灯闪烁夺目，令人眼花缭乱。有些强光束甚至直冲云霄，使得夜晚如同白昼一样。

3. 彩光污染

舞厅、夜总会安装的黑光灯、旋转灯、荧光灯以及闪烁的彩色光源构成了彩光污染。

（二）光污染的危害

1. 对人体的影响

光污染可对人眼的角膜和虹膜造成伤害，抑制视网膜感光细胞功能的发挥，引起视疲劳和视力下降长时间的强光还会干扰大脑中枢神经，导致神经衰弱，使人头昏心烦，失眠，食欲、性欲低下，身体乏力等。

彩光污染对健康也存在潜在威胁。彩光污染不仅对眼睛不利，而且会干扰大脑中枢神经，人们会出现恶心、呕吐、失眠、注意力不集中等问题，甚至还会影响心理健康。据测定，歌舞厅中的黑光灯、旋转灯、荧光灯等能产生强烈的紫外线，如果长期受其照射，会诱发流鼻血、脱牙、白内障、血压升高，甚至导致白血病和其他癌变。

2．对动植物影响

人工白昼还可伤害昆虫和鸟类、因为强光可破坏夜间活动昆虫的正常繁殖过程。同时，昆虫和鸟类可被强光周围的高温烧死。

光污染还会破坏植物体内的生物钟节律，有碍其生长，导致其茎或叶变色，甚至枯死；对植物花芽的形成造成影响，并会影响植物休眠和冬芽的形成。

3．其他影响。

人工白昼还影响正常的天文观测，浪费了大量的电力资源，易引发火灾等。

（三）光污染的防治

光污染很难像其他环境污染那样通过分解、转化和稀释等方式消除或减轻，因此，其防治应以预防为主。

（1）城市规划与管理，以减少光污染的来源。

（2）加强宣传和教育和立法、监控与管理。

（3）在技术治理方面，可采取以下技术措施：

①尽量不用大面积的玻璃幕墙采光，减少污染源；

②多建绿地，扩大绿地面积，实施绿化工程，改平面绿化为立体绿化，大力植树种草，将反射光改为漫反射，从而达到防治光污染的目的；

③限定夜景照明时间，改造已有照明装置；

④采用新型照明技术，采用节能效果好的照明器材；

⑤灯光照明设计时，合理选择光源、灯具和布灯方案，尽量使用光束发散较小的灯具，并在灯具上采取加遮光罩或隔片的措施，将防治光污染的规定、措施和技术指标落实到工程上，严格限制光污染的产生。

四、热污染及其防治

（一）热污染

随着科技和工农业生产的迅速发展，热污染已成为一个日益严重的社会问题。热污染是指日益现代化的工业生产和现代化生活中排放出的大量废热所造成的环境污染。

热污染主要来自能源消费。发电、冶金、化工和其他的工业生产，通过燃料燃烧和化学反应等过程产生的热量，一部分转化为产品形式，一部分以废热形式直接排放到环境中。转化为产品形式的热量，最终也通过不同的途径释放到环境中。以火力发电为例：在燃料燃烧的能量中，40% 转化为电能，12% 随烟气排放，48% 随冷却水进入到水体中。在核电站，能耗的 33% 转化为电能，其余的 67% 均变为废热转入水中。在工业发达的美国，每天所排放的冷却用水达 4.5 亿 m³，接近全国用水量的 1/3；废热水含热量约 10500 亿 kJ，足够 2.5 亿 m³ 的水温升高 10×2。

常见的热污染有大气热污染和水体热污染。

（二）热污染危害

第一，因城市地区人口集中，建筑群、街道等代替了地面的天然覆盖层，工业生产排放热量，大量机动车行驶，大量空调排放热量而形成城市气温高于郊区农村的热岛效应。

第二，大气中的含热量增加，还可影响到地球气候变化。按照大气热力学原理，现代社会生活中的其他能量都可转化为热能，使地表面反射太阳热能的反射率增高，吸收太阳辐射热减少，促使地表面上升的气流相应减弱，阻碍水汽的凝结和云雨的形成，导致局部地区干旱少雨，影响农作物生长，导致歉收。气候变化将引起海水热膨胀和极地冰川融化，海平面上升，加快生物物种灭绝。

第三，因热电厂、核电站、炼钢厂等冷却水所造成的水体温度升高，使溶解氧减少，某些毒物毒性提高，鱼类不能繁殖或死亡，某些细菌繁殖，破坏水生生态环境进而引起水质恶化。

第四，热污染还对人体健康产生了许多危害。它全面降低了人体机理的正常免疫功能，包括致病病毒或细菌对抗生素越来越强的耐药性以及生态系统的变化降低了肌体对疾病的抵抗力，从而加剧各种新、老传染病大流行。温度上升为蚊子、苍蝇、蟑螂、跳蚤和其他传染病昆虫以及病原体微生物等提供了最佳的滋生繁衍条件和传播机制，形成一种新的"互感连锁效应"，导致疟疾、登革热、血吸虫病、恙虫病、流行性脑膜炎等病毒病原体疾病的扩大流行和反复流行。特别是以蚊子为媒介的传染病，目前已呈急剧增长趋势。

（三）热污染的防治

第一，健全热污染控制标准、法律和法规。目前，我国仅对水体热污染有部分规定，而有关大气热污染的法律几乎为空白。应尽快建立健全相关控制法律体系。

第二，废热的综合利用。充分利用工业的余热，是减少热污染的最主要措施。生产过程中产生的余热种类繁多，有高温烟气余热、高温产品余热、冷却介质余热和废气废水余热等。这些余热都是可以利用的二次能源。我国每年可利用的工业余热相当于 5000 万 t 标煤的发热量。在冶金、发电、化工、建材等行业，可以通过热交换器利用余热来预热空气、原燃料、干燥产品、生产蒸汽、供应热水等。此外还可以调节水田水温，调节港口水温以防止冻结。

冷却介质余热的利用方面主要是电厂和水泥厂等冷却水的循环使用，改进冷却方式，减少冷却水排放。

对于压力高、温度高的废气，要通过汽轮机等动力机械直接将热能转为机械能。

第三，加强隔热保温，防止热损失。在工业生产中，有些窑体要加强保温、隔热措施，以降低热损失，如水泥窑筒体用硅酸铝毡、珍珠岩等高效保温材料，既减少热散失，又降低水泥熟料热耗。

第四，寻找新能源。利用水能、风能、地能、潮汐能和太阳能等新能源，既解决了污染物排放问题，又是防止和减少热污染的重要途径。特别是在太阳能的利用上，各国都投入了大量人力和物力进行研究，取得了一定的效果。

第九章　其他环境污染防治

第一节　放射性污染及防治

一、放射性污染的特点及来源

1896 年，法国科学家贝克勒尔首先发现了某些元素的原子核具有天然的放射性，能自发地放出各种不同的射线。在科学上，把不稳定的原子核自发地放射出一定动能的粒子（包括电磁波），从而转化为较稳定结构状态的现象称为放射性。我们通常所说的放射性是指原子核在衰变过程中放出以、丁射线的现象，放射性我粒子是高速运动的氦原子核，在空气中射程只有几厘米，α 粒子是高速运动的负电子，在空气中射程可达几米，但 α、β、γ 粒子不能穿透人的皮肤；而丁粒子是一种光子，能量高的可穿透数米厚的水泥混凝土墙，它轻而易举地射入人体内部，作用于人体组织中原子，产生电离辐射。除这几种放射线外，常用的射线还有 $\times$ 射线和中子射线。这些射线各具特定能量，对物质具有不同的穿透能力和间离能力，从而使物质或机体发生一些物理、化学、生化变化。放射性来自人类的生产活动，随着放射性物质的大量生产和应用，就不可避免地会给我们的环境造成放射性污染。

和人类生存环境中的其他污染相比，放射性污染具有以下特点：

第一，一旦产生和扩散到环境中，就不断对周围发出放射性，永不停止。只是遵循内在固定速率不断减少其活性，其半衰期即活度减少到一半所需的时间从几分钟到几千年不等。

第二，自然条件的阳光、温度无法改变放射性物质的放射性活度，人们也无法用任何化学或物理手段使放射性物质失去放射性。

第三，放射性污染对人类作用有累积性。

第四，人类的感官对放射性污染无任何直接感受。

放射性污染主要来自放射性物质。这些物质可来自天然，如岩石和土壤中的放射性物质；也可来自人为的因素。就人为因素而言，目前放射线污染主要有以下来源：

（1）核工业

核工业的废水、废气、废渣的排放是造成环境放射性污染的重要原因。此外，铀矿开采过程中的氡和氧的衍生物以及放射性粉尘造成对周围大气的污染，放射性矿井水造成水质的污染，废矿渣和尾矿造成了固体废物的污染。

（2）核试验

核试验造成的全球性污染要比核工业造成的污染严重得多。由全世界的大气层核试验进入大气平流层的放射性物质最终要沉降到地面，因此全球严禁一切核试验和核战争的呼声也越来越高。

（3）核电站

目前全球正在运行的核电站有 400 多座，还有几百座正在建设中。核电站排入环境中的废水、废气、废渣等均具有较强的放射性，会造成对环境的严重污染。

（4）核燃料的后处理

核燃料后处理厂是将反应堆废料进行化学处理，提取杯和铀再度使用，但后处理厂排出的废料依然含有大量的放射性核素，仍会对环境造成污染。

（5）人工放射性核素的应用

人工放射性同位素的应用非常广泛。在医疗上，常用"放射治疗"以杀死癌细胞；有时也采用各种方式有控制地注入人体，作为临床上诊断或治疗的手段；工业上可用于金属探伤；农业上用于育种、保鲜等。但如果使用不当或保管不善，也会造成对人体的危害和对环境的污染。

二、放射性污染的防治

放射性废物不像一般的工业废物和垃圾等极易被发现和预防其危害。它是无色无味的有害物质，只能靠放射性测试仪才能够探测到。因此，对放射性废物的管理、处理和最终处置必须按照国际和国家标准进行，以期能够把对人类的危害降到最低水平。

三、放射性废物的处理与处置

对放射性废物中的放射性物质，现在还没有有效的办法将其破坏，以使其放射性消失。因此，目前只是利用放射性自然衰减的特性，采用在较长的时间内将其封闭，使放射强度逐渐减弱的方法，达到消除放射污染的目的。

（1）放射性废液的处理

对不同浓度的放射性废水可采用不同的方法处理。处理方法包括如下：

第一，稀释排放，对符合我国《辐射防护规定》中规定浓度的废水，可以采用稀释排放的方法直接排放，否则应经专门净化处理。

第二，浓缩储存，对半衰期较短的放射性废液可直接在专门容器中封装储存，经过一段时间，待其放射强度降低后，可稀释排放；对半衰期长或放射强度高的废液，可使用浓缩后再储存的方法。常用的浓缩手段有共沉淀法、离子交换法和蒸发法。共沉淀法所得的上清液、蒸发法的二次蒸汽冷凝水以及离子交换出水，可根据它们的放射性强度或回用，或排放，或进一步处理。用上述方法处理时，分别得到了沉淀物、蒸渣和失效的树脂，其放射性物质将被浓集到较小的体积中。对这些浓缩废液，可用专门容器储存或经固化处理后埋藏。对中、低放射性废液可用水泥、沥青固化；对高放射性的废液可采用玻璃固化。固化物可深埋或储存于地下，使其自然衰变。

第三，回收利用。在放射性废液中常含有许多有用物质，因此应尽可能回收利用。这样做既不浪费资源，又可减少污染物的排放。可以通过循环使用废水，回收废液中某些放射性物质，并在工业、医疗、科研等领域进行回收利用。

（2）放射性固体废物的处理处置

放射性固体废物主要是指铀矿石提取铀后的废矿渣；被放射性物质玷污而不能再用的各种器物；上述浓缩废液经固化处理后所形成的固体废弃物。

第一，对废弃铀矿渣的处置。目前对废弃铀矿渣主要采用土地堆放或回填矿井的处理方法。这种方法不能根本解决污染问题，但目前尚无其他更有效的可行办法。

第二，对被玷污器物的处置。这类废弃物所包含的品种繁多，根据受玷污的程度以及废弃物的不同性质，可以采用不同方法进行处理：①去污。对于被放射性物质玷污的仪器、设备、器材及金属制品，用适当的清洗剂边行擦拭、清洗，可将大部分放射性物质清洗下来。清洗后的器物可以重新使用，同时减小了处理的体积。对大表面的金属部件还可用喷镀方法去除污染。②压缩。对容量小的松散物品用压缩处理减小体积，便于运输、储存及焚烧。③焚烧。对可燃性固体废物可通过高温焚烧来大幅度减容，同时使放射性物质聚集在灰烬中，焚烧后的灰烬可在密封的金属容器中封存，也可进行固化处理。④再熔化。对无回收价值的金属制品，还可在感应炉中熔化，使放射性被固封在金属块内。经压缩、焚烧减容后的放射性固体废物可封装在专门的容器中固化在沥青、水泥、玻璃中，然后将其埋藏于地下或储存于设在地下的混凝土结构的安全储库内。

第三，放射性废气的处理，对低放射性废气，特别是含有短半衰期放射性物质的低放射性废气，一般可以通过高烟囱直接稀释排放，对含粉尘或长半衰期放射性物质的废气，则需经过一定的处理，如用高效过滤的方法除去粉尘，碱液吸收去除放射性碘，用活性炭吸附碘、氪、氙等。经处理后的气体，仍需通过高烟囱稀释排放。

第二节 电磁辐射污染及防治

一、电磁辐射的来源

信息化时代的到来给人类物质文化生活带来了极大的便利，并促进了社会的进步：无线电广播、电视、无线通信、雷达、计算机、微波炉、超高压输电网、变电站等电器、电子设备等在使用过程中，都会不同程度地产生不同波长和频率的电磁波。这些电磁波无色、无味、看不见、摸不着、穿透力强，且充斥整个空间，能悄无声息地影响着人体的健康，引起了各种社会文明病。电磁辐射已成为当今危害人类健康的致病源之一。

由振荡电磁波产生，在电磁振荡的发射过程中，电磁波在自由空间以一定速度向四周传播，这种以电磁波传递能量的过程或现象称为电磁波辐射，简称电磁辐射电磁辐射污染源主要包括天然电磁辐射污染源和人工电磁辐射污染源两大类。天然产生的电磁辐射来自地球热辐射、太阳热辐射、宇宙射线、雷电等，是由自然界的某些自然现象引起的。在天然的电磁辐射中，以雷电所产生的电磁辐射最为突出人工产生的电磁辐射主要来源于广播、电视、雷达、通信基站及电磁能在工业、科学、医疗和生活中的应用设备。根据产生频率的不同可以将人工电磁辐射源分为工频场源和射频场源。工频场源（数十至数百赫兹）中，以大功率输电线路所产生的电磁污染为主，同时也包括若干种放电型场源 C. 射频场源（0.1 ~ 3000MHz）主要指由于无线电设备或射频设备工作过程中产生的电磁感应与电磁辐射射频电磁辐射频率范围宽、影响区域大，对近场区的工作人员能产生危害，是目前电磁辐射污染环境的重要因素。

二、电磁辐射的危害

电磁辐射对生物体的作用机制，主要可分为热效应、非热效应和累积效应几大类。

（1）热效应人体中 70% 以上是水

水分子受到电磁辐射后相互摩擦，引起机体升温，从而影响到体内器官的正常工作：体温升高引发各种症状，如心悸、头涨、失眠、心动过缓、白细胞减少、免疫功能下降、视力下降等。产生热效应的电磁波功率密度在 $10mW/cm^2$；微观致热效应 $1 ~ 10niW/cm^2$；浅致热效应在 $1mW/cm^2$ 以下当功率为 1000W 的微波直接照射人时，可在几秒内致人死亡。

（2）非热效应

人体的器官和组织都存在微弱电磁场，它们是稳定和有序的，一旦受到外界电磁场的干扰，处于平衡状态的微弱电磁场将遭到破坏，人体也会遭受损害。这主要是低频电磁波产生的影响，即人体被电磁辐射照射后，体温并未明显升高，但已经干扰了人体固有的微弱电磁场，使血液、淋巴液和细胞原生质发生改变，对人体造成严重危害，可导致胎儿畸形或孕妇自然流产；影响人体的循环、免疫、生殖和代谢功能等。

（3）累积效应

热效应和非热效应作用于人体后，对人体的伤害尚未自我修复之前，如再次受到电磁波辐射的话，其伤害程度就会发生累积，久之会成为永久性病态，危及生命。对于长期接触电磁波辐射的群体，即使功率很小，频率很低，也可能会诱发意想不到的病变，应引起警惕。

三、电磁辐射的防治

控制电磁污染的手段应从两方面进行考虑：一是将电磁辐射的强度减小到容许的强度；二是将有害影响限制在一定的空间范围。为了减小电子设备的电磁泄漏，必须从产品设计、屏蔽及吸收等角度入手，采取标本兼治的方案防止电磁辐射污染与危害。

第一，加强电磁兼容性设计审查与管理，无论是工厂企业的射频应用技术，还是广播、通信、气象、国防等领域内的射频发射装置，其电磁泄漏与辐射，除技术原因外，主要问题就是设计与管理方面的责任。因此，加强电磁兼容性设计审查与管理是极为重要的一环。

第二，认真做好模拟预测与危害分析，在产品出厂前，均应进行电磁辐射与泄漏状态的预测与分析，实施国家强制性产品认证制度，大中型系统投入使用前，应当对周围环境电磁场进行模拟预测，以便对污染危害进行分析。

第三，电磁屏蔽，在电磁场传播的途径中安设电磁屏蔽装置，可使有害的电磁场强度降到容许范围以内。电磁屏蔽装置一般为金属材料制成的封闭壳体。频率越高，壳体越厚，材料导电性能越好，屏蔽效果就越大。

第四，接地导流，有电磁辐射的设施必须有很好的接地导流措施，接地导流的效果与接地极的电阻值有关，使用电阻值越低的材料，其导电效果越好。

第五，合理规划，在城市规划中应注意工业射频设备的布局，对集中使用辐射源设备的单位划出一定的范围，并确定有效的防护距离，同时加强无线电发射装置的管理，对电台、电视台、雷达站等的布局及选址必须严格按照相关规定执行，以免居民受到电磁辐射污染。

第三节　热污染及防治

随着社会生产力的发展和人们生活水平的不断提高，热污染已经成为另一种污染，对环境和人体健康造成越来越明显的影响，从而引起了人们的关注。热污染是指由于人类某些活动，使局部环境或全球环境发生增温，并可能形成对人类和生态系统产生直接或间接、即时或潜在危害的现象。

造成热污染最根本的原因是能源未能被最有效、最合理地利用。工厂或发电厂使用水作为冷凝剂，用完后排到海洋或河道。虽然这些水未必含有害物质，并未造成水污染，但其高温却会影响水中的生态。随着现代工业的发展和人口的不断增长，环境热污染将日趋严重。

一、热污染概述

（一）水体热污染

火力发电厂、核电站和钢铁厂的冷却系统排出的热水以及石油、化工、造纸等工厂排出的生产性废水中均含有大量废热。这些废热排入地面水体后，能使水温升高。在工业发达的美国，每天所排放的冷却用水达 $4.5 \times 10^8 m^3$ 接近全国用水量的 1/3；废热水的含热量约 $2500 clo^8 kcal$，足够 $2.5 \times 10^8 m^3$ 的水温度升高 10℃局部水温升高对水质产生影响，当水温升高时水的黏度降低，密度减小，从而可使水中沉淀物的空间位置和数量发生变化，导致污泥沉积量增多，同时也会引起水中溶解氧的降低并导致缺氧现象发生，使水质恶化。水温的升高也会影响渔业生产，因为水温升高使水中溶解氧减少。另一方面又使鱼类的代谢率增高而需要更多的氧，鱼在热应力作用下发育受到阻碍，甚至很快死亡。为了减少这种热污染的危害，美国环境保护机构建议控制废热的排放，并提出废热水进入水体经混合后温度升高不得大于下列数值：河水 2.83℃，湖水 1.66℃，海水冬季 2.2℃，海水夏季 0.83℃。

（二）大气热污染

随着人口和耗能量的增长，城市排入大气的热量日益增多。按照热力学定律，人类使用的全部能量终将转化为热，传入大气，逸向太空。这样使地面反射太阳热能的反射率增高，吸收太阳辐射热减少，沿地面空气的热减少，上升气流减弱，阻碍云雨形成，造成局部地区干旱，影响农作物生长。近一个世纪以来，地球大气中的 CO? 不断增加，气候变暖，冰川积雪融化，使海水水位上升，一些原本十分炎热的城市，变得更热。专家预测，如按现在能源消耗的速度计算，每 10 年全球温度会升高 0.1 ~ 0.26℃；一个世纪后即为 1.0 ~ 2.6℃，而两极温度将上升 3 ~ 7℃，对全球气候会有重大影响。

二、热污染的防治

对于水体的热污染可以通过以下几种措施来进行防治：

第一，改进冷却方式，减少温排水产生量。产生温排水的企业，应根据自然条件，结合经济和可行性两方面的因素采取相应的防治措施。以对水体热污染最严重的发电行业为例，其产生的冷却水不具备一次性直排条件的，应采用冷却池或冷却塔，使水中废热逸散，并返回到冷凝系统中循环使用，以提高水的利用率。从长远来看，减少温排水问题及充分回收温排水中热能的技术将是治理水体热污染的根本途径。

第二，综合利用废热水，利用温热水进行水产品养殖，在国内外都取得了较好的试验成果。农业是温热水有效利用的一个重要途径，在冬季用热水灌溉能促进种子发芽和生长，从而延长了适于作物种植的时间。利用温热排水在冬季供暖、在夏季作为吸收型空调设备的能源已成功实现温热水的排放在高纬度寒冷地区可以预防船运航道和港口结冰，从而节约运费。适量的温热水在冬季时排入污水处理系统有利于提高活性污泥的活性，提高污水处理效果。

第三，制定废热水的排放标准，为防止废热水污染一，尽可能利用废水中的余热，除了要大力发展废热水热能回收技术外，还要充分了解废水排放水域的水文、水质及水生生物的生态习性，以便综合治理。同时应在经济合理的条件下，制定废热水的排放标准。

第四节　光污染及防治

一、光污染概述

光污染问题最早于 20 世纪 30 年代由国际天文界提出，他们认为光污染是城市的室外照明使天空发亮，造成对天文观测的负面影响、后来英美等国称之为"干扰光"，在日本则将这种现象称为"光害 L 现在一般认为，光污染泛指影响自然环境，对人类正常生活、工作、休息和娱乐带来不利影响，损害人们观察物体的能力，引起人体不舒适感和损害人体健康的各种光造成的污染全国科学技术名词审定委员会审定公布光污染的定义为：过量的光辐射对人类生活和生产环境造成不良影响的现象，包括可见光、紫外线和红外线造成的污染。

（1）可见光污染

可见光是波长为 390 ~ 760nm 的电磁辐射体。当可见光亮度过高或过低，对比过强或过弱时均可引起视觉疲劳，导致工作效率降低。

眩光是光污染的一种形式，当汽车夜间行驶时照明用的头灯、企业厂房中不合理的照明布置等都会造成眩光长期在强光条件下工作的工人，会由于强光而使眼睛受害。

杂散光也是光污染的一种形式，当太阳光照射强烈时，城市里建筑物的玻璃幕墙、釉面砖墙、磨光大理石和各种涂料等装饰反射光线，明晃白亮、炫眼夺目。据光学专家研究，镜面建筑物玻璃的反射光比阳光照射更强烈，其反射率高达 82% ~ 90%，光线几乎全被反射，大大超过了人体所能承受的范围长时间在白色光亮污染环境下工作和生活的人，视网膜和虹膜都会受到程度不同的损害，视力急剧下降，白内障的发病率高达 45%；还会使人头昏心烦，甚至发生失眠、食欲下降、情绪低落、身体乏力等类似神经衰弱的症状。

夏天，玻璃幕墙强烈的反射光进入附近居民楼房内，使室温平均升高 4 ~ 6T，影响正常生活。有些玻璃幕墙是半圆形的，反射光汇聚还容易引起火灾，烈日下驾车行驶的司机会出其不意地遭到玻璃幕墙反射光的突然袭击，眼睛受到强烈刺激，很容易诱发车祸

（2）紫外线污染紫外线辐射是波长范围为 10 ~ 390nm 的电磁波

自然界中的紫外线来自太阳辐射：人工.紫外线最早是应用于消毒以及某些工艺流程近年来它的使用范围不断扩大，如用于人造卫星对地面的探测波长在 220 ~ 320nm 的紫外线对人体有损伤作用。紫外线对人体主要是伤害眼角膜和皮肤紫外线对角膜的伤害作用表现为一种叫作畏光眼炎的极痛的角膜白斑伤害，除了剧痛外，还导致流泪、眼睑痉挛、眼结膜充血和睫状肌抽搐紫外线对皮肤的伤害作用主要是引起红斑和小水疱，严重时会使表皮坏死和脱皮。

紫外线还可与大气中的氮氧化物产生光化学反应导致烟雾污染，即光化学烟雾污染。

（3）红外线污染

红外线辐射是波长为 760 ~ 10^6nm 的电磁辐射，亦称为热辐射。红外线近年来在军事、人造卫星以及工业、卫生、科研等方面的应用日益广泛，因此红外线污染问题也随之产生。

较强的红外线可造成皮肤伤害，其情况与烫伤相似，最初是灼痛，然后是造成烧伤当过量的红外线透入皮下组织时，可使帆液和深层组织加热，当照射面积大且受热时间长时，则会出现中暑症状。红外线对眼睛造成的伤害表现为当过量过强的红外线被眼角膜吸收和透过时，可造成眼底视网膜的伤害，人眼如果长期暴露于红外线可能引起白内障。

二、光污染的防治

光污染已经成为现代社会的公害之一，应引起政府、专家及民众的足够重视，积极控制和预防光污染，改善城市环境。为避免光污染的产生，可从以下几方面着手：

第一，加强城市规划和管理，在建筑物和娱乐场所的周围作合理规划，进行绿化并减少反射系数大的装饰材料的使用，以减少光污染源。

第二，加强法律法规的建设，环保和卫生等相关部门应制定相关的光污染技术标准和法律法规并采取综合防治措施。

第三，加大宣传工作，加强科学研究，一方面，教育人们科学合理地使用灯光，注意调整亮度，不可滥用光源，不再扩大光污染，白天提倡使用自然光；另一方面，科研部门要研究光污染对人群健康影响的科学调查，让广大民众对光污染有一定的了解。

第四，强化市民保护意识。注意工作环境中的紫外线、红外线及高强度眩光的损伤，劳逸结合，夜间尽量少到强光污染的场所活动；如果不能避免长期处于光污染的工作环境中，应考虑到防止光污染的问题，采用个人防护措施：戴防护镜和防护面罩、穿防护服等，把光污染的危害消除在萌芽状态。已出现症状的应定期去医院眼科做检查，及时发现病情，以防为主，防治结合。

第十章　水资源污染带来的问题

第一节　水资源危机带来的生存与发展问题

　　水是生物圈的血液，是生态系统的基本要素，也是人类和万物赖以生存的不可替代的资源。但是人们逐渐发现，人类生活是受着全球水循环系统和环境自然规律所制约的。人类向大自然索取之后，大自然就要向人类作出"反馈"，水资源危机带来了人类生存与发展问题。

一、严重制约社会经济发展

　　21 世纪以来，全世界工业、农业、城镇等用水量急剧增加，并随着工农业及家庭用水的增加，仍在快速增长。在某些地区，由于水的抽取量极大而资源有限，造成地表水面大幅度缩小而地下水也在以快于降雨补充的速度被大量抽取，人类用水的需求得不到满足，一些地区严重缺水并制约了社会经济发展。

（一）造成巨大的经济损失

　　水资源危机的代价首先是经济上的。环境问题正在严重地影响着国家的整体社会经济发展。《中国环境报》报道：最近几年，与生态破坏和环境污染有关的经济代价已高达国民生产总值（GNP）的 14%。前不久，世界银行估计：空气和水污染使中国损失大约 8% 的 GNP，约为 5 000 亿元。每年城市缺水造成工业产值的损失达 1 200 亿元。每年水污染对人体健康的损害价值至少 400 亿元，环境因素已经被列为影响今天中国人民发病率和死亡率的四大主要因素之一。

　　根据《国家环境保护"九五"计划和 2010 年远景目标》提出的污染治理计划，"九五"期间需要的污染治理投资约 4 500 亿元，预计占同期 GNP 的 1.3%。中国制定了《中国跨世纪绿色工程规划》并开始启动"三三二——"重点污染治理工程（太湖、巢湖和滇池为三湖，淮河、海河和辽河为三河，SO_2 控制区和酸雨控制区为二区，北京市为一市，黄渤海为一海），仅实施这一重点治理工程，需要的投资将超过 1000 亿元。污染治理给国家和地方财政带来了沉重的经济负担，势必影响经济建设和发展。

水污染将增加城市生活用水和工业用水的处理费用，由于水量巨大，处理费用往往也很大。根据太湖地区一些城市的资料，由于水污染，每千吨供水就要增加处理费用 20~40 元，最多的甚至达到 56.8 元，如果不增加处理，就会造成工业产品质量下降，由此造成的损失也是巨大的。在太湖地区，通常是搬迁取水口，这导致每年都要花很多额外的钱。

经济损失实例：

1. 经过估算，太湖地区由于水污染，在 1980~1988 年间，每年工业损失在 1 亿~3.6 亿元之间，1985~1988 年的平均值达 3 亿元，仅工业损失一项就相当于同期太湖地区国民生产总值的 0.93%。

1994 年 7 月，淮河流域一次污染事故直接经济损失即高达 2 亿元。

1989 年，由于大量污水入海，使渤海沿海发生赤潮，水产业遭重创，经济损失 3.4 亿元；据统计，西安市每年因缺水减少工业产值近 50 亿元。

大连市缺水每年影响产值约 6 亿元。

营口市日缺水影响产值 1.5 亿~2.0 亿元。

青岛 1981 年遇到特枯年，工业产值损失约 3 亿元。

1991 年，深圳遭遇水荒，每天损失 2 000 多万元，在一周内，各单位上报损失已达 1.6 亿元，其中一个显像管厂两天损失 22 万美元。

（二）对农业发展的影响

据联合国研究指出，由于大部分水需求的增长发生在发展中国家，因为那里的人口增长和工农业发展都是最快的，大部分这样的国家处在非洲和亚洲的干旱及半干旱地区，他们将大部分可利用的水资源用于农业灌溉，而没有多余的水资源，也没有财力将其发展方向从密集的灌溉农业转向其他产业，创造更多的就业机会并获得收入以进口粮食来满足日益增长人口的需要。

农业是经济发展的基础，目前世界 60 亿人口要依靠农业来满足最基本的生存需要，而农业灌溉每年消耗水量约为世界用水量的 70%。水资源危机使大面积缺水地区的农业灌溉得不到保证，耕地退化并经常受到旱灾的威胁，从而制约了地区的农业发展。

另外，随着工业、城市取水量的剧增，造成大量农业用水被工业和城市用水侵占，使农业用水更加得不到保证，也对地区农业起到了阻碍作用。

农业影响实例：

1981 年北京市水资源危机，从 6 月起开始停供农业灌溉用水，20 多万 hm^3 良田受灾。

1980 年，天津发生水荒，减少粮田用水，水田改为旱田，限量供给菜田用水。

据 1991 年统计，全国受污染耕地面积达 1 000 多万 hm^2，损失粮食 120 亿 kg，全国因污染死鱼 4 550 万 kg。

（三）对工业发展的影响

水资源不足同样制约着工业的发展，在世界各地随着工业的发展，工业用水量直线上升，特别是发展中国家，目前生产力水平较低，工业不够发达，工业耗水相当严重。而这些国家都在致力于加速工业化步伐，今后工业需水量仍会继续增长，但许多地区有限的水资源已难以满足人类工业用水无休止增长的需要，并对地区工业发展产生制约。使许多将开发的项目得不到实施，许多工厂减产或停产，如中国沧州有丰富的石油、天然气资源，因水资源不足，无法进行开发利用。据初步统计，全国因水资源不足而造成工业减产的每年约 400 亿 ~ 500 亿元。

水污染同样影响着工业的发展，供水水质不合格导致工厂不能生产出合格产品，工厂不得不花费巨额投资净化供水水质；污染治理投资巨大，加上治污设施高额运转费支出，企业不堪重负，影响了生产；污染事故频繁发生，影响供水，也影响了工业生产。

工业影响实例：

大连市因缺水迫使部分工业减产、停产，由于缺水，外国油轮有时不得不开到新加坡去上水，每年减少产值 20 亿元。

沈阳市现日缺水约 20 万 m^3，致使一些厂矿企业供水得不到保证，减少产值 12 亿元。

据统计，西安市每年约有 200 家企业因缺水而转产或停产。

1983 年夏季大旱，北京全市有 353 家企业被限制用水，其中大部分工厂因缺水不得不停产，1981 年高井电厂因缺水停机，影响发电 5 亿 kW·h。

1991 年，深圳遭遇水荒，全市食品、饮料、纺织、印染行业的大部分工厂处于停产、半停产状态。

1990 年太湖藻类暴发，直接导致 116 家工厂停产，直接经济损失 1 亿元以上。

（四）对城镇供水和居民生活的影响

中国的水短缺和水污染给城市供水和居民生活带来了严重影响，表现为：城镇居民生活用水得不到保证，影响了正常生活；影响供水系统，造成供水障碍，被迫开发新的水源地，或引起水厂停产和取水口搬迁等。

由于缺水和水质恶化，我国实施了大量的调水工程，包括引滦入津工程、引黄入津工程以及计划中的南水北调工程等；由于严重污染，昆明市第一自来水厂被迫关闭，第五自来水厂取水口被迫移到距离湖岸 2km 的滇池外海中部，通过对松花坝水库改造，增加供水能力，削减滇池供水量，取滇池水的水厂正常生产受到严重影响，鉴于滇池水的污染状况难以短期内根本改变，昆明市不得不开发新的饮用水源，计划实施包括滇池流域内上游水库调水和跨流域调水工程；我国的多数城市，包括北京、天津、上海等，都面临着同样的问题，缺水或水质污染使城市供水受到严重影响。

供水与生活影响实例：

1994 年淮河大污染事故，造成苏皖两省 150 万人饮水困难。1996 年春节后，淮河再次出现的大污染使 70 万蚌埠人陷入水荒，到处可见提着水桶找水的人群，1kg 井水卖到 0.2 元。

1990 年 7 月，太湖因富营养化导致水华爆发，藻类厚达 0.5m，使无锡市梅园水厂由日产 20 万 t 减少到 5 万 t，最严重时无水可取，造成 46 家企业停产，大量居民无水可饮。

1983 年夏季大旱，北京全市 90% 以上的地区水压不足，给人民生活造成了很大的困难，夏季用水高峰时，全市每天缺水 10 万多 m^3，有 353 家企业被限制用水，其中大部分工厂因缺水不得不停产，就连医院用水都很困难，做手术还得由楼下向楼上提水。

1977 年天津市民因水源危机而吃咸水 130 天，每人每天用水 60L，只相当于美国城乡人口平均用水的 1/10。1980 年，天津发生水荒，把城市用水压缩一半。1981 年又遇到了持续干旱，天津面临严重缺水局面，城市自来水减少到原来的 1/4，只能采取定时加压供水。

西安市市区夏季高峰用水期有 60% 的地区水压低，影响 63 万人的正常生活，有 20% 的地区经常断水，在一些地势较高的地区和供水管网末端区，有时人们只能等待政府派来的洒水车和消防车救急。

营口市日缺水 10 万 ~ 15 万 n，生活用水每人每日仅 30L。

青岛 1977 ~ 1978 年发生严重干旱，只能采取强制节水措施，封闭水冲厕所，居民生活用水规定每人每月不超过 1m^3，8 月份又降低到每人每日 15L，街道居民凭票供应，才度过水荒。1981 年该市又遇到特枯年，居民生活用水量规定为 20L/A·d。

大连市在于旱年居民生活用水量规定为 45 L/ 人·d.

1993 年，珠江畔的广州竟然连续发生断水，其后每年供水都有缺口，1995 年时每天供水缺口达到 40 万 t。在这样一个湿热的超级城市，还有什么比水荒更可怕吗？1999 年，羊城水质再次严重恶化，爆发近 50 年中最为严重的供水危机。

1990 年，深圳市区 61 个住宅区，47 个严重缺水。60 多万人受到影响，其中 10 多万人连续 7 天以上断水。无奈的市民们或上街以盒饭充饥，或买矿泉水回家煮饭。可乐、饮料代替了广东人不可或缺的茶水。因水量不足，水压太低，市区大部分消防设施无法正常使用。

二、严重危及人类健康

健康在很大程度上取决于其供应的饮用水的数量和质量，饮用水的质量又极大地取决于进水水源、供水方式和水处理的水平。因可利用水资源危机，使人类不得不使用这种受污染的水，甚至作为饮用水源，因此给人类的健康带来极大的损害，发达国家也毫不例外。

（一）水传染疾病

进入水体中种类繁多的污染物绝大部分对人体有急性或慢性、直接或间接的致毒作用，有的还能积累在组织内部，改变细胞的 DNA 结构，对人体组织产生致癌变、致畸变和突变的作用。水污染物的环境健康危害主要分为生物、化学和物理危害，表现为急性危害（流行性传染病暴发等）、慢性危害（慢性中毒、水俣病、疼痛病）和远期危害（致癌、致突变和致畸作用）。饮用不洁水不仅可传染水传染疾病，还可引起水性地方病，化学性污染物可引起急性中毒和慢性中毒，还可以致癌、致畸、致突变。流行病学研究表明，某些地区饮用水含有有害物所造成的癌症死亡率明显高于对照人群。与水污染有关的常见疾病包括：

传染腹泻。

霍乱。

蛔虫病与血吸虫病。

肝炎（A 型和 E 型）。

斑疹伤寒。

疟疾。

癌症（胃癌、食道癌和肝癌等）。

痢疾。

水氟病、水神病、大骨节病、地甲病等地方病。

水俣病、疼痛病。

（二）水污染的健康影响

水污染是世界上头号杀手之一，联合国开发计划署统计，目前全世界有 18 亿人没有合格的卫生用水。在发展中国家，80% ~ 90% 的疾病是由于饮用水被污染而引起的。在这些国家和地区，水中的病原体和污染物每年导致 2 500 万人死亡，占发展中国家死亡人数的 1/3。

世界卫生组织（WHO）在 1980 年底的研究报告中指出，1980 年全球约有占人口 30%（13.2 亿）的人得不到清洁的饮用水，17.3 亿人缺少合乎基本卫生条件的厕所。

在发展中国家里，有 3/5 的人口缺乏清洁的饮用水，3/4 人口生活在极不卫生的条件中。世界上平均每天有 25 000 多人因用污染的水引起疾病或因缺水而死亡；在很多第三世界国家中，死亡的婴儿有 3/5 到 4/5 是由水污染发病而造成的。

据联合国环境规划署的一项调查，在发展中国家里，每五种常见病中有四种是由脏水或是没有卫生设备造成的。1996 年"全球疾病负担研究"报告指出：不良的水源、卫生设施和个人及家庭卫生结合在一起形成了疾病的第二大危险因素，占总死亡的 53% 和 DALY（残疾调整生活年限）的 6.8%。贫困地区的分担份额大得多，在南撒哈拉地区为 10%，在印度为 9.5%，在中东为 8.8%。

中国饮用水水源以地表水和井水为主，饮用人口占 82.4%。饮用各类自来水的人数为 2.04 亿，其中经过完全处理的自来水只占 46%，全国 80% 的人口靠分散方式供水，农村大部分人仍还靠手动或电动水泵水井或直接从未经过水处理的河流、湖泊、池塘或水井取水，目前仍有一半以上的农村人口在喝不符合安全标准的水。水源污染，同时公共卫生设施跟不上发展的需求，有大量人口饮用不安全卫生水，从而致病，尤其农村地区，大多水源受到污染，大肠菌群超标率高达 86%，城镇也有 28%，全国有约 7 亿人饮用大肠菌群超标水。全国有 7 700 万人饮用氟化物超标水，主要分布在华北、西北和东北；有 1.6 亿人饮用受到有机污染的水；饮用含盐量（Ca、Mg）、硫酸盐和氧化物过高的人数分别为 1.2 亿、5 000 万和 3 400 万，还有饮用一些受到其他污染物污染的水，总计 7 亿人饮用不安全的水，占调查人口的 70%。

实例分析：

1. 传染腹泻

传染腹泻是由细菌和病毒通过被污染的食物和水而传播的，腹泻具有与环境最为明显的联系，并且具有某些最为严重的影响，也是世界上分布最广的健康问题。根据世界卫生组织的记录，1996 年因腹泻致死者约为 250 万人，其中绝大多数是不满 5 岁的儿童。1990 年，腹泻引起了全球 8% 的 DALY。除死亡外，每年大约 40 亿腹泻病例使很多人身体虚弱。腹泻的罪魁祸首是被污染的水源，重要原因是洗涤用水不足，尤其是洗手用水不足，使得人们难以保持适当的卫生。今天，仍有大约 29 亿人没有足够的卫生设施，约 14 亿人没有安全的饮用水。尽管近年投入了 1 000 多亿美元，但这种情况依然存在。人口迅速增长和城市的爆发性扩展超过了卫生设施的覆盖面。腹泻不仅对发展中国家危害极大，对发达国家也是一种主要致病原因 "1993 年，由于城市供水受到污染，美国经历了近代史上最大规模的突然蔓延的腹泻症，受感染者超过 40 万人。仅 1993 年，全世界患痢疾的就超过 18 亿人次。中国法定报告传染病构成中，肠道传染病所占比例逐年增高，每年引起的肠道传染病患者达数百万人。过去 20 年间，腹泻和病毒性肝炎两种都和人粪便污染有关的疾病是中国主要的传染病。1995 年，肝炎发病率是每 10 万人 63 例，比 1991 年降低了 46%。痢疾发病率从 1991 年和 1992 年明显降低后，1994 年以后又上升了，这部分地是因为水质恶化的缘故。1991 年斑疹伤寒发病数突然上升，农村地区饮水质量差导致 1992 年在某些省大规模地爆发，1991 年，斑疹伤寒发病率高达每 1 万人 10.6 例。

2．恶性肿瘤与癌症

据世界卫生组织和国际癌症病机构通过大量的数据和材料证实，现时发现癌症的 50% 是由饮食不当造成的，而其中相当重要的是饮水质量低下。在中国农村，肝癌和胃癌是癌病死亡的主要原因。在中国和外国进行的许多研究表明，饮用水的污染和癌病发病率以及死亡率之间有着很密切的联系。虽然在这些癌病的产生中，饮食习惯和酒精消费会起一定的作用，但环境的因素是不能忽略的。自 20 世纪 70 年代以来，肝癌死亡的人数已翻了一番，中国现在是世界上肝癌死亡最高的国家。

在中国南方，由于那里一些人长期靠池塘取得饮用水，所以消化系统的癌症非常高。1989–1991 年 10 个乡镇企业发达地区 86 万人的健康调查分析揭示出慢性疾病的发病率在 12% ~ 29% 之间，比全国农村平均数（约 9%）高得多。23 个村镇的 56 万人的调查表明，1987 ~ 1989 年间，癌症死亡率是每 10 万人 172 个，比中国其他农村的平均死亡率要高得多。胃癌、食道癌和肝癌合计占所有癌症的 85%。有研究报告说，江苏的启东地区和广西的福顺地区肝癌的高发病率和饮用水污染有高度的联系。

3．地方病

目前中国共有 1 100 多个县受水引起的地方病的威胁，南方湖区的血吸虫病尚未根除。海河流域有 1 400 万人受高氟病的威胁。引起氟斑牙、氟骨症病人分别为 3 700 万和 172 万。

常年患有蛔虫病和血吸虫病的人数分别在 9 亿和 2 亿人以上。这些病患对人体健康的间接影响很大。与粪便污染有关的血吸虫病患者有 50 万人。

4．霍乱

霍乱在大流行中时常横扫全球。每年死亡率升降不定，最近几年由几千到几万不等。大部分死亡发生在非洲，通常在移民或难民中，据世界卫生组织计算，仅非洲就有约 7 900 万人受到这种疾病的威胁。1991 年后，大约 5 万名卢旺达难民在难民营中染上霍乱，并且有上万人死亡。1991 年在秘鲁发生的霍乱是在第三世界中日趋普遍的水污染造成的恶果。

（三）废水灌溉对健康的影响

农业灌溉也会带来一系列的环境问题，一是加剧了水资源危机；二是排放大量农业生产废水，污染物包括有机污染物、农药、氮磷污染物等；三是直接影响人体健康，有 30 多种疾病与灌溉有关，如血吸虫病、疟疾等。

中国 2000 年的古老农业历史中，废水灌溉在中国许多地方是一个常见的做法。但是，过去几十年间，采用人粪尿的那种老习惯已为使用工业废水所补充，从而引起了生物和化学的污染问题。

1993 年中国污水灌溉面积为全国有效灌溉面积的 36.67%，即 1 573 万 km²，未达农田灌溉水质标准的污灌面积为 393.4 万 km³，折合播种面积 609.4 万 km²，污灌造成的产量损失为 13.9 亿元，质量下降的损失约 33.5 亿元，污灌也引起灌区土壤和地下水的污染。某些有机污染物、重金属、致癌物等在内的污染物都在灌溉的过程中进入食物链，从而影响了人体健康。

从 20 世纪 70 年代以来，为数不少的研究业已表明，在那些靠废水灌溉的地区，疾病的发病率，尤其是恶性疾病的发病率普遍偏高，污灌对人体健康的影响已经引起普遍关注。随着水资源危机的加剧，尤其是我国北方地区，污水灌溉问题将更加突出。

污灌健康影响实例：

对沈阳和抚顺的研究表明，肠道病和肝肥大的发病率在灌溉地区比控制地区分别高 49% 和 36%。在用污水灌溉的地区，癌症患者多出 2 倍。在辽宁省的抚顺市，13 000hm² 的农田是用油污染过的污水灌溉的。恶性肿瘤的实际死亡率几乎是有控制地区的 2 倍，先天畸形的也比有控制地区多 1 倍。

污灌引起作物污染，如沈阳铁西冶炼、电镀、化工废水灌溉稻田，土壤和稻米中镉含量非常高，污染区种植蔬菜，同样存在污染问题。

1993 年因污灌污染的农田面积为 330 万 h㎡，约占全国农田污染面积的 1/3，给农业生产和人体健康带来了严重危害。

根据沈阳环保所对沈抚污灌区的调查，胃癌、肠道传染病和肝肿大的发病人数均比清水灌区高，特别是石油污灌区，要高出 3 ~ 20 倍。

华北某地对水污染区与对照区的对比调查表明，五年内正常死亡率，前者为 5.44%，后者为 4.55%；人均寿命，前者 64.7 岁，后者 74.7 岁，相差 10 岁。在东北某灌区，由于水体受到污染，人群肝脏肿大率、白细胞增高率均比对照区有明显增加。

河南医科大学对淮河支流某段为期一年的调查表明：这一带死亡率比一般水平高 1/3，沿河许多村庄的年轻人，连续数年居然没有一个符合参军条件。

三、威胁自然生态系统，诱发自然灾害

水资源危机，使人们想尽各种办法开源以满足供水需要，在开源供水的同时往往给区域生态系统带来不良后果。

（一）栖息地的影响

生物的生存和繁衍离不开水，无论是动物、植物，无论是陆生的、水生的，还是两栖的。水资源危机对生态系统的影响，首先表现为对生物栖息地的影响，包括栖息地的丧失、退化和变迁。水资源开发利用，改变了水的使用功能和途径，引起自然生态系统的毁灭；缺水将引起气候变化、土地退化和荒漠化、湿地的丧失和退化；水污染引起水体的物理化学性质变化，这些都影响了生物的生存和繁衍。

实例分析：

近年来，人类对淡水生态系统影响的规模和范围都在直线上升。1950 年，世界有 5 270 座大坝，今天总数超过了 36 500 座。与此同时，因航运而改造的河流数目也从 1900 年时的不足 9 000 个增加到将近 50 万个，从而使得这些水域渐渐变成不适于生存的栖息地。修筑水坝和开挖运河仍然是对淡水生态系统威胁最大的两大因素，它们极大地影响到物种的数量和多样性。埃及的阿斯旺大坝自 1970 年投入使用以来，使得尼罗河上捕鱼业捕捞到的品种几乎下降了 2/3，而地中海地区沙丁鱼的捕获量也下降了 80%。100 年来不断地开挖运河及河岸的开发使得莱茵河的原有的漫滩面积减少了 90%，河中原有的鲑鱼群也几乎丧失殆尽。

在东南亚，沿湄公河及其支流上正在筹建的水坝多达几十个。湄公河流域目前水坝还较少，因而仍是世界上淡水生物种类最丰富的一块宝地。据估计这一流域中鱼类有 500 种或者更多，每年从湄公河及其支流中所捕到的鱼是当地居民的重要食物来源。但仅从流域中为数不多的几处水坝的情况就可看出这一资源是多么容易受到破坏。湄公河的一条支流 Mun 河上自从 20 世纪 90 年代初期建起了 Pak Mun 大坝以来，原来栖息在这条河中的 150 种鱼类已基本上全部消失了。

近 30 年来，中国湖泊水面面积已缩小了 30%。素有千湖之称的江汉平原，目前的湖泊面积仅为解放初期的 50%。洞庭湖在 1949–1983 年的 34 年间，湖区面积减少 1 459km³，平均每年减少 42.9km²；容量共减少 115 亿 km³，平均每年减少 3.4 亿 m³。水资源减少，使水生态系统、湿地生态系统受到破坏。

中国西北干旱半干旱地区湖泊干涸现象也十分严重，部分现存湖泊含盐量和矿化度显著升高，咸化趋势明显。近 30 年中，内蒙古的乌梁素海矿化度由 0.8g/L 上升到 4.4g/L，增加 4.5 倍；新疆的博斯腾湖从 20 世纪 60 年代到 80 年代矿化度曾由 0.3g/L 上升到 1.8g/L，增加 5 倍，均已变成咸水湖。其他如青海湖、岱海、布伦托海等，正处于咸化过程中。湖水咸化使淡水生态系统受到破坏，水生动植物种群结构发生变化，一些物种甚至消亡。

天津海区在河口下泄淡水，在近海区形成大面积低盐区，是鱼类栖息和洄游的基本条件，由于入海水量急剧减少，近海区海水盐度增高，入海营养盐减少，水量少扩散能力变弱，近海区输送泥沙及悬浮的质量减少，导致肥水面积缩小，松散底质结构消退，严重影响到鱼类产卵。目前在天津海区一些经济鱼类已成不了鱼汛，再加上过度捕捞，使捕鱼量大幅下降。20 世纪 50 年代年平均捕获小黄鱼近 1 350t，1982～1983 年两年总量才只有几吨。

地下水过量开采，也会引发严重的生态后果，地下水是河流的重要补给源，地下水枯竭会直接导致河流流量减小。我国三江平原原来是大片湿地，由于农业开发活动以及人工降低地下水位，引起湿地退化，生物生长受到了严重影响。

美国西部位于加利福尼亚州的门诺湖，风景秀丽，吸引了众多旅游者。洛杉矶市从其主要支流大量引水，造成湖水面积缩小了 1/3，并且使湖水盐度增加，威胁盐水虾的生长繁殖，而赖以作为食物的候鸟难以在此栖息。

苏联中亚地区，为满足经济发展对水的需求，从境内阿姆河和锡尔河的引水量激增，导致该区咸海面积不断缩小，自 1958 年修建运河引水后，使入咸海的水量大幅减少，在 20 年中，湖岸后退 100 多 km，面积缩小 1/3 左右，水位下降 12m，咸海南岸和东岸风沙弥漫，上百千米土地被大量灰尘和盐覆盖。当地的渔业和航运业已不复存在，新灌溉的地区也受到损害，湖里的盐正以每公顷几百吨的密度向田野扩散，破坏了作物的正常生产。

（二）生物多样性的影响

缺水和水污染破坏了生物的生存和繁衍环境，进而引起生物种群结构、数量的变化，一些环境敏感物种甚至消亡，生物多样性受到威胁。

实例分析：

淡水生态系统（河流、湖泊和湿地、多种多样生态群落）是相当有限的，只占地球表面面积的 1%，但这个系统中物种却是多种多样的，有着与其面积极不相称的物种数量，她可能是受威胁最严重的。根据国际自然保护联盟（IUCN）关于全球生物多样性所受威胁的最新统计，约有 34% 的鱼类（其中大部分是淡水鱼）正濒临灭绝的危险，同时也对世界的生物多样性构成威胁。与陆地或海洋的生态系统相比较，淡水生态系统不仅失去了更多的物种和栖息地，还有可能因为修筑水坝、污染、过度捕捞等各种威胁遭受更大的损失。在亚马孙河中有超过 3 000 种的鱼类。非洲的维多利亚湖在遭受不久前的灾害之前，仅棘鳍类热带淡水鱼就有 350 种之多。北美的密西西比河里大约有 300 种淡水贝类。全世界 40% 以上的鱼类和全球动物的 12% 都居住于淡水栖息地，他们中许多物种都是局限在很小的区域，因而极易受到侵扰。

为农业生产和城市生活供水而进行的河流改道使得科罗拉多河下游的鱼类受到威胁甚至灭绝。

生活在维多利亚湖中的 200 种棘鳍类热带淡水鱼在与外来鱼类的生存竞争中惨

遭灭绝，另有 150 种也面临威胁。

新疆塔里木河断流后，罗布泊干涸，使附近 55 种高等植物减少到 36 种，原在此地栖息的鸟类仅余残骸。

洪湖因湖面减少，功能降低，致使洪湖鱼类区系日趋单一，体型趋于小型化。20 世纪 50 年代洪湖有野生鱼类近 100 种，到 90 年代减少到不足 50 种。

天津北大港水库 1982 年 145km^2 的库区有芦苇沼泽群落 106km^2，1986 年水库干涸，芦苇群落已荡然无存，取而代之的是荒地杂草。

（三）自然景观的影响

水是自然景观的基本要素，在中国山东济南被称为"天下第一泉的"趵突泉，因地下水位持续下降，只有在汛期的特定时间，才能见到三泉齐涌的壮观景象。另外，山西晋祠的泉水、淮南八公山的珍珠泉等也几近枯竭。北京的莲花池、万泉庄等即将徒有虚名。

水污染同样使景观价值大为降低，素有"高原明珠"的滇池，因污染而失去了旅游观光价值，杭州西湖、南京玄武湖、太湖等污染问题已经严重影响了旅游业的发展。

（四）诱发的自然灾害

水资源危机还可能引起表土干化，植被减少，诱发沙漠化等自然灾害。

实例分析：

中国天津在 1923 年 2.2 万 km^3 范围内，水面覆盖率为 41%，在 20 世纪 50 年代水面覆盖率尚有 27.3%，从 60 年代开始大量水面干涸，再加上 70-80 年代水资源高度开发，到 80 年代水面覆盖率下降到仅为 7.6%。与此同时，天津地下水的过量开采，地下水位的持续下降，使表土日趋于化。因水面覆盖率大幅下降，地面粗糙度增加，水蒸发量减少，导致地面降水减少，又因水蒸发量少，减少蒸发耗热，使气温上升，湿度降低，而引发局地气候变化。局地气候变化又会使降水减少，旱雨极性增大，而发生洪、旱灾害。天津近 35 年间每 5 年平均降水量的变化呈锯齿状减少趋势，降雨也进一步集中，天津地区降雨主要集中在 7、8 两月，到 1981～1985 年 7 月份降雨量比重已达到全年 41%。

局地气候变化，降水量呈减少趋势，旱雨极性增大，以及表土干化等因素的长期共同作用是诱导沙漠化的重要原因。若以降水量与实际蒸发量的比值小于 0.25 作为沙漠化气候进行分析，京、津、冀地区 1960 年前，仅在冀西北的怀柔、宣化附近有小范围的沙漠气候区，面积约占全区的 1.7%，随着沙漠化气候区向冀南和京、津地区扩展，到 1981-1985 年总面积区扩大到近全区面积的 30%。北京南部和天津西部均已跨入沙漠化气候区。

如此等等，正如联合国前秘书长加利所说，今后某些地区的战争"将不是政治战争，而是水的战争"。人类安全所面临的最严重威胁不再是军事进攻，而是普遍存在的环境恶化，其中水资源危机是首要环境问题之一。

第二节　世纪水资源危机

引起全球性水资源危机的根源包括自然因素和人为因素。水资源储量的有限性和分布的不均匀性以及全球气候的变化，是水资源危机的自然因素；而人口的激增、生态环境的破坏、不合理的开发利用，以及严重的水污染，大大加剧了水资源危机的程度，是水资源危机的重要人为因素。需要注意的是，自然因素和人为因素是相辅相成、互为因果的；实际上，正是许许多多人为因素才使自然因素的发生成为可能。比如人类大量砍伐森林和排放大量温室气体，引起全球气候变暖，从而改变降水分布而引起区域水资源危机，这一过程就很难区别说是自然因素还是人为因素的结果，而只能说是二者互为因果的结果。因此，在水资源危机上，我们关注人为因素具有更现实、更深远的意义。

人类社会进入 21 世纪，将面临人口激增、城市化进程加快、工业化、农业集约化以及能源消费增长等社会发展问题，人类对自然资源和能源的开发利用永无休止，自然资源的有限承载力将诱发严重的资源危机和社会危机。在城市化、工业化和高科技化进程中，随着人口剧增，社会发展、全球变暖、生态破坏、环境污染，水资源承载力急速下降，许多地区已逼近极限，照此形式发展下去，水资源匮乏将是 21 世纪人类面临的严重的资源危机之一。

一、概述

地球上总水量占地球体积的 1%，达到 13.86 亿 km^3 地球表面的 71% 被水覆盖，但可利用的水资源量是有限的，如果可利用的水资源分配合理，且能够得到合理而有效的利用，完全可以满足世界 60 亿人口的生活和生产需要，不会产生全球性的水资源危机。

自然界的水资源处于动态循环过程中，水循环过程中任何一个环节出现障碍，都会导致水资源危机，比如使用过程中带来过量的环境污染物，使水体受到污染，会产生污染型水资源短缺，因此水循环系统障碍是造成全球水资源危机的根源。水循环是一个庞大的天然水资源系统，循环过程在自然界中具有一定的时间和空间分布，而其时空分布受地理条件和气候的作用，有的地区或时间暴雨成灾，而同时有的地区或时间干旱无雨，水资源呈现出强烈的时空分布特征，这是造成局部地区水资源短缺的重要自然因素。从水循环与环境的关系可见环境与水循环有着密切的关系，环境的破坏将影响着水循环的数量、路径和速度，因此生态环境的破坏是造成水资源危机的重要的人为因素。生态环境破坏的根源在于人口剧增、城市化、经济发展、森林生态系统的毁坏、环境污染以及规划管理等。

（一）水资源有限性和分布不均匀性与水资源短缺

在中国，水资源储量的有限性和人均占有水资源严重不足，它在很大程度上决定着局部地区可供水的潜力，从而造成中国水资源严重缺乏的问题非常突出，并且严重地限制了工业、农业和城市的发展。

水资源储量的有限性和时空分布的不均匀性是相辅相成的。我们可以看到，当诸如冰岛等一些地方的人们充分享受丰富的水资源的时候，而在非洲某些地区却是干裂的大地、人们渴求老天降雨的眼神。很显然水资源分布少的地区，水资源的储量也少。就中国而言，总的来看是：东南多，西北少；沿海多，内陆少；山区多，平原少。而在同一地区中，不同时间的分布也不一样，一般是夏多冬少。

水资源储量的有限性和在时空分布的不均匀性是造成中国局部地区水资源危机的重要自然因素。

（二）全球气候变化与水资源危机

地球不断地通过蒸发与流失促成海洋与陆地之间水的再循环，通过降雨、江河与小河支溪的流动来实现水的分配，然后把水收集、存储在湖泊、沼泽、潮湿的土壤、地下蓄水层、冰川、云、森林以及所有的生物体内。水的这一运行模式相对讲是很稳定的。而从整体上说，人类文明在过去 9 000 年间也适应了这一模式。

这一模式的特性是：我们特别依赖只占地球总水量极小部分的淡水；而它的储量是有限的，在全世界分布是很不均匀的；它按照一定的运动模式在全球范围内循环，保持总量的相对平衡和相对稳定的循环速度和路径；人类文明的发展多多少少受限于淡水的分配情况；这个模式的任何持久改变将对我们现有的全球文明形成战略性威胁。

那么，目前这一模式改变了吗？专家们认为这一模式正在悄然改变，并认为全球气候变暖是促成这一改变的主要原因。而人类活动导致的"温室效应"是造成全球气候变暖最重要的因素。

气温升高和降水量减少将导致供水量下降和对水的需求增加，这可能引起淡水体变质，给许多国家供求之间已很脆弱的平衡造成压力。即使在降水量可能增加的地方，也不能保证会在能利用的时节降水，并且，还有可能发生更多的水灾。海平面的任何升高往往会导致盐水侵入港湾、小岛屿和沿海地下蓄水层，并使沿海低洼地区泛滥成灾；这使低洼国家面临巨大的危险。

"温室效应"是人类大量燃烧煤等化石燃料引起的世界性环境问题。温室效应会随着温室气体的增加而增加，由此会使地球不断变暖，温室气体包括甲烷、一氧化二氮、二氧化碳、氯氟烃等。现在，人类活动正向大气中排放越来越多的温室气体，由此造成大气中温室气体的浓度不断增加，地球表面不断变暖。而且，主要的温室气体还会随着全球的不断变暖而增加，进一步加快全球变暖。

据认为，全球性气候变暖是由于温室效应造成的。温室效应是由以二氧化碳为主的温室气体引起的，这些气体允许太阳辐射能穿过到达地表，但它却阻止地球反射的能量向外层空间散逸，因此这些气体在地球表面犹如一个温室的罩子，其结果使低层大气变暖。二氧化碳是引起温室效应的主要气体，这种气体到处都有，一切燃烧和呼吸过程都产生二氧化碳。

气候变暖对全球水系统的第一位战略性威胁是造成全球淡水的重新分配。因为全球变暖在极地比在热带地区来得快，它可能改变地球冷热之间的平衡。海洋一直维持着较为均匀的温度分配，从而协助维持地球的平衡，海洋是一种特别的、相对稳定的模式，通过靠近陆地的巨大洋流，例如墨西哥湾流，把热量从赤道地区移送到两极地区，温暖的海水从热带地区向北移动，其中一部分在途中蒸发，当它碰到格陵兰与冰岛之间北极寒风时，蒸发加快，留下含盐量大得多的海水，这些越来越浓越来越重、迅速冷却的水以每秒 225 亿 L 流入海底，形成一股深流。这股像墨西哥湾流一样有力的洋流，在海洋下面，在墨西哥湾流下面，向南流动，在这一过程中把冷气从两极地区带回赤道。因此，气候变暖将改变海洋这一平衡作用，使两极地区变暖的速度超过热带地区，两者之间的温度差异变小。而由这些差异推动的洋流减慢，从而循环改变，气候形态也将改变，这样某些地区得到更多的雨，其他区域则较少。这将打破我们已适应的淡水分配模式，从而给我们带来深远的影响。

另外，气候形态的小小变动也会把山上的雪线推高，这样就会把下雪变成降雨，从而也就会改变整个的水分配系统。美国有专家研究，气温增高 2C，降雪量减少 10%，这会减少山上的雪，从而可能使美国西部整个河谷地区的水供应量下降 40% ~ 76%。虽然这种预测不一定准确，但一致的观点是近年来较暖的温度都和美国西部极度的缺水联系在一起。

如果说淡水供应的重新分配是对全球水系统的第一位战略性威胁，那么，第二位的威胁也许是人所周知的海平面的升高和全世界沿海低凹地区的丧失。由于 1/3 的人口居住在离海岸线不及 60km 的地区以内，沿海地区土地的丧失会导致史无前例的难民人数。

虽然在不同的地质时期海平面有升有降，但从未有过目前预期的作为全球变暖的后果而将出现的这样迅速的变化。孟加拉国、印度、埃及、冈比亚、印度尼西亚、莫桑比克、巴基斯坦、塞内加尔、苏里南、泰国和中国，更不要说像马尔代夫、瓦努阿图（旧称赫布里底群岛）这样的岛国，都将遭到侵害；此外，每一个沿海国家都将受到不利的影响。

全球变暖通过几种方式增高海平面，较高的平均温度使冰川融化，使南极洲和格陵兰的冰帽破裂，把大冰块排放入海洋，使海水变暖而造成热量扩散。

海里的冰融化，例如覆盖在北极洋上的冰面或是北大西洋上的冰山融化，并不会影响海平面，因为冰块整体已经排开同等体积的海水。这像在一杯水里的一个冰块融化后并不会改变水面的高度一样。但若把冰块一个个码起来，而且还是在水中飘浮，融化后水面就会增高，有时还会溢出杯子。同样，以陆地为基地的冰融化后，海平面也会升高。地面上大半的冰是在南极洲，在大片的陆地上面，或像西南极洲的巨大冰盖那样在一些岛屿上面。

世界上别处的冰也大部分在陆地上。格陵兰上有世界第二大冰盖，它在北半球气候平衡中扮演着重要的角色。此外还有各个山区上的冰川，有专家研究说，所有低纬度的山区冰川现在都在融化后退，其中某些冰川融化后退得很迅速。

据认为，从 1990 年以来全球年平均气温上升 1.2℃。气候转暖，造成冰川后退，冰雪融解。据计算，全球冰川体积每年减少 250km³，这部分冰雪融水汇入海洋，会使海平面上升 0.7mm。变暖及融化的最终后果是海平面不断升高，现在几乎达到每 10 年增高 30mm 的程度。海平面上升的进一步的效应是沿海地区盐水侵入地下淡水层以及沿海湿地的丧失。在沿海城市，饮水来源于地下淡水层。淡水层实际上浮在咸水上面，结果上升的海平面会把淡水推高，甚至会推到地面。这样，沿海的大城市如上海、加尔各答、达卡、河内和卡拉奇将是第一批遭受海潮侵害的人口密集的城市。

科学家们说，变暖的海洋也可能造成飓风的平均强度增大。因为海洋表层的深度和热度是决定飓风风速的唯一最重要的因素。自海洋扑向陆地的更经常的暴风雨反过来会大大加剧升高的海平面可能造成的损害。因为海水在暴风海浪的袭击过程中才能冲向离海岸很远的内陆。

气候变暖使陆地蒸发加强，造成部分地区干旱加剧，内陆湖泊水位下降。据推算，湖泊水位下降造成陆地贮水量每年减少约 80km³，这些水若汇入海洋，可使海平面上升 0.2mm。同时，气温升高也会使地下水位降低，据计算，地下水贮量每年减少 300km³，这部分水若汇入海洋可引起海平面上升约 0.8mm。

气候变暖对全球水资源系统的影响是深远的，而站在历史的角度，看它对局部地区的影响也是实实在在的。如中国西部大量湖泊的退缩就与气候干暖化有关。自第四纪以来，青藏高原湖泊不断收缩、咸化、干化、消亡。据 1977 年调查，20% ~ 30% 以上的湖泊已干化成盐湖或干盐湖。青海湖是中国第一大湖，1957–1988 年水位下降了 3.55m，累计亏水量 148.13 亿 m^3，湖水面积减少了 301.6km^2。新疆博斯腾湖，30 年湖水位下降 3.54m，平均每年下降 0.12m，水域面积缩小 120km^2，蓄水量减少约 30 亿 m^3。

（三）人口剧增与水资源危机

今天，人类正经历着人口大爆炸带来的沉重压力。人口迅速增长的压力，是对地球水系统的最重要的战略威胁。纵观人口的发展史，其增长速度之快是触目惊心的。自有史以来到 1850 年，在数千年的漫长岁月中，世界人口才发展到 10 亿。过了 80 年后，到 1930 年，世界人口达到 20 亿；又过了 30 年，即 1960 年，世界人口达到 30 亿；而后又经过 14 年，世界人口超过 40 亿，而从 40 亿猛增到 1987 年的 50 亿，只用了 12 年的时间。也就是说，1950 年全球人口不过 25 亿，仅仅过了 37 年就翻了一番，而目前人口已突破 60 亿。

人口数量的迅速增加，对水资源带来的压力首先是使人均水资源占有量更趋减少。水资源储量是有限的，而人口数量的增大，必定使人均量减小。20 世纪 70 年代初，世界人均水资源占有量为 12 900m^3，而目前不足 8 000m^3，下降了近 40%，而另一个方面，随着人们生活水平的提高，人均淡水需求量也不断增加。公元前，一个人一天耗水 12L，到了中世纪增加到 20–40L.18 世纪增加到 60L，当前欧美一些大城市每人每天耗水达 600L，一年人均耗水量超过 107m^3。从 1900 年到 1970 年世界年用水量由约 4 000 亿 m^3 增加到 26 000 亿 m^3，目前达到了 60 000 亿 m^3，1900 年至 1940 年 40 年间约翻一番，1940 年以后 60 年内约 15 ~ 25 年就翻一番，2000 年用水量将是 1900 年的 15 倍。人口数量的增加和人们对水需求量的增加的双重压力，使水资源短缺的矛盾日益突出。就中国而言，谈人口对水资源带来的影响更具有典型意义和现实意义。我们知道中国人口已近 13 亿，这么庞大的人口数字，意味着人—水矛盾将处于各种问题的焦点。中国庞大的人口数量，已对人均水资源占有量、水资源的供应，以及在开采中的环境问题产生了严重的压力。而这些压力，无论是对人民的日常生活还是对社会经济的可持续发展，都会带来实实在在的和极其深远的影响。

（四）城市化与水资源危机

工业革命以来，世界人口急剧增加，全球城市化明显加快，表现为农村城市化和城市急剧扩张。城市化使人口分布严重不均衡，城市人口密度可以达到每平方千米几万到几十万，人口高度集中导致局部地区水资源量需求的急剧增加。与全球用水量比较，城市用水量相对较小，但用水集中，要求保证率高，1900 年全球城市用水量为 200 亿 m³，至 2000 年为 4400 亿 m³，在百年之间增长了 22 倍。区域有限的水资源、水资源供给能力不足等共同导致了严重的城市水资源危机。

在世界的大部分地区，人口增长对水资源产生压力，不仅因为人口增加而用水量相对增加，与此同时随着社会进步，生活水平的不断提高，人均生活用水量也在不断增加。为了维持生活，每人每天只需要 2 ~ 2.5m³ 水，但在设备完善的现代化城市生活的居民的耗水量要高很多倍。巴黎居民每人每天耗水 0.5m 纽约 0.6m³、大阪 0.6m³、华盛顿 0.7m³、芝加哥甚至达 0.824m³ 城市生活用水量，美国 1970 年为 370 亿 m³，1985 年增加到 700 亿 m³，增长近 1 倍。日本 1970 年为 92 亿 m³，1985 年增加到 204 亿 m³，也增长 1 倍多。城市生活用水激增的典型是东京，1955 年以来，每年以 8% ~ 10% 的比例递增。中国一般大城市目前人均用水量为 100 ~ 200L/d，最高为 200 ~ 250L/d，最低为 70 ~ 100L/d。城市化提高了人口生活质量，促进了经济发展，但也增加了水资源的需求量，加剧了水资源危机的发生和发展。

（五）经济发展与水资源危机

20 世纪以来，世界经济总体呈现强劲增长态势，工农业生产发展迅速，世界工农业用水激增。某些工业部门耗水量很大，如：能源生产部门的冷却用水，在热电厂生产 1000kW·h 电，需水 200 ~ 500m³，而原子能电站，要多 1 倍。世界能源的年产量为 4×10^{12} kW·h，耗水量约为 12×10^{12} 气预计到 2000 年电力工业需水量至少将增加一个数量级。

世界大部分地区，不仅要满足日益增长的人类生活用水的需要，同时为了养活增长的人口，农业日益依赖于灌溉。世界农业灌溉用水约占全球总用水量的 70% 左右，而灌溉消耗性用水更占全球消耗用水的 90% 以上，灌溉农业的耗水量比非灌溉农业要高 10 倍以上。1975 年世界灌溉面积为 2.23 亿 hm²，2000 年将达到 5 亿 m³，其中发展中国家灌溉面积占有相当比例。1900 年全球农业用水量为 3 500 亿 m³，占总用水量的 87.5%，到 2000 年达到 3.4 万亿 m³ 平均每 10 年就增长 1 倍。

世界工业用水量增长速度十分惊人，在 1900 年用水量仅为 300 亿 m³，但随着耗水量大的新兴工业的建立，用水量逐年增大，到 1940 年世界工业用水量较 1900 年增长 4 倍，到 1960 年增长 10 倍，1975 年增长到 21 倍，到 2000 年将增至 60 倍以上，达到 1.9 万亿 m³。

据 1974 年出版的《世界水平衡和全球水资源》提供的资料，从 1900 年到 1970 年世界人口大约增长了 1 倍，年用水量则由约 4 000 亿 m³ 增加到 26 000 亿 m³，增长了约 6.5 倍。其中工农业用水接近 90%。全球水资源危机与世界经济发展有着非常密切的关系。

（六）开发利用与水资源短缺

水资源可循环再生，但再生水资源量与开发利用量失衡，会导致水循环障碍而引起水资源危机。人类生存离不开水，人类不断向自然界索取水；但由于对水的运动规律缺乏足够的认识，缺乏合理规划，加之人类疏于自我约束和对水资源的漠视，以致人类的开发利用有时是掠夺式的，包括地下水的开采和河流、湖泊的引水，严重地破坏了水资源，加重了水资源危机。

1. 水资源的不合理开发利用首先表现为开发强度大，超过了再生资源储地下水开采量如果超过补给量，地下水静储量下降，地下水位会下降，形成地下漏斗，造成供水危机以及导致环境灾害。由于地下水具有水质好、温差小、提取易、费用低等特点，以及用水增加等原因，人们常会超量抽取地下水，以致抽取的水量远远大于它的自然补给量。超量抽取地下水首先引起地下含水层衰竭。地下水在含水层中的流动速度十分缓慢，一般每年流动约 1.52-15.24m³，自然补给量往往低于抽水量，很容易引起地下含水层衰竭。随后会引起地面沉降。地下水在地下空间中贮存是以一定支撑力鼎承地面的下压力。当地下水过量抽取时，形成空缺不能及时补充，支撑力便丧失，地面就会发生下沉。日本 20 世纪 70 年代地下水超采引起地面下沉，举国震惊，备受重视，得出"滥用地下水后患无穷，是战后国民经济建设中的一大沉痛教训"的结论。地面沉降可使地基基础破坏，桥梁和水闸等建筑物大幅度位移，海水倒灌或入侵，农业区沼泽化和排灌设施机能下降等。中国抽取地下水引起地面沉降现象也十分明显。

由于高强度开发利用水资源，带来河川径流量减少。人类经济活动，如广泛推选综合农业技术措施，进行排水、改良土壤和林业技术工程，地区都市化等，必然造成地表径流和地下径流的变化。经济活动对河川径流的影响，已经引起了研究人员的注意。苏联的研究指出，强烈的经济活动使河川流量减少呈逐年递增的趋势，至 1985 年已减少达 178km³，这种河川径流的变化在干旱地区或内陆地区则表现得十分突出，如苏联的咸海，它是世界上较大的内陆湖，是阿姆河与锡尔河的归宿，流域面积为 67 万 km³，水域面积为 6.45 万 km³，平均容积 1000km³，水深大部分为 20 ～ 25m，最深达 67m。由于上游兴建水库、开挖运河、扩大灌溉面积，使两河径流大幅度下降，到 1974 年后锡尔河基本上没有长年入海径流，阿姆河的入海径流也减少了 75%，到 1980 年 9 月咸海水位下降 7m，水面缩小 1.5 万 km²，因此，咸海的干涸引起了一系列自然景观和生态环境的变化。

不同类型的经济活动对河川径流量有不同影响，不同时期经济活动对径流减少程度也不相同。在河流上游建水坝等经济活动，可以改变流域内水量分配。水量分配的变化使环境、生态系统相应发生变化。埃及尼罗河上游修筑的阿斯旺水坝高

131m，总库容 1 640 亿 m³，水库面积为 6 000km²，它是目前世界上最大的地表水库之一。1971 年建成后，在灌溉、发电、航运、淡水养殖等方面均取得了明显的效益，使苏丹的灌溉用水量由 135 亿 m³ 增加到 185 亿 m³，埃及灌溉用水由 460 亿 m³ 增加到 608 亿 m³，为这两个国家干旱地区开发作出了贡献，粮食大幅度增产，并能够发电 70 亿 kW·h。但是相应地也带来了不良后果：毁掉了东地中海沿岸沙丁鱼的加工业，高坝建成后含有丰富营养物质的淤泥不能进入地中海，引起食物链中低营养级生物大量死亡，致使该区沙丁鱼的捕获量减少 95%；每年在水库中淤泥的沉积量高达 1.1 亿 t；洪水泛滥受控制后，使尼罗河河谷及三角洲地区每年失掉许多天然的、无污染的肥料（污泥中含有许多营养物质），严重影响农业生产；由于入海水量减少，形成海水倒灌，使尼罗河三角洲农业区遭受盐渍化威胁；另外，高坝下游失掉淤泥的补充，破坏了河流冲刷和淤积之间的平衡，使侵蚀作用日趋加重，危及堤围、桥梁、地基的安全；地中海沿岸岸线不断向后移动，并正在威胁着像亚历山大等海滨城市；堤围溃决，海水倒灌入淡水湖；最严重的是血吸虫病的发病率增高，这种可怕的疾病使人极度衰竭和十分痛苦。水库区该病的感染率从 0 增加到 80%，该水库的埃及地区有一半人患上了这种病。由此可见，人类这些活动原本为了造福人类，却由于开发不当，改变了流域内水量分配，反而给环境和生态系统以及人类本身带来了威胁。

2. 水资源浪费严重

在水资源开发利用中另一个值得高度重视的问题就是水资源浪费惊人。水资源本已十分有限，而浪费现象却非常普遍且严重，这无形中加剧了水资源危机。

以中国为例，中国既存在供水水源不足，处处缺水告急问题，又存在用水定额高、效率低，浪费严重等问题。在农业方面，中国用水浪费是惊人的。一般来讲，农业用水量大是由农业本身的性质决定的，但中国农业用水超乎寻常的大。直到现在，中国农业方式仍很落后，大部分农田采用原始的漫灌方法，每年每公顷灌溉用水量达 15 000 多 m³，超过需水量的一倍以上。而中国大部分灌区水利工程建设跟不上，渠系不配套，工程质量差，管理不善，渗漏现象非常严重也是浪费的一个重要原因。近年来，中国农田水利管理工作赶不上农村经济体制改革的步伐，基层水利管理组织涣散，工程设施失修，毁坏严重，效益面积不断下降。中国工业用水重复利用率低也是水资源浪费的主要表现之一。目前国外先进企业的水重复利用率为 70% ~ 80%，一些主要工业领域内的水重复利用率已达到 95%，而中国企业的水重复利用率一般只有 50% ~ 60%。在中国，城市地下供水管道漏失严重也是一个不容忽视的问题。我国城市供水管道漏失率一般都在 5% ~ 10% 左右，有的城市高达 15% 以上，这是因为我国各城市的地下供水管道有些是新中国成立前建成的，有些是 50 年代建成的，很多管道经过多次修补仍在继续使用。管道的漏失使大量的水白白地流走，造成了水资源的浪费。

(七) 生态破坏与水资源危机

森林大量被砍伐,可以说是生态环境破坏使水资源危机恶化的最重要的例证。森林是地球上最古老而复杂的生态系统。远在人类诞生以前几亿年,森林就在地球上广泛发育了。自从人类出现以来,森林就承担起人类哺育者的重任。森林既为人类提供庇护所,也是早期人类主要的食物来源地。森林强大的环境功能,提供并维持了一个适于人类生存繁衍的环境。森林是生产力最为强大的生态系统七森林是天然的制氧机。在地球上,化石燃料的燃烧,人及动物的呼吸,以及有机体的分解都要消耗大量的氧气,产生大量二氧化碳,而二氧化碳的固定和氧气的制造则要依靠森林及其他绿色植物。森林能够保水固土,被称为"有生命的水库"。森林的蓄水能力很大,每公顷林地比无林地多蓄水 $20m^3$,造 5 万 hm^3 林就相当于建一座 300 万 m^3 库容的小型水库。在小兴安岭森林自然保护区阔叶红松林内,每公顷林地上的枯枝落叶层重量达 5 125 ~ 13 930kg,其含水率高达 34.7 ~ 83.2%,因此,平均每公顷含水量可高达 12 ~ 28t,由此折算,整个伊春林区仅森林落叶层就可蓄水 4 800–11 200 亿 t。因此,森林地带终年有清水长流。森林是许多河流的源头,从森林发源和流经森林的河水占全世界河水量的 70%。森林能够保水,因此也就能固土。日本曾进行过调查,日本森林蓄水量每年高达 2 300 亿 m^3,相当于琵琶湖满时贮水量的 8 倍,森林防止土砂崩塌和水土流失的物质每年约达 58 亿 m^3 在森林遭受破坏的地区,土砂流失量则比林地高出 6 ~ 8 倍,甚至 10 倍以上。森林不仅能留蓄雨水,而且由于巨大的蒸腾作用,宛如强大的抽水机一样,能将蓄积的地下水蒸发到空气中,增加空气湿度,并因森林的粗糙表面,可以增加"水平降水"量,因此森林有利于增加附近的降雨量,给农业生产创造有利条件。

然而,世界森林正在消失。据统计,全世界的森林正以每年 460 万 hm^2 的速度从地球上消失。全世界森林覆盖率为 32.3%;世界现有森林蓄积量为 3 148 亿 m^3。自 1950 年以来,全世界的森林已损失一半。其中亚洲、非洲等发展中国家减少的速度最快。南美、亚洲和非洲三大热带地区的森林面积正以大约平均每年 0.62% 的速度减少。拉丁美洲 2/3 的森林已经消失。特别是南美大陆,过去森林覆盖率为 50%,占世界森林面积的 24%,现在却以每年 4 万 km? 的速度消失。非洲的热带森林已被砍掉一半,现在还在以平均每年 89.1 万 hm^3 的速度消失。亚洲森林消失速度更为触目惊心,据统计,南亚已丧失热带森林 63%。中国森林面积约 1.2 亿 hm^2,森林覆盖率为 13.92%。不足世界平均水平的一半,人均森林占有面积仅为世界人均的 1/6;人均森林蓄积累积不足世界人均值的 1/10。可见,中国森林资源是十分贫乏的。但森林减少的速度却又是令人吃惊的。建国初期东北地区有成熟的原始森林资源 3.1

亿 m^3，目前已减少了 2/3，有些地区已达到无林可采的地步。四川川西地区的林木担负着涵养长江上游水源的重任，在解放初期，该区森林覆盖率达 40% 以上，但到 70 年代末，仅剩 14.1%。云南素有"绿色王国"的美誉，仅仅几十年前，其森林覆盖率仍高达 50%，但近些年来却锐减到 20%，并已有 7 万多 hm^2 土地沙化。即使新疆、甘肃、青海、宁夏、内蒙古等森林资源少得可怜的地区，也摆脱不了刀砍斧伐的厄运。

森林正在消失，人类也就失去了调节水循环、蓄水固土的天然屏障，从而人类正在遭受着自然界前所未有的报复。恩格斯在《自然辩证法》一书中记载过如下事实："美索不达米亚、希腊、小亚细亚以及其他各地的居民，为了想得到耕地，把森林都砍光了，但是他们做梦都想不到，这些地方竟因此成为荒芜不毛之地，因为他们使这些地方失去了森林，也失去了积聚和贮存水分的中心。阿尔卑斯山的意大利人，在山南坡砍光了在北坡被细心地保护的松林，他们这样做，竟使山泉在一年中的大部分时间内枯竭了，而在雨季又使更加凶猛的洪水倾泻到平原。"

是的，人类正在吞下由于砍伐森林而带来水资源危机的苦果。在埃塞俄比亚可以找到丧失森林然后丧失水源的悲惨例证。在过去 40 年间，林地所占面积由 40% 降到 1%；同时，降雨量大幅度下降，已经使这个国家迅速变成一片荒原。长期的干旱再加上政局的动荡产生了史诗般的悲剧：饥荒、内战及经济混乱给这个一度光辉灿烂的古国带来了灾难。在南美，大规模烧毁亚马孙雨林打乱了水文循环，这种水文系统受到干扰会造成毁林地区的干旱。非洲，自 1982 年开始，遭到了百年不遇的旱灾，而一般都认为，非洲的干旱与森林的破坏有直接的关系。

中国的情况也不乐观，黄河断流、罗布泊消亡……生态环境使这一地区自然蓄水能力和水土涵养能力都很差，河水暴涨暴落，很难形成稳定的水流和充足的水源供给，因此断流是难免的。

1998 年长江大洪水，给沿江人民带来深重灾难，夺去了人民解放军和两岸群众 1 320 余人的宝贵生命，造成直接经济损失 1 200 余亿元。1998 年洪水的发生有诸多因素，但比较一致的看法认为长江上游生态破坏是很重要的因素。长江上游过度的只伐不种的采伐，导致植被破坏极为严重。目前长江上游的沱江、岷江、嘉陵江等支流森林覆盖率大多不足 3%，其中 19 个县市不足 1%。历史上的三峡库区曾是森林密布，现在各县森林覆盖率仅为 7.5% ~ 13.6%，如巫山从 1949 年的 23.6% 下降到 80 年代的 11.7%；湖北省恩施土家族苗族自治州森林采伐速度惊人，80 年代末森林面积比 50 年代减少了 28.4%，其中天然林面积减少了 49.1%。资料显示，长江上游的原始森林在近一个世纪中共减少了 85%。森林植被遭破坏，加剧了水土流失。长江流域水土流失面积从 1957 年的 36.38 万 km^3 上升到 1986 年的 73.94 万 km^2，占流域总面积的 41%，年均输沙量达 5 亿多 t，使河床抬高，水位相对抬升。失去涵养水源、调节径流的森林，再加上河床抬高，那么洪水一来，就会宣泄而下，形成险情就不足为怪了。

由以上可见，森林在水资源保护方面起着非常重要的作用，一个森林的毁灭会影响到一个特定地区的水文循环，亦即天然水分配系统，就像一个大的内陆海的消失造成的影响那样确实。森林的减少，已经对环境造成了四大恶果：首先，山洪骤然暴发变得更加频繁了。其次，暴雨会很快冲掉大量肥沃、珍贵、失而不可复得的土地，造成农业的日益减产；第三，供水力发电的水库有被污泥淤塞的危险；第四，由于森林面积减少，使气候发生了变化，雨水减少。因此，假如屈指可数的森林继续受到破坏，那么，人类只能遭到由此带来的水资源危机的恶果。

总之，生态环境是涵养水源、调节径流、维持水循环良性运动的重要自然因素，在研究解决水资源危机时，这一自然因素不容忽视。

二、未来发展趋势

外部的驱动力以及环境系统中各要素间的相互作用，对水资源危机将产生深刻的影响，影响水资源危机的因素除水资源自身的有限性与分布不均匀性外，还受到全球气候等自然因素、人口增加、城市化、工农业发展、生态系统破坏、环境污染等人为因素的影响，了解和分析 21 世纪的水资源危机状况，首先应了解上述影响因素的未来发展趋势。

（一）概述

根据世界资源研究所、联合国环境规划署等编著的《世界资源报告》，世界环境与资源发展趋势表现在：

世界人口—现在已接近 60 亿（2000 年已经超过 60 亿人），比几年前预计的增长速度要慢，但在稳定之前仍要大幅度地增加。预计到 2050 年，世界人口要增长到 80 亿至 120 亿之间，几乎所有这些增长都将在发展中国家。

在过去的 20 年里，一些发展中国家的经济实力稳步增长，但 1980 年以来，许多国家却经历了经济衰退和人均收入的下降。穷国和富国之间以及国内贫富差距继续扩大。

在过去 30 年期间，儿童入学率进一步提高，成年识字率也稳步上升。

全球粮食生产总的来说是可以满足人类营养需求，但由于分配上的问题，仍有 8 亿左右的人处于营养不良状态。世界粮食生产仍在增长，但主要谷物的产量增长比过去要慢。另外，收割之后的损失仍居高不下。由于水土流失和不良的灌溉方法造成的土壤退化继续损害农业用地，威胁着一些地区的生产。

全球能源利用自 1971 年以来增长了近 70%，预计在今后的 15 年中每年以 2%

以上的速度增长。这将使温室气体排放比现在水平增加大约 50%，除非各国共同行动增加能源效益，改变现在过分依赖矿物燃料的状况。

各国从 1987 年以来已将消耗臭绩层物质的消费减少了近 70%。但是，臭氧层仍不安全。氟利昂和其他破坏臭氧层化学物质的淘汰并未完成，而且，非法的氟利昂黑市已出现，威胁着我们已经取得的成绩。

在过去 50 年里，主要从化肥、生活污水和矿物燃料燃烧中产生的多余氮已开始影响到全球的氮循环，已产生了各种各样的负面影响，如土壤肥力下降及湖泊、河流和河口的富营养化。经生物方面获得氮的数量将在今后的 25 年中增加 1 倍。

酸雨是亚洲日益严重的问题。如果目前这种趋势继续的话，到 2010 年二氧化硫排放将增加 2 倍。

森林砍伐仍在缩小世界森林面积。虽然一些国家，尤其热带国家，进行了大规模有关森林损失的群众宣传工作，1990–1995 年期间许多国家的林木砍伐仍在增长。亚马孙河的森林砍伐在 1996 年下降之前，即 1994–1995 年期间，增加了 1 倍。印度尼西亚和亚马孙河的森林大火在 1997 年损失惨重。

非本地动植物物种的竞争。"生物入侵"对生态系统产生了无情的且日益增长的威胁。将近 20% 的濒危脊椎物种已受到外来物种的威胁。

对世界生态系统的最大威胁是在水环境中，比如珊瑚礁以及河流、湖泊及湿地的淡水生境。世界上将近 58% 的珊瑚礁和 34% 的鱼类可能受到人类活动的威胁。

全球水消费增长非常迅速。水的获取可能成为 21 世纪最紧迫的问题之一。世界上 1/3 人口生活在处于中度到高度水紧张的国家里。如果不采取认真的保水措施，这个数字在今后 30 年里将上升到 2/3。

《世界资源报告》同时指出：人口增长和城市化，经济增长和消费，持续的贫困和经济不平衡，以及由此驱动的农业集约化、工业化和不断增加的能源利用，都会导致全球环境的变化。

（二）全球气候变化

据科学家估算，100 年以来，全球地面平均温度上升了 0.3 ~ 0.6℃，其中五个最暖的年份发生在 19 世纪 80 年代。1900 年以来，增暖主要发生在两个时期：1910 ~ 1940 年和 1975 年以后。科学家的研究表明，过去 100 年地球表面大气增温的幅度与有关气候模式模拟的结果是相一致的，但它也与气候的自然变率相同，因而观测到的气候变暖可能是由于人类引起的温室效应造成的，也有可能主要是由自然变率造成的，也有可能是自然变率和其他人为因子与人类与人类活动引起的温室增暖相互抵消的结果。目前还不可能根据过去近百年的观测资料检测出温室效应对温度增加的量值。

根据现有有关气候模式的预测，下一个世纪全球平均温度的增加率约为每 10 年 0.3℃（变化范围为每 10 年 0.2～0.5℃），这是在假设温室气体排放量不采取任何措施加以限制的条件下得到的。到 2025 年，全球平均温度将比现在高 1℃（比工业化之前高约 2℃）。到 21 世纪末将比目前高 3℃，比工业化之前高约 4℃。但这仅仅是一个预测，预测中存在着许多不确定性，尤其是气候变化出现的时间、大小和区域，造成这种不确定性有很多原因。首先，对于温室气体的源与流了解不够，包括目前和将来的排放率，大气中温室气体浓度怎样受这些排放率而改变；大气、生物圈与水圈如何对这些浓度变化产生影响等还没搞清楚。其次，气候模式中最大的缺陷是云反馈作用考虑不够（影响云量、云分布和云与太阳辐射和地球辐射相互作用的一些因素）。还有，来自大气和海洋、大气和地表、海洋上层与深层之间的能量交换的情况。虽然预测存在着不确定性，这正因为它是预测，预测本身就是有不确定性的，这并不影响预测的进行，预测同时也有很大的准确性、权威性和参考价值。

科学评价组和气候变化影响组是政府间气候变化专门委员会下属的两个工作组，以上是他们对全球气候变化问题进行了深入的调查研究，并做出的全面的评价。评价结论指出，由于人类砍伐森林、燃煤等活动造成的大气中的温室气体明显增加，在过去的 100 年中，大气的平均地面温度确实是上升的，而且有继续上升的趋势，人类如果不采取适当的行动，控制温室气体向大气中排放，大气的平均地面温度将会继续上升，世界上有的地方将会变得干旱，水资源匮乏，给这些地方的经济发展和人们的生活带来很多影响。同时也应该指出，虽然科学家们相信，我们现在正面临着一场明显的全球气候变化，但这种气候变化的时间快慢、量值以及地区上的差异还有着不完全一致的看法。问题本身还包含有不少复杂的不确定性因素，这需要通过今后大量的研究工作加以阐明。

有关研究表明，近 40 年中国有变暖与变干趋势，尤以北方明显，而大城市这种特征更加突出。该研究对于全球变暖情况下中国的气候特征专门做了较详细的分析。利用气候模式模拟温室效应对中国气候的影响，发现中国有变暖的可能性，尤以冬季和中国北方明显，计算近 40 年中国年与各季气温与降水的相关系数表明，在中国东部与中部二者有明显的负相关，即变暖伴随变干趋势，尤以夏季明显，这种关系在海河流域近 500 年变化中亦有反映。

近 40 年来，中国气象台站有了较多的观测资料。因而着重分析 1951–1989 年中国 160 站各季与年气温变化（月资料取自国家气象中心长期科）。全国 160 站按人口分成 5 类：1 类为城市人口大于 100 万，2 类为 50 万～100 万，3 类为 10 万～50 万，4 类为 1 万～10 万，5 类为少于 1 万。分别计算了年与各季全国与各类城市近 39 年的气温线性变化，明显可以看到，近 39 年全国平均气温变暖大约 0.23℃，其中大城市较中小城市明显变暖。近 39 年增暖以冬季最明显，而夏季则为变冷趋势，尤以大城市明显。

分析表明，近 60 年，全国干旱频率有所增加，尤以中国北部与中部明显，全国年降水近 39 年来有变旱趋势，尤以夏季明显。值得提出的是，大城市夏季降水减少的趋势很明显。而近 10 年降水与前 30 年相比，中国华北一带明显变干是值得重视的。在暖地球情况下，中国的气温与降水之间是否相关？利用近 40 年中国 160 站气温与降水资料计算了年与各季两者之间的相关系数，结果表明，全国大部分地区年与季气温与降水成反相关，相关系数满足 5% 信度的地区主要在长江中下游，华北与华中部分地区以及东北与西北部分地区。这种关系在夏季表现最为显著，这表明，变暖相应于变干。中国北方是水资源短缺的地区，又有重要的农业区，因而有必要利用更长的历史资料来检验气温与降水的关系。以农业区海河流域作为例子，在 1470 年至 1988 年期间海河流域出现炎夏共 31 年，统计结果表明，其中 19 年对应该区为严重干旱，10 年为正常年景，只有两年对应多水，因而在全球变暖的情况下，要特别注意中国华北地区的气候变化。

中国作为全球环境的一个地区，近百年的气候变化，就地表大气温度变化而言，与北半球的变化趋势大致相似，从近 500 ~ 600 年的变化趋势看，也基本是相似的。这一时期的气候变化主要有两个特点：一是小冰期（1550–1850 年），一是 20 世纪的变暖。无论是全球，中国和其他地区，20 世纪的气候都处于小冰期末尾的回暖期，近百年来的气温大致都在 20 世纪 40 年代出现温度峰值。但是中国地区具体的温度变化过程和幅度又有明显的差别，可以概括为以下几点：

①中国近 500 年来以 17、19 世纪最冷，20 世纪以来气温开始回升，40 年代达到最暖，50 年代以后有波动。80 年代北部有较明显回暖，但全国大部分地区 80 年代气温至今还未暖于 40 年代，这一点与全球变化是不一致的。

②中国北方地区 20 世纪 80 年代气温比 50—60 年代暖 0.3 ~ 1.0℃，其中东北大部、内蒙古、新疆北部等地偏高 1.0 ~ 2.5℃，主要是冬季变暖明显。1986–1989 年连续四年出现异常暖冬，其中 1986 年冬暖的范围最大。在淮河、秦岭以南，南岭以北，四川盆地和贵州以东的长江淮河流域，从 50 或 60 年代到 80 年代是一个逐步变冷区，其中四川、贵州和湖北部分地区 40 年代一直逐步变冷，这一点于全球变暖的趋势也是不一致的。

③近 40 年来，中国大部分地区以 50 年代降水最多，到 60 年代明显减少。从 60 年代到 80 年代在东北北部、新疆以及青藏高原中北部降水有增加，其余地区是减少趋势，其中以华北减少最为明显。

全球变暖的情况下，中国各地的气候也将会跟着相应变化，大气温度将变暖，气候的变化对中国水资源的影响特别严重。水资源对气候变化最敏感的地区是北方干旱及半干旱区，尤以夏季的华北和华中、华南最为显著，这些地方将可能变干，使水资源短缺，而中国东北和西北地区则可能变湿。

（三）人口增长与城市化发展趋势

人口增长、城市化以及移民，都影响着全球人口的数量和分布，也影响着自然资源，包括水资源的开发利用，也直接影响着水资源危机的发生和发展。

1. 人口增长

人口增长是社会发展的源动力，是在所有环境变化力量背后的根本驱动力，包括对水资源危机的影响。

世界人口仍在增加，但近年来增长速度减慢，每年世界人口增加的人数从 20 世纪 80 年代后期的 8700 万人顶峰下降到 90 年代前半期的 8 100 万人。世界银行预测，2050 年世界人口最低为 77 亿人，最高为 112 亿人，中间变样预测达到 94 亿左右，中国人口总数预计到 2030 年达到 16 亿。

世界人口发展呈现以下特点：

出生率下降；

寿命将继续增长；

发展中国家将广泛地跟随工业化国家已经历过的人口发展趋势；

发展中国家增长速度继续高于工业化国家；

人口分布的地区差异继续增加，落后地区人口数量继续增加，贫困人口增加。

2. 城市化

城市化既是机遇又是挑战。世界城市人口现以农村人口增长速度的 4 倍在增长。1990-2025 年之间，城市人口预计要增长 1 倍，达到 50 亿以上。如果是这种情况，那么世界人口近 2/3 将居住在城镇。这种增长的 90% 估计要发生在发展中国家。在亚太地区经济增长快速的国家里，城市化非常迅速，城市增长年平均速度超过 4%，但是城市化速度最快的是在最不发达国家里。非洲是世界上所有地区城市发展最快的，每年 5%。

当今城市化的一个特点是大城市区域越来越大的趋势继续发展。特大城市（居民至少为 800 万的城市）的数目从 1950 年的 2 个（纽约和伦敦）增长到 1995 年的 23 个，其中 17 个在发展中国家。到 2015 年，特大城市的数量据预测要增长到 36 个，其中 23 个将在亚洲。现在变化的速度和规模是每年城市人口增加 6 000 多万。

中国人口总数预计到 2030 年达到 16 亿，伴随着工业化而来的是急剧的城市化，城镇人口比例到 2010 年将达到 50% 左右，特别是在从广州到上海被称为东南沿海"新月形"地区。自 1980 年以来，居住在城市中的人口比例大约上升了 50%。现在住在城市的人口约 3.7 亿，到 20 世纪末 21 世纪初，这个数目有望达到 4.4 亿。世界银行一个模型预测，到 2020 年，将有 42% 的中国人，也就是 6 亿以上的人住在主要集中于东部和南部沿海省份中的城市地区。

3. 移民

国际间移民正在增长，包括由于经济或其他原因自愿移民和难民非自愿转移。根据联合国统计，1990 年至少 1.2 亿人（不包括难民）生活或工作在别的国家，比 1965 年增加大约 7 500 万。移民年增长率在发展中国家是最快的，将近一半国际间移民出现在发展中国家之间。在 1990 年，外国出生的居民只占发展中国家总人口的 1.6%，但占发达国家总人口的 4.5%。经合组织（OECD）成员国的人口增长并不是由自然增长率造成的，而主要是由移民造成的。1990 ~ 1995 年之间，发达国家总体人口增长的 45% 是由于移民造成的，在欧洲，这个比例是 88%。

环境恶化和资源短缺会有助于引发大规模移民。人口增长、土地缺乏以及周期性的干旱和洪涝已促使 1 000 多万，若包括其子女也许有 2 000 万孟加拉人从孟加拉国非法移民到邻近的印度的几个邦。

贫困落后也有助于引发大规模的移民，中国数以百万计的贫困地区人口在 20 世纪 80 年代初迁移到广东等沿海经济发达地区，中国农村人口向城市，尤其是大城市和发达地区城市的迁移一直在继续。

移民引起人口的再分布，有利于经济发展和解脱贫困，也会加重地区自然资源的负荷，引起和加重地区水资源危机。

4. 水资源危机呈现强烈的区域特征

21 世纪，全球经济发展短期内继续呈现不均衡的局面，贫困人口增加，贫富差距增大，发展中国家继续着资源型经济，因此水资源危机除呈现全球化趋势外，最明显的特征是强烈的地区特征。发展中国家水资源危机远超过发达国家，城市水资源危机超过农村地区。

第三节　水资源的管理

水资源是人类赖以生存和发展的必要自然资源，水资源危机给人类的生存、人体健康、社会进步以及经济发展带来了严重影响；水资源危机开始在 20 世纪，将持续到 21 世纪，甚至更长时期。因此，合理开发利用和保护水资源具有非常重要的意义。

防治水资源危机根本在于约束人类的开发活动，合理规划、有序开发、综合利用有限的水资源，防止水污染，依靠科技进步，提高人类利用水资源和抵御自然灾害的能力。21 世纪是可持续发展的世纪，可持续发展是既满足当代人的发展又不对后代人的发展构成损害的发展。按照可持续发展观，发展经济的过程一定要走环境、资源保护相结合的道路．只片面注重发展经济，而忽略了其他方面，这样的经济发展是短期的、不可持续的，这种发展只注重眼前利益，其结果往往是得不偿失。在发展经济与水资源保护的关系问题上也是同样，在水资源本来就不丰富的情况下，如果只注重经济发展，不重视水资源的保护，使本来素缺的水资源受到污染，其结果，水资源的短缺就会反过来限制经济的发展，我们不得不花费巨大的代价来治理水环境的污染。淮河污染问题的教训就是一个深刻的例子，一些乡镇企业任意发展，大量污染都向社会、环境转嫁，虽然加快了地方经济的发展，但危害了整体和长远的利益。如淮河流域 1 000 多家小造纸厂基本建设投资总共不超过 40 亿元，而淮河污染治理投资据估算需 300 多亿元。因此，我们应从可持续发展观念合理开发利用和保护水资源。

一、水资源的管理

水资源是有限的资源，水资源的开发利用是一项系统工程，防治水资源危机首先是加强水资源的规划管理，合理开发利用有限而宝贵的水资源。水资源管理在保护水资源，防治水污染，促进经济可持续发展等方面发挥着重要作用。水资源管理是一个内容广泛的系统工程，它包括法律、经济、社会、政治等一系列活动或行为。

水资源管理模式世界各国千差万别，核心是科学估算水资源可开发利用量，合理规划利用水资源，在发挥水资源最大效益基础上实现水资源的永续利用。这里，我们根据我国国情，探讨如何开展水资源的管理。

中国水资源管理的内容包括水资源保护和水污染防治两大方面。水资源保护是水环境管理的第一步，其主要目的是掌握水资源的可开采量、供水及耗水情况，制订水资源综合开发计划，做到计划用水、节约用水。合理利用水资源，就是根据需要和可能供水，高功能的用水供应高质水，低功能的用水供应低质水，这样可以减少不必要的水治理费用，努力做到一水多用，而且在尽可能选择少用水的工艺的基础上，需要多少，供应多少，通过严格管理，杜绝浪费；同时通过严格管理切实保护好各类用水的水源地免受污染，努力实现水资源的可持续利用。水污染防治目的是防止水污染，保护水体功能，科学地治理污水也不是简单地按国家颁布的"污水综合排放标准"治理污水，而是在选择并使用低耗水的先进工艺和杜绝"跑、冒、滴、漏"实施清洁生产、文明生产的基础上，同时合理利用水体的环境容量，分质分量地制订污水治理计划，才能保护水环境，否则往往事与愿违。经过多年的实践，可以把水资源管理的基本原则概括如下：

第一，水资源供应能力与其消耗相互协调。这要求在制订地区或城市的发展规划时，必须认真考虑本地区水资源的供应能力，建立不用水或少用水的经济发展模式，以便水资源可持续利用。

第二，努力节省水资源，通过对现有工艺的改革，既减少耗水量，也减少排污量，同时注重污水综合利用及再生后回用于工农业的研究与应用。大力推行清洁生产及废水资源化。

第三，严格执行对有毒有害物质及重金属必须厂内处理、达标排放的有关规定。

第四，按水域功能区实行总量控制，实行高功能水域高标准保护，低标准水域低标准保护；总量控制指标的分配要坚持公平原则，即各排污单位（企、事业）要合理负担污染负荷的削减任务。

第五，合理利用水体自净能力与人为措施相结合，即在不影响水域的使用功能的前提下，合理利用水环境的纳污能力，降低人工治理程度，节省污染的治理费用。

第六，加强管理。治理与管理，是环境保护的两大支柱，通过加强管理，制订合理可行的区域水质规划及水质目标；杜绝跑、冒、滴、漏和"偷排"、"乱排"等现象，实现文明生产，清洁生产。

第七，集中控制与重点源治理相结合，实行区域水环境综合整治。从整体出发，远近结合，统筹规划，分期实施。

从总体上看，中国目前的环境污染和生态破坏十分严重，特别是水环境的污染，已成为中国最严重的环境问题之一。另外，随着社会主义市场经济的进一步深化和实施可持续发展战略的要求，中国的水环境保护政策和措施在有效保护中国水环境方面也暴露出一定的局限性。

水资源是构成国家自然和文化景观的战略性资源，也是区域经济模式的决定性因素。中国现在面临着严峻的水的挑战，主要表现在水资源短缺和分布不均、水污染严重和用水浪费，并已成为中国许多地区和城市生存与发展的巨大障碍，对比国外水环境管理的趋势，可以看出，中国的水环境管理主要存在着以下几方面的不足：

1. 水环境的区域管理方面

中国虽然也在七大河流上建立了流域管理机构，如长江水利委员会、珠江水利委员会等，但它们都不是权力机构，其工作重点是防洪和泥沙、干旱的防治及负责过界地区的水污染等，无权过问其他行政及经济方面的事务，与各地环保局、各省市有关部门之间在处理水环境问题时无法统一指挥。这造成七大流域除了防洪外，没有随时间季节而定的水资源管理；缺少流域间的相互协调；在各省内，水资源利用规划旨在最大限度地为本省谋利，导致流域水资源效益的次优化，流域管理委员会经济上不独立等弊端，没有真正达到流域管理的效果。

2. 水环境管理体制和政策方面

中国水环境管理体制的主要问题是水资源管理与水污染控制的分离，以及有关国家与地方部门的条块分割。国家环保局虽然全面负责水环境保护与管理，但是它与其他很多机构分享权力，责权交叉多，从而导致"谁都该管"而"谁都不管"的现象。如中国的水管理分属水利、电力、农业、城建等部门，多龙治水难以实现"统一规划、合理布局在水环境政策上，中国水资源的无偿使用和低水价政策，难以实现节约用水和污水资源化。国外的经验表明，适当提高水价，加强污水回用及资源化措施，对缓解水资源的紧张和对水环境的保护能起到重要的作用。

3. 水环境保护法制方面

经过 20 多年的努力，中国水环境管理立法和标准日趋完善。但还存在以下不足：其一，立法空白，执法不严，如缺乏流域管理委员会设立的组织法、程序法，流域管理委员会的稳定性和职权没有法律保障，缺乏流域的水资源法，缺乏公众参与的程序法，与水污染防治法配套的法规、制度、标准尚不够完善，有法不依，执法不严的现象时有发生等；其二，相关的法律及其补充规定，没有包括解决水环境问题所需的综合整治，水污染防治法着重于点源污染而对非点源污染强调不够，水环境保护的法律较多，每一部法律都有一定的作用，但没有任何一部法律提供一个水环境综合管理的方法。

4. 水环境保护规划方面

主要表现在以下两点：其一，政府各部门和企业之间在流域管理和经营上相互的条块分割问题是中国水环境规划中最严重的问题之一，如上游流域规划管理可能由林业部门负责，但也常常有可能由林业、农业部门共同负责，水利部门、能源部门或建设部门在特定的情况下也可能负责水库上游流域地区的规划管理；其二，水环境规划中区域间和行业间公平问题。由于中国不同地区间的社会经济差别较大，不同行业间的环境影响以及经济实力悬殊，划一的环境规划必然导致环境不公平。在行业间，比如目前影响中国水环境质量的主要是有机污染物，而这些污染物的来源是有机工业废水、城镇污水未经妥善处理的排放和农田大量使用的农药和化肥流失，但中国水环境规划以工业企业的主要污染源和主要污染物为控制对象，对水污染的农业污染等非点源污染没有给予应有的重视。在地区间，由于地区经济发展不平衡，会出现污染物排放量控制配额与其环境容量不相当的问题。

二、水资源保护战略

水科技是人类利用水资源，保护水环境的科学技术，是整个科学技术大厦的一根支柱，在人类社会的进步和发展中发挥着重要作用。在水资源日益紧张的今天，保护水环境，控制水污染，进行流域生态环境建设，节约用水，降低万元产值耗水量，提高水循环利用率，减少废水排放量，使污水资源化，同时提高农业用水的利用率，是关系到水资源可持续利用及经济可持续发展的重要问题。这些问题的解决都依赖科学进步，因此科技进步是实现节约和高效用水，改善水环境，实现水资源可持续利用的重要支撑。

根据《中国 21 世纪议程——中国 21 世纪人口、环境与发展白皮书》，中国 21 世纪水资源保护与可持续利用的总体目标是："积极开发利用水资源和实行全面节约用水，以缓解目前存在的城市和农村严重缺水危机，使水资源的开发利用获得最大的经济、社会和环境效益，满足社会、经济发展对水量和水质的日益增长的需求，同时在维护水资源的水文、生物和化学等方面的自然功能以及维护和改善生态环境的前提下，合理、充分地利用水资源，使得经济建设与水资源保护同步发展。"这些目标的实现都需要强有力的技术支撑。

走进 21 世纪，我们迎来知识经济时代。人们经历了 5 000 多年的农业经济，300 年的工业经济，现在正进入一个崭新的时代，科学技术将以巨大的威力，人们难以想象的速度，深刻地影响着人类经济和社会的发展，也就是说科学技术的创新和传播成为经济发展的核心。水环境保护必将依赖科技进步步入可持续发展轨道。

面对中国水资源紧张，水污染日趋严重的事实，除应加强有关水环境保护，水污染防治方面的法制建设，同时要进一步加强和完善市场机制下的经济手段，运用行政手段，加强水环境管理，合理开发利用水资源，保护水环境。此外，应加强水环境保护的科学技术研究，促进科技成果转化，在科技进步成为经济发展核心的知识经济时代，充分发挥科技进步在水环境保护中的作用，唯有如此，水环境才能得到有效保护，才能实现水资源的可持续利用。

（一）控制人口数量

地球上的水资源数量是有限的，如果人口无节制地增长，水资源的需求量就会不断增加，可利用的水资源会越来越少，水是人类生存之本，水资源的匮乏将最终影响到人类的生存和发展。因此，必须控制人口数量，防止人口过量增长，目前世界上人口增长快的地方大多在发展中国家，大多数发达国家人口数量增长缓慢，有的甚至出现负增长。因此，控制人口数量的主要任务落在了发展中国家的身上，中国人口有 13 亿多，人均拥有水资源量为世界平均水平的 1/4，控制人口数量，实行计划生育在中国是非常必要的。

（二）加强管理

从目前水资源质量的发展趋势看，如不及时采取有效措施，21 世纪初将面临更为严峻的局面。目前，中国的水资源保护还缺乏有效的管理体系，因此，对水资源的开发利用进行管理是非常必要的，针对中国水资源保护存在的问题及其产生原因，我们应该建全水资源保护管理体系，强化统一管理。

1. 加强水资源保护管理体制建设

中国水资源保护存在的共性问题是管理上的无序状态。要解决好中国水资源保护问题的一项重大措施就是强化统一管理，使管理工作纳入科学的、以国家利益为前提的统一管理轨道。为此建议：

第一，成立协调全国水资源保护管理的权力机构，制定统一政策，对水资源保护实施全国统一管理，改变国家多部门分管的分散状况。

第二，加强以流域为单元的水资源保护机构建设，并赋予其行政监督和管理职能，负责本流域水资源保护工作的组织协调、规划计划与监督管理，在流域决策体制下，对全流域的水污染进行宏观调控与治理。

第三，建立流域与区域结合、管理与保护统一的水资源保护工作体系。逐步形成中央与地方，流域与区域，资源保护与污染防治，上游与下游分工明确、责任到位、统一协调、管理有序的水资源保护机制。流域水资源保护机构负责组织编制流域水资源保护规划，组织水功能区划分，审定水域纳污能力，制定污染物排放总量控制方案，确定省界水体水质管理标准，对流域内各省区污染物排放总量控制实行监督。流域内各省、市人民政府对辖区内水质负责，依据污染物排放总量控制指标，制定辖区内水污染防治规划，将总量控制方案落实到污染源治理和污水处理上，确保水资源保护目标的实现。

2. 制定和完善水资源保护政策法规体系

健全法制、依法治水是水资源保护工作的基本依据和保证。总结过去，既要看到已颁布的《环境保护法》《水法》《水污染防治法》《水土保持法》《河道管理条例》和《取水许可制度实施办法》等对水资源保护所起到的作用，也应看到许多水污染和水环境问题与法制不健全、法规与政策不完善及执法不严有关。因此，除了要修改和完善《水法》，制定《流域法》，以法律形式明确水行政主管部门在水资源保护工作中的地位、责任和权力外，还应加快制定由国务院颁布的《水资源保护管理条例》，确定以流域污染物排放总量控制为核心，地方各级政府行政首长分工负责，流域水资源保护机构实行监督的水资源保护机制。以部门规章制定入河排污监督管理、省界水体水质监督管理和水源地保护等水资源保护管理办法。

3. 建立水资源保护市场经济机制

保护水资源，改善水环境，不仅涉及管理体制和政策法规问题，也涉及如何适应社会主义市场经济的需要，逐步把市场经济机制引入到水资源保护工作中来的问题。水资源是国有自然资源，水资源对使用者来说是商品，应当有偿使用。因此，在观念上要有大的转变，要改变现有的计划经济下城市低价用水、农村无偿用水的旧体制。要利用市场化、商品化机制调节水价。使用者要合理地缴纳水资源费，包括供水投入的成本费、排放污水治理成本费等。水价要分类管理、分类计算，使用户对水资源的利用承担合理的经济责任。要利用经济杠杆激励水资源的节约利用，发挥其最大的社会经济效益。具体有以下几点：

第一，合理运用价格机制，提高水资源费。价格改革是市场发育和经济体制改革的关键，过去水资源被视为无价且"取之不尽，用之不竭"，结果带来了水工程年久失修，无自我维持之力；水环境破坏，生态失衡；还造成了水资源的大量浪费。当前应通过推行"取水许可"和征收"水资源费"制度，逐步把过去被扭曲了的价格扶正过来，适当提高水资源费价格，并利用水资源费植树造林，涵养水源，以促进生态环境良性循环。

合理运用供求机制，调整水的各项费用。在中国多数地方，特别是供水水源地污染严重的地区，存在着水资源供求关系紧张状况，所以应调整水的各项费用，实行"核定限额，超额加征"制度。在供水紧张情况下，对企事业单位和居民个人都要核定用水、排污定额，在此定额以内按国家价格计收水费、水资源费和排污费，超额加价收取水费、水资源费和排污费，这样可以鼓励节约用水，减少浪费，减少排污，有利于保护水资源，有利于改善水环境。

第二，合理运用竞争机制，促进节水减污技术发展。治理水环境是一个复杂的系统工作，虽然经济杠杆是主要的手段之一，但还要辅以技术手段和行政手段，采用先进的技术降低成本，减少排污，包括废污水中污染物的回收、废污水资源化和建立生态农业等。通过技术发展促进竞争，通过竞争带动技术发展。另外，国家还应通过贷款与财政援助等途径，鼓励各行各业进行污染治理，促进水资源保护事业健康发展。

4. 加强水资源保护能力建设

加大水资源保护的投资力度，是加强水资源保护能力建设，增强管理水资源综合能力的重要保障。为此，各级政府应增加资金投入，加强水资源保护机构的能力建设，在逐步完善常规水质监测的基础上，大力提高水环境监测系统的机动能力、快速反应能力和自动测报能力。建立基于公用数据交换系统和卫星通信的水质信息网络，增强对突发性水污染事故预知、预报和防范能力。装备用于水生生物、痕量元素和有毒有害物测试的先进仪器设备，不断提高监测水平和能力。进一步做好对从事水资源保护工作的管理和技术人员的岗位培训，提高水资源保护队伍的整体素质。

（三）提高水利用率、节约水资源

进入 20 世纪以来，全世界用水量急剧增长，全世界农业用水增长了 6 倍，工业用水增长了 21 倍，城市生活用水增长了 7.5 倍。近几十年来，中国总用水量增长了 4.6 倍，北京高达 40 多倍。其中农业用水增长了 4.2 倍，工业用水（含火电用水）增长了 22 倍，城市生活用水增长了 8 倍。当前全世界仍有不少国家和地区面临水源危机的严峻挑战，节约用水是当今世界各国的发展趋势，也是衡量一个国家或地区科技水平与精神文明的重要标志。中国水资源紧张，很多地区水资源严重不足，已成不争的事实，而水的利用率低及严重浪费是导致供水不足的一个重要原因。因此，必须提高全民的水资源保护和节约用水意识，建立节约用水、科学用水的新风尚，建成节水型社会。节水型社会包括节水型农业、节水型工业、节水型城市。节约用水近年来已被发展成为一整套成熟的措施，这些措施能够提供最为经济有效及保持良好环境的平衡计划用水的方法。事实上，更有效地用水就是创造新的供水水源。节约的每一升水都有助于满足新的用水需求而无须建造额外的河坝及耗用更多的地下水。除了在生态上更为优越之外，在提高用水效率方面每一元的投资，例如回用和节水，都比传统的供水工程的投资产生更多的可用水。

1. 节水型农业

由于农业用水占到所有从河流、湖泊及潜水层中取水量的 2/3，因此，提高灌溉的效率是保持持续用水承受能力的关键。农业上可能的节水量构成一个巨大的、尚未开发的主要供水水源。例如减少灌溉用水 1/10，就可使全世界的生活用水增加 1 倍。

农业是国民经济各个部门的用水大户，约占全国总用水量的 87.6%，中国的农业用水包括种植业和养殖业以及 8 亿农民生活和乡镇企业用水，面广量大，季节性强，问题错综复杂。建设节水型农业，关系到国民经济各个部门和农业生产的每个环节，必须从行政、立法、经济三管齐下，还要求工业及城市不断提高支农能力，不要把工业、城市污水泄向农村。

当前，强化水务管理，推广应用先进的灌溉制度和灌水技术，合理调整种植业和养殖业结构是节约农业用水的有效途径。国内外大量生产实践和科学试验研究表明，推广应用先进的节水灌溉技术，包括喷滴灌溉技术、低压管道输水技术、渠道防渗技术，一般可节约用水 30% 左右，增产 20% ~ 30%。世界上一些国家的喷滴灌溉面积占总有效灌溉面积的比重，美国为 40%，苏联为 47%，罗马尼亚为 80%，以色列为 95% 以上。中国发展喷滴灌溉比较晚，自 20 世纪 70 年代以来，走过一段曲折的道路，主要是设备造价太高，农民实难负担，至今全国喷滴灌溉面积只有 66 万 ~ 70 万 hm³，仅占全国有效灌溉面积的 1.38%。因此要积极研制优质、高效、价廉的灌溉设备。在新的方式未建立之前，应大力改变灌溉效率低、水量浪费大的传统的地面灌溉方式。推行计划用水，提倡大畦改小畦，长沟改短沟，串灌改块灌，大力平整土地，进行园田化建设。近年来在北方半干旱地区还推广"长畦分段灌溉法"和"地膜灌溉法"。在水稻田灌溉方面，推广"浅、湿、晒"的节水增产灌溉制度。根据水稻生长各阶段需水的不同要求，分别采取浅水、湿润和晒田的不同灌溉方式，达到节水增产的目的。为解决水源不足，北方水稻灌区还可开发"水稻旱种总之，依靠科技进步，推广应用先进的节水型灌溉技术，是建立节水型农业的根本保障。

现在，各种各样的方法被用来提高农业用水的生产率。例如在美国得克萨斯州，许多农民已将老式的沟渠灌溉系统改变成一种新型涌流法，从而减少渗漏损失，同时使布水更为均匀。在得克萨斯平原平均节水量可达 25%；大约每公顷土地 30 美元的初期投资，一般在第一年里即可回收。以色列是滴灌技术的开拓者，此种节水技术是通过渗水介质或打有小孔的管道网络直接将水输送到作物根部，通常其效率可达到 95%。自 20 世纪 70 年代中期以来，世界上滴灌或其他微灌技术的使用增加了 26 倍。现在大约有 160 万 hm^3 是使用这种方法来进行灌溉的。以色列大约有一半耕地使用滴灌技术，使当地农民每公顷的用水量降低了 1/3，同时还增加了作物的产量。

除了推广这些技术，提高星罗棋布的地表水沟渠系统的效率也十分重要；这些系统在全世界被灌溉的土地占有主要地位，因为许多灌溉系统的维护和运行都比较差，因此有些土地灌溉的水太多，有些又太少。例如在印度改善其庞大的运河系统的基础设施及运行就能增加约 1/5 的灌溉面积而无须修建新的水坝。

2. 节水型工业

总的说来，工业用水占到全世界用水总量的 1/4 左右。大多数工业用水被用来作为冷却加工及其他用途，在这些过程中水可能会被加热、污染，但并没有被消耗掉。这就使得工厂有可能重复使用它，从而工厂从得到的每一立方米水中获得更多的产出。日本、美国和德国都是在工业用水生产率方面取得突出成绩的国家。随着第二次世界大战后工业化的迅速发展，日本的工业用水在 1973 年达到高峰，然后到了 1989 年减少了约 2 成，同时工业产量稳步增长，每立方米工业用水的产量已达 77 美元，而 1965 年为 21 美元。仅在过去的 20 年里，日本使其工业用水的产率增加了 2 倍以上。家庭、公寓式房屋及其他小企业的用水量占到世界总用水量的 1/10 以下，但是它们的需求常常集中在一些较小的地理区域内，在许多情况下，用水量的增加相当迅速。对于新加坡、波士顿、墨西哥城、耶路撒冷、洛杉矶等靠引水工程供水的城市，节水已被证明是能满足其居民用水需求的一个很好的方法，例如在大波士顿地区，通过在家庭安装节水器、进行工业用水审计、输水系统的检漏及公众教育，降低了年用水量的 16%。

中国正处在由农业大国向工业大国转变的关键历史时期，虽然目前工业用水比重不大，但势头很快。工业用水，水资源的经济效益比农业用水高得多。所以发展中的国家，工业用水处于优先地位。工业用水具有时间上均衡，区域密集，排放废污水，有污染环境破坏水源的特点。因此，建设节水型工业比节水农业更紧迫。建设节水型工业，政策性很强。首先要解决工业布局与水源条件相适应，目的在于充分有效地利用有限的水资源，来创造最高的经济效益，同时保护环境，使水资源能够永续利用，更快更好地实现国家工业化。其次是千方百计不断减轻水污染，工业发达国家正通过污水处理解决水污染问题，近年来正在向闭路循环和污水资源化方向发展。在中国建立节水型工业，除加强管理之外，采用先进的科学技术，改革工艺流程，提高水的循环利用率，降低万元产值的耗水量，同时开发污水资源化的科学技术，减少水污染，是建立节水型工业的根本途径。

3．节水型城市

城市生活用水，要求供水均衡不断，保证率高，水质优良。目前中国城市用水比重小，仅占全国总量的2%，但发展势头也很快。随着城市化的进程，人口和工业不断向城市集中，同时城市流动人口之大，世界独有，城市水量供需矛盾将越来越大。为此城市节约用水必将提到议事日程。为达到此目的，开发研制城市生活用水的节水型器具，逐步实现生活用水的循环使用和清污分流，同时建立高水平的城市污水处理系统，防止水污染，是建立节水型城市的有效途径。

中国的主要城市绝大部分在沿海、沿江、沿湖、沿线（铁路及公路干线），是中国各地政治、经济、文化的活动中心，且城市建制多为市管县，工业、农业、生活用水融为一体，在世界上独具特色。建设节水型城市，对于建设节水型社会将起到排头兵的作用，有条件地选择若干个城市试点，然后推广。

总之，利用现有的技术及方法，可能减少农业用水10%～50%、工业用水40%～90%，而不减少经济产出及降低生活的质量。但是我们的努力却面临着失败的危险，因为有些政策和法规鼓励浪费和滥用而不是提高用水效率和节约用水。最重要的是降低用水的补贴，特别是灌溉用水。许多农民所支付的水费只占真正成本的1/5以下，因此无须考虑如何节约用水。对于城审供水系统，设立符合实际的价格体系来鼓励工业和居民节约用水是至关重要的。此外，鼓励建立水交易的开放市场也有助于供水的再分配及提高用水效率。

（四）污染防治

1．调查中国产业结构和布局

中国的人口、耕地、矿藏资源等的分布以及社会历史情况决定了中国原有的产业结构和产业布局，但是这种分布状况与中国水资源的空间分布很不匹配。中国的主要农业灌溉区和需水工业大多集中于北方，而中国水资源分布却是南多北少，导致中国北方水环境恶化极其严重，水资源已经成为中国北方经济发展的一个不利因素。因此调整中国产业结构和布局势在必行。具体来说：①在北方地区加速发展高新技术产业、第三产业，尽量少建或不建能耗高、污染重的产业；②加强对老企业的改造和管理，降低其能耗和污染；③采取"分散集团式"的产业布局原则。

2. 建立水资源保护区

为从整体上解决中国水环境恶化的问题，必须有计划地建立不同类型和不同级别的水资源保护区，并采取有效措施加以保护。主要包括：①流域水资源保护区；②山区和平原水资源保护区；③大型水利工程水资源保护区；④重点城市水资源保护区。将各保护区内水资源的分配、水费、排污费的收取、治污资金的筹集等有效地统一起来，就能够实现从局部到整体的治理步骤的实现，从而解决中国水环境问题。

3. 加强水环境的综合治理与规划

由于水资源地再治理是很困难的，因此水环境的保护政策应当贯彻"以防为主、防治结合、综合治理、综合利用"的方针。具体来说就是要将污水处理措施、生物措施和水利措施结合起来，充分利用水环境的自净能力，从根本上治理水环境。例如对于海河，由于降雨量年内分配极不均匀，枯水期和丰水期径流相差十几倍，而污染主要集中在枯水期，污径比值在 1994 年曾经达到 0.15，因此在其中上游修建一些水利工程设施，调节径流的年内分配，使水环境容量不至于在丰水期浪费，而枯水期又远远不足，增加河流的稀释能力，另一方面对于防洪、供水也有很大的益处。从规划上应将流域规划和区域规划结合起来，妥善处理好上下游、区域、部门之间的关系，全盘考虑，统一规划。

加强水资源保护是水资源开发利用的大前提。如果水资源枯竭或污染破坏，也就谈不上开发利用；也只有在水资源保护的前提下，才可能使开源与节流发挥有效的作用。因此水资源保护是今后开发利用水资源的基础。

水资源保护涉及的内容很多，但目前应重点抓好以下几方面的工作。

第一，防止浪费是保护水资源的最有效的措施之一。大家知道，水是有限的资源，从这一角度出发，浪费就是人为地减少水资源。防止浪费就成为重要的保护内容之一。

第二，严禁人类活动恶化水的质量。水资源包含质和量两方面的含义，质量不好的水非但不能利用，而且还可能酿成后患。严禁人类污染水环境、破坏水资源，使可利用水资源变成废水、丧失水体的功能的活动。

第三，有节制地开发利用水资源。对某一河流或某一地区而言，水资源量是一定的，它与周围的环境和自然资源组成相互制约、相互作用的生态系统。因此开发利用水资源必须考虑周围的环境和资源，使其开发量限制在不破坏其他资源和环境为原则的前提下，过去那种只以水资源量为开发依据的做法应予限制。所谓有节制地开发，就是开采量限制在以不破坏某一河流、某一地区的生态环境为标准。只有这样，水资源的开发才能做到可持续开发利用。

总之，水资源的保护要坚持可持续发展的战略，在此基础上，要以先进的科技为先导，综合规划、合理利用，从经济、法制和行政三方面强化管理；还必须转变人们传统的用水观念，提高人们的可持续的利用水的意识。唯有如此，我们才能保护我们赖以生存和发展的水资源，才能摆脱水资源危机。

（五）加强舆论宣传和监督工作

水涉及千家万户和各个领域，为了确保水量的稳定性，水质的优良性，充分发挥水资源的利用价值，必须深入持久地通过报纸、杂志、电视、广播、手册等工具，开展"立体型"的宣传教育，提高人们节水的责任感和自觉性，丰富人们的节水知识，使每个公民认识到水是宝贵的资源，水是生命不可缺少的部分，水的储量是有限的，对人类的贡献是巨大的。实践证明，在发达国家，法律作用、行政手段、经济支持和宣传工作，被认为是做好水资源管理和保护工作的四个要素。因此，舆论宣传是做好水资源保护工作的重要环节。只有唤起群众和全社会的重视，加强人大监督、群众舆论监督和各方面的监督，水资源才能真正得到保护。全民的水环境保护意识薄弱，是造成目前水资源危机的重要根源。从前文所述水资源危机的人为因素可以看到，那些人为因素，实际上是人们对自然世界、对客观规律认识不足造成的。人口对水资源的压力，是人类对人口问题认识不足的结果；人们在破坏涵养水源的森林植被时，没有认识到会受到自然的报复；人类在肆无忌惮地把大量有毒有害的污染物排入水体时，决不会想到会自食恶果；如果人类认识到水资源危机已到如此程度，也一定会收敛浪费水的行为。

因此，提高全民的水环境保护意识是非常重要的。提高全民水环境意识的重要途径包括以下几个方面：

首先，要加强宣传教育，要使人们了解水资源的重要性，水资源危机的严重性。要利用各级人民政府、各种媒体进行多种渠道的、多种形式的、全方位的宣传教育，使人们认识水资源、保护水资源。

其次，法制的宣传教育非常重要。目前中国有水资源保护法、水污染防治法，这是防治水污染、保护水资源的重要法律依据。我们要大力宣传，使人们了解国家的有关法律法规，自觉地去遵守；要利用对严重破坏、污染水资源案件的处罚，教育人民，起到处罚一个，教育一大片的目的。

另外，提高人们的水环境保护意识，转变观念是关键。其一，要改变人们长期认为的水资源是取之不尽、用之不竭的观念，使人们真正把水资源看作是宝贵的资源；其二，要改变人们认为的水有巨大的环境容量，可以消纳大量污染物的认识，实际上水的纳污能力是有限的，一旦超过这个限度，就会使水质严重恶化；其三，要改变人们认为水是自然之物，可无价或廉价使用的观念。长期以来，无论是工农业用水，还是人民生活用水，都是把水资源作为廉价资源任意使用，从而形成了人们轻视水资源的观念。我们可以通过水价改革，转变传统观念中水资源无价的认识，使全民认识到目前水资源日益紧缺的局面，从而提高全民的节水意识，促使全社会主动采取节水技术和设备，尽快建立节水型社会，实现水资源的可持续利用。

　　提高全民的水资源保护意识，不应该停留在口头上，还应该落实在行动中。水，就在你我身边，我们每天都有机会接触，都有机会实践水资源保护；假如人人从我做起、从现在做起，那么，我们一定会重现水的清澈透明，使水更好地造福于人类。

第十一章　污水处理

第一节　污水处理的基本方法分类

污水处理是采用各种必要的技术和手段，将污水中的污染物质分离出去，使水质得到净化。这里指的技术和手段，就是污水处理的基本方法。

污水处理的基本方法按原理来分，可以分为物理处理法、化学处理法、物理化学处理法和生物化学处理法等。

一、物理处理法

利用物理作用，使污水中所呈悬浮状态的固体污染物，从水中分离的方法称物理处理法，如筛网法、沉淀法、浮上法（含气浮法）、过滤法、微滤、反渗透法等。

1. 格栅

由一组平行的金属栅条或筛网制成的篦子，用来截留较大的漂浮物、悬浮物、杂物等，设置在污水处理装置进水通道上。按被截留杂物的清除方法，又分为人工格栅和全自动机械格栅。一般小型污水处理场多用人工格栅，而大型水场则用全自动机械格栅或筛网。

按形状，格栅可分为平面格栅和曲面格栅两种。栅条的间距，应根据污水的性质可选用粗格栅（50～100mm）、中格栅（10～40mm）和细格栅（3-10mm）三种。栅渣含水率一般为70%-80%，其容重差异较大。

2. 沉砂池

沉砂池是去除污水中粒径为0.2mm以上的砂粒，是为防止下道工序的提升泵等设备的磨损或堵塞，因此，沉砂池应设在提升设备和处理设备之前。

沉砂池有平流、竖流和曝气沉砂等形式，视不同处理对象选择，不应少于2个，并联操作。除砂方法有机械排砂、重力排砂和水力排砂。并应设置储砂池或晒砂场。

3. 调节池和均质池

调节水量的构筑物称调节池，均化水质的构筑物称为均质池。

从工业企业或居民区排出的污水，其水量和水质是随时间而变化的。为了保证后续处理构筑物或处理设备的平稳、正常运行、必须设置调节池或均质池。一般情况下，调节池和均质池宜合并设置，其数量不宜少于两个（间），且为密闭式，内设收集沉淀物或漂浮物的设施。容积应按实际需要或根据排污规律和变化周期确定。很多情况下，多以调节罐和均质罐代替。

4. 沉淀池（隔油池）

利用水和污染物质密度的不同，能将污水中密度大于水的悬浮物分离出来沉入池底，称沉淀池。能将污水中密度小于水的物质如油脂等，分离出来漂浮在水面上，称隔油池。

沉淀池一般分为平流式、竖流式、辐射式和斜板（管）沉淀池。辐射式沉淀池又可分为中心进水，周边出水；周边进水，中心出水；周边进水，周边出水等形式。每种沉淀池均包括进水区、缓冲区、污泥区、澄清区和出水区五个区。

隔油池一般分为平流式、斜板式和平流斜板式三种。

5. 过滤

利用具有孔隙的物体作为介质，使水从孔隙中通过，从而将污水中的悬浮固体截留下来的处理工艺称过滤。过滤介质或滤料有粒状的石英砂、无烟煤、活性炭等；织状的滤网、纤维束和多孔陶质滤料。

过滤主要是筛滤、沉淀和接触絮凝作用的总和。过滤过程的操作形式，可按不同的推动力分为重力过滤、加压过滤、真空过滤和离心过滤。

常用的重力滤池有普通快滤池、无阀滤池、单阀滤池、反向滤池、虹吸滤池等多种。

6. 气浮

设法将空气通入欲处理的污水中，使其在释放时产生大量微细气泡，从而形成水、气及被去除物质三相非均一体系。在界面张力、气泡上浮力和静水压力差的作用下，使水中的气泡和被去除的物质结合体浮出水面，将被去除物质从水中分离的方法称气浮法。

为使被去除物质与气泡更好地结合而上浮，一般均加入一定量的混凝剂（气浮剂）、起泡剂等。此时就不是单一的物理处理法了。

气浮法分压力溶气气浮法（含全溶气和部分回流溶气两种）和细碎空气气浮法（含喷射气浮和叶轮气浮法）两类。

7. 汽提

利用污水中的某些污染物易挥发的特性（如含有网3、&S、C%、酚等的污水）采用蒸汽汽提法将污水净化到作为不同用途的回用水或符合污水处理场进水水质的要求。

目前广泛采用的污水汽提工艺流程有双塔汽提、单塔汽提、单塔加压侧线抽出汽提等。

8. 其他方法

除上述常用的物理处理法外，蒸发结晶、离心分离、反渗透、加压水解等也属于物理处理方法。

蒸发结晶是利用物质沸点及冰点不同，将污水中的盐分分离的方法。此法多用于放射性污水黑液、高含盐污水的处理，如薄膜蒸发器、蒸发罐、结晶槽等。

离心分离法是在离心力的作用下，将密度不同的悬浮物与水分离。此法多用于污泥脱水等固液分离场合，如离心机、旋流器等。

二、化学处理法

通过向污水中投加化学药剂，使其与污水中污染物质发生化学反应，除去污染物，或使污水达到排放水水质要求的方法，叫化学处理法。

1. 中和

用化学方法去除污水中的酸或碱，使污水的 pH 值达到中性左右的过程称中和。

当接纳污水的水体、管道、构筑物，对污水的 pH 值有要求时，应对污水采取中和处理。对酸性污水可采用与碱性污水相互中和、投药中和、过滤中和等方法。其中和剂有石灰、石灰石、白云石、苏打、苛性钠等。对碱性污水可采用与酸性污水相互中和、加酸中和和烟道气中和等方法，其使用的酸常为盐酸和硫酸。

酸性污水中含酸量超过 4% 时，应首先考虑回收和综合利用；低于 4% 时，可采用中和处理。

碱性污水中含碱量超过 2% 时，应首先考虑综合利用；低于 2% 时，可采用中和处理。

2. 化学沉淀

加入化学药剂，使污水中的一部分可溶物与之反应，变成不溶物而沉淀下来，得以与水分离。从化学反应来看属于氧化还原反应，但不是使用强氧化剂或还原剂，而是以沉淀物的形式与水分离，故称化学沉淀法。

对含有重金属的污水，加入石灰可以生成重金属的氢氧化物沉淀物或钙盐沉淀；如果加入硫化剂，可以生成重金属硫化物沉淀。比如能与 dS 反应发生沉淀的金属有 Cu、Ag、Hg、Pb、Cd、As、Au、Pt、Sb、Mo、Zn、Co、Ni、Fe 等。

3. 氧化还原

污水中的有毒有害物质，在氧化还原反应中被氧化或还原为无毒、无害的物质，这种方法称氧化还原法。

常用的氧化剂有空气中的氧、纯氧、臭氧、氯气、漂白粉、次氯酸钠、三氯化铁等，可以用来处理焦化污水、有机污水和医院污水等。

常用的还原剂有硫酸亚铁、亚硫酸盐、氯化亚铁、铁屑、锌粉、二氧化硫等。如含有六价铬的污水，当通入 SO_2 后，可使污水中的六价铝还原为三价铬。

4. 电解

电解法的基本原理就是电解质溶液在电流作用下，发生电化学反应的过程。阴极放出电子，使污水中某些阳离子因得到电子而被还原（阴极起到还原剂的作用）；阳极得到电子，使污水中某些阴离子因失去电子而被氧化（阳极起到氧化剂作用）。因此，污水中的有毒、有害物质在电极表面沉淀下来，或生成气体从水中逸出，从而降低了污水中有毒、有害物质的浓度，此法称电解法，多用于含氧污水的处理和从污水中回收重金属等。

三、物理化学处理法

1. 混凝

混凝是水处理的一个十分重要的方法。向水中投加混凝剂，以破坏水中胶体颗粒的稳定状态，在一定的水力条件下，通过胶粒间以及其他微粒间的相互碰撞和聚集，从而形成易于从水中分离的絮状物质的过程称混凝。

混凝过程可去除水中的浊度、色度、某些无机或有机污染物，如油、硫、砷、镉、表面活性物质、放射性物质、浮游生物和藻类等。

混凝剂种类很多，有无机盐类、高分子絮凝剂以及助凝剂等。一般情况下，应进行被处理水的混凝剂选择试验，来确定混凝剂的种类、投加数量和投加方式，或参照类似被处理水条件下的运行经验来确定。

混凝法可用于各种工业污水的预处理、中间处理或最终处理。

2. 吸附

污水中一些难以降解的有机物很难用常规方法去除。利用多孔性的固体物质，使这些难去除的有机物吸附在固体表面而被去除。这种方法称吸附法。

吸附剂有活性炭、硅藻土、铝矾土等。吸附剂和吸附质之间通过分子间力产生的吸附称物理吸附；如果吸附剂与吸附质之间由于发生化学作用，由化学键力引起的吸附称为化学吸附。在污水处理中，物理吸附和化学吸附是相伴发生的综合作用的结果，主要用来处理有机污水、含酚污水或用于污水的深度处理。

3. 膜分离法

利用透膜使溶剂（水）同溶质或微粒（污水中的污染物）分离的方法称为膜分

离法。其中，使溶质通过透膜的方法称为渗析；使溶剂通过透膜的方法称渗透。膜分离法依溶质或溶剂透过膜的推力不同，可分为三类：

第一，以电动势为推动力的方法，称电渗析或电渗透；

第二，以浓度差为推动力的方法，称扩散渗析或自然渗透；

第二，以压力差（超过渗透压）为推动力的方法有反渗透、超滤、微孔过滤等。在污水处理中，应用较多的是电渗析、反渗透和超滤。

4. 萃取

利用某种溶剂对不同物质具有不同溶解度的性质，使混合物中的可溶组分，得到完全或部分分离的过程，称为溶剂萃取。这里要特别指出：所选的溶剂（萃取剂）必须与被处理的液体（如污水）不相容，而对被萃取的物质具有明显的溶解能力。常用的萃取剂有重苯溶剂油、二甲苯溶剂油、粗苯等。萃取设备有隔板塔、填料塔、筛板塔、振动塔等，可视具体情况选择。

5. 离子交换

通过树脂进行离子交换，使污水中的有害物质进入树脂而被除去的方法称离子交换法，常用于处理含重金属污水和电镀污水。

四、生物处理法

生物法处理污水，由于适用范围广、投资省和运行费用低，多年来已被确立为生活污水、城市混合污水、有机工业污水处理的主要手段之一，并且在实践中不断地得到发展，处理形式多种多样。

生物处理靠的是细菌和微生物形成的菌胶团降解污染物质，因此可以初步划分为好氧（菌）处理和厌氧（菌）处理两大类别。

1. 好氧处理

好氧处理是依靠好氧菌在有氧的条件下，进行处理的方法。最普遍的是利用空气中的氧，有条件时，还可以利用富氧和纯氧。

从菌胶团的形式来分，又分为活性污泥法（分散生长系统）和生物膜法（固定生长系统）两种。

从运行方式上，活性污泥法又分为传统曝气、推流式曝气、延时曝气、间歇式曝气、不同型式的氧化沟等形式。且在池型上又有矩形、圆形、椭圆形等。生物膜法又有浸没滤池（接触氧化）、滴滤池、塔式生物滤池、生物转盘等形式。

为了脱磷、脱氮，A/O 生物处理系统得到了比较广泛地应用。脱氮过程由硝化（好氧 O×ic）、反硝化（缺氧 Ano×ic）两部分组成；脱磷过程由厌氧（Anaerobic）和好氧（O×ic）两部分组成；A20（厌氧 anaemic、缺氧 Ano×ic、好氧 O×ic）则同时进行脱磷、脱氮。目前，我国的 A/O 过程，主要是用于生物脱氮。氧化沟中特别是多沟式，可以按缺氧、好氧的方式运行，因此，有一定的脱氮作用。

近年来，由于自动控制技术的发展，间歇式活性污泥过程（SBR）被开发利用，其基本点是在一个池子内，按照程序自控地进行充水（进水）、曝气（反应）、沉降、排水、闲置等步骤。对单个池子是间歇操作，几个池子并联起来，又成了连续进水、出水，其特点是：

（1）省去了沉淀池和污泥回流设施，简化了设备，降低了建设投资和运行费用；

（2）操作灵活，可按完全混合式、推流式及硝化－反硝化等方式操作，并可按要求规定各步骤的时间和操作循环周期；

（3）在几乎静止的情况下沉降，沉降效果好，污泥流失少；

（4）按有利的方式供氧（空气），提高氧利用率，降低能耗；

（5）耐冲击，当水质、水量变化波动时，仍能正常运转；

（6）基本上不会发生丝状菌引起的污泥膨胀问题。

另外，作为污水排放前监护用的稳定塘（包括普通好氧塘、兼性塘、曝气塘等），也属于好氧处理。

2. 厌氧处理

依靠厌氧菌、在无氧状态下使污水中的有机污染物消化、分解的方法称厌氧处理。此法适合于处理高浓度有机污水。一般情况下，上流式污泥床及复合床，可处理有机污染物浓度较高的污水；流化床则适于处理浓度稍低的污水。

厌氧生物法具有能耗低、可回收生物气作能源、无机营养料需要量少、处理费用低、剩余污泥少等特点。

总之，由于污水中的污染物是多种多样的，在选择处理方法时，往往需要采用几种方法组合使用，才能去除不同性质的污染物，达到净化处理的目的。

在污水处理方法分类上，还有另一种习惯性的分法，就是按处理程度划分，可分为一级、二级和三级处理。

一级处理主要去除污水中呈悬浮状态的固体污染物质，物理处理法大部分只能完成一级处理的任务。经过一级处理后的污水，其 BOD 的去除率仅为 30% 左右，远远达不到排放标准。二级处理主要去除污水中呈胶体的溶解状态的有机物质，多采用生物处理，其 BOD 去除率可达 90% 以上，使污水中的有机污染物，基本上可以达到或接近排放标准。三级处理是在一级、二级处理后，进一步处理难降解的有机物、氮和磷等能导致水体富营养化的可溶性无机物。主要采用生物脱氮除磷法、混凝沉淀法、砂滤法、活性炭吸附法、离子交换法和反渗透法等。

一般情况下，人们认为三级处理和深度处理是同义语，但二者并不完全相同。

三级处理是指用于二级处理之后的处理手段；而深度处理则以污水回收利用为目的，放在一级、二级处理之后的处理工艺，从目的上还是有差异的。

第二节　污水处理工程的设计原则

一个地区、一个企业污水处理工程设计，是该地区、该企业实现污水治理目标的关键阶段。

国家计委 1983 年 10 月 4 日颁发的设计（1983）1477 号文件《基本建设设计工作管理暂行办法》中明确规定，设计工作的基本任务是：要做出体现国家有关方针、政策、切合实际、安全适用、技术先进、经济效益、社会效益、环境效益好的设计，为我国社会主义现代化建设服务。因此，必须紧紧围绕上述基本任务，确定污水处理工程设计原则。

污水处理工程设计的基本原则：

（1）全面规划，近期和远期相结合；

（2）清污分流，分质处理；

（3）局部处理与集中处理相结合；

（4）技术先进，经济合理，运转可靠；

（5）处理后的污水应尽量回用；

（6）达标排放，保护环境。

一、全面规划，近期和远期相结合

根据国家《建设项目环境保护管理条例》和环境保护部关于建设项目环境保护管理的有关规定，污水处理工程设计应以批准后的建设项目可行性研究报告和该项目的环境影响报告书的结论为依据，必须严格执行。未经原批准机关同意，任何单位和个人，不得擅自进行设计。

一个地区或一个企业项目的可行性研究报告和环境影响报告书，是全面规划的产物，经上级主管部门批准后，具备了法律性质。其结论中规定的污水处理场的规模、目标、要求甚至外排污染物总量的控制值等，都是在全面规划的前提下得出的，在污水处理场设计中，不得有丝毫的违反和修正。

在污水处理场具体设计过程中，还应充分考虑近期需要与远期发展相结合的问题。比如，在平面布置上，应留有一定的扩建余地；在选择处理流程和处理构筑物时，应尽量留有将来增扩、改进的可能性，以适应不断发展的技术水准和排放标准的要求。

二、清污分流，分质处理

一个地区或一个企业产生的污水，其水质差别很大。因此，从排水系统划分上，就应该执行清污分流的原则，科学地划分系统。采取分质处理，既可以提高最终处理效果，又可节省处理费用，降低能耗。比如，含酸污水、含碱污水、含硫污水和生活污水、清净污水等，假如混合在一起，水量大、污染物种类多，浓度因稀释而降低，但又不能达标。这种水是十分难处理的。如果分质处理单一污染物的少量污水，则简单、方便、处理效果好。节省处理费用。

三、局部处理与集中处理相结合

局部处理就是要搞好污水的分级控制和污染源的局部预处理，对含有特殊污染物的污水回收其有用的物料，综合利用，最后加强集中处理，既降低了物料损耗，又降低了能耗及处理成本。

比如，从炼油工艺过程的电脱盐排水、油品冷凝排水、油罐切水中回收油；用气提法从含硫污水中回收 H_2S、NH_3；用萃取法从废碱液中回收环烷酸；从含酚污水中回收酚；用蒸储分离预处理方法从甲醇污水中回收甲醇；用酸化沉淀法，处理回收 PTA 污水中的 TA……等。经局部处理后，可将污水中高浓度的特殊污染物回收，然后，再进行集中处理，可以大大减少集中处理的难度及成本。

四、技术先进，经济合理，运转可靠

这是选择污水处理流程的关键，又是污水处理的灵魂。

技术先进不是一味地追求高、新、奇，而是针对污水本身的性质，采用最简捷的成熟的处理手段，实行有效地处理，使之达标排放，同时，不得产生二次污染。这样的技术自然是先进的，在经济上也应该是合理的，并能保证长期、安全平稳地运行。

要贯彻上述原则，应该进行多方案的技术经济比较，不断优化设计方案，使之臻于完善。

五、处理后的污水再资源化回用

污水处理如果仅仅以达标排放为目的，是远远不够的。为了最大限度地利用水资源，必须开源节流，将处理后的污水最大限度地予以回用，这是污水处理工程设计必须遵守的一项原则。在这方面，我国已经取得了很大进展。比如，将城市污水处理后作为中水回用、将炼油工艺过程产生的含硫、含氨污水，经汽提脱除 &S、台后，虽然还不能达标排放，但是可以回用作电脱盐的注水和富气水洗水；将延迟焦化装置的冷焦水、切焦水，经隔油、沉淀、过滤后，闭路循环使用；将二级处理后的污水作为污水处理滤池的反冲洗水及瓦斯罐、火炬水封罐的补充水等。目前，为了扩大回用水的范围，正在建设中水回用系统。如将二级处理后的污水经深度处理后用作循环水补充用水等。

六、达标排放，保护环境

执行上述诸项设计原则，就是为了实现达标排放、保护环境的最终目标。而达标排放，保护环境本身也是污水处理工程设计的一项原则。它要求：必须在污水工程设计中采取一切可能的保证措施，实现达标排放。比如，设置必要的调节、均质设施、连通超越管线、采取绿化消防、仪表自控、污水外排前的监控以及未达标污水返回重新进行处理的措施等，必须在设计中考虑周全，只有这样，才能实现达标排放，保护环境的目的。

第三节　污水处理工程设计的主要环节

做好污水处理工程设计，必须抓好以下主要环节：

（1）确定污水的水质、水量、排放规律和环境质量要求；

（2）合理地划分污水处理系统；

（3）确定污水处理流程；

（4）搞好污水处理场的总体设计，处理好平面高程、预留发展的关系。

一、确定污水的水质、水量、排放规律和环境质要求

污水的水量和水质，一般经设计计算确定。为了使水质、水量更加准确，还应参照同类工厂或地区的实际运行数据进行补充、修正后确定，这样比较更加符合实际情况。

污水的水量应根据污水来源，如生产污水、生活污水、污染雨水、清净污水、未预见水量等分别计算。同时还要了解污水排放规律是连续排放还是间断排放，其平均流量和最大流量是多少，最大流量时持续的时间有多长，发生事故时排水情况和跑、冒、滴、漏的概率及严重程度等，以便合理地确定污水处理工程设计的规模。

污水的水质，更应参照同类企业的实际运行数据，特别对主要污染物和影响处理效果的污染物，更应以实际运行数据为主。对水质的物理指标、化学指标和生物指标，力求全面准确。

设计前，还应搜集地方性水质排放标准，严格按照批准的《环境影响报告书》中对环境质量的要求，如排放标准、污染物排放总量等，确定污水处理工程设计的最终目标值。

二、合理地划分污水处理系统

为做到按质分类处理；应将污水处理系统按照污染物的性质、污染物浓度和处理后水质的要求，经技术经济比较后合理地划分。

一个城市或地区除有排放综合性污水及生活污水的社区外，还有排放各种各样工业污水的企业、单位，如一个大的石油化工联合企业，可以包括炼油厂、化工厂、化肥厂、化纤厂、机修厂、动力厂等数个性质各异的分厂。各分厂排出的污水，性质差别极大，必须按质分类，将生活污水、清净污水分别合并在一起，各分厂具有特征污染物的生产污水，则应分别进行预处理，使其都达到某一个水质控制指标，最后再进入总厂的最终污水处理场集中处理，达标排放。

对于一个工业区的污水处理场也应如此。不同类型的工厂排出的生产污水，必须在各厂中进行预处理，达到某一个水质控制指标（即总污水处理场的进水水质指标）后，进入工业区集中污水处理场统一处理后、达标排放。

三、确定污水处理工艺流程

确定污水处理工艺流程是污水处理工程设计最核心的环节，技术水准要求高，影响制约因素多，除参考同类性质污水处理典型流程外，必要时还应补充一些实验，对处理效果进行验证。

在确定流程的过程中，应注意以下几个方面：

第一，应衡量污水的生物降解性质，对那些难以生物降解或不能生物降解的污水，应采用物理或化学方法处理；可生物降解的污水则用生物法处理；

第二，按照污水浓度选择合适的生物处理方法，浓度低的污水，采用好氧生物法处理；浓度较高的污水，采用厌氧生物处理，经厌氧处理后还达不到处理要求的，仍需进一步进行好氧处理。

一般情况下，污水中 COD 高于 1000mg/L 时，达到同样的处理深度，采用厌氧或（厌氧＋好氧）生物法处理，要比采用好氧法处理，在经济上更为合适，而且污水 COD 的浓度越高，采用厌氧生物法处理的优越性越明显。但是，对于 COD 浓度高达 50000 ～ 100000mg/L 以上的废液，则应首先采用物理或化学方法回收有用物质后，再行处理。

第三，对于适用好氧生物处理的污水，还应考虑污水中是否有抑制生物过程或较多非生物降解组分。如果存在这些组分时，可采用活性炭活性污泥法处理。

第四，对于生物降解性能好的污水，可选择生物膜法，也可选择活性污泥法。

生物膜法的优点是操作方便、耐冲击负荷，剩余污泥量少且易沉降分离。其缺点是投资较高，容积负荷较小，处理深度较低。一般情况多用于两级生物处理的第一级。

活性污泥法设备简单、投资省、容积负荷和处理深度都较高。其缺点是耐冲击性较差，有时产生污泥膨胀，破坏了正常运行。但活性污泥法历来都是污水生物处理中使用最广泛、最普遍的工艺过程。

第五，对于需要脱氮的污水，则要采用能进行硝化和反硝化的生物脱氮工艺。硝化过程是在较低的生物负荷下进行的，因此，采用活性污泥法较合适；反硝化过程能在较短时间内完成，以采用生物膜法为宜。

第六，对于生物降解性较差或水质波动较大的污水，采用混合式活性污泥法具有操作弹性大的优点，但出水水质一般不如推流式。

对于易生物降解的污水，要着重考虑防止污泥膨胀问题。可根据具体情况，选择推流式活性污泥法或程序间歇式活性污泥法。

四、搞好污水处理场的总体设计

污水处理场的总体设计应贯彻布局合理、流程通畅、节能降耗、防护安全、方便管理、环境优美等原则。

平面应按功能区布置，通过多种布置方案综合比较后确定。在高程布置上应充分利用地形，优先考虑重力流布置，尽量减少污水提升次数。

平面布置、自动控制、化验分析、辅助设施等，应适当考虑远期的改进和发展余地。

第四节　石油化工污水的水质、水量

一、石油化工污水水质、水量的影响因素

石油化工生产工艺过程是采用物理分离和化学反应相结合的方法，利用原油和

天然气为原料加工成各种燃料气、燃料油、润滑油、石蜡、沥青、焦炭等产品，并以石油产品为原料进一步加工裂解为三烯（乙烯、丙烯、丁烯）、三苯（苯、甲苯、二甲苯）、一焕共三类大化工原料，再进一步合成为化肥、化纤、橡胶、塑料等四大类产品及苯、酚、醇、醛、酯、醒、酮等各类石油化工原料，还可再加工成医药、农药、油漆、试剂、添加剂、化妆品、洗涤剂等上千种产品。石油化工生产过程中蒸俺、汽提、裂解、聚合、精制、合成等各类化学反应，往往在高温高压下进行，并和蒸汽、水、水溶剂频繁的接触，产生水的污染，产品在水的冷却、洗涤过程中，也使水受到不同程度的污染，产生的污水水量也大不相同。主要的影响因素如下：

1. 原油性质

原油性质是影响石油炼制污水水质水量的最直接、最重大的决定性因素。原油是炷类化合物，其中往往含有一些碳、氢、氧、硫、氮、镓、钮等物质，其含蜡量、含沥青质量、含胶质量均有较大差异。在炼制工艺过程中，分离或反应化合形成各种有机、无机化合物转移至污水中，是污水中污染物质的主要直接来源和造成浓度差异的直接根源，也是含油差异的直接根源。

我国目前加工的原油品种繁多，国内原油主要有大庆原油、辽河原油、大港原油、中原原油、胜利原油、克拉玛依原油、塔里木原油、库尔勒原油、海上馊中原油、黄海孤岛原油、南海珠江口原油等。国外进口原油主要有北海原油、阿拉伯、阿曼、沙特、科威特、伊拉克、伊朗、印尼等国，各种原油。

2. 石油化工加工工艺流程和加工深度的影响

石油化工加工工艺流程和加工深度是影响石油化工污水水质水量的一个重要因素，工艺流程越复杂，流程越长，加工深度越深，其产生的污水水质越复杂，水量也相对越大。一次加工装置产生的污水水质污染较轻，二、三次加工装置产生的污水污染就重得多，特别是重油催化、加氢裂化、连续重整、延迟焦化、加氢精制、酸碱电化学精制等装置，其污水中的污染物难以生物降解，尤其是酸碱渣处理装置，排放的污染物总量成倍地加大了污水中污染物含量。石油化工、石油化纤、合成化肥、合成橡胶、医药、农药生产过程中产生的污水，除含有炼油污水中的油、硫、酚、氧（月青）、氨氮、酸、碱、盐外，还含有各种有机化工产品如醇、醒、醛、酮、炷、苯类有机物及聚酯、纤维、塑料、橡胶等高分子有机物，大大加深了污水水质污染的复杂程度和处理难度。

第十二章　污水处理的基本方法

第一节　污水物理处理方法

一、格栅

格栅是由一组平行的金属栅条制成的框架，垂直或倾斜安装在污水流经的渠道或泵站集水池的进口处，主要是用来拦截污水中的大块悬浮和漂浮状态的污染物，以防止后续处理构筑物或水泵机组受到危害。

（一）格栅的分类

格栅有很多种分类形式：

栅条的断面形状也各有不同，有正方形、圆形、矩形和带半圆的矩形。圆形断面栅条的水力条件好，水流阻力小，但刚度较差，所以一般都采用矩形断面栅条。

按栅条的形式分为直棒式栅条格栅、弧形格栅、辐射式格栅、转筒式格栅和活动栅条格栅，其中最常使用的是直棒式栅条格栅。

按栅距分为粗格栅、中格栅、细格栅。粗格栅距大于 40mm，是保护性格栅，作用是拦截非常大的悬浮、漂浮污染物，从而保护中格栅不被堵塞，正常运行。中格姗姗距范围是 15 ~ 25mm，中格栅对拦截污物起重要作用，绝大多数栅渣（格栅上的拦截物）会被中格栅拦截。细格姗姗距范围是 4 ~ 10mm，细格栅是用来拦截较细小的污染物。

在我国，城市污水处理厂会根据上游排水系统及后续处理单 15 元的要求并综合考虑经济等因素的情况来决定格栅的选用和设置。由于来水中的污物大小、体积等均不相同，一般来讲，设置一种格栅就想达到理想的去除效果是不现实的，应逐级设置。理论上讲，设置的格姗姗距越小，对污物的截流效果越好，对于降低后续的处理负荷及保护后续处理设备是有好处的，但是水头损失可能会相应增大。

（二）格栅的设置

格栅的设置方式有三种：第一种是设置一道粗格栅，这种格栅设置在水泵流道口径较大的泵站前，有的处理厂只设置中格栅，第二种是设置一粗一中，第三种是设置一中一细（也有的三种格栅同时使用）。

（三）栅渣的清除

栅渣的清除方式有人工清除和机械清除两种。粗格栅的栅渣一般采用人工清除，中格栅和细格栅一般采用机械清除。除污机分为齿耙式和旋转链斗式两种。有的是栅前除污，有的是栅后除污。国内处理厂一般都采用栅前清污的齿耙式除污机。齿耙式除污机按照齿耙传动方式又分为高链式格栅除污机、连续自动回转格栅除污机和钢绳式格栅除污机。格栅除污机的控制方式一般有三种：手动现场开停、时间程序控制、栅前后液位差控制。

栅渣的多少与城市排水系统体制、栅条间距等有关，同时也决定了污水处理厂选择何种栅距的格栅。栅渣的密度 $960kg/m^3$，含水率 70% ~ 80%，有机组分高达85%，易腐败，产生恶臭，污染环境。如果格栅每日截流的污染物质大于 1t，则可以考虑设置污物粉碎装置，将栅渣破碎后返回污水，与处理产生的污泥共同处置，但这样做仍会堵塞管道和机泵，因为栅渣会在水流涡动下扭成绳状。栅渣应及时清除，如果清理不及时，栅渣的存在就会使格栅的过流断面缩小，造成过栅流速增大，水头损失增大，拦污效率降低，并且流速增大会使一些软性栅渣会重新冲入后续处理构筑物，造成堵塞，影响设备的正常运行。栅渣量对于某污水处理厂有较固定的变化规律，运行管理人员应及时总结经验，掌握好栅渣清除的时机。

（四）格栅的工艺参数

过栅流速对于格栅而言是一个很重要的工艺参数。过栅流速越小，拦污效果越好，但并不是说流速越小越好，流速过小会使污水中挟带的砂在栅前渠道和栅下沉积，缩小过水断面，流速就会逐渐变大，不利于控制流速且减少了污水的负荷。污水在栅前渠道一般应控制在 0.4 ~ 0.8m/s，过栅流速应控制在 0.6 ~ 1.0m/s. 流速的选择也与来水污染物成分有关，运行人员也应注意观察，记录流速变化规律，摸索出适宜的流速变化范围。

栅前流速和过栅流速可按下式估算：

栅前流速：$v1 = Q/(BH_1)$ 过栅流速：$v_2 = Q(\delta(n+1)H_2)$

其中，B 为栅前渠道的宽度；S 为格栅的栅距；龙为格栅栅条数量；Q 为入流污水流量；H_1 为栅前渠道的水深；H2 为格栅的工作水深。

二、污水提升泵站

污水提升泵站的作用是将上游来水提升至后续处理单元所要求的高度，使其实现重力自流。

泵站一般由水泵、集水池和泵房组成。城市的用水量是不均匀的，因此进入污水厂的水量也在随时间变化。泵站水泵的设计流量、台数和集水池容积一般由最高日最高时污水流量决定，一般小型泵站（最高日污水量在 5000m³ 以下）设 1 ~ 2 套机组，大型泵站（最高日污水量大于 15000m³）设 3 ~ 4 套机组。污水泵的选择要求是在满足最大排水量的条件下，减少投资，节约电耗，运行安全可靠，维护管理方便。泵站流量也会因排水系统改造而逐渐增大，故在设计时应将长远发展规划考虑在内。为了保证泵站的正常运行，应设有备用机组和配件。

集水池的容积与进入泵站的流量变化、水泵型号、台数、启动时间等有关。在保证水泵正常工作的水力条件和能及时将污水抽走的前提下，集水池应尽量小些。这样可以节省工程造价，也可以减轻集水池污水中大量杂物的沉积和腐化。不间歇运行的大型泵站，集水池的容积应不小于最大一台水泵 5min 的抽升量；对于在夜间流量较小，泵站停机的泵站，集水池的容积必须考虑能够储存夜间流量。

三、沉砂池

沉砂池是以分离污水中密度较大的无机颗粒和有机颗粒（果核、种粒等）为目的的处理构筑物。经过格栅处理后的污水虽然去除了体积较大的悬浮、漂浮物，但并没考虑去除砂等密度更大的污物，如果未经沉砂直接流入后续处理单元而造成沉积，将增加后续沉淀池的处理负荷，降低设备使用寿命。沉砂池使得密度大的无机、有机颗粒和密度较小的有机颗粒能够分别分离，有机污染物就可以经后续生物处理单元去除，但无机颗粒也有可能黏附一些有机物质，处置不当易腐败发臭。

沉砂池按照物理原理或结构形式分为平流式沉砂池、竖流式沉砂池、曝气沉砂池和涡流式沉砂池。过去的沉砂池大多采用平流式，新建的处理厂则以曝气式为主。近年来涡流式沉砂池也有增多的趋势，而竖流式沉砂池一般很少采用。

（一）平流式沉砂池

平流式沉砂池是一个狭长的矩形池子，污水经入池闸板消能或整流后进入池子，沿水平方向流至末端，经堰板流出沉砂池。池底设 1 ~ 2 个贮砂斗，下接排砂管。开启贮砂斗的闸阀即可将沉砂排出。沉砂池也可以用射流泵或螺旋泵排出沉砂。

沉砂池座数或分格数不应少于 2 个，并联设置，污水量减少时可以一格工作一格备用。

沉砂池的工艺参数主要是污水在池内的水平流速和停留时间。污水在池内的最大水平流速为 0.3m/s，最小水平流速为 0.15m/s。水平流速的大小决定沉砂池所能去除的砂粒的粒径大小。最大流量时污水在池内的停留时间不小于 30s，一般为 30 ~ 60s。有效水深不应大于 1.2m，一般采用 0.25 ~ 1.0m。每格宽度不宜小于 0.6m。池底坡度一般为 0.01 ~ 0.02，应根据除砂设备考虑池的形状。

还有一种平流式沉砂池，不是以流速控制沉砂，而是以水力表面负荷作为主要控制参数。这种沉砂池一般很浅，深度不大于 0.9m，上部平面是方形，池底圆形，内设回转式刮砂机，将砂刮至积砂槽。

（二）曝气式沉砂池

普通沉砂池的一个缺点就是在其截留的沉砂中夹杂一些有机物，对被有机物包覆的砂粒的截流效果也不高。曝气沉砂池，其最大的优点是能够在一定程度上使砂粒在曝气的作用下互相摩擦，可以剥除附着在砂粒上的有机物，密度较小的有机物随水流流出，密度较大的砂粒就会沉淀下来。所以曝气沉砂池排出的沉砂中有机组分较低，只占 5% 左右，不易腐臭。同时，由于曝气的气浮作用，污水中的油脂类物质会升至水面形成浮渣而被去除。

在构造上，曝气沉砂池是一长形渠道，沿渠壁的一侧的整个长度距池底 60 ~ 90cm 的高度处安装曝气装置，在其下部设集砂 20 斗，池底坡度，$i = 0.1 ~ 0.5$。

曝气沉砂池的水深一般为 2 ~ 3m，宽深比为 1 ~ 2，池长宽比可达 5。进水方向与水流方向垂直，溢流堰板处应设置出水挡板。曝气一般采用直径为 5 ~ 6mm 的穿孔管，有的处理厂采用振动式扩散器，也有用专为沉砂池制造的橡胶膜片扩散器。

曝气沉砂池的工艺参数有曝气强度、停留时间、水平流速和旋转速度。其中曝气强度是最重要的一个参数，一般控制在每立方米污水 0.1-0.3m³ 空气或每立方米池容每小时 2 ~ 5m³ 空气。停留时间一般为 1 ~ 3min，水平流速一般为 0.06 ~ 0.12m/s。延长污水的停留时间，可使曝气沉砂池起到预曝气的作用。池的结构形式不需进行改变，只要延长池的长度，将污水的停留时间延长到 10 ~ 20min 即可。

（三）涡流式沉砂池

涡流式沉砂池的池形为圆形，与传统的平流式沉砂池和曝气沉砂池相比具有占地面积小、土建费用省的优点，适用于中小型污水处理厂。池中心设有一台可调速的旋转桨板，进水渠道设在圆形的切向位置，出水渠道对应圆池中心，中心旋转桨板下部设有集砂斗。在进水渠道与池体连接处设有挡板，污水切向进入沉砂池，受挡板作用流向池底，继而在向心力和螺旋桨作用下，形成复杂的涡螺流态。密度较大的砂粒沉向池底并向中心移动，越靠近中心水力断面越小，流速越大，砂粒落入集砂斗。有机污染物由于密度较小，会随着水流的上升而流出沉砂池。

涡流沉砂池进水渠道平直段长度至少应为渠宽的 7 倍，且不小于 4.5m，出水渠道至少应为进水渠道宽度的两倍，进水渠道与出水渠道的夹角应大于 270°。

涡流沉砂池进水渠道内的流速宜控制在 0.6-0.9m/s，水力表面负荷一般为 200m³/（m² · h），停留时间一般为 20 ~ 30s。

涡流沉砂池有多种池型，目前我国市场上有美国 Smith&Loveless 公司的比氏

（pieta）沉砂池（天津无缝钢管厂污水处理厂较早安装使用）和英国 Jones&Attword 公司的钟氏（ueta）沉砂池（广州大坦沙污水处理厂安装使用）。

（四）沉砂池的除砂与洗砂

沉砂池内的沉砂需及时清除，以避免沉砂过多降低沉砂效率。另外沉砂中会裹带或被有机物包覆，需要进行有效的清洗，并进一步砂水分离。一般小型处理厂采用阀门控制的重力排砂，大型处理厂则采用机械排砂。最早采用的是机械抓沙斗除砂方式。在沉砂池底部集砂渠内安装螺旋输砂器，将沉砂连续运输至池端的集砂斗，再用装在集砂斗上部的机械抓沙斗定期将沉砂抓出。机械抓沙斗除砂方式存在的问题是：

第一，抓沙不干净、不彻底，提升抓斗的两根钢丝绳极易缠绕；

第二，不能自动除砂，工作人员必须现场操作；

第三，抓出的砂为半固半液状态，无法洗砂，如不立即运走，极易腐败。

另一种除砂方式是采用链条式刮痧机除砂，这种方式可实现连续自动除砂，运行稳定，但不易洗砂。新建处理厂采用较多的砂泵排砂。将砂泵安装在行车上，沿池来回将池底集砂渠内的沉砂排走。这种方式可在后边串联洗砂设备，对沉砂进行有效的清洗，使有机物与砂粒进一步分离。常用的洗砂设备有旋流沙水分离器和螺旋洗砂器，经清洗处理的沉砂有机组分较低并且基本变成固态，可直接装车外运。

四、计量设备

准确地掌握污水厂的处理水量，并对水量资料和其他运行资料进行分析研究，对提高污水处理厂的运行管理水平是十分必要的。为此，应设置计量设备。污水厂总处理水量的计量，一般设在沉砂池与初沉池之间的渠道上或厂的总出水管渠上，测量总水量的计量设备是必不可少的，如有可能，应在主要处理构筑物上安装计量设备，但这样做会增加一些水头损失。对计量设备的要求是水头损失小，精度高，操作简单，不易沉积杂物。计量槽和薄壁堰仍然是目前采用较多的符合上述要求的计量设备，并可配用自动记录仪表。下面介绍几种计量设备。

（一）计量槽

计量槽也称巴氏槽，，量测的精确度约为 95%～98%。其优点是水头损失小，底部洗刷力大，不易沉积杂物。但对施工技术要求高，施工质量不好会影响量测精度。为保证施工质量，国外有的采用预制好一搪瓷衬里，而现场埋置于钢筋混拟土槽内即可，效果甚佳。计量槽颈部有一较大坡度的底（i=0.375），颈部后的扩大部分噪 I 具有较大的反坡。当水流至颈部时产生临界水深的急"流，而当流至后部的扩大部分时，便产生水跃。因此，在其他条件相同时，水深仅随流量而变化。量得水深后，便可按下式求得其流量：

$$Q = 2.4H_1^{1.569}W^{1.026}$$

式中，H_1 为计量槽上游水深（m）；W 为计量槽的喉宽（m）。

采用该公式的前提是计量槽保持自由流。当喉宽 W 为 0.25m 时，下游水深 H_2 与上游水深 H_1 之比如果小于 0.64，即为自由流；当 W=0.30 ~ 2.5m 时，$H_2/H_1<0.70$ 即为自由流。大部分处理厂用超声波液位计测量水深，也可设标尺测量。

液位测量要准确。不准确的水深必然使计算出的流量不准确。应坚持从观测孔测量液位，因观测孔内液位较稳定，测得的数据较准确。观测孔与渠道的连接管较细，易堵塞，应经常疏通。

由于计量槽尺寸的精度要求高，施工时一般都采用二次抹面的施工方法，运行人员应注意检查二次抹面是否空鼓或脱落；如果发现应及时修补，以免影响计量精度。有些污水处理厂的计量槽是采用玻璃钢等材质加工制作的，运行人员应注意观察是否变形。

巴氏计量槽一般安装在初沉池配水渠道以前的明渠上。当初沉池工艺控制不合理时，配水渠道液位升高，将会破坏计量槽的自由流态，影响流量测量精度。

（二）非淹没式薄壁堰计装置

这种装置工作较稳定可靠，但只宜设于所有处理构筑物之后，以防堰前渠底积泥。常用的薄壁堰有矩形堰、梯形堰和三角堰，后者的水头损失较大，适于量测小流量。过堰流量可按水力学公式计算。

（三）电磁流量计

电磁流量计是根据法拉第电磁感应原理量测流量的仪器，由电磁流量变送器和电磁流量转换器组成。前者安装于需量测的管道上，当导电液体流过变送器时，切割磁力线而产生感应电势，并以电讯号输至转化器进行放大、输出。由于感应电势的大小仅与流体的平均流速有关，因而可测得管中的流量。电磁流量计可与其他仪表配套，进行记录、指示、计算、调节控制等。其优点为：

第一，变送器结构简单可靠，内部无活动部件，维护清洗方便；

第二，压力损失甚小，也不易堵塞；

第三，量测精度不受被测液体各物理参数的影响；

第四，无机械惯性，反应灵敏，可量测脉动流量；

第五，安装方便，没有严格的前置直管段要求。

但目前价格昂贵，如保养不当，维修亦非易事。安装时要求变送器附近不应有电动机、变压器等强磁场或强电场，以免产生干扰。同时，要求液体充满变送器导管，否则要造成量测误差。

近年来，国内还开发了插入式液体涡街流量计、超声波流量计等，可供测定污水管道中的流量。

五、沉淀池

（一）沉淀的基本原理

沉淀是水中的固体物质（主要是可沉固体），在重力的作用下下沉，从而与水分离的一种过程。这种工艺简单易行，分离效果良好，是污水处理的重要工艺，应用非常广泛，在各种类型的污水处理系统中，沉淀几乎是不可缺少的一种工艺，而且还可能是多次采用，现仅就沉淀在城市污水处理系统中的各种功能简述于下：

第一，在一级处理的污水处理系统中，沉淀是主要处理工艺，污水处理效果的高低，基本上是由沉淀的效果来控制的。

第二，在设有二级处理的污水处理系统中，沉淀具有多种功能，在生物处理设备前设初次沉淀池，以减轻后继处理设备的负荷，保证生物处理设备净化功能的正常发挥。在生物处理设备后设二次沉淀池，用以分离生物污泥，使处理水得到澄清。剩余活性污泥的含水率很高，为了减少污泥消化设备的容积，在送往消化池前要进行浓缩，设置浓缩池。

第三，在灌溉或排入氧化塘前，污水也必须进行沉淀，以稳定水质，去除寄生虫卵和能够堵塞土壤孔隙的固体颗粒。

根据污水中可沉物质的性质、凝聚性能的强弱及其浓度的高低，沉淀可分为四种类型：

第一类是自由沉淀，污水中的悬浮固体浓度不高，而且不具有凝聚性能，在沉淀过程中，固体颗粒不改变形状、尺寸，也不互相黏合，各自独立的完成沉淀过程，颗粒在沉砂池和在初次沉淀池内的初期沉淀即属于此类。

第二类是絮凝沉淀，污水中的悬浮固体浓度也不高，但具有凝聚性能，在沉淀的过程中，互相黏合，结合成为较大的絮凝体，其沉淀速度（简称沉速）是变化的，初次沉淀池的后期，二次沉淀池的初期沉淀就属于这种类型。

第三类是集团沉淀（也称为成层沉淀），当污水中悬浮颗粒的浓度提高到一定浓度后，每个颗粒的沉淀将受到其周围颗粒存在的干扰，沉速有所降低，如浓度进一步提高，颗粒间的干涉影响加剧，沉速大的颗粒也不能超越沉速小的颗粒，在聚合力的作用下，颗粒群结合成为一个整体，各自保持相对不变的位置，共同下沉。液体与颗粒群之间，形成清晰的界面。沉淀的过程，实质上就是这个界面的下降过程。活性污泥在二次沉淀池的后期沉淀就属于这种类型。

第四类是压缩，这时浓度很高，固体颗粒相互接触，互相支承，在上层颗粒的重力作用下，下层颗粒间隙中的液体被挤出界面，固体颗粒群被浓缩。活性污泥在二次沉淀池污泥斗中和在浓缩池的浓缩即属于这一过程。

在二次沉淀池中，活性污泥能够一次地经历上述四种类型的沉淀。活性污泥的自由沉淀过程是比较短促的，很快就过渡到絮凝沉淀阶段，而在沉淀池内的大部分时间都是属于集团沉淀和压缩。

（二）沉淀池工艺

固体物质在污水中以三种状态存在：溶解态、胶体态和悬浮态。粒径小于 10^{-6}mm 的固体物质一般以溶解态存在。胶体态按照粒径又分为粗分散和细分散两种情况，细分散胶体的粒径在 $10^{-6} \sim 10^{-4}$mm 之间，粗分散胶体的粒径在 10^{-3}mm 之间。悬浮态的粒径一般大于 10—3mm。有时也把粗分散胶态归为悬浮态。

在污水水质分析中，一般把以各种状态存在的固体总和称为总固体 TS，可从滤纸滤过的称为溶解性固体 DS，滤纸上的残留物即不能通过滤纸的部分称为悬浮固体 SS。一般来讲，只有 10^{-4}mm 以下的粒子才能通过滤纸。因此，溶解性固体 DS 包括溶解态和细分散胶态固体；而悬浮固体 SS 包括粗分散胶态和悬浮态固体，即 10—4mm 以上的粒子。

在沉淀工艺中，人们又把总固体 TS 分为可沉固体物质、可漂浮固体物质和不可沉漂固体物质。可沉固体是指经过一段时间（一般 1h）能从污水中沉淀出来的固体物质，可漂浮固体是指经过简单的浮选措施可漂浮至污水水面的那部分固体物质，其余固体物质在污水中既不沉淀也不上浮，处于稳定状态，称之为不可沉漂固体。一般来说，10^{-3}mm 以下的粒子无论其密度比污水大还是小，在污水中既不下沉也不上浮，而 10^{-3}mm 以上的粒子绝大部分都可以沉淀或漂浮。因此，以溶解态和所有胶态存在的固体均为不可沉漂固体物质，以悬浮态存在的固体绝大部分为可沉或可漂浮固体物质。

通过以上分析可看出，悬浮固体 SS 由可沉淀固体、可漂浮固体和一部分胶态的不可沉漂固体组成。生活污水的悬浮固体 SS 中，可沉固体物质约 60%，胶态固体物质接近 40%，极少一部分为可漂浮固体物质。

（三）沉淀池分类

根据水流方向沉淀池分为平流式、辐流式和竖流式三种。

1. 平流式沉淀池

平流式沉淀池是污水处理厂中采用比较广泛的一种池形。污水从池一端流入，按水平方向在池内流动，从另一端溢出，池呈长方形，在进口处的底部设贮泥斗。入流装置是横向潜孔，潜孔均匀地分布在整个宽度上，在潜孔前设地挡流板，其作用是消能，使污水均匀分布。挡流板高出水面 0.15 ~ 0.2m，深入水下的深度不小于 0.2m。也有竖向潜孔的入流装置。

出流装置多采用自由堰形式，堰前也设挡流板以阻拦浮渣，或设浮渣收集和排除装置。出流堰是沉淀池的重要部件，它不仅控制沉淀池内水面的高程，而且对沉淀池内水流的均匀分布有着直接影响。单位长度堰口的溢流量必须相等，此外，在堰的下游还应有一定的自由落差，因此对堰的施工必须是精心的，尽量做到平直，减少误差。有时为了增加堰口长度，在池中间部增设集水槽。

目前还多采用锯齿形溢流堰，这种溢流堰易于加工，也比较容易保证出水均匀。水面应位于齿高度的 1/2 处。

及时排除沉于池底的污泥是使沉淀池正常工作，保证出水水质的一项重要措施。

由于可沉悬浮颗粒多沉淀于沉淀池的前部，因此，在池的前部设贮泥斗，其中污泥通过排泥管借 1.5 ~ 2.0m 的水静压力排出池外，池底一般设 0.01 ~ 0.02 的坡度。

人们通过实践研制出了多种形式的排泥设备，比较常用的是链带式刮泥机。在池底部，链带缓缓沿与水流相反的方向滑动，刮板嵌于链带上，在滑动中将沉泥推入贮泥斗中，而在其移到水面时，又将浮渣推到出口，从那里集中清除。这种设备的主要缺点是各种机件都在水下，易于腐蚀，难于养护。

为了避免上述缺点，使用刮泥机件伸入水中的桥式行车刮泥机，在池壁上设轨道，行车在轨道上移动，刮泥设备将沉泥推到贮泥斗，不用时，将刮泥设备提出水外，免受腐蚀。

采用多斗式沉淀池，可不用机械的刮泥设备，每个贮泥斗单独设排泥管，可以各自独立排泥，能够互不干扰，保证沉泥浓度。

平流式沉淀池的长宽比如果过小，水流不易均匀稳定，而过大则会增加池中水平流速，二者都影响沉淀效率。所以，平流式沉淀池每个廊道的长度与宽度之比不应小于 4，长度与有效水深的比值不小于 8。

平流式沉淀池的缓冲层高度一般为 0.5m，缓冲层上缘至少高出刮泥板 0.3m，池底纵坡不宜小于 0.01。沉淀时间为 1.0 ~ 2.0h；表面水力负荷为 1.5 ~ 3.0m³/（m²·h）；污泥区容积不宜大于 2 天的污泥量；排泥管直径不应小于 200mm；一般生活污水的每人每日污泥量为 14 ~ 27g，污泥含水率按 95% ~ 97% 计；另外，初沉池出水堰的最大负荷不宜大于 2.9L/（m·s），以保证沉淀效率。

平流式沉淀池的优点是沉淀效果好、对冲击负荷和温度的变化适应能力强、易于施工，缺点是占地面积大、配水不易均匀（易于出现短路和偏流）、排泥问题较多（采用链带式刮泥设备时，机件都位于水下，易腐蚀；采用多斗排泥时，每个贮泥斗需单独设排泥管各自排泥，操作工作量大，运行管理比较烦琐）。

平流式沉淀池适用于地下水位较高和地质条件较差的地区，大、中、小型污水处理厂均可采用。

2. 辐流式沉淀池

一般介于 20 ~ 30m，但变化幅度可为 6 ~ 60m，最大甚至可达 100m，池中心深度约为 2.5 ~ 5.0m，池周则约为 1.5 ~ 3.0m。污水一般是从中心处流出按半径的方向向池周流动，流速由大向小变化，也有由周边进水、中心出水的形式和周边进水、周边出水的形式。但一般采用第一种方式的居多。

中心管设于池中心处，污水从池底的进水管进入中心管，在中心管周围为入流区，设由穿孔障板组成的整流板，使污水在池内得以均匀流动，入流速度应低于1m/s，整流板的开孔面积总和应为池断面积的 10% ~ 20%。出流区一般采用三角堰或淹没式溢流孔，为防止浮渣随水流走，在出水堰内侧设浮渣挡板，淹没深度为 0.3 ~ 0.4m，同时设置浮渣的收集、排出设备。刮浮渣板安装在刮泥机桁架的一侧，并随桁架缓慢转动。

辐流式沉淀池多采用刮泥机进行刮泥，刮泥机由刮泥板和桁架组成，刮泥板固定在桁架的底部，桁架绕池中心缓慢旋转，将沉于池底的污泥推入池中心处的污泥斗中，污泥从污泥斗中借助静水压力排出池外，也可用污泥泵排泥，池底应具有 0.05 左右的坡度，污泥斗的坡度为 0.12 ~ 0.16。

刮泥机旋转速度一般为 1 ~ 3r/h，外周刮板速度不超过 3m³/min，一般采用 1.5m/min。刮泥机的驱动方式有多种，一般采用中心传动或周边驱动。当池径小于 20m 时，一般采用中心驱动式的刮泥机，驱动装置设在池子中心走道板上，而当池径大于 31 20m 时，则多采用周边驱动式的刮泥机，驱动装置设在桁架的外缘。另外，还有半桥和全桥之分。当池子直径较大时，为保证排泥的速度和不超过最大周边刮泥速度，一般采用全桥形式，即刮板总长等于池子直径。当池子直径较小时，一般采用半桥即可满足排泥要求。

辐流式沉淀池适用范围广泛，城市污水及各种类型的工业废水都可以使用，一般适用于大型污水处理厂，有的国家规定，当污水量超过 20000m³/d 时，才建议采用辐流式沉淀池。这种沉淀池的缺点是排泥设备庞大，维护困难，造价较高。

生活污水处理用辐流式沉淀池的流量，按最大时流量考虑，沉淀时间一般用 1.5 ~ 2.0h。表面负荷值可定为 2 ~ 3.6m³/（m²·h）辐流式沉淀池的池径不宜小于 16m，平均有效水深不大于 4m，直径与水深比一般介于 6 ~ 12 之间，采用机械刮泥时，生活污水处理用沉淀池缓冲层上缘应高出刮泥板 0.3m。污泥在贮泥斗中的停留时间一般设为 4h。

辐流式沉淀池的优点是对大型污水处理厂比较经济适用、排泥设备已定型，运行效果好；缺点是排泥设备复杂，要求较高的运行管理水平，对施工质量要求高，池内水流不易均匀，流速不够稳定，沉淀效果较差。

辐流式沉淀池适用于大型污水处理厂和地下水位较高的地区。

3. 竖流式沉淀池

竖流式沉淀池，其表面呈圆形，也有采用方形和多角形的。直径或边长一般在8m以下。沉淀池上部呈圆柱形的部分为沉淀区，下部呈截头圆锥状的部分为污泥区，在两区之间设有不小于0.3m的缓冲层。

污水从中心管流入，由下部流出，通过反射板的阻拦向四周分布，然后沿沉淀区的整个断面上升，澄清后的出水由池四周溢出。出流区设在池周，采用自由堰或三角堰。当池径大于7m时，设置辐射式汇水槽。

竖流式沉淀池的直径与有效水深的比值应不大于3，因为如果比值过大，池内水流就可能变成辐射流，絮凝作用减少，竖流式沉淀池的优点就无法发挥。

竖流式沉淀池的优点是占地面积小，排泥容易，不需要机械刮泥设备，便于管理。其缺点是：池深大，施工难，造价高；对冲击负荷和温度变化的适应性较差，每个池的容量小，污水量大时不宜采用；水流分布不易均匀等。

竖流式沉淀池适用于中、小型污水处理厂，处理城市污水、生活污水及食品工业、肉类加工工业等工业废水，但水量不宜过大。

第二节 污水的生物处理方法

一、生物处理工艺概述

（一）基本原理

污水的生化处理是通过微生物处理污水中的有机污染物的一种工艺，也称为污水的生物处理。这种工艺始于19世纪末，其运行费用较低，得到了越来越广泛的应用，目前是城市污水处理的主体工艺。

在污水生物处理过程中，微生物（细菌、真菌、原生动物、后生动物等）进行新陈代谢的营养物质就是污水中大量的污染物质。微生物在进行新陈代谢的生命活动中将营养物质消耗掉，也就是污染物质被处理掉的过程。

不同的微生物所需要的营养物质的种类不同，能量来源也不同，可以分为异养微生物和自养微生物。活性污泥和生物膜中绝大部分都利用有机污染物质作为营养物质，并利用这些物质分解过程中产生的能量作为生命活动所需的能量来源，这类微生物被称为异养微生物，污水中的有机污染物质就是被这些异养微生物去除的。还有一类微生物利用无机物质作为营养，被称为自养微生物。这类微生物按照生命所需能量来源的不同，又分为化能自养和光能自养两类。化能自养微生物是以无机物质作为营养，以无机化学反应所产生的能量作为能源的一类微生物。消化系统活性污泥中的亚硝化单胞菌和硝化杆菌就是化能自养微生物。生物稳定塘中的藻类即属于光能自养微生物，它能利用阳光作能源，以污水中的无机碳作营养，进行光合作用，产生氧气，供给污水中的异养微生物。

污水处理中的微生物又可以按照呼吸作用类型的不同分为好氧微生物、厌氧微生物和兼性微生物。利用好氧微生物的新陈代谢处理污水的过程称为污水的好氧生物处理；利用厌氧微生物的新陈代谢处理污水的过程称为厌氧生物处理，在一个系统中既有好氧过程也有厌氧过程，则称为厌氧、好氧生物处理。好氧微生物在有氧的条件下，可以将有机物中的碳氧化成二氧化碳，氢与氧化合成水，氮被氧化成氨、亚硝酸盐和硝酸盐，磷被氧化成磷酸盐等，这个过程称为有机物的好氧分解。如果没有溶解氧存在，则好氧微生物无法生存。厌氧微生物必须生活在无氧的环境中，在此条件下，厌氧分解一般分为两个阶段。在第一阶段中，有一类被称为产酸细菌的微生物把污水中的复杂有机化合物转化成较简单的有机物（如低级脂肪酸和醇类）和 CO_2、NH_3、H_2S 等无机物。在第二阶段中，另外一类被称为甲烷细菌的微生物，继续将简单的有机物分解成甲烷和二氧化碳等。兼性微生物既能在有氧环境中生活，也能在无氧环境中生长。在有氧环境中，它们对有机物进行好氧分解，在厌氧环境中，它们则能对有机物进行厌氧分解。在污水处理系统中，绝大部分微生物都为兼性微生物。当环境中的溶解氧高于 0.2 ～ 0.3mg/L 时，兼性微生物和好氧微生物进行好氧呼吸；当溶解氧低于 0.2 ～ 0.3mg/L 接近于零时，兼性微生物转入厌氧呼吸，绝大多数好氧微生物则基本停止了呼吸，而有一部分好氧微生物（如丝状菌）则生长良好，处于优势，常常导致污泥膨胀。此类好氧微生物称为微好氧微生物。丝状菌一般都属于好氧微生物。

（二）生物处理工艺分类

污水的生物处理主要包括活性污泥法和生物膜法。

在活性污泥工艺中，微生物群体悬浮在污水中生长，也称为悬浮增长工艺，是水体自净（包括氧化塘）的人工强化。活性污泥工艺产生于 20 世纪初，由于其较高的处理效率，且运行稳定可靠，在世界各地得到了普遍应用，是城市污水生物处理的主要方法。活性污泥法也有很多种形式：传统的活性污泥法及其变形、氧化沟工艺、AB 工艺、A/O 工艺、A2/O 工艺、SBR 工艺等等。

在生物膜工艺中，微生物群体一般固着在某种介质上生长，也称为固着增长工艺，是土壤自净（如灌溉田）的人工强化。生物膜出现于 19 世纪末，是最早采用的人工生物处理方法。包括生物滤池、生物转盘、塔滤和生物接触氧化、曝气生物滤池等种类。由于生物膜处理效果较活性污泥法差，受温度等环境因素的影响较大，且运行控制的灵活性小，城市污水处理厂较少采用。但生物膜上的微生物浓度很高，抵抗有毒物质能力强，故该类工艺被广泛用于工业废水处理领域。

二、传统的活性污泥法及其变形

活性污泥工艺从 1914 年在英国曼彻斯特市建成实验厂以来，已有 90 多年的历史。随着生产上的应用和不断改进，特别是近 30 多年，在对其生物反应和净化机理进行广泛深入研究的基础上，活性污泥法得到了很大的发展，出现了多种工艺流程。

（一）活性污泥法的基本概念

活性污泥是向生活污水注入空气进行曝气，并持续一段时间以后，污水中即生成一种絮凝体。这种絮凝体主要是由大量繁殖的微生物群体所构成，它易于沉淀分离，并使污水得到澄清。活性污泥是由具有活性的微生物（M，）、微生物自身氧化的残留物（Me）、吸附在活性污泥上不能微生物降解的有机物（Mi）和无机物（MiD组成。

（二）活性污泥法的工艺流程

活性污泥处理系统是由曝气池、曝气系统、二次沉淀池、污泥回流系统和剩余污泥排放系统组成。

主要的构筑物是曝气池和二次沉淀池。需处理的污水与回流的活性污泥同时进入曝气池，成为混合液，曝气系统沿着曝气池注入压缩空气进行曝气，使污水与活性污泥充分混合接触，并供给混合液以足够的溶解氧，在好氧状态下，污水中的有机物被活性污泥中的微生物群体分解而得到稳定，然后混合液流入二次沉淀池，其中，活性污泥与澄清水分离后一部分通过污泥回流系统不断回流到曝气池，像接种一样与进入的污水混合，澄清水则溢流排放。在处理过程中，活性污泥不断增长，有一部分剩余污泥通过剩余污泥排放系统从系统中排除。

传统的活性污泥法是推流式，在长方形的池内，污水和回流污泥从一端流入，进行横向混合，从另一端出流。处理效果好，特别适用于处理要求高而水质稳定的污水。但不能较好地适应冲击负荷，而且由于需氧量前大后小，因一般均匀布气，容易造成氧供给不平衡，同时体积负荷率低会使处理构筑物体积增大，占地较多，增加基建费。

近年来，为了解决传统的活性污泥法运行管理等方面的不足，科研人员对其从扩大污泥负荷率、改变曝气池进水点、曝气池流态以及曝气技术等多方面进行了改良。

出现了阶段曝气法、生物吸附法、完全混合法和延时曝气法等多种类型。

阶段曝气法是指污水沿曝气池池长分段多点进水，使有机物负荷分布较均匀，从而解决了供氧均匀问题，提高了空气利用率和曝气池的工作能力，并能减轻二次沉淀池的负荷。

生物吸附法是指污水和活性污泥在吸附池内混合接触 15 ~ 60mm，使污泥吸附大部分呈悬浮、胶体状的有机物和一部分溶解性有机物，然后混合液流入二次沉淀池。从沉淀池分离出的回流污泥则先在再生池里进行生物代谢，充分恢复活性后再引入吸附池。这种改造可以提升曝气池的容积负荷率，增加系统的耐冲击负荷能力。

完全混合法是污水与回流污泥一进入曝气池中就立即与池内其他混合液完全混合的方法。此法的耐冲击负荷能力很强，污泥负荷率较高，节省动力费用。但其池容不能太大，当搅拌混合效果不佳时，易产生短流，但其对入流水质水量的适应能力较强。完全混合式工艺多用于工业废水处理。

延时曝气法，特点是负荷率低，所需池容大，能适应进水水量和水质的变化，受温度影响也较小，出水的稳定性高。但此法基建费和动力费高，占地面积较大。

（三）活性污泥评价指标

1. 混合液悬浮固体（MLSS）

混合液悬浮固体是指曝气池中污水和活性污泥混合后的混合液悬浮固体数量，单位是 mg/L。包括 M_a、M_e、M_i、M_{ii} 四者在内的总量。

2. 混合液挥发性悬浮固体（MLVSS）

混合液挥发性悬浮固体是指混合液中有机物的重量，单位是 mg/L，包括 Ma、Me、M3 而 Mh 不包括在内，能够较准确地代表活性污泥微生物的数量。一般情况下，MLVSS/MLSS 的比值对于某一种污水而言相对固定，对于生活污水，常在 0.75 左右。

3. 污泥沉降比（SV%）

污泥沉降比是指曝气池混合液在 100mL 量筒中，静置沉淀 30min 后，沉淀污泥与混合液之体积比（%）。污泥沉降比可反映曝气池正常运行时的污泥量，可用于控制剩余污泥的排放以及反映曝气池中污泥膨胀等异常情况。

4. 污泥容积指数（SVI）

污泥容积指数（也称污泥指数），是指曝气池出口处混合液经 30min 静沉后，lg 干污泥所占的容积，以 mL 计。

SVI 值能较好地反映出活性污泥的松散程度（活性）和凝聚、沉淀性能，一般在 100 左右。SVI 值过低，说明泥粒细小紧密，无机物多，缺乏活性和吸附能力；SVI 值过高，说明污泥难于沉降分离，即将膨胀或已经膨胀，必须查明原因采取措施。

5. 污泥龄（t_s）

污泥龄是曝气池中工作着的活性污泥总量与每日排放的剩余污泥量之比值，单位是 d。

（四）活性污泥影响因素

1. BOD 负荷率

活性污泥的能量含量，以及营养物或有机物（F）与微生物（M）的比值（F：M），是活性污泥增长速率、有机物去除速率、氧利用速率、污泥的凝聚吸附性能等的重要影响因素。随着 F：M 值由高向低变化，活性污泥从对数增长期过渡到减速增长期再到内源呼吸期。在实际应用中，F：M 值是以 BOD 污泥负荷率（M）表示：

$$F:M = N_s = \frac{QL_a}{XV} \left[kgBOD_5 / (kgMLSS \bullet d) \right]$$

式中 Q——污水流量（m^3/d）；

　　La——进水有机物（BOD_5）浓度（mg/L）；

　　V——曝气池容积（m^3）；

　　X——混合液悬浮固体（MLSS）浓度（mg/L）。

一般活性污泥法的 BOD 负荷率均控制在 0.2 ~ 0.5kgBODs/(kgMLSS·d)左右运行，最低可到 0.05 ~ 0.1 左右，属延时曝气法，最高在 2 左右，属高负荷活性污泥法。

2. 溶解氧

曝气池中溶解氧含量较低，则影响正常的生物代谢作用，活性污泥法溶解氧的浓度以 2mg/L 左右为宜，这样会形成较大的絮凝体，达到较好的沉淀分离效果。

3. 水温

微生物的生长有其适宜的温度，一般来讲对于生化过程，水温在 20 ~ 30℃时效果最好，温度过高则氧的转移效率降低，无法满足生化过程所需的溶解氧的要求，温度过低则生物活性大大降低。

4. 营养物平衡

在活性污泥系统里，由于微生物细胞是由多种化学成分所组成，因此其生长繁殖需要有一定比例的营养物质，污水中除以 BOD 所代表的含碳有机物外，还需要一定比例的氮、磷和其他微量元素。一般对氮、磷的需要量应满足 BOD：N：P=100：5：1 的比例。

5. pH 值

对于好氧生物处理，pH 值一般以 6.5-9.0 为宜。活性污泥法的生化反应对于酸、碱性污水可以起到缓冲作用。如果出现较大的冲击负荷，pH 值发生很大变化，活性污泥的活性将大大降低，从而降低处理效果。

（五）活性污泥法曝气系统及其构造

活性污泥工艺采用的是好氧过程，是采用人工方法强化微生物的代谢过程，除在曝气池能保持有足够数量和性能良好的活性污泥外，还必须供给活性污泥充足的溶解氧。

通过曝气系统将氧强制溶解到混合液中的过程，同时起到了搅拌混合作用，使活性污泥在混合液中保持悬浮状态，与污水充分接触混合。通常采用的曝气方法有鼓风曝气和机械曝气以及两种供气方式联合使用的鼓风机械曝气。

影响氧在水中溶解转移过程的因素有：

1. 水质：由于污水中存在着溶解性有机物，特别是某些表面活性物质，这类物质的分子是两亲分子（极性端亲水、非极性端疏水），他们将聚集在气、液界面上，阻碍氧分子的扩散转移。

2. 水温：水温高，液体黏滞度降低，扩散度增加，氧转移系数就增加。溶解氧饱和度，随着水温的上升而下降，水温低有利于氧的转移。通常在水温为 15 ~ 30℃的曝气池中，混合液溶解氧在 0.5 ~ 2.0mg/L 的范围内，其最不利情况将出现在夏季的 30 ~ 35℃。

3. 氧分压（气压）：溶解氧饱和度 C_s 还受氧分压或气压的影响。当气压降低时，G 值也降低，反之则增大。

此外，氧的转移还与气泡的大小、液体的紊动程度和气泡与液体的接触时间有关。气泡尺寸是由扩散装置的性能决定的，气泡尺寸较小，有利于氧的转移，但气泡小却不利于紊动，这样对氧转移也有不利的影响。

衡量曝气设备效能的指标有动力效率（Ep）和氧转移效率（Ea）或充氧能力。动力效率是指一度电所能转移到液体中去的氧量（kg/h），氧转移效率是指鼓风曝气转移到液体中的氧占供给的百分数（%），而充氧能力则是指叶轮或转刷在单位时间内转移到液体中的氧量（kg/h）。

曝气主要分为鼓风曝气、表面曝气、水上曝气、水下搅拌曝气。曝气形式、类别及相对应的设备名称。

曝气池的结构类型根据不同的分类方式可分为不同的形式。从混合液流型可分为推流式、完全混合式和循环混合式；从平面形状可分为长方廊道形、圆形、方形、环状跑道形等；从采用的曝气方法可分为鼓风曝气式、机械曝气式以及两者联合使用的联合式；从曝气池与二沉池的关系可分为分建式和合建式。

推流式曝气池一般是长方廊道形，常采用鼓风曝气，扩散装置排放在池子的一侧，可使水流在池中呈螺旋状前进，增加气泡和水的接触时间。为了帮助水流旋转，池侧面两墙的墙顶和墙角一般都外凸呈斜面。曝气池数目随污水厂大小和流量而定，在结构上可以分成若干单元进行设计，每个单元包括几个池子，每个池子常由 1 ～ 4 个折流的廊道组成。用单数廊道时，入口和出口在池子的两端；采用双数廊道时，入口和出口在池子的同一端。

曝气池池长可达 100mo 为防止短流，廊道长度和宽度之比应大于 4 或 5，甚至有大于 10 的。为了使水流更好的旋转前进，宽深比不大于 2，常在 1.5–2 之间，池深常在 3 ～ 5m。池深与造价和动力费有密切关系，池子深一些，氧的转移效率就高一些，可以降低空气量，但压缩空气的压力将提高。反之空气压力降低，氧转移效率也降低。

曝气池进水口最好淹没在水面以下，以免污水进入曝气池后沿水面扩散，造成短流，影响处理效果。曝气池出水设备可用溢流堰或出水孔。通过出水孔的水流流速要小一些，以免污泥受到破坏。

长方廊道形鼓风曝气池多用于大、中型污水厂，在寒冷地区的小型污水厂也常采用。

完全混合式曝气池常采用叶轮供氧，多以圆形、方形或多边形池子做单元，这是和叶轮所能作用的范围相适应的。改变叶轮的直径，可以适应不同直径（边长）、不同深度的池子的需要。完全混合式曝气池既有合建式（曝气和沉淀两部分合建在一起），也有分建式的（曝气池和沉淀池分开修建）。

循环混合式曝气池（氧化沟）是一种简易的活性污泥系统，属于延时曝气法。多采用转刷供氧，其平面形状如环形跑道。转刷设置在氧化沟的直段上，转刷旋转时混合液在池内循环流动，流速保持在 0.3m/s 以上，使活性污泥呈悬浮状态。氧化沟的断面和根据当地地质情况、允许占用的土地面积和工程造价等几方面确定，一般可做成梯形或矩形断面。有效深度常为 0.9 ～ 1.5m，有时深达 2.5m。沟宽与转刷长度相适应。

氧化沟可分为间歇运行和连续运行两种方式。间歇运行适用于处理量少的污水，可省掉二次沉淀池，当停止曝气时，氧化沟起沉淀作用。连续运行适用于水量稍大的污水处理厂，需另设二次沉淀池和污泥回流系统。

（六）活性污泥系统的工艺参数

1. 有机物负荷率。有机物负荷率通常有两种表示方法，一是活性污泥负荷（简称污泥负荷）率，二是曝气区容积负荷（简称容积负荷）率。

污泥负荷率（NQ 是指单位重量活性污泥在单位时间内所能承受的 BOD 数量。

$$N_s = \frac{QL_a}{XV} \left[kgBOD_5 / (kmMLSS \cdot d) \right]$$

容积负荷率（Nv）是指单位容积曝气区在单位时间内所能承受的 BOD 数量。

$$N_V = \frac{QL_a}{V} = N_S X \left[kgBOD_5 / \left(M^3 \bullet d \right) \right]$$

由上式可知，要想确定合理的曝气池容积，必须正晚确定污泥负荷率（Ns）和混合液污泥浓度（MLSS）。污泥负荷率的确定除要考虑处理效率和出水水质外，还必须结合污泥的凝聚沉淀性能考虑，即根据所需要的出水水质而计算出的 N, 值，再进一步复核相应的 SVI 值是否在正常运行的允许范围内。如果对出水水质要求进入硝化阶段，污泥负荷率还必须结合污泥龄考虑。一般来说，污泥负荷率在 0.3 ~ 0.5kgBOD₅/（kgMLSS-d）范围内时，BOD 去除率可在 90% 以上，SVI 在 80 ~ 150 范围内，污泥的吸附性能和沉淀性能都较好。

2. 混合液污泥浓度（MLSS）是指曝气池的平均污泥浓度。设计时采用较高的污泥浓度可以缩小曝气区容积。但污泥浓度也不能过高，选用时还必须考虑如下因素：

（1）供氧的经济性与可能性。污泥浓度高会增加氧的扩散阻力，氧的利用率下降，相应地增加了动力运行费用。同时，需氧量随污泥浓度的提高而增加，污泥浓度越高，供氧量就越大，给供氧设备造成工作负担。

（2）活性污泥的凝聚沉淀性能。混合液中的污泥来自回流污泥，混合液污泥浓度（X）不可能高于回流污泥浓度（Xr），而回流污泥来自二次沉淀池，二次沉淀池的污泥浓度与污泥沉淀性能以及它在二次沉淀池中浓缩的时间有关。一般地，混合液在量筒中沉淀 30min 后形成的污泥基本上可以代表混合液在二次沉淀池中沉淀时形成的污泥，因此回流污泥浓度为：式中广是考虑污泥在二次沉淀池中停留时间、池深、污泥厚度等因素的有关系数，一般在 L2 左右。X_R 值与 SVI 成反比，SVI 值高，则回流污泥浓度降低，相应的混合液污泥浓度也就降低。

（3）沉淀池与回流设备的造价。污泥浓度高增加了二次沉淀池的负荷，使工程造价提高。对于分建式曝气池，混合液浓度越高，则维持平衡的污泥回流量也越大，从而使污泥回流的造价和动力费用增加。混合液污泥浓度（X）和污泥回流比（R）及回流污泥浓度（X_R）之间的关系为 $X = \frac{R}{1+R} X_R$。

总之，曝气池混合液污泥浓度必须在考虑上述影响因素的基础上慎重确定。

（七）污泥回流系统

分建式曝气池，活性污泥从二次沉淀池回流到曝气池时需设置污泥回流设备。污泥回流设备包括提升设备和管渠系统。污泥提升设备常用叶片泵或空气提升器或螺旋泵。

（八）二次沉淀池

二次沉淀池是活性污泥系统的重要组成部分，它用以澄清混合液并回收、浓缩活性污泥，因此，其效果的好坏，直接影响出水的水质和回流污泥的浓度。如果沉淀和浓缩效果不好，则出水的 BOD 浓度将增加，而回流污泥浓度降低，则曝气池中混合液浓度降低，影响净化效果。

二次沉淀池有与曝气池合建的和分建两类。分建的又可分为竖流式、平流式和辐流式三种。大型污水处理厂大都采用机械吸泥的圆形辐流式沉淀池，中型污水处理厂采用方形多斗辐流式沉淀池的居多，也有采用多斗平流式沉淀池的，小型污水处理厂则多采用圆、方形竖流式沉淀池。

二次沉淀池除了进行泥水分离外，还进行污泥浓缩，并由于水量、水质的变化，还要暂时贮存污泥，因此所需的池面积大于只进行泥水分离所需要的池面积。进入二次沉淀池的活性污泥混合液的浓度高（2000 ~ 4000mg/L），有絮凝性能，属于成层沉淀。沉淀是泥水之间有清晰的界面，絮凝体结成整体共同下沉，初期泥水界面的沉速固定不变，仅与初始浓度有关。由于活性污泥质轻，易被逐出水带走，并容易产生二次流和异重流现象，使实际的过水断面远远小于设计的过水断面。因此，设计平流式二沉池时，最大允许的水平流速要比初沉池的小一半；池子的出流堰常设在离池末端一定距离的范围内；辐流式二沉池可用周边进水方式提高沉淀效果；此外出流堰的长度也要相对增加，使单位堰长的出流量不超过 5 ~ 8m³/（m·h）。由于进入二次沉淀池的混合液是泥、水、气三相混合体，因此中心管中的下降流速不应超过 0.03m/s，以利于气水分离，提高澄清区的分离效果。

（九）剩余污泥及其处置

为了保证活性污泥系统中的污泥量的平衡，每日必须从系统中排出一定数量的剩余污泥。剩余污泥含水率高达 99% 左右，数量多，脱水性能差，所以剩余污泥的处置是一个较重要的问题。对于设有初沉池的小型活性污泥系统，剩余污泥可回流到初次沉淀池，使其含水率降低到 96% 左右，同初沉池的污泥一起处置。这样做会增加初沉池的负荷，而且生污泥与活性污泥混合后，使生污泥中的有机物得到部分分解，并进入污水中，反而增加了曝气池的 BOD 负荷。因此大、中型处理厂一般都采用将剩余污泥单独引入浓缩池浓缩的办法处置剩余污泥。

（十）活性污泥处理系统的运行管理

对于城市污水和性质与其相类似的工业废水投产时首先要进行活性污泥的培养。活性污泥的培养和驯化方法有以下几种，污水处理厂可根据具体情况选择一种方法培养或几种方法并用：

第一，间歇培养，将曝气池注满水，然后停止进水，开始曝气。只曝气而不进水称"闷曝"。闷曝 2 ~ 3d 后，停止曝气，静沉 lh，然后进入部分新鲜污水，这部分污水约占池容的 1/5 即可。之后循环进行闷曝、静沉和进水三个过程，但每次进水量应比上次有所增加，每次闷曝时间应比上次缩短，即进水次数增加。当污水温度为 15 ~ 20℃时，采用该种方法，经过 15d 左右即可使曝气池中的 MLSS 超过 1000mg/L。此时可停止闷曝，连续进水连续曝气，并开始污泥回流。最初的回流比不要过大，可取 25%，随着 MLSS 的升高，逐渐将回流比增至设计值。

第二，低负荷连续培养，将曝气池注满水，停止进水，闷曝 Id。然后连续进水连续曝气，进水量控制在设计水量的 1/2 或更低。待污泥絮体出现时，开始回流，回流比取 25%。至 MLSS 超过 lOOOmg/L 时，开始按设计流量进水，MLSS 至设计值时，开始以设计回流比回流，并开始排放剩余污泥。

第三，满负荷连续培养，将曝气池注满水，停止进水，闷曝 Id。然后按设计流量连续进水，连续曝气，待污泥絮体形成后，开始回流，MLSS 至设计值时，开始排放剩余污泥。

第四，接种培养，将曝气池注满污水，然后大量投入其他处理厂的正常污泥，开始满负荷连续培养。这种方法能大大缩短污泥培养时间，但受实际情况例如其他处理厂离该厂的距离、运输工具等的制约。该法一般仅适用于小型处理厂，大型处理厂需要的接种量非常大，运输费用高，经济上不合算。在同一处理厂内，当一个系列或一条池子的污泥培养正常以后，可以大量为其他系列接种，从而缩短全厂总的污泥培养时间。

在进水中增加营养可以提高培养速度，缩短培养时间。因为温度越高培养的速度就越快，所以应尽量避免冬季培养污泥。污泥培养初期，为了较快地形成絮体，曝气量一般控制在正常曝气量的 1/2 或更低。

在运行过程中有时会出现污泥流失、处理效果下降的异常情况。可能的异常情况包括生物相异常、污泥上浮、污泥膨胀和生物泡沫等。

正常情况下活性污泥系统的生物相基本保持稳定，如果出现急剧变化，则指示性活性污泥出现问题。

污泥上浮是指污泥在二沉池内发生酸化或反硝化导致的污泥上浮。发生污泥上浮的污泥生物活性和沉降性能都很正常。当污泥在二沉池内停留时间太长时，由于缺乏溶解氧会发生酸化，产生 has 气体，附在污泥絮体上，使其密度减小，造成污泥上浮。当系统的 SRT 较长，发生硝化以后，进入二沉池的混合液中会含有大量的硝酸盐，在二沉池内由于缺乏溶解氧而发生反硝化，产生大量的氮气。这些氮气附在污泥絮体上，也使之上浮。当发生污泥上浮时，须及时排泥，而且在曝气池末端增加供氧，使污泥不处于厌氧状态。

正常的活性污泥沉降性能良好，含水率在 99% 左右。当污泥变质时，污泥不易沉淀，SVI 值增高，污泥的结构松散和体积膨胀，含水率上升，澄清液稀少，不能在二沉池内进行正常的泥水分离，污泥随出水流失。发生污泥膨胀以后，流失的污泥会使出水 SS 超标。如不立即采采取措施污泥继续流失会使曝气池的微生物量锐减，不能满足分解微生物的需要。污泥膨胀的主要原因是丝状菌大量繁殖，也有时是因污泥中结合水异常增多导致。一般污水中碳水化合物较多，缺乏氮、磷、铁等养料，溶解氧不足，水温高或 pH 值较低等都容易引起丝状菌大量繁殖，导致污泥膨胀。此外超负荷、污泥龄过长或有机物浓度梯度小等也会引起污泥膨胀。排泥不通畅则易引起结合水性污泥膨胀。为了避免污泥膨胀的发生，应加强操作管理，经常检测污水水质、曝气池内溶解氧、污泥沉降比、污泥指数和进行显微镜观察等。当发生污泥膨胀后，可针对引起污泥膨胀的原因及时采取措施。

如果入流的污水中含油脂类物质较多或者初沉池浮渣去除不彻底则容易产生生物泡沫。应对上游油脂类废水的排放加强管理，并且加强初沉池浮渣特别是乳状浮渣的清除。

三、生物膜法

（一）生物膜法概述

污水的生物膜处理是使细菌和菌类微生物和原生动物、后生动物一类的微型动物在滤料或某些载体上生长繁育，形成膜状生物性污泥——生物膜，生物膜上的微生物会摄取污水中的有机污染物作为营养，完成自身的新陈代谢作用，同时达到了去除污水中污染物的目的。

生物膜法发展至今具有代表性的处理工艺有：生物滤池、生物转盘和生物接触氧化。

1. 生物膜法去除机理

污水长期与滤料或某种载体流动接触，在滤料或载体的表面上会逐渐生长出生物膜，生物膜上有细菌及各种微生物组成的生态系统，微生物会不断摄取有机污染物，从而使生物膜不断加厚成熟。

生物膜在污水不断流动的条件下，外侧存在一层附着水层，其下是生物膜。生物膜又由好氧和厌氧两层组成，其中好氧层居于外侧，紧邻附着水层，溶解氧很容易进入，因此此层的微生物是好氧微生物，好氧层的厚度一般为 2mm 左右，有机物的降解主要是在好氧层内进行；而厌氧层则紧贴滤料表面，氧气不能透入，该层微生物为厌氧性微生物，可以在缺氧的条件下进行硝化脱氮反应。

在生物膜内、外，生物膜与水层之间进行着多种物质的传递过程。空气中的氧溶解于流动水层中，通过附着水层传递给生物膜，供微生物呼吸之用；污水中的有机污染物，由流动水层传递给附着水层，然后再进入生物膜，并通过细菌的代谢活动而被降解。这样就是流动水在不断的流动过程中逐步得到净化。微生物的代谢产物等通过附着水层进入流动水层，并随其排走，而 CD 及厌氧层分解产物如 H_2S、NH_3 以及 CH_4 等气态代谢产物则从水层逸出进入空气中。

当厌氧层还不厚时，它与好氧层保持一种平衡稳定关系，好氧层能够保持良好的净化功能。厌氧层不断增长，其代谢产物也逐渐增多，这些代谢产物在向外侧溢出时，必然要透过好氧层，从而破坏了好氧层生态系的稳定状态，使这两种膜层之间失去了平衡关系，此时的生物膜逐渐老化，又因气态代谢产物的不断逸出，减弱了生物膜在滤料或载体上的固着力，促使了生物膜的脱落。老化生物膜脱落后，又开始生成新的生物膜。

2. 生物膜法的特征

（1）微生物相方面的特征

在生物膜上生长繁育的生物类型丰富、种类繁多，食物链长而且复杂。生物膜固着在滤料、载体或填料上，适宜微生物的生长素殖。污泥龄较长，因此可以生长世代时间较长的微生物如硝化菌。生物膜上可大量生长丝状菌，且不会出现污泥膨胀的问题。线虫类、轮虫类以及寡毛类的微型动物出现的频率较高。在日光照射的部位能够出现藻类，在某些设备上，如生物滤池，能够出现像苍蝇这样的昆虫类生物。

生物膜法多为分段处理，在每一段都生长繁殖与进入本段污水水质相适应的微生物，且为优势菌种。

在生物膜上生长繁殖的生物中，动物性营养者所占比例较大，微型动物的存活率较高，在生物膜上能够生息高层次营养水平的生物，在捕食性纤毛虫、轮虫类、线虫类之上还生长栖息着寡毛类和昆虫，因此，在生物膜上形成的食物链要长于活性污泥法，产生的生物污泥量也少于活性污泥法。

硝化菌和亚硝酸菌的世代时间都比较长，其比增值速度很小。在活性污泥法系统中，这类细菌是难以存活的，但在生物膜法中，生物膜的污泥龄与污水的停留时间无关，因此，像硝化菌这样世代时间较长的细菌也得以增殖。

（2）处理工艺方面的特征

生物膜法的各种工艺，对流入水水质、水量的变动都具有较强的适应性。即使中间停止一段时间供水，对生物膜的净化功能也不会带来明显的障碍，能够很快得到恢复。

由于生物膜生物相的多样化，在低水温条件下，生物膜仍能够保持较为良好的净化功能，温度变动对它的影响较小。

从生物膜上脱落下来的生物污泥，所含生物成分较多，密度较大，宜于固液分离，即或大量增殖丝状菌，也没有产生污泥膨胀之虑。但是，如在生物膜内部形成厌氧层，在其脱落后，非活性的细小悬浮物将分散于水中，处理水的澄清度降低。

活性污泥法处理系统，如进水 BOD 在 50 ~ 60mg/L 以下，絮凝体形成恶化，处理水水质低下，但是，生物膜法处理系统对浓度低的污水，也能够取得较好的处理效果，可使 BOD 为 20mg/L 的污水，将 BOD 值降至 5 ~ 10mg/L。

生物膜法中的生物滤池、生物转盘等工艺，都是节省能源的，其动力费用都较低。去除单位重量 BOD 的耗电量较少。

生物膜法处理工艺产生的污泥量少，一般来说，相对于活性污泥法可减少 1/4。

生物膜法的各项工艺具有良好的硝化功能，采取措施适当，还有进行脱氮的功能。

（二）生物滤池

生物滤池是以土壤自净原理为依据，在污水灌溉的实践基础上，经间歇砂滤池和接触滤池而发展起来的人工生物处理法。

污水长期以滴状洒布在块状滤料的表面上，在污水流经的表面上就会形成生物膜，生物膜成熟后，栖息在生物膜上的微生物会摄取污水中的有机污染物质作为营养，从而使污水得到净化。进入生物滤池的污水，必须经过预处理，去除悬浮物、油脂等能够堵塞滤料的污染物质，并使水质均化稳定。一般在生物滤池前设初次沉淀池，但并不限于沉淀池，采用什么样的预处理措施，应视原污水的水质而定。滤料上的生物膜，不断脱落更新，脱落的生物膜随处理水流出，因此在生物滤池后也应设置沉淀池予以截留。

现按生物滤池的类型，就其构造特征、净化功能、设计要点以及运行方式等问题分别进行阐述。

1. 普通生物滤池

普通生物滤池，又叫滴滤池，是生物滤池早期出现的类型，即第一代的生物滤池。

（1）构造

普通生物滤池由池体、滤料、布水装置和排水系统等四部分所组成。

普通生物滤池在平面上多呈方形或矩形。四周筑墙称之为池壁，池壁具有围护滤料的作用，应当能够承受滤料压力，一般多用砖石筑造。池壁可筑成带孔洞的和不带孔洞的两种形式，有孔洞的池壁有利于滤料内部的通风，但在低温季节，易受低温的影响，使其净化功能降低。为了防止风力对池表面均匀布水的影响，池壁一般应高出滤料表面 0.5 ~ 0.9m。池体的底部为池底，它的作用是支撑滤料和排除处理后的污水。

滤料是生物滤池主体部分，因滤料的选择直接影响净化效果，所以必须慎重选择。滤料应具备的条件是：

1）质坚、高强、耐腐蚀、抗冰冻。

2）较高的比表面积（单位容积滤料所具有的表面积）。比表面积大，则生物膜固着生长的面积就大，会生长更多的生物膜。而且滤料表面应比较粗糙（这样更易于生物膜固着生长），但同时应保证污水能在滤料间均匀流动。

3）适宜的空隙率（单位容积滤料中所含有的空间所占有的百分率）。比表面积和空隙率成反比，比表面积高，空瞭率则低，空隙率高，其表面积必然减小。空隙率不宜过高或过低。

4）就地取材，便于加工，便于运输。普通生物滤池一般多采用实心拳状滤料，如碎石、卵石、炉渣和焦炭等，一般分工作层和承托层两层充填，总厚度约为 1.5 ~ 2.0m。工作层厚 1.3 ~ 1.8m，粒径介于 30 ~ 50mm；承托层厚 0.2m，粒径介于 60 ~ 100mm. 滤料在充填前应经过仔细筛分、洗净，在各层中的滤料和粒径要求均匀一致，以保证较高的空隙率，不合格者不得超过 50%。

布水装置的首要任务是向滤池表面均匀地撒布污水。而且布水装置也要求具有不会受到风雪的影响，可以适应水量的变化，不易堵塞和易于清通等特征。

普通生物滤池，多采用的布水装置是固定喷嘴式布水装置系统。该系统由投配池、布水管道和喷嘴等三部分组成。

投配池设于滤池的一端或两座滤池中间，在投配池内设虹吸装置。布水管道敷设在滤池表面下 0.5 ~ 0.8m 处，在布水管道上装有一系列伸出池表面 0.15 ~ 0.20m 的竖管，在竖管顶端安装喷嘴。喷嘴的作用是均匀布水，喷嘴有多种类型。污水流入投配池内，在达到一定高度后，虹吸装置即开始作用，污水泄入布水管道，并从喷嘴冲出，被倒立锥体所阻，向外分散，成为水花。当投配池内的水位降到一定程度时，虹吸被破坏，喷水停止。

这种布水装置的优点是受气候的影响较小，缺点是布水不够均匀且需要较大的水头。

滤池的排水系统设于池体的底部，主要用来排除处理后的污水和保证滤池内通风良好。排水系统包括渗水装置、汇水沟和总排水沟等。

渗水装置形式很多，使用较为广泛的是混凝土板式的渗水装置。渗水装置的作用是支撑滤料，排除滤水，空气也是通过渗水装置的空隙进入滤池池体的。为了保证滤池通风良好，渗水装置上排水孔的总面积不得小于滤池表面积的 20%；其与池底的距离不得小于 0.4m。池底以 1% ~ 2% 的坡度坡向汇水沟，汇水沟宽 0.15m，间距 2.5-4.0m，并以 0.5% ~ 10% 的坡度坡向总排水沟，总排水沟的坡度不应小于

0.5%，也是为了通风良好，总排水沟的过水断面积应小于其总断面的 50%，沟内流速应大于 0.7m/s，以免发生沉淀和堵塞现象。

（2）普通生物滤池的设计

普通生物滤池的滤料容积一般按负荷进行计算。常用的有两种负荷值，一种是水力负荷，另一种是 BOD5 容积负荷。

水力负荷是在保证处理水达到要求质量的前提下，每 m² 滤料表面在 1 日内所能接受的污水水量（m³），其表示单位为 m³ 污水 /。

BOD$_5$ 容积负荷：是在保证处理达到要求质量的前提条件下，每 m³ 滤料表面在 1 日内所能接受的 gods 量，其单位为 bod$_5$/（m³ 滤料）。

（3）普通生物滤池的适用范围与优缺点

普通生物滤池是用于处理每日污水量不大于 1000m³ 的小城镇污水和有机工业废水，这种处理工艺的主要优点是 BOD 的去除效果较好，一般可达 95% 以上。这种工艺运行稳定、易于管理和节省能源。而其缺点是：负荷低，占地面积大，不适用于处理水量较大的污水；滤料易堵塞，若预处理不够充分，含悬浮物较高的污水进入滤池或生物膜的同时大量脱落，都有可能使滤料堵塞；产生滤池蝇，影响环境卫生；喷嘴喷洒污水较高，散发臭味。

2. 高负荷生物滤池

（1）高负荷生物滤池的特征及其流程系统

高负荷生物滤池是生物滤池的第二代工艺。它大幅度提高了滤池的负荷，高负荷生物滤池的 BOD 容积负荷高于普通生物滤池 6 ~ 8 倍，水力负荷则为普通生物滤池的 10 倍。

高负荷生物滤池的高滤率是通过限制进水 gods 值和在运行上采取处理水回流等措施达到的。进入滤池污水的 BOD5 值必须低于 200mg/L，否则应采用处理水回流稀释。处理水回流可以稀释进水且均化和稳定进水水质，可以提高进水量，加大水力负荷，及时冲刷过厚和老化的生物膜，促进生物膜更新，抑制厌氧层发育，使生物膜经常保持活性，而且处理水回流也可以抑制臭味的产生和滤池蝇的过度滋长。

回流水量（Q_R）与原污水量（Q）之比，称为回流比（R），即 $R = \dfrac{Q_R}{Q}$，而 $I = Q + Q_R$，式中 I 为喷洒在滤池表面上的水量。而循环比 $F = \dfrac{I}{Q}$。采取处理水回流，进水 BOD 值被稀释，其浓度计算式为 $L_d = \dfrac{L_O + RL_e}{1 + R}$，式中 Ld 表示经处理水回流稀释后进入滤池待处理污水的 BOD$_5$ 值（mg/L），L$_e$ 表示原污水的 BOD$_5$ 值（mg/L），

Le 表示滤池处理水的 gods 值（mg/L）。

由于处理水回流，高负荷生物滤池形成多种多样的流程系统。当原污水浓度较高，而且对处理水的要求也较高时，可以考虑采用二段滤池处理系统。二段滤池的组合方式很多，二段生物滤池系统的主要缺点是加大占地面积，增设泵站和负荷不均，一段生物滤池负荷过大，生物膜易于积存和产生堵塞现象，二段滤池则会造成负荷过低，因此须采取交替配水措施。

（2）高负荷生物滤池的构造

高负荷生物滤池在表面上多呈圆形。滤料的粒径也较大，一般为 40～100mm，因此，空隙率较高，滤料层也较大，一般多在 2m 以内，滤料粒径和相应的层厚度关系。

当滤层厚度超过 2.0m 时，一般采用人工通风措施。

高负荷生物滤池多采用旋转式的布水装置，即旋转布水器。污水以一定的压力流入位于池中央处的固定竖管，再流入布水横管，横管有两根或四根，可绕竖管旋转。在布水横管的同一侧开有孔口，孔口间距不等，中心较疏，周边较密，污水从孔口喷出，产生反作用力，从而使横管按与喷水相反的方向旋转。

（3）高负荷生物滤池的需氧与供氧

生物滤池滤料表面生成的生物膜污泥，相当于活性污泥法曝气池中的活性污泥。单位容积滤料的生物膜重量，也相当于曝气池内混合液浓度，能够用以表示生物滤池内的生物量。

生物膜污泥量难于精确计算，它既受原污水水质、负荷量等因素影响，活性生物膜厚度也随池深不同而变化。多数专家认为生物膜好氧层的厚度在 2mm 左右，含水率按 98% 考虑。如果滤料的粒径以 5cm 计，球形率 $\phi=0.78$，则每 m³ 滤料的表面积将约为 80m²，如生物膜厚为 2mm 且含水率以 98% 计，则经过计算，每 m³ 滤料上的活性生物膜量为 3.2kg/m³。

据专家计算，生物膜的耗氧量大致为 0.3g/（m² 滤料表面·h），如滤料直径以 5cm 考虑，则每 m³ 滤料表面生物膜的耗氧量为：$0.3\times80=24g$（ ）$_2$/（m³ 滤料·h），折算成每公斤活性生物膜的耗氧量，则为：24g/3.2kg=7.5g/（kg 活性生物膜·h）。

在生物滤池中，氧在自然条件下，通过池内外空气的流通转移到污水中，并通过污水而扩散到生物膜内部。影响生物滤池通风状况的因素很多，主要有：滤池内外温度差、风力、滤料类型及污水的布水量等。

（4）高负荷生物滤池的计算与设计

1）滤池池体的计算与设计

在进行计算前，应首先确定进入滤池的污水经回流水稀释后的 BOD_5 值和回流稀释倍数（n）。计算公式如下：

$$n = \frac{L_O - L_a}{L_a - L_e}$$

式中，L_O 是指原污水的 BOD$_5$ 值（mg/L），如是指经处理水回流稀释后，进入滤池待处理污水的 BOD$_5$ 值（mg/L），L_e 滤池处理水的 BOD$_5$ 值（mg/L）。

高负荷生物滤池的计算通常采用负荷法，按日平均污水量进行计算。进水 BOD$_5$ 值必须小于 200mg/L，否则应采取处理水回流措施，回流比通过计算确定。常采用的负荷有：容积负荷以 bod$_5$/（m^3 滤料·d）计，即每 m^3 滤料在每日所能够接受的 BOD$_{5g}$ 数，此值一般不宜大于 1200bod$_5$/（m^3 滤料·d）；面积负荷以 bod5/（m^2 滤料表面·d）计，即每 m^2 滤料在每日所能够接受的 BODfeg 数，此值一般为 1100 ~ 1200bod$_5$/（m^2 滤料·d）；水力负荷以 m^3 污水/（m^2 滤料表面·d）计，即每 m^2 滤料在每日所能够接受的污水量，此值一般为 10 ~ 30m^3/（m^2·d）之间。

按容积负荷计算：滤料容积 $(V) = \dfrac{Q(n+1)L_a}{N_V}$，其中 Q 是指原污水量（日平均流量）（m^3/d），Nv 是指容积负荷 [bod$_5$/（m^3 滤料·d）]；滤池表面积（A）=V/D，其中 D 是指滤料层高度（m）。

按面积负荷计算：滤池面积（V）$= \dfrac{Q(n+1)L_a}{N_A}$，式中 N$_A$ 为 BCD 面积负荷 [bod$_5$/（m^2 滤料表面·d）]；滤料容积 V=D·A

按水力负荷计算：滤池表面积 $A = \dfrac{Q(n+1)}{N_q}$，式中 Nq 指水力负荷 [m^3 污水/（m^2 滤料表面·d）]；滤料容积 V=D·A。

2）旋转布水器的计算与设计

旋转布水器所需水头 H 是用以克服竖管及布水横管的沿程阻力知和布水横管出水孔口的局部阻力欢为目的，同时考虑因流量沿布水横管从池中心向池壁方向逐渐降低、流速逐渐减慢所形成的流速恢复水头捕，即 H=h$_1$+h$_2$+h$_3$ 实践证明，旋转布水器在实际上所需要的水头大于上述计算结果，在设计时采用的实际水头应比上述计算值增加 50% ~ 100%。

布水横管上的孔口数（m）是在假定每个孔口所喷洒的面积基本相等的条件下得出的，布水横管的出水孔口数的计算公式为：

$$m = \frac{1}{1-\left(1-\dfrac{a}{D}\right)^2}$$，其中 a 为最末端的两个孔口间距的两倍（a 值的取值大致为

80mm)，D' 是旋转布水器直径（滤池直径减去 200mm）。

布水器的每分钟的旋转周数（n）可由下式近似计算：

$$n = \frac{3.478 \times 10^7}{md^2 D} q$$

布水横管可以采用钢管或塑料管，管上的孔口直径介于 10 ~ 15mm 之间，孔口间距在池中心大，向池周边逐步减小，一般是从 300mm 开始逐渐缩小到 40mm，以满足均匀布水。

旋转布水器的优点是布水较为均匀，所需水头较小，易于管理，缺点是必须将滤池建成圆形，不够紧凑，占地面积较大。

3. 塔式生物滤池

（1）塔式生物滤池的特征

塔式生物滤池一般高达 8 ~ 24m，直径 1 ~ 3.5m，直径与高度比介于 1: 6 ~ 1: 8 左右。由于构造特征使其通风性能良好。

污水自上而下滴落，因其负荷高，滤池内水流紊动强烈，从而使污水、空气、生物膜三者的接触非常充分，使生物膜新陈代谢反应速度较快。塔式生物滤池的水力负荷可达 80 ~ 200m³/（m²·d），是高负荷生物滤池的 2 ~ 10 倍，BOD 容积负荷一般可达 1000-2000BOD5/（m³-d），比高负荷生物滤池的 BOD 容积负荷高 2 ~ 3 倍。生物膜生长迅速，易于产生堵塞现象，应将进水 BOD 浓度控制在 500mg/L 以下，否则必须采用处理水回流稀释措施。

塔式生物滤池内部生物膜存在明显的分层现象。在各层生长繁育这种属不同但适应处理流至该层污水性质的微生物，有利于提高处理效果，并且提高了工艺对有机物和有毒物质的冲击负荷的耐受力。

由以上特征决定了塔式生物滤池既适于处理生活污水和城市污水，也适于处理各种有机工业废水。但受结构形式的限制，只适于少量污水的处理，适用于小型污水处理厂。

塔式生物滤池的平面形状有圆形、方形或矩形。塔式生物滤池是由塔身、滤料、布水系统以及通风及排水装置所组成。

塔身主要起围挡滤料的作用。塔身一般沿高度分层建造，在分层处设格栅，格栅承托在塔身上，这样可使滤料荷重分层负担，每层以不大于 2m 为宜，以免将滤料压碎，每层都应设检修孔，以便更换滤料，还需设置测温孔和观察孔，用以测量

池内温度、观察塔内生物膜的生长情况和滤料表面布水情况。塔顶上缘应高出最上层滤料表面 0.5m 左右，以免风吹影响污水的均匀分布。

滤料要求选用表面积大且质量较轻的物质。国内广泛使用的是用环氧树脂固化的玻璃布蜂窝滤料，这种滤料具有较大的表面积，结构均匀，有利于空气流通和污水的均匀配布，流量调节幅度较大，不易堵塞，效果良好。

布水装置在大中型塔滤上多采用旋转布水器，可用电机驱动，也可以靠水的反作用力驱动。对于小型塔滤多采用固定式喷嘴布水系统，也可以用多孔管和溅水筛板。

塔式生物滤池一般采用自然通风，塔底有高度为 0.4 ~ 0.6m 的空间，周围留有通风孔，其有效面积不得小于滤池面积的 7.5% ~ 10%，也可以采用机械通风，在滤池上部和下部装设吸气或鼓风的风机，注意空气在滤池平面上的均匀分布，防止冬天寒冷季节池温降低，影响处理效果。

（2）塔式生物滤池的设计和计算

塔式生物滤池主要是根据 BOD 容积负荷进行设计。

负荷值确定后，根据下列公式与步骤进行计算：

塔滤的滤料容积 $V = \dfrac{L_a Q}{N}$，其中 L_a 进水表示 BOD_5（BOD_{20}）值（g/m^3），N 是指 BOD 容积负荷或 BOD_{20} 容积允许负荷 [$gBOD_5/$（m_3 滤料 · d）或 $gBOD_{20}/$（m^3 滤料 · d）]，Q 是指污水流量，取平均日污水量（m^3/d）。

塔滤表面面积 F= 晋，式中 H 是指塔滤的工作高度（m）。

塔滤的水力负荷 $q = \dfrac{Q}{F}$，有条件时，水力负荷 q 应由试验确定，并用前式校核，适当调整设计值，使其运行更加高效。

（三）生物转盘

1．生物转盘工作原理和技术特征

生物转盘是于 20 世纪 60 年代在联邦德国开创的一种生物膜法污水生物处理技术。

生物转盘处理系统的核心处理构筑物是生物转盘，在系统中还包括初次沉淀池和二次沉淀池，二次沉淀池的作用是去除经生物转盘处理后污水所挟带的脱落生物膜。

生物转盘是由盘片、接触反应槽、转轴及驱动装置等组成，盘片串联成组，中心贯以转轴，轴的两端安设在半圆形接触反应槽的支座上。转盘的 40% ~ 50% 浸没在槽内的污水中，转轴高出水面 10 ~ 25cm。

由电机、变速器和传动链条等组成的传动装置驱动转盘以较低的线速度在槽内转动，并交替地和空气与污水相接触。当转盘浸没于水中时，污水中的有机污染物被转盘上的生物膜吸附，而当转盘离开污水时，盘片表面上形成一层薄薄的水层。水层从空气中吸收氧，而被吸附的有机污染物则被生物膜上的微生物分解。这样，转盘每转动一周，即进行一次吸附—吸氧—氧化分解过程，转盘不断地转动，使污染物不断地分解氧化。同时，转盘附着水层中的氧是过饱和的，它把氧带入接触反应槽，使槽中污水的溶解氧含量不断增加。生物膜逐渐变厚，衰老的生物膜在污水水流与盘面之间产生的剪切力的作用下而剥落，并随污水流入下一级转盘，最终在二次沉淀池被截留，由于生物膜脱落而形成的污泥，具有较高的密度，因此，很易于沉淀。

除了能去除有机污染物质外，生物转盘还具有硝化、脱氮、除磷的功能。

2. 生物转盘的特征

作为污水生物处理技术，生物转盘所以能够被认为是一种效果好、效率高、便于维护、运行费用低的工艺，是因为它在工艺和维护运行方面具有如下特点：

（1）微生物浓度高，特别是最初几级的生物转盘，据一些实际运行的生物转盘的测定统计，转盘上的生物膜量如折算成曝气池的 MLVSS 可达 40000 ~ 60000mg/L，泌比为 0.05 ~ 0.1，这是生物转盘高效率的一个主要原因。

（2）生物相分级，在每级转盘生长着适应处理流入该级污水性质的生物相，这种现象对微生物的生长繁育，有机物降解是非常有利的。

（3）污泥龄长，在转盘上能够增殖世代时间长的微生物，如硝化菌等，因此，生物转盘具有硝化、反硝化的功能。采取适当措施，生物转盘还可以用以除磷，由于无须污泥回流，可向最后几级接触反应槽或直接向二次沉淀池投加混凝剂去除水中的磷。

（4）对 BOD 值达 10000mg/L 以上的超高浓度有机污水和低到 10mg/L 以下的超低浓度污水都可以采用生物转盘进行处理，并能够得到较好的处理效果。因此，本法是耐冲击负荷的。

（5）在生物膜上的微生物的食物链较长，因此，产生的污泥量较少，仅为活性污泥处理系统的 1/2 左右，在水温为 5 ~ 20℃的范围内，BOD 去除率 90% 的条件下，去除 1 kgBOD 的污泥量约为 0.25kg。污泥质密，易于沉淀。

（6）接触反应槽不需要曝气，污泥也无须回流，因此，动力消耗低，这是本法最突出的特征之一，据有关运行单位统计，每型的，在转盘不断转动的条件下，接触反应槽内的污水能够得到较好的混合，但多级生物转盘又应作为推流式来考虑，因此，生物转盘的流态，应按完全混合–推流来考虑。

3. 生物转盘的组成及其技术条件

生物转盘是由盘片、转轴和驱动装置和接触反应槽三部分所组成，现分别就其构造要点及其技术条件加以阐述。

盘片是生物转盘的主要部件，应具有轻质高强，耐腐蚀、不变形，易于取材、便于加工等性质。

（1）盘片的形状，早期出现并沿用至今者为圆形平板。近十几年来为了加大盘片的表面面积，开始采用正多角形和表面呈同心圆状波纹或放射状波纹的盘片。与平板盘片相比较，波纹状盘片在单位体积内的表面积可提高一倍以上。也有采用波纹状盘片与平板盘片或几种波纹状盘片相结合的转盘。

（2）盘片直径，一般多介于 2.0 ~ 3.6m 之间，如现场组装直径可以大些。采用表面积较大的盘片，能够缩小接触反应槽的平面面积，减少占地面积。

（3）盘片间里，在决定盘片间距时，要考虑不为生物膜增厚所堵塞，并保证帚风的效果。生物膜的厚度与进水 BOD 值有关，BOD 浓度越高，生物膜也将越厚，而硝化过程的生物膜则较薄。盘片间距的标准值为 30mm，如采用多级转盘，则前数级的间距为 25 ~ 35mm，后数级为 10 ~ 20mm。当采用生物转盘脱氮时，宜采取较厚的盘片间距。

（4）平板盘片材料多由塑料制成，波纹板盘片则多用聚酯玻璃钢。

（5）生物转盘宜采用多级处理方式，对于以去除 BOD 为目的的城市污水，多采用四级转盘进行处理。

（6）当采取脱氮工艺时，在 BOD 去除转盘之后还应设置用于硝化反应和淹没水中处于厌氧状态的盘片，以进行反硝化脱氮。

接触反应槽。盘片直径的 40% 浸没于接触反应槽的污水中。接触反应槽应呈与盘材外形基本吻合的半圆形，槽的构造形式与建造方法随设备规模大小、修建场地条件不同而异，对于小型设备转盘台数不多、场地狭小者，为了减少占地面积、接触反应槽可以架空或修建在楼层上，在这种情况时，多用钢板焊制。如修建成地下或半地下式，则可用毛石混凝土或砌体，水泥砂浆抹面，再涂以耐磨层。

接触反应槽的各部尺寸和长度，应根据转盘直径和轴长决定。盘片边缘与槽内面应留有不小于 150mm 的间距。槽底应考虑设有放空管，槽的两侧面设有进出水设备，多采用锯齿形溢流堰。对于多级生物转盘，接触反应槽分为若干格，格与格之间设导流槽。

转轴及驱动装置。转轴是支撑盘片并带动其旋转的重要部件。转轴两端安装固定在接触反应槽两端的支座上。转轴一般采用实心钢轴或无缝钢管。转轴的长度一般应控制在 0.5-7.0m 之间，不能太长，否则往往由于同心度加工欠佳，易于挠曲变形，发生磨断或扭断，其强度和刚度必须经过力学计算。其直径一般介于 50 ~ 80mm。

驱动装置包括动力设备、减速装置以及传动链条等。动力设备分电力机械传动、空气传动及水力传动等。我国一般多采用电力传动。对大型转盘，一般一台转盘设一套驱动装置，对于中小型转盘，可由一套驱动装置带动 3 ~ 4 级转盘转动。

转盘的转动速度是重要的运行参数，必须选定适宜。转速过高，既有损于设备的机械强度，消耗电能，又由于在盘面产生较大的剪切力，易使生物膜过早剥离。综合考虑各项因素，转盘的转速以 0.8 ~ 3.0r/min，线速度以 10 ~ 20m/min 为宜。

4. 生物转盘的布置、工艺流程与组合

（1）布置形式

生物转盘的布置形式，一般分为单级单轴、单轴多级和多轴多级。级数多少和采取什么样的布置形式主要根据污水的水质、水量、净化要求达到的程度以及设置转盘场地的现场条件等因素决定。实践证明，对于同一污水，如盘片面积不变，将转盘分为多级串联运行，能够提高出水水质和水中溶解氧含量。

（2）工艺流程

生物转盘系统的基本工艺流程。污水经格栅、沉砂池和初次沉淀池一系列处理后，进入生物转盘，经生物转盘处理后进入二次沉淀地，经泥水分离后，污水排放，生物污泥另行处理。

当处理对象为高浓度有机污水，而且对处理水质有较高的要求时，可采用下生物转盘二级处理流程。

这种流程能够将 BOD 由数千 mg/L 降至 20mg/L。设中间沉淀池的目的是减轻二级生物转盘的负荷。污水经处理后逐级净化，因此，可以采用逐级减少的生物转盘处理流程。

利用生物转盘进行脱氮的工艺流程，污水经多级生物转盘处理以去除 BOD，在污水进入第三级生物转盘处理后，BOD 值可降至 30mg/L 左右，因此在后二级转盘进行比较充分的硝化反应，形成硝酸氮和亚硝酸氮，然后污水进入淹没式生物转盘装置，使其处于厌氧状态，同时投加甲醇，转盘在水中低速旋转，进行反硝化脱氮，氮以气态释放到大气中去。过剩的甲醇所形成的 BOD 值经过好氧转盘处理，再次得到去除。

5. 生物转盘的设计与计算

在进行生物转盘的设计与计算时，应掌握比较充分的污水水质、水量方面的资料作为原始数据。此外，还应当合理地确定转盘在构造和运行方面的一些参数和技术条件，如：盘片形状、直径、间距、浸没率、盘片材质、接触反应槽的形状、所用材料以及转盘的转速、级数和水流方向等。

生物转盘设计与计算的主要内容是：计算所需转盘的总面积、盘片总片数、接触氧化槽的容积、转轴长度以及污水在接触反应槽内的停留时间等。其中主要的计算项目是确定所需转盘的总面积。

用于生物转盘计算的各项负荷参数有：BOD 面积负荷及水力负荷以及污水在接触反应槽内的停留时间等，现将各项负荷的物理意义及计算公式阐述于下：

BOD 面积负荷（F_A）是单位的盘片表面积（m^2）在 1 日内所能够接受并使转盘处理达到预期效果的 BOD 值，即：$F_A = \dfrac{QL_o}{A}$。式中，F_A 为 BOD 面积负荷 [$bod_5/$（m^2 · d）]，Q 是处理污水量（m^3/d），L_0 表示原污水的 BOD 值（g/m^3）或（mg/L），A 为盘片全部表面积（m^2）。其他各项的水质指标，如 COD、SS、NH_3–N 等也可以以面积负荷表示。

水力负荷（F_s）是单位盘片表面积（m^2）在 1 日内能够接受的水量，即 $F_s = \dfrac{Q}{A} \bullet 10^3 \left[L/\left(m^2 \bullet d\right) \right]$ 水力负荷值确定的条件，仍然是应满足转盘处理应取得预期的效果。原污水 BOD 值不同，此值有较大的差异，应当注意。

平均接触时间是指污水在接触氧化槽内与转盘接触，并进行净化反应的时间，即：$t = \dfrac{V}{Q} \bullet 24(d)$。式中，t 指污水在接触氧化槽内与转盘的接触时间（d）；V 表示接触氧化槽的容积（m^3）。实践证明，污水在接触反应槽内的停留时间对污水的净化效果有着直接影响，增加污水与转盘上生物膜的接触时间，能够提高净化效果。接触时间也经常作为生物转盘计算的一项指标。接触时间还与转盘的转速、转盘浸没率、容积面积比有关。转速和浸没率在一定条件下为常数值，而容积面积比和水量却是变数，可用于调整处理效果。

容积面积比（G 值）又称液量面积比，它是接触反应槽的实际容积 V（m^3）与转盘盘片全部表面积 A（m^2）之比，以 G 表示之，即：$G = \dfrac{V}{A} \bullet 10^3 \left(L/m^2\right)$。G 值与盘片厚度、间距、盘片与接触氧化槽内壁的间距及其槽底间距有关。如采用的盘片较薄，盘片厚度可不予考虑，如采用厚度较大的发泡材料作为盘材时，则应减去盘片浸没部分的体积。据有关资料报道，对于城市污水，G 值介于 5 ~ 9 之间，当 G 值低于 5 时，BOD 去除率即将有较大幅度的下降。

生物转盘设计用的各项负荷值，原则上应当通过试验来确定，而国内外现在已经发表的大量运行数据和在运行数据基础上所绘制的各图表，可以作为确定负荷值的参考。

6. 生物转盘的新进展

（1）空气驱动的生物转盘

空气驱动生物转盘是利用空气的浮力，使转盘旋转。转盘由平板和波纹板组成，在其外周设空气罩，在转盘下侧设曝气管，在管上均等的安装着扩散器，空气从扩散器均匀地吹向空气罩，产生浮力使转盘转动。这种生物转盘具有如下特点：槽内有较高的溶解氧，在相同的负荷条件内，BOD 的去除率较高，生物膜较薄，活性好；通过调节空气量可以改变转数，也可以根据槽内溶解氧的变化，采用气量自动调节装置自动运行；建设费用低，动力消耗少，易于维修管理。这种装置特别适用于大型处理厂。

（2）与其他处理构筑物相组合

近年来人们为了提高现有二级处理设备的效率，节省用地，提出了多种生物转盘与其他处理构筑物相组合的方案，如生物转盘与沉淀池相组合、生物转盘与曝气池相组合。

生物转盘与沉淀池相组合是在平流式沉淀池池深的中部设隔板，使池分为上、下两部分，生物转盘设置在上部，下部仍为沉淀池。此外，也可以在二次沉淀池上设置生物转盘以提高出水水质。可将生物转盘与初次沉淀池、二次沉淀池组合在一个统一的构筑物内。生物转盘设置在二个沉淀池的上部，初次沉淀池和二次沉淀池并排设于底部，中间隔以隔墙。这种设备适用于小型处理站。

生物转盘与曝气池相组合是提高曝气池处理效率的一种新方案。在曝气池上侧设生物转盘，转盘采用空气驱动装置，盘片有 40% 的面积浸没于水中。

（3）藻类转盘

这是为了去除二级处理水中的无机营养物质，控制水体富营养化，而提出的一种方案。藻类转盘的主要特点是加大了盘间距离，增加受光面，接种经筛选的藻类，在盘面上形成藻菌共生体。藻类的光合作用释放的氧，提高了水中的溶解氧，为好氧菌提供了充沛的氧源，而微生物代谢所放出的 CO_2 成为藻类的主要碳源，又促进了藻类的光合作用。在菌藻的共生作用下，污水得到净化。这种设备的出水溶解氧的含量较高，一般可达近饱和的程度，此外，还有除 nh3 的功能，可达到深度处理的要求。

（四）生物接触氧化法

1. 概述

生物接触氧化法，就是在池内设置填料，已经充氧的污水浸没全部填料，并以一定的速度流经填料。填料上长满生物膜，污水与生物膜相接触，在生物膜上微生物的作用下，污水得到净化，因此，生物接触氧化法又称"淹没式生物滤池"。生物接触氧化法，采用与曝气池相同的曝气方法，提供微生物所需的氧量，并起搅拌与混合的作用，这样，又相当于在曝气池内投加填料，以供微生物栖息。因此，又称为接触曝气法。由上述可见，生物接触氧化法是一种介于活性污泥法与生物滤池两者之间的生物处理法，也可以说是具有活性污泥法特点的生物膜法，它兼具两者的优点。

在工艺上，生物接触氧化法具有下列主要特征：

第一，本法目前所使用的多是蜂窝式或列管式填料，上下贯通，污水在管内流动，每个孔管都像是一条静静流动的小河，水力条件良好，又加上充沛的氧量和有机物，适于微生物栖息增殖。因此，生物膜上的生物相是丰富的，除细菌外，球衣菌类的丝状菌也得以大量生长，能够充分利用此类微生物的氧化能力。在生物膜上还能够增殖多种属的原生动物和后生动物，能够形成稳定的生态系。

第二，填料表面全被生物膜所布满，形成了生物膜的主体结构，有利于维护生物膜的净化功能；还能够提高充氧能力和氧的利用率；有利于保持高浓度的生物量，据实验资料，每平方米填料表面上的活性生物膜量可达 125g，如折算成 MLSS，则为 13g/L。生物膜的立体结构形成了一个密集的生物网，污水通过其中，能够有效地提高净化效果。

第三，实验证实，生物接触氧化法在运行上具有一系列的优点，其中主要的是：对冲击负荷有较强的适应能力；污泥生成量少，不产生污泥膨胀的危害，能够保证出水水质；无须污泥回流，易于维护管理；不产生滤池蝇，也不散发臭气。

第四，实验还证实，生物接触氧化法具有多种净化功能，它除了能够有效地去除有机污染物质外，还能够用以脱氮和除磷，因此，可以用于三级处理。

生物接触氧化法的主要缺点是：如设计或运行不当，填料可能堵塞，此外，布水、布气不易均匀等。

生物接触氧化法已在我国污水处理领域内得到应用。主要用于处理城市污水、印染废水以及制药废水等。

2. 生物接触氧化处理装置的构造

生物接触氧化处理装置的中心处理构筑物是接触氧化池，它由池体、填料、布水装置和曝气系统等几部分所组成，现分别加以阐述：

（1）池体形式

当前，接触氧化池在形式上可分为分流式和直流式两种。

分流式接触氧化池。所谓分流式，就是使污水在单独的隔间内进行充氧，在这里进行激烈的曝气和氧的转移过程，而在充填着填料的另一隔间里，污水又缓缓地流经填料与生物膜接触，这种安静的条件有利于生物的生长增殖。其次是污水反复经过充氧和接触两个过程，供氧状况良好。但这类装置的填料间水流缓慢，冲刷力小，生物膜只能自行脱落，更新速度慢，而且易于堵塞。这种形式的生物接触氧化装置多用于 BOD 负荷较小的三级处理。

这种形式的接触氧化池又可分为下列几种类型：

1）中心曝气型，池中心为曝气区，设曝气系统，其外侧为充填填料的接触氧化区，处理水则在最外侧的间隙上升，从池顶溢流排走。

2）单侧曝气型，填料充填在池的一侧，另一侧为曝气区，污水首先进入曝气区，经曝气充氧后从填料上流下经过填料。然后由设于曝气区的外侧间隙上升流入沉淀池。

直流式接触氧化池。所谓直流式是直接在填料底部设曝气装置，并向填料鼓风，从而在填料区产生向上的升流（分流式接触氧化池多为下向流）。

直流式接触氧化池的主要特征是：在填料下直接曝气，生物膜受到上升气流的冲击、搅动，加速脱落、更新，从而经常保持较好的活性，而且能够避免堵塞现象的产生。

（2）填料

填料是生物膜的载体，是接触氧化池的核心部位，直接影响生物接触氧化处理的效能。

对填料的要求是：有一定的生物膜附着力；比表面积大；空隙率高；水流阻力小；强度高；化学和生物稳定性强；不溶出有害物质，不导致产生二次污染；形状规则，尺寸均一，在填料间能够形成均一的流速；便于运输和安装。

目前在我国使用的填料有硬、软两种类型。硬填料主要制成蜂窝状，简称为蜂窝填料，所用的材料有：聚氯乙烯塑料、聚丙烯塑料、环氧玻璃钢和环氧纸蜂窝等。这种填料的优点是：

第一，比表面积大，每 m^3 填料的表面积可达 133 ~ 360m^2；

第二，空隙率大，一般都在 98% 左右；

第三，质轻高强；

第四，管壁光滑无死角，生物膜易于脱落等。

其缺点是填料易于堵塞，为此，采取分层充填，上下两层间留有 20 ~ 30cm 间隙，使水流在层间再次分配，形成横流和紊流，或在填料中制成横孔，都有助于避免填料堵塞。在硬填料中还有板状填料，在我国早期曾采用过由平板和波纹板相隔黏结的填料，孔隙率仍可达 98%；但比表面积小，一般只有 85m^2/m^3。这种填料结构简单，便于制作，不易堵塞。软填料是近几年出现的新型填料，一般用尼龙、维纶、涤纶、腊纶等化学纤维材料编结成束呈绳状连接，因此，又称为纤维填料。

纤维填料在近年来广泛地用于化纤、印染、绢纺等工业废水处理中，实践证明，它特别适宜用于有机物浓度较高的污水处理，是一种很有前途的填料。近年来，国内外研制成功了一种疏水性中空微孔纤维束填料。中空微孔纤维束填料是将一束聚丙烯中空微孔纤维丝用丝扣和管箍，使之与空气管相接。空气通过纤维的中空，经微孔渗出，因此，空气是从生物膜的内部供给的，使整个生物膜都能保持好氧状态。

3. 生物接触氧化装置的设计

在生物接触氧化装置的设计过程中应考虑的因素有：

第一，生物接触氧化池一般按平均日污水量设计。填料体积按填料容积负荷计算。而填料的容积负荷则应通过试验确定；

第二，生物接触氧化池的座数，不应少于两座，并按同时工作考虑；

第三，污水在生物接触氧化池内的有效接触时间不得小于 2h；

第四，进入生物接触氧化池污水的 BOD5 浓度应控制在 100 ~ 300mg/L 的范围内，当大于 300mg/L 时，可考虑采用处理水回流稀释；

第五，填料层总高度一般取 3m，当采用蜂窝填料时，应分层装填，每层高 1m，蜂窝内切孔径不宜小于 25mm；

第六，生物接触氧化池中的溶解氧含量一般应维持在 2.5 ~ 3-5mg/L 之间，气水比约为（15 ~ 20）∶1；

第七，为了保证布水布气均匀，每格生物接触氧化池的面积一般应在 25m² 以内。

四、氧化塘及土地处理

（一）氧化塘

氧化塘，又名稳定塘或生物塘，是一种构造简单、易于维护管理、污水净化效果良好、节省能源的污水处理法。氧化塘对污水的净化过程和自然水体的自净过程很相近，污水在塘内经较长时间的缓慢流动、贮存，通过微生物（细菌、真菌、藻类、原生动物）的代谢活动，使污水中的有机污染物得以降解，污水得到净化。水中的溶解氧则主要是由塘内生长的藻类，通过光合作用提供，塘面的覆氧则起辅助作用。氧化塘能够有效地用于生活污水、城市污水和各种有机工业生产污水的处理；能够适应各种气候条件，如热带、亚热带、温带甚至于高纬度的寒冷地区；能够用以作为一级处理、二级处理，也可以用作三级处理。

氧化塘具有一些较为突出的优点，其中主要有：

第一，可以充分利用地形，工程简易，基建投资省。兴建氧化塘，可以利用农业开发利用价值不高的旧河道、沼泽地、峡谷等地段，因此，还兼有整治国土、绿化、美化环境的优点。在建设上还具有周期短、易于施工等优点。

第二，能够实现污水资源化，使污水净化与利用相结合。氧化塘处理后的污水，一般能够达到农业灌溉水质标准，可用于农业灌溉，充分利用污水的水肥资源。氧化塘内能够形成藻菌、水生植物、浮游生物、底栖动物以及虾、鱼、水禽等多级的食物链，组成复合的生态系统。将污水中的有机污染物转化为鱼、水禽等物质，提供给人们食用。

第三，污水处理成本低廉。由于氧化塘是属于自然生物处理范畴的，因此，处理成本低，能耗少。

但是，氧化塘也具有一定的不足之处，其中主要的有：占地面积大，某些城市没有空闲余地是不宜采用的；污水净化效果受季节、气温、光照等自然因素控制，不够稳定；地下水可能受到污染、会散发臭气并且滋长蚊蝇。

氧化塘有多种分类方式，通用的是根据塘水内生长繁殖的微生物的类型及供氧方式加以区分的，即：

第一，好氧氧化塘，深度较浅，阳光能够透入塘底，主要由藻类供氧，全部塘水都呈好氧状态，由好氧微生物起污水净化作用。

第二，兼性氧化塘，塘水较深，从塘面到一定深度，由于阳光能够透入，藻类光合作用旺盛，溶解氧比较充足，呈好氧状态，更深处的塘水，溶解氧不足，由兼性微生物起净化作用，沉淀污泥在塘底进行厌氧发酵；

第三，厌氧氧化塘，塘深在 2m 以上，有机污染物负荷高，整个塘水都呈厌氧状态，净化速度慢，污水停留时间长。

第四，曝气氧化塘，塘深也在 2m 以上，在塘水表面安装浮筒式曝气器，全部塘水都呈好氧状态，污水停留时间较短。

（二）好氧塘

好氧塘，其深度一般在 0.5m 左右，阳光能透入池底，采用较低的有机负荷值，塘内存在着菌 – 藻及原生动物的共生体系，在阳光照射时间内，塘内生长的藻类在光合作用下，释放出大量的氧，塘表面也由于风力的搅动进行自然覆氧，这一切使塘水保持良好的好氧状态。在水中繁殖生育的好氧异养微生物通过其本身的代谢活动对有机物进行氧化分解。而它的代谢产物 CO_2 可以作为藻类光合作用的碳源。藻类摄取 CO_2 及 N、P 等无机盐类，并利用太阳光能合成其本身的细胞质，并释放出氧。

这种类型的氧化塘，有机污染物降解速度快，污水在塘内的停留时间短，一般仅 3 ~ 4d。

1. 好氧塘的指标及相关反应

溶解氧的变化，在白昼，藻类光合作用放氧量大于藻类和细菌需氧量，塘水中氧的含量很高，可达到饱和状态，晚间光合作用停止，而且由于生物的呼吸作用耗用，水中溶解氧浓度下降，在凌晨时达最低，阳光照射，光合作用又行开始，溶解氧再行上升。

好氧塘内的生物相是丰富的，属于植物性的微生物有藻类和菌类，属于动物性的则有原生动物、后生动物等微型动物。菌类主要存活在从水面到 0.5m 深度的范围内。藻类是有叶绿素的自养性植物。它能够利用吸收到细胞内的水和二氧化碳合成碳水化合物，并释放出氧。生长增殖藻类，是好氧塘的一个主要特征，除光合供氧外，藻类适度生长，会建立一个稳定的生态系统，能够繁育以藻类为食料的各类浮游生物，为鱼类提供丰美的饵料，最终将以商品鱼的形式回收污水中的有机污染物。但是，如果塘内营养物质非常丰富，而且其他条件也很适宜，藻类将异常增殖，出现藻类水华。这时藻类在水中聚结成块，形成蓝绿色絮状物或胶团状物，使塘水浑浊。

2. 好氧塘的设计

第一，混合，塘内污水应进行混合，混合不好将产生热分层现象。热分层现象出现后，塘水上层温度高，水的密度降低，一些不能自由浮动的藻类在某个深度部位形成密集层，阻止阳光透入，影响藻类的光合产氧。风是氧化塘塘水混合的主要因素，为此，氧化塘应建于高处通风良好的地方；每块塘的面积不宜大于 4h m²。

第二，塘表面积的长宽比，以（2~3）:1 为宜，塘堤的最大坡度为 3:1，最小坡度为 6:1。在一般情况下，以塘深的 1/2 处的面积作为设计计算塘面。

第三，气候条件是好氧塘设计必须考虑的一个重要因素。在冬季结冰较长的地区，塘的容积应当能够容纳这一时期排入的全部污水，而不外排。

第四，可以考虑塘处理水的回流循环，这样可以在原污水中接种藻类，提高溶解氧浓度，有利于提高氧化塘的净化功能。

第五，塘底泥的积累是不可避免的，但应防止其过度累积。

（三）兼性塘

在各种类型的氧化塘中，兼性塘是应用最为广泛的一种。

第三节　污泥处理及运行与管理

一、污泥概述

在污水处理过程中，无时无刻不在产生着大量的污泥。正是这些污泥的不断产生，才使污染物与污水分离，从而完成污水的净化。对于产生的污泥，如果不予以有效地处理和处置，仍然会污染环境，使污水处理厂的功能不能完全发挥。

一般情况下，城镇污水处理厂产生的污泥含水率在75% ~ 99%，污水中接近1/3的有机质转化成了污泥，因此，污泥的有机物含量高，容易腐化发臭。另外，由于部分工业废水也排入城镇污水处理厂，导致污泥中含有重金属和其他有毒有害难降解的物质，处理难度大幅增加。

由于污泥的有害物质含量较高，随意堆放会对环境造成严重污染，因此，我国政策要求污水处理厂对污泥进行妥善的处置之后再利用。但是，实际运行过程中，由于污泥的处置成本比较高，大多数污水处理厂都没有建设污泥处理装置，而是通过简单的浓缩脱水（含水率降低到80%以下）之后，运输到指定地方进行堆砌和填埋。但是，污泥的黏性较大，与其他垃圾均匀混合很难，甚至会阻碍垃圾填埋场的生物发酵和降解过程。因此，堆砌和填埋会造成对地下水和土壤的二次污染，而且随着城镇化的发展，土地稀缺度越来越严重，很多城市不得不将原来的填埋场重新开挖，并且进行土壤修复之后再使用。

根据《"十二五"全国城镇污水处理及再生利用设施建设规划》，"十二五"期间，全国规划建设城镇污泥处理处置总投资347亿元，新增规模518万t/a（干泥）。其中，设市城市383万t/a，县城98万t/a，建制镇37万t/a；东部地区288万t/a，中部地区124万t/a，西部地区106万t/a。到2015年，直辖市、省会城市和计划单列市的污泥无害化处理处置率达到80%，其他设市城市达到70%，县城及重点镇达到30%。2020年年底，污泥无害化处理规模达到897万t/a（干泥），相对2017年增加185.66%。从区域来看，广东、江苏、浙江、河北、河南、湖南、山东、北京等地区新建规模较大，占全国新增规模的53.51%，是未来几年污泥项目招标的重点省份和城市。发达国家对污泥处置的要求较高，美国主要的处理方式是60%以上用作农田肥料，其他方式包括填埋、焚烧等；德国、英国、法国等国家的处理方式超过40%是土地利用，包括园林绿化、林地利用、土壤修复等。但是，我国对污泥的处理方式主要是填埋，其次是发酵堆肥、自然干化、焚烧等。污水污泥的成分复杂，它是由多种微生物形成的菌胶团及其吸附的有机物和无机物组成的集合体，除含有大量的水分外，还含有难降解的有机物、重金属和盐类以及少量的病原微生物和寄生虫卵等。污水污泥的处理费用较高。在我国污水处理厂全部建设费用中，用于处理污泥的费用为20% ~ 50%，甚至70%左右。大量未经处理的污泥任意排放，不仅会对环境造成污染，而且浪费污泥中的有用能源。

在污水处理中，污泥按来源分：

（1）栅渣：来自格栅或滤网，呈垃圾状，其含水率为70% ~ 80%，量少，易处理和处置；

（2）浮渣：来自初沉池和气浮池，可能多含油脂等，量少；

（3）沉渣：来自沉砂池，为密度较大的无机颗粒，量少；

（4）初沉污泥：来自初沉池。以无机物为主，数量较大，正常情况下为棕褐色略带灰色，当发生腐败时，则为灰色或黑色，一般情况下，有难闻的气味。当工业废水比例较大时，气味会有所降低。初沉污泥是污泥处理的主要对象；

（5）二沉污泥：剩余的活性污泥，有机物、含水率高，易腐化发臭，难脱水，是污泥处理的主要对象；

（6）化学污泥：指混凝沉淀工艺中形成的污泥，除含有原废水中的悬浮物外，还含有化学药剂所产生的沉淀物。一般来说，化学污泥气味较小，且极易浓缩或脱水。由于其中有机分含量不高，所以一般不需要消化处理。

典型的污泥处理工艺流程包括四个处理或处置阶段。第一阶段为污泥浓缩，主要目的是使污泥初步减容，缩小后续处理构筑物的容积或设备容量；第二阶段为污泥消化，利用兼性菌和厌氧菌进行厌氧生化反应，使污泥中的有机物分解；第三阶段为污泥脱水，使污泥进一步减容；第四阶段为污泥处置，采用某种途径将最终的污泥予以消纳。以上各阶段产生的清液或滤液中仍含有大量的污染物质，因而应送回污水处理系统中加以处理。

污泥中的水分包括空隙水、毛细水、吸附水和结合水。空隙水为存在于污泥颗粒之间的一部分游离水，占污泥中总含水量的 65% ~ 85%。污泥浓缩可将绝大部分的空隙水从污泥中分离出来。浓缩后污泥含水率由 99.2% ~ 99.8% 降至 95%-97%，污泥体积可缩小到原来的 1/4，浓缩后的污泥近似糊状，仍可流动，用泵输送。毛细水是指污泥颗粒之间的毛细管水，占污泥中总含水量的 15% ~ 25%。浓缩作用不能将毛细水分离，必须采用自然干化或机械脱水进行分离。脱水后污泥可呈固体状态，体积减小为原来的 1/10 以下。吸附水指吸附在污泥颗粒上的一部分水分，由于污泥颗粒小，具有较强的表面吸附能力，因而浓缩或脱水方法均难以使吸附水与污泥颗粒分离。结合水是颗粒内部的化学结合水，只有改变颗粒的内部结构，才可能将结合水分离，吸附水和结合水一般占污泥总含水量的 10% 左右，只有通过高温加热或焚烧等方法，才能将这两部分水分离出来。

（2）挥发性固体：即 VSS，通常用于表示污泥中的有机物的量；有机物含量越高，污泥的稳定性就越差。

（3）有毒有害物质：污泥含有病菌、病毒、寄生虫卵等，在最终处置之前应有必要的处理。

（4）脱水性能：污泥的脱水性能与污泥性质、调理方法及条件等有关，还与脱水机械种类有关。衡量污泥脱水性能的指标主要有两个：污泥比阻，污泥的毛细管吸水时间（CST）。

二、污泥浓缩

污泥浓缩是降低污泥含水率、减容和降低后处理费用的有效方法；浓缩的对象是 70% 的游离水（污泥颗粒之间）；污泥浓缩主要有重力浓缩、气浮浓缩和离心浓缩三种工艺形式。

（一）重力浓缩

重力浓缩是目前国内应用较多的一种工艺。其本质上是一种沉淀工艺。浓缩前由于污泥浓度很高，互相彼此接触支撑。浓缩开始后，在上层颗粒的重力作用下，下层颗粒间隙中的水被挤出界面，颗粒之间相互拥挤得更加紧密。通过这种拥挤和压缩过程，污泥浓度进一步提高，从而实现污泥浓缩。

1. 重力浓缩池设施及其组成

重力浓缩池按其运行方式可分为间歇式和连续式两种类型。

（1）间歇式

进泥、排泥不连续，为间歇式运行。污泥进入浓缩池后在重力作用下静止沉淀（HRT 一般 12h），颗粒间隙水被挤到上面，浓缩泥沉下。运行时，先排上清液，腾出池容再投泥。为此，在池深不同浓度上，设上清液排除管。

（2）连续式

污泥浓缩一般采用圆形。进泥管一般在池中心，进泥点一般在池深一半处。排泥管设在池中心底部的最低点。上清液自液面池周的溢流堰溢流排出。较大的污泥浓缩池一般设有污泥浓缩机，即一底部带刮板的回转式刮泥机。通过底部刮板将底部污泥刮至泥斗，便于排泥；通过上部的浮渣刮板将浮渣刮至浮渣槽排出。刮泥机上设一些栅条，起助浓作用。浓缩机的转速一般控制在 1 ~ 4r/h，周边线速度可控制在 1 ~ 4m/min。浓缩池排泥方式可用泵排，也可直接重力排泥。后续工艺采用厌氧消化时，常采用泵排，因而可直接将排出的污泥泵送至消化池。

2. 重力浓缩池的参数与工艺控制

（1）进泥量的控制

对于某一确定的浓缩池和污泥种类来说，进泥量存在一个最佳控制范围。进泥量太大，超过了浓缩能力时，会导致上清液浓度太高，排泥浓度太低，起不到应有的浓缩效果；进泥量太低时，不但降低处理量，浪费池容，还可导致污泥上浮，从而使浓缩不能顺利进行下去。

固体表面负荷如指浓缩池单位表面积在单位时间内所能浓缩的干固体量。如的大小与污泥种类及浓缩池构造和温度有关系，是综合反映浓缩池对某种污泥的浓缩能力的一个指标。温度对浓缩效果的影响体现在两个相反的方面：当温度较高时，一方面污水容易水解酸化（腐败），使浓缩效果降低；另一方面，温度升高会使污泥的黏度降低，使颗粒中的空隙水易于分离出来，从而提高浓缩效果。在保证污泥不水解酸化的前提下，总的浓缩效果将随温度的升高而提高。

（2）排泥控制

浓缩池有连续和间歇两种运行方式。连续运行是指连续进泥连续排泥，这在规模较大的处理厂比较容易实现。小型处理厂一般只能间歇进泥并间歇排泥，因为初沉池只能是间歇排泥。连续运行可使污泥层保持稳定，对浓缩效果比较有利。无法连续运行的处理厂应"勤进勤排"，使运行尽量趋于连续，当然这在很大程度上取决于初沉池的排泥操作。不能做到"勤进勤排"时，至少应保证及时排泥。一般不要把浓缩池作为储泥池使用，虽然在特殊情况下它的确能发挥这样的作用。每次排泥一定不能过量，否则排泥速度会超过浓缩速度，使排泥变稀，并破坏污泥层。

3. 重力浓缩池的日常维护管理

重力浓缩池的日常维护管理，包括以下内容：

（1）由浮渣刮板刮至浮渣槽内的浮渣应及时清除。无浮渣刮板时，可用水冲方法，将浮渣冲至池边，然后清除。

（2）初沉污泥与活性污泥混合浓缩时，应保证两种污泥混合均匀，否则进入浓缩池会由于密度流扰动污泥层，降低浓缩效果。

（3）温度较高，极易产生污泥厌氧上浮。当污水生化处理系统中产生污泥膨胀时，丝状菌会随活性污泥进入浓缩池，使污泥继续处于膨胀状态，致使无法进行浓缩。对于以上情况，可向浓缩池入流污泥中加入 $C12$、$KMnO4 > 03$、H_2O_2 等氧化剂，抑制微生物的活动，保证浓缩效果，同时，还应从污水处理系统中寻找膨胀原因，并予以排除。

（4）在浓缩池入流污泥中加入部分二沉池出水，可以防止污泥厌氧上浮，提高浓缩效果，同时还能适当降低恶臭程度。

（5）浓缩池较长时间没有排泥时，应先排空清池，严禁直接开启污泥浓缩机。

（6）由于浓缩池容积小，热容量小，在寒冷地区的冬季浓缩池液面会出现结冰现象。此时，应先破冰并使之融化后，再开启污泥浓缩机。

（7）应定期检查上清液溢流堰的平整度，如不平整应予以调节，否则导致池内流态不均匀，产生短路现象，降低浓缩效果。

（8）浓缩池是恶臭很严重的一个处理单元，因而应对池壁、出水堰等部位定期清刷，尽量使恶臭降低。

（9）应定期（每隔半年）排空彻底检查是否积泥或积砂，并对水下部件予以防腐处理。

4. 重力浓缩池的常见问题及处理方法

重力浓缩池的常见问题及处理方法见表 12-1

表 12-1　重力浓缩池的常见问题及处理方法

常见问题	原因	处理方法
污泥上浮。液面有小气泡逸出，且浮渣量增多	集泥不及时	可适当提高浓缩机的转速，从而加大污泥收集速度
	排泥不及时	排泥量太小，或排泥历时太短。应加强运行调度，做到及时排泥
	进泥量太小，污泥在池内停留时间太长，导致污泥厌氧上浮	加 O3 等氧化剂，抑制微生物活动；尽量减少投运池数，增加每池的进泥量，缩短停留时间
	初沉池排泥不及时，污泥在初沉池内已经腐败	加强初沉池的排泥操作
排泥浓度太低，浓缩比太小	进泥量太大，使固体表面负荷 Ob 增大，超过了浓缩他的浓缩能力	应降低入流污泥
	排泥太快	当排泥量太大或一次性排泥太多时，排泥速率会超过浓缩速率，导致排泥中含有一些未完成浓缩的污泥。应降低排泥速率
	浓缩池内发生短流	能造成短流的原因有很多，溢流堰板不平整使污泥从堰板较低处短路流失，未经过浓缩，此时应对堰板予以调节。进泥口深度不合适，入流挡板或导流筒脱落，也可导致短流，此时可以改造或修复。另外，温度的突变、入流污泥含固量的突变或冲击式进泥，均可导致短流，应根据不同的原因，予以处理

（二）气浮浓缩

1. 气浮浓缩的原理及适用范围

在一定温度下，空气在液体中的溶解度与空气受到的压力成正比，即服从亨利定律。当压力恢复到常压后，所溶空气即变成微细气泡从液体中释放出来。大量细微气泡附着在污泥颗粒的周围，可使颗粒密度减少而被强制上浮，达到浓缩的目的。因此，气浮法对于浓缩密度接近于水的、疏水的污泥尤其适用，对于浓缩时易发生污泥膨胀的、易发酵的剩余活性污泥，其效果尤为显著。目前，浓缩污泥最常用的方法是压力溶气气浮。

气浮浓缩法操作简便，运行中同样有一定臭味，动力费用高，对污泥沉降性能（SVI）敏感；适用于剩余污泥产量不大的活性污泥法处理系统，尤其是生物除磷系统的剩余污泥。气浮浓缩法：浓缩剩余活性污泥时，不需要任何化学助凝剂即可达到出泥含固率大于 4%、出水（分离液）的 SS ≤ 100mg/L 的效果。

2. 气浮浓缩的基本构造和形式

气浮浓缩的工艺流程，可分为无回流，用全部污泥加压气浮；有回流水，用回流水加压气浮两种方式。进水室的作用是使减压后的溶汽水大量释放出微细气泡，并迅速附着在污泥颗粒上。气浮池的作用是上浮浓缩，在池表面形成浓缩污泥层，由刮泥机刮出池外。不能上浮的颗粒沉至池底，随设在池底的清液排水管一起排出。部分清液回流加压，并在溶气罐中压入压缩空气，使空气大量溶气浮浓缩系统由加压溶气装置和气浮分离装置两部分组成。

（1）加压溶气装置

目前较常用的有"水泵—空压机式溶气系统"和"内循环式射流溶气系统"。溶气罐一般按加压水停留 1 ～ 3min 设计，溶气效率为 50% ～ 90%，绝对压力采用 2.5×10^5 ～ 5×10^5Pa。

（2）气浮分离装置（气浮浓缩池）

气浮浓缩池有矩形的平流式和圆形的升流式两种。前者使用得多，其底部呈 55° ～ 60° 斗形，可以排除难以上浮而沉淀的污泥。当采用平底时，应考虑如何定期清除积存于底部的沉淀物。

据国外资料介绍，污泥在气浮浓缩池中的平均停留时间可短至 3–5min，国内建议不小于 20min。

由于污泥浓缩效果的优劣与污泥颗粒黏附微气泡的情况有关，在设计时，应选用合适的释放器，以获得高质量的微气泡，同时也应使减压后的溶汽水与入流污泥在某一固定混合容器或管段内充分混合，以达到较好的污泥浓缩效果及降低溶气水量的目的。

（三）离心浓缩

1. 离心浓缩法的原理

利用污泥中固相、液相的密度不同，在高速旋转的离心机中受到不同的离心力而使两者分离，达到浓缩的目的。被分离的污泥和水分别由不同的通道导出机外。

离心浓缩机呈全封闭式，可连续工作。一般用于浓缩剩余活性污泥等难脱水物。污泥在机内停留时间只有 3min 左右，出泥含固率可达 4% 以上。由于工作效率高、占地面积小、卫生条件好等特点，离心法在国外利用较高。在国内也日益受到重视。离心浓缩法：在浓缩剩余活性污泥时，为了取得好的浓缩效果，得到较高的出泥含固率 04%）和固体回收率（＞ 90%），一般需要添加 PFS（聚合硫酸铁）、PAM（聚丙烯酰胺）等助凝剂。同时电耗很大，在达到相同的浓缩效果时，其电耗约为气浮法的 10 倍。离心机可分为转筒式、盘式、卧式离心机等。

2. 衡量离心浓缩效果的主要指标

主要指标有：出泥含固率和固体回收率等。固体回收率即浓缩后污泥的固体总量与入流污泥中的固体总量的比值。固体回收率越高，分离液中 SS 的浓度则越低，泥水分离效果越好，浓缩效果也越好。

三、污泥消化

随着活性污泥法、生物滤池等好氧生物处理工艺的开发和推广应用，厌氧生物处理被认为效率低、HRT 长、受温度等环境条件的影响大，因此处于一种被遗弃的状态；但随着好氧生物处理工艺的广泛应用，产生的剩余污泥也越来越多，其稳定化处理的主要手段是厌氧消化，这是第二阶段的主要特征；1927 年，在消化池中首次加上了加热装置，使产气速率显著提高；随后，又增加了机械搅拌器，反应速率进一步提高；20 世纪 50 年代初又开发了利用沼气循环的搅拌装置；带加热和搅拌装置的消化池被称为高速消化池，至今仍是城市污水处理厂中污泥处理的主要技术。

（一）厌氧消化池

1. 消化池的类型

厌氧消化池主要应用于处理城市污水处理厂的污泥，也可应用于处理固体含量很高的有机废水；它的主要作用是：①将污泥中的一部分有机物转化为沼气；②将污泥中的一部分有机物转化成为稳定性良好的腐殖质；③提高污泥的脱水性能；④使得污泥的体积减小 1/2 以上；⑤使污泥中的致病微生物得到一定程度的灭活，有利于污泥的进一步处理和利用。

消化池按其形状分为：圆柱形、椭圆形（卵形）和龟甲形等几种形式；按其池顶结构形式的不同分为：固定盖式和浮动盖式的消化池；按其运行方式的术同分为：传统消化池和高速消化池。

（1）传统消化池

传统消化池又称为低速消化池，在池内没有设置加热和搅拌装置，所以有分层现象，一般分为浮渣层、上清液层、活性层、熟污泥层等，其中只有在活性层中才有有效的厌氧反应过程在进行，因此在传统消化池中只有部分容积有效；传统消化池的最大特点就是消化反应速率很低，HRT 很长，一般为 30 ~ 90 d。

（2）高速消化池

与传统消化池不同的是，在高速消化池中设有加热和 / 或搅拌装置，因此缩短了有机物稳定所需的时间，也提高了沼气产量，在中温（30 ~ 35℃）条件下，其HRT 可以为 15 d 左右，运行效果稳定；但搅拌使高速消化池内的污泥得不到浓缩，上清液与熟污泥不易分离。

（3）两级串联消化池

两级消化池串联使用，第一级采用高速消化池，第二级则采用不设搅拌和加热的传统消化池，主要起沉淀浓缩和贮存熟污泥的作用，并分离和排出上清液；两者的 HRT 的比值可采用（1-4）：1，一般为 2：1。

2. 消化池的构造

消化池一般由池顶、池底和池体三部分组成；消化池的池顶有两种形式，即固定盖和浮动盖，池顶一般还兼做集气罩，可以收集消化过程中所产生的沼气；消化池的池底一般为倒圆锥形，有利于排放熟污泥。

（1）消化池内的搅拌

在高速消化池内均设有搅拌装置，可以分为机械搅拌和沼气搅拌两种形式。

其中机械搅拌又分为三种：

①泵搅拌：从池底抽出消化污泥，用泵加压后送至浮渣层表面或其他部位，进行循环搅拌，一般与进料和池外加热合并一起进行；

②螺旋桨搅拌：在一个竖向导流管中安装螺旋桨；

③水射器搅拌：利用污泥泵从消化池中抽取污泥后通过水射器喷射进入消化池，可以起到循环搅拌的作用。

而沼气搅拌又可以分为三种：

①气提式搅拌；

②竖管式搅拌；

③气体扩散式搅拌。

（2）消化池内的加热

在高速消化池内一般需要将反应温度控制在中温范围内，即约为 35℃，因此必须考虑对进入消化池的污泥或直接在消化池内部进行加热。消化池内的加热方式主要有：

①池内蒸汽直接加热，其优点是设备简单，但容易造成局部污泥过热，会影响厌氧微生物的正常活动，而且蒸汽直接通入池内会增加污泥的含水率；

②池外加热：将进入消化池的污泥预热后再投配到消化池中，所需预热的污泥量较少，易于控制；预热温度较高，有利于杀灭虫卵；不会对厌氧微生物不利；但设备较复杂。

3. 沼气的收集与利用

污泥和高浓度有机废水进行厌氧消化时均会产生大量沼气；沼气的热值很高（一般为 21 000-25 000kJ/m³，即 5 000-6 000kCal/m³），是一种可利用的生物能源。

（1）污泥消化过程中沼气产量的估算

沼气成分：一般认为 CH_4 50% ~ 70%，CO_2 20%—30%，H_2 2%—5%，N_2O—0.3%，微量 H_2S 等；沼气产率是指每处理单位体积的生污泥所产生的沼气量，即 m^3 沼气 /m^3 生污泥；产气率与污泥的性质、污泥投配率、污泥含水率、发酵温度等有关；当污泥来自城市污水处理厂，生污泥含水率为 96% 时：中温消化，投配率为 6% ~ 8%，产气率可达 10 ~ 12m^3 沼气 /m^3 生污泥；高温消化，投配率为 6% ~ 8%，产气率可达 22 ~ 26 n 沼气 /n 生污泥；投配率为 13% ~ 15%，产气率可达 4 ~ 14m^3 沼气 /m^3 生污泥。

（2）沼气的收集

在沼气管道沿程上应设置凝结水罐；注意安全；设置阻火器；为防止在冬季结冰引起堵塞，有时在沼气管上还应采取保温措施。

（3）沼气的贮存与利用

一般需要采用沼气柜来调节产气量与用气量之间的平衡；调节容积一般为日平均产气量的 25% ~ 40%，即 6 ~ 10h 的产气量；注意防腐、防火。

4. 污泥厌氧消化运行管理

污泥厌氧消化系统由消化池、加热系统、搅拌系统、进排泥系统及集气系统组成。

消化系统的工艺控制要求：

（1）进排泥控制

在实际运行控制中，进泥量不能超过系统的消化能力，否则将降低消化效果。但投泥量也不能太低，如果投泥量远低于系统的消化能力，虽能保证消化效果，但污泥处理量将大大降低，造成消化能力的浪费。

对于污泥消化来说，希望进泥浓度越高越好，因为较高的进泥浓度，可使实际消化时间大大延长，从而大大提高系统的稳定性。提高进泥浓度的关键是运行好前级浓缩处理单元。最理想的进泥方式是 24h 连续进泥，然而这对所有的污水处理厂都是不可能的。但实际运行中，应尽最大的可能使投泥接近连续。每次进泥量越少越好，进泥次数越多越好。

排泥量应与进泥量完全相等，并在进泥之前先排泥。现有处理厂包括一些很有影响的大型处理厂的消化系统中，绝大部分采用底部直接排泥。对于这些底部直接排泥的消化系统，尤其应注意排泥量与进泥量的平衡。如果排泥量大于进泥量，消化池工作液位下降，出现真空状态。空气进入池内，容易发生爆炸的危险。如果排泥量小于进泥量，消化池液位上升，污泥溢走，得不到消化处理。如果管路堵塞或不畅，消化池工作压力升高，破坏压力安全阀，使沼气进入大气，同样存在爆炸的危险。

最佳的进排泥方式为上部进泥底部溢流排泥，这种方式可以保证泥位稳定，并保证充分消化的污泥被排走。

采用中温二级消化时，二级消化池要排放部分上清液。通过排放上清液，可提高消化池排泥浓度，减少污泥调质的加药量。上清液一般只能由上部阀门控制，重力排放。上清液的每次排放量应认真确定，排放量太少，起不到浓缩消化污泥的作用；排放量太大，会使上清液中固体物质浓度太高，回到水区的固体负荷太大。一般来说，上清液排放量不可超过进泥量的 1/4，具体取决于本厂消化污泥的浓缩分离性能，可在实际运行中调试出最合适的排放量。

上清液的水质各厂有极大的差别。但总体来看，上清液的水质非常差，且消化时间越短，水质越差。这样水质的上清液回流到污水处理系统中，必然使其入流污染负荷增加，运行中应认真对待。许多处理厂采用后浓缩池对消化污泥进行泥水分离，得到了很好的泥水分离效果。

（2）pH 及碱度控制

在正常运行时，产酸菌和甲烷菌会自动保持平衡，并将消化液的 pH 自动维持在 6.5 ~ 7.5 的近中性范围内。当出现温度波动太大、投入的有机物超负荷、水力超负荷、甲烷菌中毒等情况，会使产酸阶段和产甲烷阶段失去平衡，导致 pH 降至 6.5 以下，并导致挥发性脂肪酸（VFA）和氧化还原电位（ORP）的升高。此时应及时采用 pH 控制措施，否则将消化系统彻底破坏，不得不重新培养消化污泥，而消化污泥的培养期一般要 2 ~ 3 个月。控制措施包括两个方面，一方面，可立即外加碱源，增加消化液中的碱度，将积累的 VFA 中和掉，使 pH 回升到 6.5 ~ 7.5 的范围内，以便保住已培养好的消化污泥；另一方面，应寻找 pH 下降的原因并针对原因采取相应的控制措施，等恢复正常运行以后，再停止加碱。在实际运行中，不能直接控制 pH，因为当发现 pH 低于 6.5 时，消化系统已经处于严重的酸化状态，甲烷菌已经受到了抑制，产气量已经大大降低。因此，应注意观察 VFA、ALK、VFA/ALK（挥发性脂肪酸/碱度）和沼气中 CH_4 含量等指标的变化，如发现异常，则应开始 pH 控制。

（3）有毒物质控制

入流中工业废水成分较高的污水处理厂，其污泥消化系统经常会出现中毒问题。中毒问题常常不易及时察觉，因为一般污水处理厂并不经常分析污泥中的有毒物质浓度。当出现重金属类型的中毒问题时，根本的解决方法是控制上游有毒物质的排放，加强污染源管理。在处理厂内，常采用一些临时性的控制方法，常用的方法是向消化池内投加 Na_2So 绝大部分有毒重金属离子能与 S^{2-} 反应形成不溶性的沉淀物，从而使之失去毒性。

（4）加热系统的控制

甲烷菌对温度的波动非常敏感，一般应将消化液的温度波动控制在 ±1℃ 范围内，如果条件许可，最好控制在 ±0.5 笆范围内。要使消化液温度严格保持稳定，就应严格控制加热量。消化系统的加热量由两部分组成：一部分是将投入的生泥加热至要求的温度所需热量；另一部分是补充热损失，维持温度恒定所需要的热量。温度是否稳定，与投泥次数和每次投泥量及其历时关系很大。投泥次数较少，每次投泥量必然较大。一次投泥太多，往往能导致加热系统超负荷，由于供热不足，温度降低，从而影响甲烷菌的活性。因此，为便于加热系统的控制，投泥控制尽量接近均匀连续。

加热的方式有两种：当采用蒸汽加热时，应使搅拌与蒸汽直接加热同时进行，以便将蒸汽带入的热量尽快匀散到消化池各处。当采用泥水热交换器进行加热时，污泥在热交换器内的流速应控制在 1.2m/s 之上。因为流速较低时，污泥进入热交换器会由于突然遇热结饼，在热交换面上形成一个烘烤层，起隔热作用，从而使加热效率降低。

（5）搅拌系统的控制

良好的搅拌可提供一个均匀的消化环境，是得到高效消化效果的前提，同时也可以避免砾石和浮渣积累。完全混合搅拌可使池容 100% 得到有效利用，但实际上消化池有效池容一般仅为池容的 70% 左右。对于搅拌系统设计不合理或控制不当的消化池，其有效池容会降至实际池容的 50% 以下。因此搅拌是高效消化的最关键的操作。

目前运行的消化系统绝大部分采用间歇搅拌系统，搅拌的方式有机械搅拌和气体搅拌。机械搅拌系统包括循环泵、具有固体吸管的搅拌器和无级变速机械搅拌。现在应用最广泛的是气体搅拌，即通过设在池底的扩散器向池内引入气体。

搅拌系统在实际运行中应注意以下几点：

在投泥过程中，应同时进行搅拌，以便投入的生污泥尽快与池内原消化污泥均匀混合；在蒸汽直接加热过程中，应同时进行搅拌，以便将蒸汽热量尽快散至池内各处，防止局部过热，影响甲烷菌的活性；在排泥过程中，如果底部排泥，则尽量不搅拌，如果上部排泥，则宜同时搅拌。除了应控制搅拌历时外，还应根据搅拌方式的不同，控制搅拌强度。

（6）操作顺序与操作周期

在消化池的日常运行中有五大操作，分别是进泥、排泥、排上清液、搅拌和加热。这些操作不可能同时进行，但其操作顺序会对消化效果产生很大影响。在处理厂的运行控制中，应结合本厂特点，确定这些操作的合理顺序，以便得到最佳消化效果。

（7）沼气收集系统的控制

沼气收集系统的运行应能充分适应沼气产量的变化。

除了上述控制条件外，还应控制营养比（同厌氧水处理）。

在消化系统日常维护中应注意以下几点：

定期取样分析检测，根据情况随时进行控制；运行一段时间后，一般应将消化池停用，进行清砂和清洁，同时应进行全面的防腐防渗检查与处理；定期维护搅拌系统和加热系统；在管路上设置清洗口，经常用高压水清洗管道，防止结垢，结垢严重时应用酸清洗；在一些值班或操作位置应设置甲烷超标及氧亏报警装置，以防发生沼气事故。一些消化池有时会产生大量泡沫，呈半液半固状，严重时可充满气相空间并带入沼气管路系统，导致沼气利用系统的运行困难。当产生泡沫时，一般说明消化系统运行不稳定，因为泡沫主要是由于 CO_2 产量太大形成的，当温度波动太大，或进泥量发生突变等，均可导致消化系统运行不稳定，导致泡沫的产生。如果将运行不稳定因素排除，则泡沫也一般会随之消失。

5. 污泥厌氧消化池日常维护管理

第一，微生物的管理，厌氧消化过程是在密闭厌氧条件下进行，微生物在这种条件下生存不能像好氧处理中作为指标生物的各种生物那样，依靠镜检来判断污泥的活性。只能采用反应微生物代谢影响的指标间接判断微生物活性，与活性污泥好氧处理系统相比，污泥厌氧消化系统对工艺条件及环境因素的变化，反应更敏感。为了掌握消化池的运转正常，应当及时监测、化验上述要求的每日瞬时监测、化验指标，如温度、pH、沼气产量、泥位、压力、含水率、沼气中的组分等。根据需要快速做出调整，避免引起大的损失。

第二，对于日常运行状况、处理措施、设备运行状况都要求做出书面记录，为下一班次提供运行数据，并做好报表向上一级管理层报告，提供工艺调整数据。

第三，经常通过进泥、排泥和热交换器管道上设置的活动清洗口，利用高压水冲洗管道，以防止泥垢的增厚。当结垢严重时，应当停止运行，用酸清洗除垢。

第四，定期检查并维护搅拌系统：沼气搅拌立管经常有被污泥及其他污物堵塞的现象，可以将其余立管关闭，使用大气量冲洗被堵塞的立管。机械搅拌桨被长条状杂物缠绕后，可使机械搅拌器反转甩掉缠绕杂物。另外，必须定期检查搅拌轴穿过顶板处的气密性。

第五，定期检查并维护加热系统：蒸汽加热立管也经常有被污泥及其他污物堵塞的现象，可以将其余立管关闭，使用大气量吹开堵塞物。当采用池外热交换器加热、泥水热交换器发生堵塞时，换热器前后的压力表显示的压差会升高很多，此时可用高压水冲洗或拆开清洗。

第六，污泥厌氧消化系统的许多管道和阀门为间歇运行，因而冬季必须注意防冻，在北方寒冷地区必须定期检查消化池和加热管道的保温效果，如果保温不佳，应更换保温材料或保温方法。

第七，消化池应定期进行清砂和清渣：池底积砂过多不仅会造成排泥困难，而且会缩小有效池容，影响消化效果；池内液面积渣过多会阻碍沼气由液相向气室的转移。如果运行时间不长，污泥消化池就会积累很多泥沙或浮渣，则应当检查沉砂池和格栅的除污效果，加强对预处理设施的管理。一般来说，污泥厌氧消化池运行5年后应清砂一次。

第八，污泥消化池运行一段时间后，应停止运行并放空对消化池进行检查和维修：对池体结构进行检查，如果有裂缝必须进行专门的修补；检查池内所有金属管道、部件及池壁防腐层的腐蚀程度，并对金属管道、部件进行重新防腐处理，对池壁进行防渗、防腐处理；维修后重新投运前，必须进行满水试验和水密性试验。此项工作可以和清砂结合在一起进行。

第九，定期校验值班室或操作巡检位置设置的甲烷浓度检测和报警装置，保证仪表的完好和准确性。沼气柜尤其是湿式沼气柜更容易受 H_2S 腐蚀，通常3年一小修，5年一大修。要对柜体防腐，腐蚀严重的钢板要及时更换，阴极保护的锌块此时也应更换，各种阀门，特别是平常不易维修和更换的阀门，修理没有保证的话就应换新，确保5年内不出问题。

第十，整个消化系统要防火、防毒。所有电气设备应采用防爆型，接线要做好接地，防雷。坚决杜绝可能造成危害的事故苗头。严禁在防火、防爆区域内吸烟，防止有可能出现的火花等明火，如进入该区域内的汽车应戴防火帽，进入的人应留下火种。带钉鞋和穿产生静电的工作服都是不允许进入的。另外，报警仪等都应正常维护保养。按时到权威部门鉴定、标定，确保能正常工作。还要备好消防器材、防毒呼吸器、干电池手电筒等，以备急用。

四、污泥脱水

污泥经浓缩或消化之后，尚含有95% ~ 97%的水，仍为液态，体积很大，难以处置消纳。为了综合利用和最终处置，需对污泥经过干化和脱水处理。经过脱水、干化处理，污泥含水量能下降到60% ~ 80%，其体积为原来的1/10 ~ 1/5。

污泥脱水分为自然干化脱水和机械脱水两大类。

（一）污泥自然干化场

2. 污泥自然干化场的分类与构造

（1）污泥自然干化场的分类

污泥自然干化的主要构筑物是干化场。

干化场可分为自然滤层干化场与人工滤层干化场两种。前者适用于自然土质渗透性能好，地下水位低的地区。人工滤层干化场的滤层是人工铺设的，污泥摊置到由级配砂石铺垫的干化场上，通过蒸发、渗透和清液溢流等方式实现脱水。污泥自然干化适于村镇小型污水处理厂的污泥处理，维护管理工作量很大，且产生大范围的恶臭。可分为敞开式干化场和有盖干化场两种。

（2）人工滤层干化场的构造

人工滤层干化场的构造，它由不透水底层、排水系统、滤水层、输泥管、隔墙及围堤等部分组成。有盖式的，设有可移开（晴天）或盖上（雨天）的顶盖，顶盖一般用弓形覆有塑料薄膜制成，移置方便。滤水层由上层的细矿砂或砂层铺设厚度200～300mm，下层用粗矿砂或砾石层厚200～300mm组成，滤水容易。排水管道系统用100～150mm陶土管或盲沟铺成，管子接头不密封，以便排水。不透水底板用200～400mm厚的黏土层或150～300mm厚三七灰土夯实而成，也可用100～150mm厚的素混凝土铺成。底板有0.01～0.02的坡度坡向排水管。隔墙与围堤把干化场分为若干块，轮流使用，以便提高干化场利用率。

近年来在干燥、蒸发量大的地区，采用由沥青或混凝土铺成的不透水层而无滤水层的干化场，依靠蒸发脱水。这种干化场的优点是泥饼容易铲除。

（1）干化场的脱水特点

干化场脱水主要依靠渗透、蒸发与撇除。渗透过程在污泥排入干化场最初的2～3d内完成，可使污泥含水率下降到85%左右。此后水分不能再被渗透，只能依靠蒸发脱水，经1周或数周（决定于当地气候条件）后，含水率下降到75%。

（2）干化场的影响因素

干化效果受气候条件和污泥性质的影响。气候条件主要有：当地的降水量、蒸发量、相对湿度、风速、冰冻期。污泥性质：如消化污泥在消化池中承受着高于大气压的压力，污泥中含有很多的沼气泡，一旦排到干化场后，压力降低，气体降低，气体迅速释出，可把污泥颗粒夹带到污泥层的表面，使水的渗透阻力减少，提高了渗透脱水性能；而初沉污泥或经浓缩后的污泥，由于比阻较大，水分不宜从稠密的污泥层中渗透过去，往往会形成沉淀，分离出上清液，故这类污泥主要依靠脱水蒸发，可在围堤或围墙一定高度上开设撇水窗，撇除上清液，加速脱水过程。不同污泥按干化场脱水的易难排序为：消化污泥＞初沉污泥＞腐化污泥＞活性污泥。

（二）机械脱水

机械脱水是利用机械设备进行污泥脱水，因而占地少，与自然干化相比，恶臭影响也较小，但运行维护费用较高。机械脱水的种类很多，按脱水原理可分为真空过滤脱水、压滤脱水和离心脱水三大类。

1. 机械脱水原理

真空过滤脱水是将污泥置于多孔性过滤介质上，在介质另一侧造成真空，将污泥中的水分强行"吸入"，使之与污泥分离，从而实现脱水。常用的设备有各种形式的真空转鼓过滤脱水机。压滤脱水是将污泥置于过滤介质上，在污泥一侧对污泥施加压力，强行使水分通过介质，使之与污泥分离，从而实现脱水，常用的设备有各种形式的带式压滤脱水机和板框压滤机。离心脱水是通过水分与污泥颗粒的离心力之差，使之相互分离，从而实现脱水，常用的设备有各种形式的离心脱水机。此处主要介绍目前用得较多的压滤脱水机的运行控制和维护管理。

污泥脱水的难易程度称为脱水性能。不同种类的污泥，其脱水性能不同，即使同一种类的污泥，其脱水性能也因厂而异。衡量污泥脱水性能的指标主要有两个：污泥比阻（R），污泥的毛细管吸水时间（CST）。

污泥的比阻是指在一定压力下，在单位过滤介质面积上，单位重量的干污泥所受到的阻力；污的毛细吸水时间是指污泥中的毛细水在滤纸里渗透 1cm 距离所需要的时间。

R 和 CST 是衡量污泥脱水性能的两个不同的指标，各有优缺点。一般来说，比阻能非常准确地反映出污泥的真空过滤脱水性能，也能较准确地反映出污泥的压滤脱水性能，但不能准确地反映污泥的离心脱水性能。CST 适用于所有的污泥脱水过程，但要求泥样与待脱水污泥含水率完全一致。相对来说，R 的测定较复杂，人为因素干扰较大，测定结果的重现性较差，因此在实际运行控制中一般采用 CST 作为污泥脱水性能指标。

2. 机械脱水前的预处理

污泥在机械脱水前，一般应进行预处理，也称为污泥的调理或调质。一般来说，初沉污泥的脱水性能较好，不经过调质，也可进行机械脱水。入流污水中工业废水的成分会影响初沉污泥的脱水性能，但其影响有时增强有时削弱，具体取决于工业废水的成分。钢铁或机械加工行业废水，会使初沉污泥的脱水性能增强；而食品酿造或皮革加工等行业的废水会使初沉污泥的脱水性能降低。腐败的污泥脱水性能会降低，因污泥颗粒变小，会产生气体。活性污泥的脱水性能一般都很差，不经调质，无法进行机械脱水。泥龄越长的污泥，脱水性能越差；$\times vi$ 值越高的污泥，其脱水性能也越差。一般来说，发生膨胀的活性污泥，无法直接进行机械脱水，否则会耗用大量的化学药剂进行调质。初沉污泥与活性污泥的混合污泥，其脱水性能取决于两种污泥各自的脱水性能，以及每种污泥所占的比例。一般来说，活性污泥比例越大，混合污泥的脱水性能也越差。消化污泥与消化前的生污泥相比，污泥颗粒减小，但颗粒的有机分降低，密度增大，黏度减小，因而其脱水性能会略有提高。

污泥调质所用的药剂可分为两大类，一类是无机混凝剂，另一类是有机絮凝剂。无机混凝剂包括铁盐和铝盐两类金属盐类混凝剂以及聚合氯化铝等无机高分子混凝剂。有机絮凝剂主要是聚丙烯酰胺（PAM）等有机高分子物质。目前，污泥调质常采用阳离子型聚丙烯酰胺。虽然其价格昂贵，但由于调质效果最好，其使用越来越普遍。絮凝剂的投药量与污泥本身的性质、环境因素以及脱水设备的种类有关系。要综合以上因素，找到既满足要求又降低加药费用的最佳投药量，一般必须进行投药量试验。投药系统一般包括干粉投加及破碎装置、溶药混合装置、贮药池、计量泵和混合器等几部分。PAM 通常应存贮在低温干燥的环境中，因 PAM 遇热或潮湿易结饼失效。干粉加入溶药池后，至少应持续低速搅拌 30min 以上，以保证 PAM 充分溶解。没有充分溶解的 PAM 呈黏糊状，会堵塞计量泵、管道及脱水机的滤布。可用一种简单的方法检验药剂是否充分溶解。取配制好的少量药液滴到一块玻璃片上，观察其是否平稳流动。如果流动不均匀，说明溶解不充分。溶液池的温度应控制在 10℃以上，否则很难溶解。运行中一般将 PAM 配制成浓度为 0.1%～1.0% 的溶液。絮凝剂溶液在 24 h 一般不会失效，所以可一次性配好一天的用药量。运行中，计量加药泵每周至少应校正并维护一次，以保证加药的准确。投药不足或太多，都将降低调质与脱水效果。

除了化学调质外，还可采用水力淘洗、热调质处理、冷冻融化调质、生物絮凝调质等。

3. 压滤脱水机

（1）板框压滤机

板框压滤机是由许多块滤板和滤框交替排列而成。板和框都是用支耳架在一对横梁上，可用压紧装置压紧或拉开。板和框多做成正方形，板、框的角端均开有小孔，装合并压紧后即构成供滤浆或洗涤水流通的孔道，框的两侧覆以滤布，空框与滤布围成了容纳滤浆及滤饼的空间。滤板的作用：一是支撑滤布，二是提供滤液流出的通道。为此，板面上制成各种凹凸纹路，凹者形成滤液通道；凸者起支撑滤布的作用。滤板又分为洗涤板与非洗涤板两种，其结构与作用不同，为了组装时易于辨别，常在板框外侧铸有小钮或其他标志。有时洗涤板又称为三钮板，非洗涤板又称一钮板，而滤框则带二钮。装合时即按钮板 1-2-3-2-1-2-3-2-1-2……的顺序排列板与框，所需框数由生产能力及滤浆浓度等因素所决定。当所需框数不多时，可将一盲板插入，以切断滤浆流通的孔道，后面的板和框即失去作用。过滤时，悬浮液在指定压强下经滤浆通道由滤框角端的暗孔进入框内，滤液分别穿过两侧滤布，再沿邻板板面流至滤液出口排走，固体则截留于框内，待滤饼充满全框后即停止过滤。

若滤饼需要洗涤时，则将洗水压入洗水通道，并经由洗涤板角端的暗孔进入板面与滤布之间，此时应关闭洗涤板下部的滤液出口，洗水便在压强差推动下横穿一层滤布及整个滤框厚度的滤饼，然后再横穿另一层滤布，最后由非洗涤板下部的滤液出口排出。

洗涤结束后，旋开压紧装置并将板框拉开，卸出滤饼，清洗滤布，整理板、框，重新装合，进行另一个操作循环。

（2）带式压滤脱水机

带式压滤脱水机是由上下两条张紧的滤带夹带着污泥层，从一连串按规律排列的相压筒中呈S型弯曲经过，靠滤带本身的张力形成对污泥层的压榨力和剪切力，把污泥层中的毛细水挤压出来，获得含固量较高的泥饼，从而实现污泥的脱水。

带式压滤机一般都分为以下四个工作区：重力脱水区、楔形脱水区、低压脱水区和高压脱水区，各种形式的带式压滤机一般都由滤带、辐压筒、滤带张紧系统、滤带调偏系统、滤带冲洗系统和滤带驱动系统组成。滤带张紧系统的主要作用是调节控制滤带的张力，即调整滤带的松紧，以达到调节施加到泥层上的压榨力和剪切力，这是运行中的一种重要工艺控制手段。滤带调偏系统的作用是时刻调整滤带的行走方向，保证运行正常。滤带冲洗系统是将挤入滤带的污泥冲洗掉，以保证其正常的过滤性能。一般定期用高压水反方向冲洗。

不同种类的污泥要求不同的工作状态，即使同一种污泥，其泥质也因前级工艺运行状态的变化而改变。实际运行中，应根据进泥泥质的变化，随时调整脱水机的工作状态，主要包括带速的调节、带张力的调节以及调质效果的控制。一般来说，带速越低，形成的泥饼含固量越高，泥饼越厚，越易从滤布上剥离。因此，从泥饼的质量看，带速应越低越好，但带速的高低直接影响到脱水机的处理能力，带速越低，其处理能力越小。对于某一种特定的污泥来说，存在最佳带速控制范围。对于初沉污泥和活性污泥组成的混合污泥来说，带速应控制在 2 ~ 5m/min，进泥量较高时，取高带速，反之取低带速。活性污泥一般不宜单独进行带式压滤脱水，否则带速必须控制在 1.0m/min 以下，处理能力很低，极不经济。不管进泥量多少，带速一般不超过 5m/min。因为带速太高时，会造成污泥溢出滤带，造成跑料。

一般滤带张力越高，泥饼的含固量越高。对于城市污水混合污泥来说，一般将张力控制在 0.3 ~ 0.7MPa。当张力太大时，会造成跑料或滤布堵塞。带式压滤脱水机对调质的依赖性很强。如果加药量不足，调质效果不佳时，污泥不易挤压；如果加药量太大，一是增加处理成本，二是由于污泥黏性增大，极易造成滤带堵塞。

4. 压滤脱水机的日常维护

压滤脱水机的日常维护主要包括以下内容：每天应保证足够的滤布冲洗时间。脱水机停止工作后，必须立即冲洗滤带，不能过后冲洗。每天应保证 6 h 以上的冲洗时间，冲洗压力一般应不低于 586 pao 另外，还应定期对脱水机周身及内部进行彻底清洗，以保证清洁，降低恶臭。注意时常观察滤带的损坏情况，并及时更换新滤带。滤带过早被损坏，应分析原因。按照脱水机的要求，定期进行机械检修维护。脱水机房应注意通风，以降低恶臭气体对设备的腐蚀和对身体健康的影响。定期分析滤液的水质，监控脱水效果。当脱水效果不佳时，每升滤液 SS 会达到数千毫克。

五、污泥的利用与处置

（一）农肥利用与土地处理

1. 园林绿化

污泥用于园林绿化是指将污泥用作景观林、花卉和草坪等的肥料、基质和营养土。污泥中矿化的有机质和营养物质提供丰富的腐殖质和可利用度高的营养物质，可改善土壤结构和组成，并使营养物质更易为植物吸收。

污泥用于园林绿化时，须根据树木种类采用不同的污泥施用量。

2. 林地利用

污泥用于林地利用是指将污泥施用于密集生产的经济林，如薪材林或人工杨树林等。

将污泥施与幼林时，会出现与其他植物种类进行竞争的情况，从而降低幼树对营养物质和微量元素的摄入量，并增强杂草生长能力。

3. 土壤修复及改良

土壤修复及改良是指将污泥用作受到严重扰动土地的修复和改良土，从而恢复废弃土地或保护土壤免受侵蚀。污泥可用在采煤场、取土坑、露天矿坑和垃圾填埋场等。

该方法的具体操作方式和环境影响取决于所施用场地的原有用途。当目标是改善土壤质量时，可采用污泥直接施用或与其他肥料混合施用的方式。

（二）污泥堆肥

（1）污泥堆肥方法：单独堆肥；污泥与城市垃圾混合堆肥。

①原理：在好氧条件下，利用嗜温菌、嗜热菌的作用，分解污泥中有机物质并杀灭传染病菌、寄生虫卵与病毒，提高污泥肥分。

②膨胀剂：堆熟的污泥、稻草、木屑、城市垃圾。

③膨胀剂作用：增加孔隙率，改善通风以及调节污泥含水率与碳氮比。

（2）堆肥分为一级堆肥与二级堆肥。

①一级堆肥：分为 3 个过程——发热、高温消毒、腐熟。耗时 7–9d。

a. 发热过程：在强制通风条件下，肥堆中有机物分解，嗜温菌迅速成长，温度达 45 ~ 55C。

b. 高温消毒过程：有机物分解所释放的能量，一部分合成新细胞，一部分温度上升到 55 ~ 70℃，此时嗜温菌受抑制，嗜热菌繁殖，大部分有机物氧化分解，温度开始回落。

c. 腐熟过程：温度降至 40℃，堆肥完成。

②二级堆肥：停止强制通风，采用自然堆放，进一步熟化、干燥、成粒。呈褐色、无臭味，手感松散，颗粒均匀。

（三）污泥制造建筑材料

1. 制造生化纤维板

（1）活性污泥树脂的配制

活性污泥成分：30% ~ 40% 粗蛋白和球蛋白酶。

原理：将干化后的活性污泥，在碱性条件下加热加压、干燥，会发生蛋白质的变性，制成活性污泥树脂——蛋白胶。

（2）填料及其预处理

（3）生化纤维板的制造工艺

（4）生化纤维板的力学性能

2. 制灰渣水泥与灰渣混凝土

污泥焚烧灰与水泥成分相近，稍加石灰或石灰石即可。

污泥焚烧灰也可代替部分水泥与细砂，作为混凝土的细骨料。

3. 制污泥砖、地砖

干污泥的成分基本符合制砖要求，只添加黏土即可。

焚烧灰中有机物完全焚烧，可生产地砖、釉陶管等。

（四）污泥裂解

污泥经干化、干燥后，用煤裂解的工艺方法，制成可燃气、焦油等化工原料。

污泥裂解的前提是必须把污泥含水率降到 5% ~ 20% 后才能开始裂解，即使是采用了其独特的裂解工艺，以污泥干化、回收生物炭和固定重金属为目的的污泥裂解也必须经历污泥干化这一不可逾越的环节。

（1）高温裂解。把裂解温度设定为 600℃，这属于较高温度的裂解，大部分污泥中的有机物都转化成可燃气体，还会产生极少量的大分子碳化有机物（油类）。对于污泥裂解，有着同垃圾裂解完全不同的意义。

（2）低温裂解。利用一定温度和压力的蒸汽作为工艺气体处理污泥，在无氧热分解过程中，控制低温（< 230℃）下，产生的裂解气体较少，而胶体结构发生很大变化，胶体颗粒的稳定性被破坏，污泥内部水与吸附水被释放，比阻可降至

$1.0 \times 108SO_2/g$（比阻：单位过滤面积上单位干重滤饼所具有的阻力），脱水性能大大改善。这个过程，在污泥处理行业的术语又叫作污泥的热调质。经蒸汽低温裂解调质的污泥，可用通常的机械脱水方式去除 30% ~ 40% 的水分，基本达到入炉焚烧的含水率要求。蒸汽低温裂解干化工艺是利用蒸汽低温裂解的方式，改变污泥本身的胶体结构，将包裹在湿污泥中的物理化学结合水释放为自由态水，改善污泥的脱水性能，再用传统的机械方式去除水分。

（五）污泥的干燥和焚烧

污泥的干燥是将脱水污泥通过处理，使污泥中的毛细水、吸附水和内部水得到大部分去除的方法，可使污泥含水率从 60% ~ 80% 降低至 10% ~ 30%；污泥焚化是将干燥的污泥中的吸附水和内部水以及有机物全部去除，使含水率降至零，污泥变成灰尘；干燥与焚烧是可靠有效的污泥处理方法，但其设备投资和运行费用都很昂贵。

1. 污泥干燥

带式干燥器由滤饼粉碎器以及带式干燥器两部分组成，滤饼由滤饼进口进入经粉碎并预热后，刮落至网状传送带上，采用热风通气干燥的方法干燥至要求的含水率，热风温度保持在 160 ~ 180℃，被蒸发的水蒸气及废气一起排出，一部分作为循环加热用，一部分经水洗脱臭后排放。

2. 污泥焚烧

污泥焚烧是指在一定温度和有氧条件下，污泥分别经蒸发、热解、气化和燃烧等阶段，其有机组分发生氧化（燃烧）反应生成 CO_2 和 H_2O 等气相物质，无机组分形成炉灰 / 渣等固相惰性物质的过程。这是一种减量化、稳定化、无害化处理方法。这种方法可将污泥中水分和有机质完全去除，并杀灭病原体。污泥焚烧方法有完全燃烧法和不完全燃烧法两种。

污泥焚烧前需要进行处理，前处理技术通常指脱水或热干化等工艺，以提高污泥热值，降低运输和贮存成本，减少燃料和其他物料的消耗。

热干化工艺有半干化（含固率达到 60% ~ 80%）和全干化（含固率达到 80% ~ 90%）两种。热干化工艺一般仅用于处理脱水污泥，主要技术性能指标（以单机升水蒸发量计）为：热能消耗 2 940-4 200kJ/hg$_{h_2}$O；电能消耗 0.04 ~ 0.90kW/hg$_{h_2}$O。

污泥含固率在 35% ~ 45% 时，热值为 4.8 ~ 6.5MJ/kg，可自持燃烧，通常后面直接接焚烧工艺。用作土壤改良剂、肥料，或作为水泥窑、发电厂和焚烧炉燃料时，须将污泥含固率提高至 80% ~ 95%。

（1）完全燃烧法

完全焚烧设备主要有回转式焚烧炉、竖式多级焚烧炉、流化床焚烧炉。

①回转式焚烧炉

回转式焚烧炉是用冷却水管或耐火材料沿炉体排列，炉体水平放置并略微倾斜。通过炉身的不停运转，使炉体内的垃圾充分燃烧，同时向炉体倾斜的方向移动，直至燃尽并排出炉体。设备利用率高，灰渣中含碳量低，过剩空气量低，有害气体排放量低。但燃烧不易控制，垃圾热值低时燃烧困难。

②竖式多级焚烧炉

炉内沿垂直方向分 4 ~ 12 级，每级都装水平圆板作为多层炉床，炉床上方有能转动的搅拌叶片，每分钟转动 0.5 ~ 4 周。污泥从炉上方投入，在上层床面上，经搅拌叶片搅动依次落到下一级床面上。通常上层炉温为 300 ~ 550℃，污泥得到进一步脱水干燥；然后到炉的中间部分，在炉内 750–1 000℃温度下焚烧；在炉的底层炉温为 220 ~ 330℃，用空气冷却。燃烧产生的气体进入气体净化器净化，以防止污染大气。这种焚烧炉多安装在大城市的污水处理厂。

③流化床焚烧炉

流化床焚烧炉利用炉底吹出的热风将废物悬浮起呈沸腾（流化）状进行燃烧。一般采用中间媒体即载体（砂子）进行流化，再将废物加到流化床中与高温砂子接触、传热进行燃烧。流化床焚烧炉的炉型按照流化风速及物料在炉膛内运动状态又可分为鼓泡流化床和循环流化床。

（2）不完全燃烧法

利用水中有机杂质在高压、高温下可被氧化的性质，在装置内的适宜条件下，去除污泥中有机物，湿式燃烧有 80% ~ 90% 的有机物被氧化，通常又称湿式氧化、湿法燃烧。这种方法除适用于处理含大量有机物的污泥外，也适用于处理高浓度的有机废水。

六、秦皇岛市绿港污泥处理厂案例

（一）污泥处理流程

秦皇岛市绿港污泥处理厂总投资 4980 万元，设计日处理城市污泥 200t。秦皇岛污泥处理工程采用国际上最先进的自动控制生物堆肥处理技术（第二代 CTB 技术），污泥经过无害化处理后将用作植物生长所需的营养土或有机肥。该工程具有能耗低、自动化程度高、堆肥发酵周期短、占地面积小、堆肥过程和堆肥产品质量稳定、堆肥厂区无恶臭气体排放等特点，代表国际上最先进技术的发展方向。本项目实现生物无害化处理全过程的智能控制和污泥的资源化利用，解决了秦皇岛市城市污水处理厂的污泥排放和污染问题，是国内首个符合市政行业和环保标准（臭气排放达标）的规范化城市污泥生物发酵处理厂。

（二）主要控制参数

（1）控制方式：温度＋氧气联合反馈控制；

（2）堆体最大高度：2.0m；

（3）干化周期：20d；

（4）供氧方式：静态曝气＋动态翻抛；

（5）日处理脱水污泥：200t；

（6）干化结束含水率降低到45%左右。

（三）污泥堆肥效果

污泥经过处理后，含水率降到40%以下，致病菌已经全部杀死，臭味基本去除，是较好的营养腐殖土，且热值较高，可用于园林绿化、农业利用、焚烧发电和垃圾填埋覆土。生产车间产生的恶臭由抽风机引至生物滤池进行生物除臭，厂界内硫化氢、氨气浓度可以达到《恶臭污染物排放标准》二级标准的要求；厂内生活污水采用一体化污水处理设施，出水达到《城镇污水处理厂污染物排放标准》一级 A 标准。

第四节　工业废水治理

一、概述

（一）工业废水的分类

工业企业各行业生产过程中排出的废水，统称工业废水，其中包括生产污水、冷却水和生活污水三种。

为了区分工业废水的种类，了解其性质，认识其危害，研究其处理措施，通常进行废水的分类，一般有 3 种分类方法。

（1）按行业的产品加工对象分类。如冶金废水、造纸废水、炼焦煤气废水、金属酸洗废水、纺织印染废水、制革废水、农药废水、化学肥料废水等。

（2）按工业废水中所含主要污染物的性质分类。含无机污染物为主的称为无机废水，含有机污染物为主的称为有机废水。例如，电镀和矿物加工过程的废水是无机废水，食品或石油加工过程的废水是有机废水。这种分类方法比较简单，对考虑处理方法有利。如对易生物降解的有机废水一般采用生物处理法，对无机废水一般采用物理、化学和物理化学法处理。不过，在工业生产过程中，一种废水往往既含无机物，也含有机物。

（3）按废水中所含污染物的主要成分分类。如酸性废水、碱性废水、含酚废水、含镉废水、含铬废水、含锌废水、含汞废水、含氟废水、含有机磷废水、含放射性废水等。这种分类方法的优点是突出了废水的主要污染成分，可有针对性地考虑处理方法或进行回收利用。

除上述分类方法外，还可以根据工业废水处理的难易程度和废水的危害性，将废水中的主要污染物分为3类。

第一，易处理、危害小的废水。如生产过程中产生的热排水或冷却水，对其稍加处理，即可排放或回用。

第二，易生物降解无明显毒性的废水。可采用生物处理法。

第三，难生物降解又有毒性的废水。如含重金属废水、含多氯联苯和有机氯农药废水等。

上述废水的分类方法只能作为了解污染源时的参考。实际上，一种工业可以排出几种不同性质的废水，而一种废水又可能含有多种不同的污染物。例如染料工业，既排出酸性废水，又排出碱性废水。纺织印染废水由于织物和染料的不同，其中的污染物和浓度往往有很大差别。

（二）工业废水对环境的污染

水污染是我国面临的主要环境问题之一。随着我国工业的发展，工业废水的排放量日益增加，达不到排放标准的工业废水排入水体后，会污染地表水和地下水。水体一旦受到污染，要想在短时间内恢复到原来的状态是不容易的。水体受到污染后，不仅会使其水质不符合饮用水、渔业用水的标准，还会使地下水中的化学有害物质和硬度增加，影响地下水的利用。我国的水资源并不丰富，若按人口平均占有径流量计算，只相当于世界人均值的1/4。而地表水和地下水的污染，将进一步使可供利用的水资源数量日益减少，势必影响工农渔业生产，直接或间接地给人民生活和身体健康带来危害。

几乎所有的物质，排入水体后都有产生污染的可能性。各种物质的污染程度虽有差别，但超过某一浓度后会产生危害。

第一，含无毒物质的有机废水和无机废水的污染。有些污染物质本身虽无毒性，但由于量大或浓度高而对水体有害。例如，排入水体的有机物，超过允许量时，水体会出现厌氧腐败现象；大量的无机物流入时，会使水体内盐类浓度增高，造成渗透压改变，对生物（动植物和微生物）造成不良影响。

第二，含有毒物质的有机废水和无机废水的污染例如含氰、酚等急性有毒物质、重金属等慢性有毒物质及致癌物质等造成的污染。致毒方式有接触中毒（主要是神经中毒）、食物中毒、糜烂性毒害等。

第三，含有大量不溶性悬浮物废水的污染，例如，纸浆、纤维工业等的纤维素，选煤、选矿等排放的微细粉尘，陶瓷、采石工业排出的灰砂等。这些物质沉积水底有的形成"毒泥"，发生毒害事件的例子很多。如果是有机物，则会发生腐败，使水体呈厌氧状态。这些物质在水中还会阻塞鱼类的鲤，导致呼吸困难，并破坏产卵场所。

第四，含油废水产生的污染。油漂浮在水面既损美观，又会散出令人厌恶的气味。燃点低的油类还有引起火灾的危险。动植物油脂具有腐败性，消耗水体中的溶解氧。

第五，含高浊度和高色度废水产生的污染。引起光通量不足，影响生物的生长繁殖。

第六，酸性和碱性废水产生的污染。除对生物有危害作用外，还会损坏设备和器材。

第七，含有多种污染物质废水产生的污染。各种物质之间会产生化学反应，或在自然光和氧的作用下产生化学反应并生成有害物质。例如，硫化钠和硫酸产生硫化氢，亚铁氰盐经光分解产生氰等。

第八，含有氮、磷等工业废水产生的污染。对湖泊等封闭性水域，由于含氮、磷物质的废水流入，会使藻类及其他水生生物异常繁殖，使水体产生富营养化。

二、啤酒废水处理

（一）啤酒废水来源及特点

啤酒废水主要来自麦芽车间（浸麦废水）、糖化车间（糖化，过滤洗涤废水）、发酵车间（发酵罐洗涤，过滤洗涤废水）、灌装车间（洗瓶，灭菌废水及瓶子破碎流出的啤酒）以及生产用冷却废水等。

啤酒工业废水主要含糖类、醇类等有机物，有机物浓度较高，虽然无毒，但易于腐败，排入水体要消耗大量的溶解氧，对水体环境造成严重危害。啤酒废水的水质和水量在不同季节有一定差别，处于高峰流量时的啤酒废水，有机物含量也处于高峰。

啤酒废水按有机物含量可分为 3 类：①清洁废水，如冷冻机冷却水、麦汁冷却水等。这类废水基本上未受污染。②清洗废水，如漂洗酵母水、洗瓶水、生产装置清洗水等，这类废水受到不同程度污染。③含渣废水，如麦糟液、冷热凝固物、剩余酵母等，这类废水含有大量有机悬浮性固体。

（二）啤酒废水处理方法

目前，常根据 $BOD_5/coder$ 比值来判断废水的可生化性，即当 $BOD_5/coder > 0.3$ 时，易生化处理；当 BOD5/code > 0.25 时，可生化处理；当 gods/coderV 0.25 时，难生化处理。啤酒废水的 BOD5/CODCr 的比值 > 0.3，所以处理啤酒废水的方法多是采用好氧生物处理，也可先采用厌氧处理，降低污染负荷，再用好氧生物处理。目前国内的啤酒厂工业废水的污水处理工艺，都是以生物化学方法为中心的处理系统。

1. UASB——好氧接触氧化工艺处理啤酒废水

此处理工艺中主要处理设备是上流式厌氧污泥床和好氧接触氧化池，主要处理过程为：废水经过转鼓过滤机，转鼓过滤机对 SS 的去除率达 10% 以上，随着麦壳类有机物的去除，废水中的有机物浓度也有所降低。调节池既有调节水质、水量的作用，还由于废水在池中的停留时间较长而有沉淀和厌氧发酵作用。由于增加了厌氧处理单元，该工艺的处理效果非常好。上流式厌氧污泥床能耗低、运行稳定、出水水质好，有效地降低了好氧生化单元的处理负荷和运行能耗（因为好氧处理单元的能耗直接和处理负荷成正比）。好氧处理（包括好氧生物接触氧化池和斜板沉淀池）对废水中 SS 和 COD 均有较高的去除率，这是因为废水经过厌氧处理后仍含有许多易生物降解的有机物。

2. 生物接触氧化法处理啤酒废水

该工艺采用水解酸化作为生物接触氧化的预处理，水解酸化菌通过新陈代谢将水中的固体物质水解为溶解性物质，将大分子有机物降解为小分子有机物。水解酸化不仅能去除部分有机污染物，而且提高了废水的可生化性，有利于后续的好氧生物接触氧化处理。

（三）生物接触氧化法常见问题

第一，水解酸化池存在的问题主要是沉淀污泥不能及时排除。由于该废水中悬浮物浓度较高，因而池内污泥产量很大，而原工艺仅在水解酸化池前端设计了污泥斗，所以池子的后部很快就淤满了污泥。另外，随着微生物量的增加，在软性生物填料的中间部位形成了污泥团，使得传质面积减小。针对污泥淤积情况，在水解酸化池前可增设一级混凝气浮以去除水中的悬浮物，在设计采用水解酸化处理悬浮物浓度高的污水时，可增设污泥斗的数量以便及时排除沉淀污泥。此外，为防止填料表面形成污泥团，应采用比表面积大、不结泥团的半软性填料。

第二，如果废水中污染物浓度较高或前处理效果不理想，生物接触氧化池前端的有机物负荷较高，使得供氧相对不足，此时该处的生物膜呈灰白色，处于严重的缺氧状态，而池末端成熟的好氧生物膜呈琥珀黄色。同时，水中的生物活性抑制性物质浓度也较高，对微生物也有一定的抑制作用。这些因素使得生物接触氧化池没有发挥出应有的作用，处理效果不理想。鉴于此，可以采取阶段曝气措施，即多点进水，污水沿池长多点流入生物接触氧化池以均分负荷，消除前端缺氧及抑制性物质浓度较高的不利影响。

第三，在调试运行过程中，生物接触氧化池中生物膜脱落、气泡直径变大（曝气方式为微孔曝气）、出水浑浊、处理效果恶化的现象时有发生。经研究、分析、验证，发现这是由于负荷波动或操作不当造成溶解氧不足而引起的。溶解氧不足使得生物膜由好氧状态转变为厌氧状态，其附着力下降，在空气气泡的搅动下生物膜大量脱落，导致水黏度增加、气泡直径增大、氧转移效率下降，这又进一步造成缺氧，如此形成恶性循环致使处理效果恶化。

第四，在调试运行初期，发生这种现象时一般是增大供气量以提高供氧能力来消除缺氧，结果由于气泡搅动强度增大，造成了更大范围的生物膜脱落、水黏度更大、氧转移效率更低，非但没能提高供氧能力反而使情况更糟。正确的处理措施应是减小曝气量，待脱落的生物膜随水流流出后再逐渐增加曝气量，使溶解氧浓度恢复到原有水平。

因此，当采用此工艺处理啤酒废水时要遵循下列要求：①采用水解酸化作为预处理工序时应考虑悬浮物去除措施。②采用推流式生物接触氧化池时，为避免前端有机物负荷过高可采用多点进水。③应严格控制溶解氧浓度，供氧不足会造成生物膜大范围脱落，导致运行失败。

（四）啤酒废水处理案例

第一，格栅初沉池：格栅主要拦截废水中较大漂浮物，沉降废水中的悬浮物（如酒糟、啤酒花及凝聚蛋白）、细小的麦糟和酵母，在进入调节池前分离去除，避免悬浮物在沉淀池、生物接触氧化池中积累，防止超量的悬浮物对已形成的颗粒污泥床的冲击，以保护设备的正常运行，减少后续处理单元负荷。

第二，调节池：啤酒废水水质水量波动较大，进行水质水量调节是必要的。

第三，水解酸化池：使废水在缺氧的工况下（溶解氧控制在 0.5mg/L 以下），发生酸化和腐化反应，进一步改善和提高废水的可生化性，对提高后续好氧反应生化速率，缩短生化反应时间，减少能耗和降低运行费用具有重要意义。

第四，生物接触氧化池：生化池内设置曝气装置，设置组合填料，此填料比表面积大，易结膜。

第五，二沉池：采用斜管沉淀，以提高沉淀效率，节省空间，停留时间为 2h。

第六，污泥处理系统：污泥主要来自初沉池和二沉池排放出的剩余污泥。当今国际上多采用全封闭连续运行的卧式螺旋卸料降离心机作为污泥脱水的主机，它具有其他污泥脱水设备所不具有的特点。

三、造纸废水处理

造纸废水是我国主要的工业污染源之一。我国造纸业多采用草秆、木浆等作为造纸原料。造纸废水成分复杂，可生化性差，属于较难处理的工业废水。制浆造纸生产一般有制浆、洗浆、漂白、造纸的工序组成。造纸属于高有机废水浓度、高悬浮物含量、难生物降解的有机污染废水。

造纸工业制浆有碱法制浆、化学机械法制浆和机械法制浆。其废水根据制浆方法不同、原料不同、制浆得率不同、造纸品种不同及有无化学品回收，其污染物的发生与排放就有很大区别，但基本上都含有大量的悬浮物及 bod、cod 和部分有毒物质，通常仍采用物化 + 生物方法进行处理。

（一）造纸废水的来源

第一，蒸煮木浆（或草浆）所生成的废液，又称黑液。

第二，打浆机和精浆机排出的废水，称打浆废水。

第三，造纸机废水，其中可以直接使用的称为白水。

（二）造纸废水的特点

第一，悬浮物：包括可沉降悬浮物和不可沉降悬浮物，主要是纤维和纤维细料（破碎的纤维碎片和杂细胞）。

第二，易生物降解有机物：包括低分子量的半纤维素、甲醇、乙酸、甲酸、糖类等。

第三，难生物降解有机物：主要来源于纤维原料中所含的木质素和大分子碳水化合物。

第四，毒性物质：黑液中含有的松香酸和不饱和脂肪酸等。

第五，酸碱毒物：碱法制浆废水 pH 值为 9-10；酸法制浆废水 pH 值为 1.2 ~ 2.0。

第六，色度：制浆废水中所含残余木质素是高度带色的。

（三）造纸废水治理方法

1. 常用预处理方法

预处理工艺主要由格栅、筛网、纤维回收系统、调节水量及水质等工艺组成。可根据不同的造纸工业废水水质采取不同的预处理手段，去除一部分污染物，改善废水水质，使整个废水处理系统的处理效果达到最佳。

2. 主要处理方法

废纸造纸废水的 SS、COD 浓度较高，COD 则由非溶解性 COD 和溶解性 COD 两部分组成，通常非溶解性 COD 占 COD 组成总量的大部分，当废水中 SS 被去除时，绝大部分非溶解性 COD 同时被去除。因此，废纸造纸废水处理要解决的主要问题是去除 SS 和 dodo

（1）气浮或沉淀法

采用气浮或沉淀方法，通过投加混凝剂，可去除绝大部分 SS，同时去除大部分非溶解性 COD 及部分溶解性 COD 和 BOD_5。

（2）物化与生化处理相结合

对于吨纸废水排放量较低、废水含 COD 较高的大中型废纸造纸企业，期望通过单级气浮或沉淀的物化方法达到国家一级排放标准有较大的难度，因为可溶性 COD、BOD_5 主要需通过生化方法才能有效去除。一般采用物化加生化的处理方法。

（3）污泥处置与综合利用

造纸过程中浆料的流失不可避免，做好流入废水中的废浆回收有两个好处：一是回收的浆料可回用于造纸或外售作为低档纸的原料，产生直接经济效益；二是降低废水处理负荷，减少药剂消耗。

（四）造纸废水治理案例

典型工艺流程如下：废水—筛网—调节 – ＞沉淀或气浮— A/O 或接触氧化—二沉池—排放。

不同节点产生的污水处理的工艺流程如下：

（1）脱墨废水：废水—调节池—混合反应池——级气浮—混合反应池—二级气浮—无阀过滤器—达标排放。

（2）白水废水：白水—集水池—气浮池—清回池—生产浆液池。

（3）造纸黑液：黑液—除硅反应槽—混凝反应槽—混合液分离设备—清液槽—排入中段水处理站。

（4）中段废水：污水—沉砂池——沉池—氧化池（加药）—氧化池—二沉池—出水。

四、制革废水处理

（一）废水排放的来源及特点

制革生产可分为湿操作与干操作两部分。湿操作包括准备工段和职制工段；干操作就是整饰工段。制革废水主要来自湿操作准备工段和轻制工段：浸水脱脂及其洗水、脱毛脱灰及其洗水、浸酸铬鞋及其洗水、染色加脂及其洗水和其他污水。制革过程中，原料皮的大部分蛋白质、油脂被废弃，进入废渣和废水中，造成废水中 COD、BOD 较高，成为制革废水主要有机污染源。制革废水除含有有机污染物外，通常还含有 S^{2-}、Cr^{3+} 及 SS。因此，制革废水是一种高浓度有机废水，具有由染料和糅剂造成的色度、由加入的硫化钠和蛋白质分解引起的臭味、由硫化物及三价铬引起的毒性。制革废水通常进行铬回收后再合并处理。

制革厂废水排放量大、pH 值高、色度高、污染物种类繁多、成分复杂。主要污染物有重金属铬、可溶性蛋白质、皮屑、悬浮物、丹宁、木质素、无机盐、油类、表面活性剂、助剂、染料及树脂等。

制革废水的主要特点如下：

（1）制革废水是高浓度有机废水，废水中 COD、BOD 浓度很高；

（2）制革废水的毒性来自高浓度硫化物和三价铬，脱毛使用硫化钠，鞣制使用铬盐，废铬液中铬和硫化物的含量每升可达数千毫克，制革废水的臭味主要由蛋白质分解和添加的硫化钠造成；

（3）制革废水中的 SS 高达 3 000mg/L 以上；

（4）制革废水的色度主要是染料和鞣剂造成，废水的色度在 600 ~ 3000 倍；

（5）制革废水总体显碱性，主要来自脱毛等工序使用的石灰、烧碱、硫酸钠，pH 值常在 9 ~ 10；

（6）制革废水的氯化物和硫酸盐浓度为 2 000 ~ 3 000mg/L，主要来自原皮保存、浸酸、鞣制工序。

（二）废水治理技术

1. 生化处理工艺

（1）预处理系统

主要包括格栅、调节池、沉淀池、气浮池等处理设施。制革废水中有机物浓度和悬浮固体浓度高，预处理系统就是用来调节水量、水质，去除 SS、悬浮物，削减部分污染负荷，为后续生物处理创造良好条件。

（2）生物处理系统

制革废水属于高浓度有机废水，适宜于进行生物处理。目前国内应用较多的有氧化沟、SBR 和生物接触氧化法，应用较少的是射流曝气法、间歇式生物膜反应器（SBBR）、流化床和升流式厌氧污泥床（UASB）。

2. 物化处理工艺

目前国内用于处理制革废水的物化处理法有投加混凝剂、内电解等技术。

（三）制革废水处理案例

1. 铬鞣原液处理

铬是制革废水中唯一的重金属污染，铬及其化合物是一种致癌、致敏物质，通过水、食物等进入人体，危害人类健康。如何消除铬污染的危害是目前各国正在探索而未解决的问题，经过反复实验，铬鞣废液的回收利用关键在于废液中的蛋白质和中性盐难分离，回收铬的纯度难达到要求。为此，我们采用碱性（NaOH）水解沉淀法，破坏废液中的蛋白质的各级结构。同时，控制 pH 值，在铬沉淀完全，上清液达到排放标准的前提下，使铭泥中蛋白质含量最低。并且使回收的铭再用于生产，产生经济效益。

基本工艺流程是将废铬原液从集液池泵入中和水解沉淀池，加碱产生氢氧化铬沉淀后测上清液由 Cr^{3+} 的含量，如达到要求则将上清液排入综合废水池，将含一定水的铭泥泵入压滤机压滤后进入整理铭泥池中，然后对其 pH 值等进行调整，使铭泥达到回收标准时便可用于生产。

国内 90% 的制革厂采用碱沉淀法，将石灰、氢氧化钠、氧化镁等加入废铬液，反应、脱水得含铬污泥，用硫酸溶解后可再回用到糅制工段。反应时 pH 值在 8.2 ~ 8.5、温度在 40℃沉淀最好，从经济效益、铭泥纯度及回收复用时对皮子质量的影响等方面考虑，采用氢氧化钠（它优于碳酸钠或碱加氧化镁）作沉淀剂，处理率可达 99% 以上。

2. 浸灰脱毛原液处理

浸灰脱毛废水中含蛋白质、石灰、硫化钠、固体悬浮物，含总 COD& 的 28%、总 S2 的 92%、总 SS 的 70%0 处理方法有酸化法、化学沉淀法和氧化法。生产中多采用酸化法，在负压条件下，加 H2so4 调 pH 值至 4 ~ 4.5，产生 ms 气体，用 NaOH 溶液吸收，生成硫化碱回用，废水中析出的可溶性蛋白质经过滤、水洗、干燥变成产品。硫化物去除率可达 90% 以上，coder 与 SS 分别降低 85% 和 95%。其成本低廉，生产操作简单，易于控制，并缩短了生产周期。

3. 脱脂废液

脱脂废液中的油脂含量、coder 和 BOD_5 等污染指标很高。处理方法有酸提取法、离心分离法或溶剂萃取法。广泛使用的是酸提取法，加 H2SO4 调 pH 值至 3 ~ 4 进行破乳，通入蒸汽加盐搅拌，并在 40 ~ 60℃下静置 2~3h，油脂逐渐上浮形成油脂层。回收油脂可达 95%，去除 coder90% 以上。一般进水油的质量浓度为 8 ~ 10g/L，出水油的质量浓度小于 0.1g/L。回收后的油脂经深度加工转化为混合脂肪酸可用于制皂。

4. 综合废水处理

综合废水是指处理以上三种原液后的排水和制革厂的其他废水。

制革废水中污染物组成复杂，综合废水的处理方法也很多，有生化工艺和物化等方法。国内制革工业通常采用物化处理和生化处理相结合的方法，此方法投资省，运行费用低，能够稳定达标排放。

五、棉混纺织废水处理

棉纺织产品主要由棉花或棉花与化学纤维混合后经纺纱、染色（或印花）、整理等工序生产出的产品。有纯棉产品和棉混纺织产品。棉混纺织产品中化学纤维所占比例较大（一般超过棉花的数量）。棉纺织生产工艺主要为织布和染整工艺，其废水主要来自染整工段，包括退浆、煮炼、漂白、丝光、染色、印花和整理等，纺织工段废水排放较少。退浆废水是碱性有机废水，其污染物占印染废水总量的一半以上，水质视浆料的不同而异：若采用天然淀粉浆料，B/C 比为 0.3 ~ 0.5；化学浆料 B/C 比约 0.1；改性淀粉浆料的 B/C 比可达 0.5 以上。煮炼废水水量大，呈微碱性，BOD、COD 可达数千毫克每升。漂白废水的特点是水量大，当污染程度低时，基本属于清洁废水。丝光废水碱性很强，BOD 较低。染色废水碱性较强，COD 很高，BOD 较低，废水中含有的许多物质不易被微生物分解。根据棉纺印染废水的水质特点，废水处理的主要对象是碱度、不易生物降解或生物降解速度极为缓慢的有机物、染料色素以及有毒物质。

棉纺印染行业是纺织工业用水量较大的行业，水作为媒介参与整个染整加工过程。印染废水水量大，色度高，成分复杂，废水中含有染料、浆料、助剂、油剂、酸碱、纤维杂质及无机盐等，染料结构中硝基和氨基化合物及铜、铬、锌、砷等重金属元素具有较大的生物毒性，严重污染环境。

（一）印染废水的来源

印染废水中的废水主要来自织物纤维本身和加工过程使用的染化料，在印染生产的前处理过程中排出退浆废水、煮炼废水、漂白废水和丝光废水，染色印花过程排出染色废水、皂洗废水和印花废水，整理过程排出整理废水。

（二）印染废水的特点

（1）水量大。

（2）浓度高：大部分废水呈碱性，COD 较高，色泽深。

（3）水质波动大：印染厂的生产工艺和所用染化料，随纺织品种类和管理水平的不同而异。而对于每个工厂，其产品都在不断变化，因此，废水的污染物成分浓度的变化与波动十分频繁。

（4）以有机物污染为主：除酸、碱外，废水中的大部分污染物是天然或合成有机物。

（5）处理难度较大：染料品种的变化以及化学浆料的大量使用，使废水含难生物降解的有机物，可生化性差。因此，印染废水是较难处理的工业废水之一。

（6）部分废水含有毒有害物质：如印花雕刻废水中含有六价铬，有些染料（如苯胺类染料）有较强的毒性。

（三）棉纺印染废水治理技术

1. 吸附法

吸附法就是利用吸附剂吸附印染废水中的杂质，达到净化印染废水的目的的方法。工业上常用的吸附剂有活性炭、活性硅藻土、活化媒、纤维系列、天然蒙脱土、煤渣以及粉煤灰等。

2. 膜过滤

膜过滤就是利用膜的微孔进行过滤，将印染废水中的悬浮固体从水中分离出来，使水质得以净化。膜过滤，特别是使用纳滤膜的膜过滤被用于除去非水溶性的染料（如分散染料）十分有效，滤后水质洁净，可以回用。但该法对可溶性染料无能为力。该技术需要专用设备，投资大，滤膜的再生困难，再生率低，运行成本。

3. 混凝法

混凝法是处理印染废水常用的方法之一，采用絮凝剂将染料分子和其他各类杂质进行吸附、絮凝、沉降，以污泥形式排出，使印染废水净化。混凝法的主要优点是工程投资少、处理量大、对疏水性染料脱色效率很高。但方法的缺点是需要随着水质的变化而改变投料条件、对亲水性染料的脱色效果差、COD 去除率低。此外，生成大量的泥渣且脱水困难也影响了该方法更广泛的应用。

4. 微生物法

以天然产物为营养物的微生物在漫长的岁月里伴随着天然产物进化、繁衍，已经十分丰富、易得，而处理人工合成的助剂和染料所需的微生物尚未来得及进化，须采用人工的方式进行培育。因此，生物法进行处理印染废水只能除去水中的可溶性天然产物，如淀粉、浆料等，而难以除去人工合成的各种助剂和染料。

5. 氧化法

光氧化、湿式氧化、催化氧化等各种氧化技术在较短时间里将难降解毒性有机污染物完全无害化、不产生二次污染已成为主要研究的目标之一并逐渐受到人们的青睐。按氧化剂和氧化条件的不同，可将化学氧化法分为臭氧氧化法、芬顿试剂氧化法、光化学氧化法、湿式空气氧化法和焚烧法。

（四）棉纺印染废水治理案例

根据棉纺印染废水的水质特点，废水处理的主要对象是碱度、不易生物降解或生物降解速度极为缓慢的有机质、染料色素以及有毒物质等。国内棉及棉纺织物染色废水多采用以好氧处理为主的处理工艺。纯棉织物染色废水采用生物处理效果较好，棉混纺织物染色废水及纯化纤织物染色废水的处理效果较差。针织产品因无退浆废水，其废水的生物处理效果比同种机织产品废水处理效果好。棉纺工业废水经生物处理后一般达不到排放标准，通常在生物处理装置后还串联不同型式的化学处理装置做进一步处理。上述流程中，生化处理工艺可采用各种类型的活性污泥法。废水停留时间多为 3h 以上。生物膜法多采用两段生物接触氧化法，废水停留时间为

2.5 ~ 4h。水解酸化池废水停留时间为 5 ~ 8h 或更长一些。调节池废水停留时间宜在 8h 以上。

生物处理单元的 coder 去除率为 60% 左右，BOD$_5$ 去除率为 80% ~ 90%，色度为 50% 左右。后续化学处理单元（混凝沉淀或气浮）的去除率，coder 为 50% ~ 60%，BOD$_5$ 为 50% 左右，色度为 60% ~ 90%。混凝剂多采用聚合铝。投药量需要经过试验确定。印染行业染色废水 COD、BOD、色度等污染物通过生化处理达标排放是有可能的。综合各种技术条件，生物流化床、接触氧化和表曝是应优先选用的，可以根据各个工厂的具体条件选用处理方案。一般认为：当废水量较小时（小于 500m^3/d），选用接触氧化—混凝沉淀；废水量较大时（大于 500m^3/d），为节省占地面积，建议选用生物流化床—混凝沉淀。棉纺印染废水的处理，总体处理流程除采用前述的几种典型流程之外，对具体排放对象的水质特点还应采取一些专项治理技术，如碱度、色度以及某些有毒物质的去除。

1. 碱度的去除

印染废水的 pH 值往往高达 11 以上，如直接用酸中和，费用很大。如能利用排出废水本身酸碱度的不均匀性，设置调节池，保证一定的匀质时间，以达到一定要求的 pH 值是常用的经济办法。还有许多印染厂采用烟道废气中和碱性废水。用烟道气处理碱性废水既能降低废水的 pH 值，又能消除烟道气中尘粒、so?、co2 对大气的污染。烟道气处理碱性废水时，一般 pH 值能从 11 ~ 12 降到 8 ~ 9。禁烟道气中和后，废水中的硫化物、耗氧量和色度等都有所增加，需要做进一步处理。

2. 色度的去除

棉纺印染工艺中大量使用染料。一般来说，棉纺印染厂所使用的染料种类比较多，而且染色加工过程中 10% ~ 20% 的染料进入废水中，使得印染废水色度很深、成分复杂。对各种染料性质的了解有助于选择处理方式。常用的脱色处理法有氧化法和吸附法两种。氧化脱色法有氯氧化法、臭氧氧化法。

3. 染料的回收

染色废水中染料的回收多采用混凝沉淀法。

染色残液（脚水）存入贮水池，加硫酸和混凝剂，经搅拌、反应后进行沉淀，沉渣经过滤成浆状回收。士林染料的回收可经酸化后（pH=5）变成隐色酸，呈胶体微粒悬浮于残液中。用动物胶使隐色酸遇胶质后沉淀，或投加明矾加速沉淀，沉淀物经过滤成色浆回收。硫化染料价廉，从经济角度一般不值得回收，但从废水处理和减轻污染角度看有回收价值。硫化碱性还原物被酸化后，pH 值在 4 ~ 5，染料即从溶液中析出，将酸化后的硫化残液进行沉淀，沉淀物经过滤即可回收。

六、电镀废水处理

（一）电镀废水的来源

电镀废水主要是酸洗废水、电镀漂洗废水、钝化废水和刷洗地面产生的废水。电镀工艺流程中有多次清洗、碱洗、酸洗、滚洗等产生大量清洗废水，由于用过的清洗水和废弃的电镀液及生产过程中的泄漏，会排出多种有毒的重金属元素，对环境造成严重污染。电镀污水的水质复杂，其中可能含有铬、镉、镍、铜、锌、金、银等重金属和氰化钠等剧毒污染物，有些属于"三致"物质。同时，由于有机溶剂和氢氟酸的使用又会产生化学物质和氟的污染。

（二）电镀废水的特点

电镀废水主要污染物质为金属离子，其次是酸、碱类物质，还有镀件基体预处理过程漂洗下来的氧化物、油污，还有使用表面活性剂、有机材料产生的有机物。但电镀主要污染还是重金属离子、酸、碱和有机物污染。

含重金属废水主要来自电镀和钝化工艺，一般显酸性，水质成分与镀层金属有关（常用的镀层金属有铬、锌、镍、镉、铜、银）。清洗镀件时会产生含这些金属的废水。

含氰污水来自氰化电镀的清洗阶段。

除油后的清洗污水显碱性，去除氰化物工序的污水显酸性，主要含硫酸、盐酸、氢氟酸等。

（三）电镀废水的处理方法

1. 化学处理法

含氰废水处理方法包括臭氧法、电解氧化法、离子交换法、硫酸亚铁法、活性炭吸附法等，国内外还大多使用碱性氯化法。含氰废水经破氰处理后，如有条件可与其他废水混合进行沉淀和过滤处理。

含铬废水处理方法包括铁氧体处理法、亚硫酸盐还原处理法、槽内处理法等。含锌废水处理方法多采用化学凝聚沉淀法。

2. 物理化学处理法

离子交换法是利用离子交换树脂中的交换离子与电镀废水中的金属离子交换，达到去除目的。离子交换体有方钠石、泡沸石、菱沸石、片沸石及高岭土等。

电解法是使废水中有害物质通过电解的氧化、还原转化成无害物质或沉淀物。

3. 物理法

电镀废水处理使用的物理法，主要有蒸发浓缩法、晶析法和膜分离法。

蒸发浓缩法是通过蒸发降低废液中的水分，浓缩镀液。

晶析法是固液分离技术的一种方法，在过饱和溶液中析出金属结晶盐。

膜分离法是包括液膜分离法和固膜分离法的一种反渗透法，反渗透技术的关键是半透膜的选择。

（四）电镀废水处理案例

1. 含氰废水

氰化电镀是常用的镀种之一，主要用于镀锌、镀镉、镀铜、镀银、镀金。镀件的质量优于无氰电镀，镀液质量较稳定，操作管理也较为方便。根据各种氰化电镀镀液的配方，氰化电镀过程中产生的含氰废水中除含有剧毒的游离氰化物外，尚有铜氰、镉氰、银氰、锌氰等络合离子存在，所以破割后，重金属离子也将进入废水中。因此，在处理含氰废水时，也应包括重金属离子的处理。

含氰废水的处理方法很多，如电解氧化法、活性炭吸附法、离子交换法等。目前国内外多采用碱性氯化法。

2. 含信废水

含铬电镀废水来源于镀铬、钝化、铝阳极氧化等镀件的清洗水。含铬废水的处理方法有化学法、离子交换法、电解法、活性炭吸附法、蒸馏浓缩法、表面活性剂法等。国内外应用较为广泛的是化学法处理含铬废水，常用的有化学还原法、铁氧化法、铁粉处理法等。化学还原法是利用硫酸亚铁、亚硫酸盐、二氧化硫等还原剂，将废水中六价铬还原为三价倍离子，加碱调节 pH 值，使三价铬形成氢氧化铬沉淀除去。

3. 含锌废水

电镀和金属加工业污水中锌的主要来源是电镀或酸洗的拖带液。污染物经金属漂洗过程又转移到漂洗水中。该污水中含有大量的盐酸和锌、铜等重金属离子及有机光亮剂等，毒性较大，有些还含致癌、致畸、致突变的剧毒物质，对人类危害极大。

锌是一种两性元素，它的氢氧化物不溶于水，并具有弱碱性和弱酸性。由于它呈两性，故在强酸或强碱中能溶解。在锌酸盐溶液中加适量的碱可析出 $Zn(OH)_2$ 白色沉淀，再加过量的酸，沉淀又复溶解。锌的氢氧化物为两性化合物，pH 值过高或过低，均能使沉淀返溶而使出水超标。

第十三章　环境管理与环境法规

　　环境管理是在环境保护的实践中产生，并在环境保护的实践中不断发展起来的。它既是环境科学的分支学科、环境科学与管理科学交叉渗透的产物，同时也是一个工作领域，是环境保护实践的重要组成部分。环境保护法是国家为协调人类与环境的关系，以保护人类健康和保障经济社会的持续、稳定发展而制定的，它是调整人们在开发利用、保护改善环境的活动中产生的各种社会关系的法律的总称。环境标准是环境保护法规系统的一个重要组成部分，按其性质主要为环境质量标准和污染物排放标准两大类。

第一节　环境管理

一、环境管理概述

（一）环境管理的基本概念

　　环境管理概念和方法随着环境问题的发展，尤其是随着人们对环境问题认识的不断提高而发生变化。

　　早在 20 世纪七八十年代，人们对环境管理的理解，仅停留在环境管理的微观层次上。把环境保护部门视为环境管理的主体，把环境污染源视为环境管理的对象，并没有从人的管理入手，没有从国家经济、社会发展战略的高度来思考。

　　到 20 世纪 90 年代，人们对环境管理又有了新的认识。根据学术界对环境管理的认识，可以把环境管理概念概括如下：所谓环境管理是将环境与发展综合决策与微观执法监督相结合，运用经济、法律、技术、行政和教育等手段，对损害环境质量的主体及其活动施加影响，以协调经济发展与环境之间的关系，达到既要发展经济满足人类的基本需要，又不超出环境的容许极限。

　　环境管理概念的变化，反映了人类对环境保护规律认识的深化程度。由此，可以得出以下结论：

（1）环境管理的核心是对人的管理

人与环境是对立统一的关系，在这一对矛盾中，人是矛盾的主体，是产生各种环境问题的根源。长期以来，环境管理通常将污染源作为管理对象，使环境管理工作长期处于被动局面。因此，环境管理只有对损害环境质量的人的活动施加影响，才能从根本上解决环境问题。

（2）环境管理部门是国家重要的职能部门

环境管理的好坏直接影响一个国家或一个地区可持续发展战略实施的成败，影响人与自然能否和谐相处，共同发展。它不仅仅是一个技术问题，也是一个重要的社会经济问题。环境管理涉及社会领域、经济领域和资源领域在内的所有领域，其内容非常广泛和复杂，与国家其他管理工作紧密联系、相互影响和制约，成为国家管理系统的重要组成部分。

（3）环境管理要协调发展与环境之间的关系

主要是针对次生环境问题，采取积极有效的经济、行政、法律和教育手段，限制或禁止危害环境质量的活动，达到解决由于人类活动所造成的各类环境问题。

（二）环境管理在环境保护中的意义和作用

国内外的实践证明，在人类的发展过程中没有正确处理经济与环境的关系，制定并实施完善的环境规划是造成环境污染与生态破坏的根源。而环境管理就是利用各种手段鼓励、引导甚至强迫人们保护环境。

我国是一个发展中国家，环境管理对环境保护的作用尤其重要。在联合国环境与发展大会之后，我国批准的《中国环境与发展十大对策》第9条明确提出"健全环境法治，强化环境管理"的要求，强调了强化环境管理的重要意义。并指出："中国实践证明，在经济发展水平较低、环境投入有限的情况下，健全管理机构，依法强化环境管理是控制环境污染和生态破坏的一项有效手段，也是具有中国特色的环境保护道路中一条成功经验。"

二、环境管理的基本职能和内容

（一）环境管理的基本职能

1. 宏观指导

在社会主义市场经济条件下，政府转变职能的重点之一，就是加强宏观指导的调控功能。环境管理的宏观指导具体表现在以下两个方面：

（1）对环境保护战略的指导。通过制定和实施环境保护战略对地区、部门、行业的环境保护工作进行指导。包括确定战略重点、环境总体目标（战略目标）、总量控制目标，制定战略对策。

（2）对有关政策的指导。通过制定环境保护的方针、政策、法律法规、行政规章及相关的产业、经济、技术、资源配置等政策，对有关环境及环境保护各项活动进行规范、控制、引导。

2. 统筹规划

监控规划是环境管理的先导和依据。

（1）环境规划的先导作用

环境规划是环境决策在时间和空间上的具体安排，实施可持续发展战略，必须在决策过程中对环境、经济和社会因素全面考虑、统筹兼顾，通过综合决策使三者得以协调发展。

（2）环境规划是环境管理的依据

环境规划是政府环境决策的具体体现。其主要目标是控制污染、保护和改善生态环境，促进经济与环境协调发展。环境规划有三个层次，即宏观环境规划（以协调和指导作用为主）、专项详细环境规划和环境规划实施方案（后两个层次是指定年度计划的依据）。

2. 组织协调

（1）战略协调

战略协调的主要内容有：实施可持续发展战略，推行环境经济决策，在制定国家、区域或地区发展战略时要同时制定环境保护战略。既要有经济发展目标，又要有明确的环境保护目标，二者进行综合平衡，达到协调统一。不允许牺牲环境求发展，在经济再生产过程中不能无偿地使用环境资源，坚持"谁开发谁保护，谁利用谁补偿，谁破坏谁恢复"的原则，在经济与环境协调发展的过程中，使自然资源可持续利用，环境质量有所改善。

（2）政策协调

运用政策、法规以及各项环境管理制度协调经济与环境的关系，促进经济与环境协调发展。主要包括环境保护政策的贯彻落实；制定并实施有利于环境保护的环境经济政策及能源政策；制定并实施控制工业污染的政策；为落实环境保护这项基本国策而进行环境管理体制改革；以及综合运用环境管理制度，建立有效的环境管理运行机制。

（3）技术协调

运用科学技术促进经济与环境协调发展。主要包括优化工业结构；采用无废和少废技术以及生产工艺；开发清洁能源；推行清洁生产；采用现代化环境管理技术等。

（4）部门协调

环境管理涉及不同地区、不同部门和不同行业等，范围很广。要贯彻好基本国策，很好地完成控制污染、保护生态环境的任务，不能仅靠环保行政主管部门孤军奋战，必须使各地区、各部门、各行业协同动作、相互配合，积极做好各自应承担的环境保护工作，才能带动整个环境保护事业的发展。

3. 提供服务

环境管理以经济建设为服务中心，为推动地区、部门、行业的环境保护工作提供服务。

（1）技术服务

解决技术难题、组织技术攻关、搞好示范工程建设；培育技术市场、筛选最佳实用技术、推动科技成果的产业化；为推动清洁生产提供技术指导等。

（2）信息咨询服务

建立环境信息咨询系统，为重大的经济建设决策，大规模的自然资源开发规划，大型工业建设活动，以及重大的污染治理工程和自然保护等提供信息服务。

（3）市场服务

建立环保市场信息服务系统，逐步完善环保市场运行机制；完善环保产业市场流通渠道，加强环保市场监督和管理；建立环保产品质量监督体系；引导和培育排污交易市场的正常发育。

4. 监督检查

对地区和部门的环境保护工作进行监督检查是环境保护法赋予环境保护行政部门的一项权力，也是环境管理的一项重要职能。《中国环境与发展十大对策》在第9条中强调："各级党政领导要支持环境管理部门依法行使监督权利，做到有法必依、执法必严、违法必究。"

环境管理的监督检查职能主要包括：环境保护法律法规执行情况的监督检查；制定和实施环境保护规划的监督检查；环境标准执行情况的监督检查；环境管理制度执行情况的监督检查；自然保护区建设、生物多样性保护的监督检查等。

监督检查可以采取多种方式。如联合监督检查、专项监督检查、日常现场监督检查以及污染状况监测和生态监测等。

（二）环境管理的类型及其内容

1. 按环境管理的规模分类及其内容

（1）宏观环境管理

宏观环境管理指从整体、宏观及规划上对发展与环境的关系进行调控，研究解决环境问题。主要内容包括对经济与环境协调发展的协调度进行分析评价；促进经济与环境协调发展的协调因子分析；环境经济综合决策，建立综合决策的技术支持系统；制定与可持续发展相适应的环境管理战略；研究制定对发展与环境进行宏观调控的政策法规等。

（2）微观环境管理

微观环境管理指以特定地区或工业企业环境等为对象，研究运用各种手段控制污染或破坏的具体方法、措施或方案。其主要内容有：（1）运用法律手段和经济手段防止新污染的产生，控制污染型工业在工业系统中的比重（改善地区或工业区的工业结构）；（2）运用环境法律制度激励和促进经济管理工作者和企业领导人积极采取减少排污和防治污染的措施；（3）研究在市场经济条件下将环境代价计入成本等具体措施，促进企业合理利用资源、减少排污，降低经济再生产过程对环境的损害；（4）选择对环境损害最小的技术、设备及生产工艺，降低或消除对环境的污染和破坏等。

2．按环境管理的职能和性质分类及其内容

（1）环境计划管理

"经济建设、城乡建设与环境同步规划、同步实施、同步发展"的战略方针，在社会主义市场经济条件下仍是环境保护的重要指导方针。强化环境管理首先要从加强环境计划管理入手。通过全面规划协调发展与环境的关系，加强对环境保护的计划指导，是环境管理的重要内容。环境规划管理首先是研究制定环境规划，使之成为经济社会发展规划的有机组成部分，并将环境保护纳入综合经济决策；用环境规划指导环境保护工作，并根据实际情况检查调整环境规划。

（2）环境质量管理

环境质量管理是为了保持人类生存与发展所必需的环境质量而进行的各项管理工作。为便于研究和管理，可将环境质量管理分为几种类型。如按环境要素划分，可分为大气环境质量管理、水环境质量管理、土壤环境质量管理。按性质划分，可分为化学环境质量管理、物理环境质量管理、生物环境质量管理。环境质量管理的一般内容包括制定并正确理解和实施环境质量标准；建立描述和评价环境质量的恰当的指标体系；建立环境质量的监控系统，并调控至最佳运行状态；根据环境状况和环境变化趋势的信息，进行环境质量评价，定期发布环境状况公报（或编写环境质量报告书），以及研究确定环境质量管理的程序等。

（3）环境技术管理

环境技术管理是通过制定技术政策、技术标准、技术规程以及对技术发展方向、技术路线、生产工艺和污染防治技术进行环境经济评价，以协调经济发展与环境保护的关系，使科学技术的发展既有利于促进经济持续快速发展，又对环境损害最小，有利于环境质量的恢复和改善。

（4）环境监督管理

环境监督管理是指运用法律、行政、技术等手段，根据环境保护政策、法律法规、环境标准、环境规划的要求，对各地区、各部门、各行业的环境保护工作进行监察督促，以保证各项环保政策、法律法规、标准、规划的实施。这是环境管理的一项重要基本职能，也是环保法赋予环保行政主管部门的权力。环境监督管理的范围包括由生产和生活活动引起的环境污染；由开发建设活动引起的环境影响和生态破坏；由经济活动引起的海洋污染和生态破坏；有特殊价值的自然环境及生物多样性保护。环境监督管理的重点为：（1）工业和城市布局的监督；（2）新污染源的控制监督；（3）老污染源的控制监督；（4）重点区域环境问题的监督；（5）城市"四害"整治的监督；（6）乡镇企业污染防治的监督；（7）自然保护的监督；（8）有毒化学品的监督。

3. 按环境管理范围分类及其内容

（1）资源环境管理

资源环境管理主要是以自然资源为对象，保证它的合理开发和利用。包括可再生资源的恢复和扩大再生产（永续利用），以及不可再生资源的节约利用。资源环境管理当前遇到的问题主要是资源的不合理使用和浪费。当资源以已知用最佳方式来使用，已经到社会所要求的目标时，考虑到已知的或预计的经济、社会和环境效益进行优化选择，那么资源的使用是合理的。浪费是不合理使用的一种特殊形式，不合理使用和浪费有两个结果："掠夺"和"枯竭"。对不可再生资源来说尤为明显，而且也包括植物和动物种类的灭绝。因此，有必要加强资源环境管理，并尽力采取对环境危害小的技术来合理开发利用和保护自然资源。

（2）区域环境管理

区域环境管理包括整个国土的环境管理，大经济协作区的环境管理，省区的环境管理，城市环境管理，乡镇环境管理，以及流域环境管理等。主要是协调经济发展目标与环境目标，进行环境影响预测，制定区域环境规划并保证环境规划的实施。涉及宏观环境战略及协调因子分析，研究制定环境政策和保证实现环境规划的措施，同时进行区域的环境质量管理与环境技术管理，按阶段实现环境目标。长远的目标是在理论研究的基础上，建立优于原生态系统的、新的人工生态系统。

（3）专业环境管理

环境问题由于行业性质和污染因子的差异存在着明显的专业特征。不同的经济领域会产生不同的环境问题，不同的环境要素往往涉及不同的专业领域。有针对性地加强专业化管理，是现代科学管理的基本原则。如何根据行业和污染因子（或环境要素）的特点，调整经济结构布局，开展清洁生产和生产绿色产品，推广有利于环境的实用技术，提高污染防治和生态恢复工程及设施的技术水平，加强和改善专业管理，是环境管理的重要内容。按照行业划分专业环境管理包括：能源环境管理、工业环境管理（如化工、轻工、石油、冶金等的环境管理）、农业环境管理（如农、林、牧、渔的环境管理）、交通运输环境管理（如高速公路、城市交通的环境管理）、商业及医疗环境管理等。

（4）海洋环境管理

海洋环境管理主要是指国家领海范围内的环境管理Q它既是资源环境管理，也是一种区域环境管理。海洋环境管理的主要任务是协调海洋资源开发与保护的关系，运用各种手段控制海洋污染与生态破坏，保护海洋的生物多样性，促进海洋经济与环境协调发展。

三、环境管理的技术方法和管理制度

（一）环境管理的技术方法

1. 环境管理的预测技术

在环境管理过程中，经常要进行污染物排放量增长预测、环境污染趋势预测、生态环境质量变化趋势预测、经济社会发展环境影响预测，以及环境保护措施的环境效益与经济效益预测等。预测是一种科学的预计和推测过程。根据过去和现在已经掌握的事实、经验和规律，预测未来、推测未知。所以，预测是在调查研究或科学实验基础上的科学分析。它包括通过对历史、现状的调查和科学实验获得大量资料、数据，经过分析研究，找出能反映事物变化规律的可靠信息；借助数学、电子计算技术等科学方法，进行信息处理和判断推理，找出可以预测的规律。环境管理的预测就是根据预测规律，对人类活动将会引起的环境质量变化趋势（未来的变化）进行预测。

预测技术（预测方法）在环境管理中的应用日益广泛。经常应用的预测技术有以下3种。

（1）定性预测技术

根据过去和现在的调查研究和经验总结，经过判断、推理，对未来的环境质量变化趋势进行定性分析。

（2）定量预测技术

对经济、社会发展的环境影响预测。如对能耗增长的环境影响预测、水资源开放利用的环境影响预测等，只做定性的预测分析，不能满足制定环境对策的要求，这就需要进行定量的预测分析。包括通过调查研究、长期的观察实验、模拟实验及统计回归等方法，找出排污系数或万元产值等污染负荷；根据大量的调查和监测资

料找出污染增长与环境质量变化的相关关系，建立数学模型或确定出可用于定量预测的系数（如响应系数），运用电子计算技术等科学方法进行预测。

（3）评价预测技术

用于环境保护措施的环境经济评价；大型工程的环境影响评价；区域综合开发的环境影响评价等。

2．环境管理的决策技术

环境管理的核心问题是决策，没有正确的决策就没有正确的环境政策和规划。决策是根据对多种方案综合分析后选择的最佳方案（满足某一目标或两个以上目标的要求）。经常遇到的是环境规划工作过程中的决策。如为达到某一规划期的环境目标，在多个环境污染控制方案中选择最佳方案；在制定环境规划时统筹考虑环境效益、经济效益和社会效益，进行多目标决策等。这些都是制定环境规划中所要进行的决策。在决策中常用的数学方法有线性规划、动态规划及目标规划等。此外，还有环境政策以及环境管理的决策方法等。

3．经济与环境协调度的分析方法

经济与环境协调度分析的方法不止一种，这里介绍一种比较简单的方法。它是基于这样的设想，在经济快速增长的前提下，环境质量也全面改善，则两者处于协调状态；如果环境质量有所改善，则两者是基本协调；如果环境质量维持现状且有恶化趋势，则两者处于需要调节的状态；如果环境质量有所恶化，则两者是基本不协调；如果环境质量全面恶化，则两者为不协调。就我国而言，经济持续快速发展，只需对地区的环境质量进行评价，即可对协调度进行半定量分析。

（1）参数筛选

由于要进行生态环境和投资环境两种环境质量评价，所以筛选参数涉及自然生态环境，社会、经济和技术指标，以及环境污染和污染控制等指标，每种环境质量评价最好能筛选出 10 ~ 20 个参数组成指标体系。

（2）进行评价

对生态环境和投资环境分别进行评价。先确定每个评价指标的分级评分标准，然后计算值 S_P、T_P 值和 Z_P 值，并对协调度进行分级评价。

除上述技术方法外，系统分析方法、费用与效益分析方法、层次分析方法、目标管理等科学方法，在环境管理上的应用日益广泛。

（二）环境管理制度

环境管理制度是指在一定的历史条件下，供人们共同遵守的环境管理规范。我国在多年的环境管理实践中总结出多项环境管理制度。推行这些环境管理制度不是目的，而只是一种手段。推行各项制度是想达到控制环境污染和生态破坏，有目标地改善环境质量，实现环境保护的总目标Q同时，也是环境保护部门依法行使环境管理职能的主要方法和手段。

1. 环境保护规划制度

环境保护规划制度是对一定时间内环境保护目标、任务和措施的规定。它是在对一个城市、一个区域、一个流域甚至全国的环境进行调查、评价的基础上，根据经济规律和自然生态规律的要求，对环境保护提出目标以及达到目标要采取的相应措施，是环境决策在时空方面的具体安排。

在环境管理实践中，环境保护规划是实行各项环境保护法律基本制度的基础和先导，也是实现环境保护、环境建设与经济、社会发展相协调的有利保障，并具体体现了"三同步"的战略方针。

2. "三同时"制度

"三同时"制度是指新建、改建、扩建项目和技术改造项目，以及区域性开发建设项目的污染治理设施，必须与主体工程同时设计、同时施工、同时投产的制度它与环境影响评价制度相辅相成，是防止新污染和破坏的两大"法宝"，是我国环境保护法以预防为主的基本原则的具体化、制度化、规范化，是加强开发建设项目环境管理的重要措施，是防治环境质量恶化的有效的经济手段和法律手段。

总之，"三同时"制度在我国的确立和推行起到了重大作用。"三同时"制度有力地体现了预防为主的方针，有效地控制了新污染的发展，促进了经济与环境保护的协调发展。

3. 环境影响评价制度

环境影响评价制度又称环境质量预断评价或环境质量预测评价。环境影响评价是对可能影响环境的重大工程建设、区域开发建设及区域经济发展规划或其他一切可能影响环境的活动，在事先进行调查研究的基础上，对活动可能引起的环境影响进行预测和评定，为防止和减少这种影响制定最佳行动方案。

环境影响评价制度是我国规定的调整环境影响评价中所发生的社会关系的一系列法律规范的总称，它是环境影响评价的原则、程序、内容、权利义务以及管理措施的法律化。环境影响评价作为项目决策中环境管理的关键环节，20多年来在我国对于预防污染、正确处理环境与发展的关系以及合理开发利用资源等方面都起到了重大的作用。

4. 排污收费制度

排污收费制度是指一切向环境排放污染物的单位和个体生产经营者，应当按照国家的规定和标准，缴纳一定费用的制度。我国的排污收费制度是在20世纪70年代末期，根据"谁污染谁治理"的原则，借鉴国外经验，结合我国的国情开始实行的。

我国的排污收费制度规定，在全国范围内对污水、废气、固体废物、噪声、放射性等各类污染物的各种污染因子，按照一定标准收取一定数额的费用，并规定排污费可以计入生产成本，排污费专款专用，排污费主要用于补助重点排污源的治理等。

我国实行排污收费制度的根本目的不是为了收费，而是防治污染、改善环境质量的一个经济手段和经济措施。排污收费制度只是利用价值规律，通过征收排污费，给排污单位以外在的经济压力，促进污染治理，节约和综合利用资源，减少或消除污染物的排放，实现保护和改善环境的目的。

5. 环境保护目标责任制度

环境保护目标责任制是一种具体落实地方各级人民政府和有污染的单位对环境质量负责的行政管理制度。这种制度以社会主义初级阶段的基本国情为基础，以现行法律为依据，以责任制为中心，以行政制约为机制，把责任、权力、利益和义务有机结合在一起，明确了地方行政首长在改善环境质量上的权力、责任和义务。

环境保护目标责任制的实施是一项复杂的系统工程，涉及面广、政策性和技术性强。它的实施以环境保护目标责任书为纽带，实施过程大体上可分为四个阶段，即责任书的制定阶段、下达阶段、实施阶段和考核阶段。责任制是否得到贯彻执行，关键在于抓好以上四个阶段。

环境保护目标责任制的推出，是我国环境管理体制的重大改革，标志着我国环境管理进入了一个新的阶段。在执行的过程中，要不断总结经验，使责任制在环境保护工作中发挥更大的积极作用。

6. 城市环境综合整治定量考核制度

城市环境综合整治就是在市政府的统一领导下，以城市生态理论为指导，以发挥城市综合功能和整体最佳效益为前提，采用系统分析方法，从整体上找出制约和影响城市生态系统发展的综合因素，理顺经济建设、城市建设和环境建设的既相互依存又相互制约的辩证关系，用综合的对策整治、调控、保护和塑造城市环境，为城市人民群众创建一个适宜的生态环境，使城市生态系统良性发展。

由于实行了城市环境综合整治定量考核工作，进一步提高了各级政府领导干部的环境意识和开展城市环境综合整治的自觉性，推动了各城市环境综合整治工作，也使环境监督管理工作得到加强。实践证明，这是一项有效的环境目标管理制度，具有强大的生命力。

7. 污染集中控制制度

污染集中控制是在一个特定的范围内，为保护环境所建立的集中治理实施和采用的管理措施，是强化环境管理的一种重要手段污染集中控制，应以改善流域、区域等控制单元的环境质量为目的。依据污染防治规划，按照废水、废气、固体废物等的性质、种类和所处的地理位置，以集中治理为主，用尽可能小的投入获得尽可能大的环境、经济、社会效益。

实践证明污染集中控制在环境管理上具有方向性的战略意义，特别是在污染防治战略和投资战略上带来重大转变，有助于调动社会各方治理污染的积极性。这种制度实行的时间虽然不长，但已显示出其强大的生命力。实行污染集中控制有利于集中人力、物力、财力解决重点污染问题；有利于采用新技术，提高污染治理效果；有利于提高资源利用率，加速有害物资源化；有利于节省防治污染的总投入；有利于改善和提高环境质量。

8. 排污申报登记与排污许可证制度

排污申报登记制度是环境行政管理的一项特别制度。凡是排放污染物的单位，必须按规定向环境保护管理部门申报登记所拥有的污染物排放设施、污染物处理设施和正常作业条件下排放污染物的种类、数量和浓度。

排污许可证制度以改善环境质量为目标，以污染物总量控制为基础，规定了排污单位许可排放什么污染物、许可污染物排放量、许可污染物排放去向等，是一项具有法律含义的行政管理制度。

这两项制度的实行，深化了环境管理工作，使对污染源的管理更加科学化、定量化。只要采取相应的配套管理措施，长期坚持下去，不断总结完善，一定会取得更大成效。

9. 限期治理污染制度

限期治理污染制度是强化环境管理的又一项重要制度。限期治理是以污染源调查、评价为基础，以环境保护规划为依据，突出重点，分期分批地对污染危害严重，群众反映强烈的污染物、污染源、污染区域，采取的限定治理时间、治理内容及治理效果的强制性措施，是人民政府为了保护人民的利益对排污单位采取的法律手段。被限期的企事业单位必须依法完成限期治理任务，。

在环境管理实践中执行限期治理污染制度，可以提高各级领导的环境保护意识，推动污染治理工作；可以迫使地方、部门、企业把污染列入议事日程，纳入计划，在人、财、物方面做出安排；可以促进企业积极筹集污染治理资金；可以集中有限的资金解决突出的环境污染问题，做到投资少、见效快，有较好的环境与社会效益；可使群众反映强烈、污染危害严重的突出污染问题逐步得到解决，有利于改善厂群关系和社会的安定团结；有助于环境保护规划目标的实现和加快环境综合整治的步伐。

10. 现场检查制度

现场检查制度是指环境保护部门或其他依法行使环境监督管理的部门，进入管辖范围的排污单位现场对其排污情况和污染治理等情况进行检查的法律制度。现场检查制度是一种强制性的法律制度，法定的检察机关依法可以随时对管辖范围内的排污单位的污染情况进行检查，而无须被检察机关同意。

执行现场检查制度，可以使排污单位采取措施积极防治污染和消除污染事故隐患，及时发现和处理环境保护问题，同时也可以督促排污单位遵守相关的环境保护法律，自觉履行环境保护义务。

11. 污染事故报告及处理制度

污染事故报告及处理制度是指因发生事故或者其他突发性事件，以及在环境受到或可能受到严重污染、威胁居民生命财产安全的紧急情况时，依照法律法规的规定进行通报和报告有关情况并及时采取应急措施的制度。污染事故主要是指一些违反客观规律的经济、社会活动以及不可抗拒的自然灾害等致使环境受到污染，使人体健康受到危害，社会、经济及人民财产受到损失的突发事件，包括大气污染事故、水污染事故、农药污染事故等。环境紧急情况一般是指出现不利于环境中有害物质扩散、稀释、降解、净化的气象、水文或其他自然现象，使排入环境中的污染物大量聚集，达到严重危害人体健康、对居民的生命财产安全形成严重污染威胁时的情况。

实施这一制度，可以使受到污染威胁的单位和个人提前采取防范措施，可以减少对人体健康的危害和避免公私财产遭受重大损失；可以避免环境遭受更大损失，并为顺利解决和处理环境污染和破坏事故创造条件；有利于解决因事故给群众生产和生活带来的困难，并可及时消除或缓和由事故造成的社会不安定因素。

12. 总量控制制度

污染物排放总量控制制度是指在一定时间、一定空间条件下，对污染物排放总量的限制，其总量控制目标可以按环境容量确定，也可以将某一阶段排放量作为控制基数确定控制量。

污染物排放总量控制可使环境质量目标转变为总量控制目标，落实到企业的各项管理之中，它是环保监督部门发放排放许可证的根据，也是企业经营管理的基本依据之一。确定总量指标要考虑各地区的自然特征，弄清污染物在环境中的扩散、迁移和转移规律与对污染物的净化规律，计算出环境容量，并综合分析该区域内的污染源，通过建立一个数学模型，计算出每个源的污染分担率和相应的污染物允许排放总量，求得最优方案，使每个污染源只能排放小于总量控制指标的排放总量。

四、我国环境管理的发展趋势

1992 年召开的联合国环境与发展大会，对人类必须转变发展战略，必须走可持续发展的道路取得了共识，世界进入可持续发展时代。在新的形势下，我国的环境管理也发生了突出的变化。

（一）由末端的环境管理转向全过程环境管理

末端环境管理亦称"尾部控制"，即环境管理部门运用各种手段促进或责令工业生产部门对排放的污染物进行治理或对排污去向加以限制．这种管理模式是在人类的活动已经产生了污染和破坏环境的后果，再去施加影响，因而是被动的环境管理，不能从根本上解决环境问题。

全过程环境管理亦称"源头控制"，主要是针对工业生产过程等经济再生产过程进行从源头到最终产品的全过程控制管理，运用各种手段促使节能、降耗，推行清洁生产，降低或消除污染。

工业－环境系统的过程控制有宏观和微观两个方面。宏观过程控制是从区域部门的工业－环境系统的整体着眼，研究其发展、运行规律，进行过程控制；微观过程控制主要是对一个工业区的工业－环境系统进行过程控制，以及对工业污染源进行过程控制。

从生态方面分析，在人类——环境系统中，工业生产过程作为中间环节，联系着自然环境与人类消费过程，形成一个人工与自然相结合的人类生态系统，其中人类的工业生产活动起着决定性作用。在这个复杂的系统中，为了维持人类的基本消费水平，人类要由环境取得资源、能源进行工业生产。当消费水平一定时，工业生产过程中的资源利用率越低，则需由环境取得的资源越多，而向环境排除的废物也多。如果单位时间内由环境取得的资源、能源的量是一定的（数量、质量不变），利用率越低，向环境排放的废物就越多，为人类提供的消费品越少；反之，资源利用率越高，向环境排放的废物越少，为人类提供的消费品也就越多。所以，从生态系统的要求来看，在发展生产、不断提高人类消费水平的过程中，必须提高资源、能源的利用率；尽可能减少从自然环境中取得资源、能源的数量，向环境排放的废物也就必然减少；尽可能使排放的废物成为易自然降解的物质。这就需要运用生态理论对工业污染源进行全过程控制，设计较为理想的工业生态系统。推行清洁生产、实行环境标志制度，都是促进这一转变的有力措施。

（二）由污染物排放浓度控制转向总量控制和人类经济活动总量控制

污染物排放总量控制，就是为了保持功能区的环境规划目标值，将排入环境功能区的主要污染物控制在环境容量所能允许的范围内。第 4 次全国环境保护会议的两项重大举措之一，就是"九五"期间实施全国主要污染物排放总量控制。该项举措对实现 2000 年的环境规划目标，力争使环境污染与生态破坏加剧的趋势得到基本控制，无疑是非常有力的有效环境管理措施。但是，对于实施可持续发展战略，还不能满足需要。

为了实现经济与环境协调发展，保证经济持续快速健康发展，建立可持续发展的经济体系和社会体系，并保持与之相适应的可持续利用的资源和环境基础，环境管理必然要扩展到对人类经济活动和社会行为进行总量控制，并建立科学合理的指标体系，确定切实可行的总量控制目标。总量控制目标包括主要污染物总量控制目标，生态总量控制指标，经济、社会发展总量控制指标三个方面。

1. 主要污染物总量控制目标

（1）确定主要污染物

要根据不同时期、不同情况确定必须进行总量控制的污染物。"九五"期间要求全国普遍进行总量控制的主要污染物有 12 种。

大气污染物指标 3 个：即烟尘、工业粉尘、二氧化硫；

废水污染物指标 8 个：即化学耗氧量（COD）、石油类、氰化物、砷、汞、镉、六价铬；固体废物指标 1 个：即工业固体废物排放量。

（2）增产不增污（或减污）的控制指标

该指标主要为：万元产值排放量平均递减率。

2. 生态总量控制指标

生态总量控制指标主要有森林覆盖率、市区人均公共绿地、水土保持控制指标、自然保护区面积、适宜布局率、过度开发率等。.

3. 经济、社会发展总量控制指标

经济、社会发展总量控制指标，主要有人口密度、经济密度、能耗密度、建筑密度、万元产值耗水量年平均递减率、万元产值综合能耗年平均递减率、环境保护投资比等。

（三）建立与社会主义市场经济体制相适应的环境管理运行机制

1. 资源核算与环境成本核算。把自然资源和环境纳入国民经济核算体系，使市场价格准确反映经济活动造成的环境代价。改变过去无偿使用自然资源和环境，并将环境成本转嫁给社会的做法。迫使企业在面向市场的同时，努力节能降耗、减少经济活动的环境代价、降低环境成本，提高企业在市场经济中的竞争力。

2. 培育排污交易市场。按环境功能区实行污染物排放总量控制，以排污许可证或环境规划总量控制目标等形式，明确下达给各排污单位（企业或事业单位）的排污总量指标，要求各排污单位"自我平衡、自身消化"。企业（或事业单位）因增产、扩建等原因，污染物排放总量超过下达的排污总量指标时，必须消减。至于采取什么样的措施、如何消减，完全是企业自身的事情。如果企业因采用无废技术、推行清洁生产及强化环境管理、建设新的治理设施等原因，使其污染物排放总量低于下达的排污总量指标，可将剩余的指标暂存或有偿转让，卖给排污总量超过下达的指标而又暂时无法消减的企业，这就产生了排污交易问题。培育排污交易市场有利于促进和调动企业治理污染的积极性，将经济效益与环境效益统一起来。

（四）建立与可持续发展相适应的法规体系

依法强化环境管理是控制环境污染和破坏的一项有效手段，也是具有中国特色的环境保护道路中的一条成功经验。当前，世界已进入可持续发展时代，我国也将可持续发展战略作为国民经济和社会发展的重要战略之一。所以，研究建立与可持续发展相适应的法规体系，是当前和今后环境管理的发展趋势。

（五）突出区域性环境问题的解决

近几年，环境营理工作在加强普遍性的污染防治工作的同时，已经开始突出解决区域性的环境问题。从 1；96 年起，我国已经先后将十个区域性环境污染防治工作列为国家环境保护工作的重点。这十个区域性环境污染防治工作被称为"33211"，即"三河""三湖""二区""一市"和"一海"。"三河"是指淮河、海河和辽河流域的水污染防治；"三湖"是指太湖、滇池、巢湖的水污染防治；"二区"是指酸雨控制区和二氧化硫污染控制区的治理；"一市"是指北京市的环境治理；"一海"是指渤海的污染治理，实施《渤海碧海行动计划》。随着我国经济、社会的发展，将有越来越多的区域性环境问题得到重视和解决。

第三节　环境标准

一、环境标准的种类和作用

环境标准是国家为了保护人民群众健康和促进经济社会发展，根据环境政策和有关法规，在综合分析自然环境特征，考虑生物和人体的承受能力，以及控制污染的经济可能性和技术可行性的基础上，对环境中污染物的容许含量和污染源排放污染物数量和浓度等所做的规定。它是环境保护法规体系的组成部分，是环境管理特别是监督管理的基本手段和依据。环境标准按其性质主要分为环境质量标准和污染物排放标准两大类。它们各有其不同的产生背景和期望目标，在实际工作中发挥着不同的作用。

（一）环境质量标准

环境质量标准是以保障人体健康和维护生态平衡为主要目标，而对环境中有害物质或因素所作的限度性规定。按环境要素的不同，可分为大气环境质量标准、水环境质量标准和土壤环境质量标准。

1. 大气环境质量标准

1951 年，苏联颁布了居住区大气中有害物质最高允许浓度标准；1970 年，美国颁布的室外空气质量标准对 6 种常见大气污染物（SO_2、NO、CO、O_3 及碳氢化合物和飘尘）做出两级限度规定；日本于 1970 ~ 1973 年间先后制定了 SO_2、NO_2、CO、飘尘和光化学氧化剂 5 种污染物最高允许浓度标准。我国于 1962 年由国家计委、卫计委颁发的《工业企业设计卫生标准》中，首次对居民区大气中 12 种有害物质规定了最高允许浓度，直到 1982 年才由国家环保局颁布了《大气环境质量标准》。1996 年，国家环保局又根据《中华人民共和国环境保护法》和《中华人民共和国大气污染防治法》，为改善环境空气质量，防止生态破坏，创造适宜的环境，保护人体健康，颁布了《环境空气质量标准》等。

2. 水环境质量标准

1938 年，苏联颁布了地面水卫生要求和地面水中有害物质最高允许浓度标准；1968 年，美国环保局颁布了公共水源地面水中的砷、镉、铬、铅、汞等 17 种化学污染物的最高允许浓度标准；1971 年，日本颁布了公共水域水质标准，对水中的砷、镉、铬、铅；汞以及氧化物、有机磷等 9 种污染物做出了最高允许浓度的规定。我国最早于 1962 年在国家计委、卫计委联合颁布的《工业企业设计卫生标准》中，规定了地面水水质卫生要求和地面水中几十种有害物质最高允许浓度；1983 年，国家环保局颁布了《地面水环境环境质量标准》等。

3. 土壤环境质量标准

土壤中的污染物与大气和水中的污染物不同，它不可能直接进入人体，而是通过水、食用植物、动物等进入人体。列入土壤环境质量标准的污染物主要是在土壤中不易降解和危害较大的，如重金属、农药等。土壤环境质量标准的制定工作开始较晚，目前仅有俄罗斯、日本等少数国家颁布了此类标准。

（二）污染物排放标准

污染物排放标准是为了实现以环境质量标准为目标，而对污染源排入环境的污染物、有害因素的排放量或排放浓度所作的限度规定。污染物排放标准是实现环境质量标准的必要手段，其作用在于直接控制污染源，从而达到防止环境污染的目的。污染物排放标准按污染物形态的不同，通常分为废气（气态污染物）排放标准、废水（液态污染物）排放标准和废渣（固态污染物）排放标准三种。

1. 废气排放标准

均世纪中期，英国最早颁布有关法令，限制燃煤和酸碱业废气排放；1959 年，美国加州制定了世界上第一个汽车废气排放标准；1964 年，苏联对发电厂废气排放做出了限定；1969 年，日本制定了四类废气排放标准。我国于 1973 年由国家计委、卫计委联合颁布了《工业"三废"排放标准》，1996 年由国家环保局颁布了《环境空气质量标准》。

2. 废水排放标准

早在 1877 年，英国颁布了《河道条令》，禁止向河流排放废液、废渣；1971 年，日本成立环境所，针对严重公害事件相继颁布了环境质量和污染物排放标准；美国于1971 年后颁布了 27 个行业废水排放标准。1973 年，我国颁布了《工业"三废"排放标准》对废水排放做出了相应规定，以后又陆续颁布了 30 多项行业废水排放标准。

3. 废渣排放标准

废渣形式、特性因行业而异，在处理要求和方法上各不相同，迄今尚无统一、完整的排放标准。

（三）污染物控制技术标准和污染警报标准

除环境质量标准和污染物排放标准外，有些国家还制定了污染物控制技术标准和污染警报标准，前者属于对污染物排放标准的一种辅助规定。它是根据排放标准的要求，结合生产工业特点，对必须采取的污染控制措施（如生产设备、净化装置及排气筒等）加以具体规定，以便执行检查。污染警报标准是环境污染恶化到必须向社会公众发出一定警报的标准。美国按单一污染物浓度或两种污染物联合浓度的高低，分警告、紧急和危险三级标准。

环境质量标准和污染物排放标准均有国家标准和地方标准之分。国家标准是在全国范围内统一使用的标准，而地方标准仅限于规定地区内使用的标准。国家标准对战略性、普遍性事物作出规定，而地方标准是对战术性、特殊性事物进行限制。地方标准不得与国家标准相抵触，并应严于国家标准。

（四）环境标准的作用

（1）环境标准既是环境保护和有关工作的目标，又是环境保护的手段。它是制定环境保护规划和计划的主要依据。

（2）环境标准是判断环境质量和衡量环保工作优劣的准绳。评价一个地区环境质量的优劣、评价一个企业对环境的影响，只有与环境标准相比较才有意义。

（3）环境标准是执法的依据。不论是环境问题的诉讼、排污费的收取还是污染治理的目标等，执法依据都是环境标准。

（4）环境标准是组织现代化生产的重要手段和条件。通过实施标准可以制止任意排污，促使企业对污染进行治理和管理；采用先进的无污染、少污染工艺；促进设备更新、资源和能源的综合利用等。

二、制定环境标准的原则和方法

（一）制定环境质量标准的原则和方法

1. 制定环境质量标准的原则

（1）保障人体健康

环境质量标准是以保障人体健康、保证正常生活条件及保护自然环境为目标的，故在制定标准时，必须首先研究环境中各种污染物浓度对人体、生物及建筑等的危害影响，分析污染物剂量与环境效应间的相关性。通常人们把这种相关性系统资料称为环境基准。环境基准按不同研究对象，分为卫生基准、生物基准等。

2. 考虑技术经济条件

环境基准虽是制定环境质量标准的主要依据，但不能把它作为唯一的依据。因为环境质量标准是要求在规定期限内达到的环境质量，而不是一般性参考目标。因此，制定标准时应分析估计在规定期限内实现这一质量要求的技术、经济条件。如果标准定得过高，超越技术经济的现实可能性，则标准不起作用。反之，若一味迁就技术经济条件而随意降低标准要求，则会失去其保障人体健康和保护环境的根本意义。标准制定者的职责，就是要在满足环境基准要求和现实技术经济的可行性之间寻找最佳方案。

3. 制定环境质量标准的方法

（1）综合分析基准资料

制定环境质量标准的第一步是综合分析尽可能多的各种基准资料，必要时还需要进行专门的工业毒理学实验和流行病学调查，以选择污染物的某种浓度和接触时间作为质量标准的初步方案'但这不能简单着眼于卫生基准，而必须兼顾其他。有些污染物对植物或鱼类比对人更为敏感，因此在指标选定时，必须加以全面衡量，做出适当选择。

（2）协调代价和效益间的关系

环境质量的实现必须以社会的技术经济条件作为基础，因此制定环境质量标准时，在选出较适合的浓度指标后，还必须做一番技术经济的分析比较，权衡得失与利弊，合理协调代价和效益间的关系。所谓代价，不是单指为消除污染付出的直接投资。所谓效益，也不是简单从污染物浓度的变化来考察。实际上，它们包含极其广泛的社会意义，从人体健康、生态平衡、资源保护、工农业生产，直至整个文化生活等。为了做到这一点，理论上可以把为减少或控制某种污染所需费用的变化与社会经济损失的相应减少或收益的增加的变化曲线同时描绘出来，从中找到最佳点。

4. 根据环境管理经验修正

由于环境污染控制的很多理论问题至今尚未得到令人满意的解决，因此在制定环境质量标准的同时，还不得不求助于实际的环境管理经验。通常可以根据环境质量实际监测资料对照预定的质量标准，按照下列公式推算达到标准所需采取的措施，分析估计其实现的可能性。

这种方法往往只适用于特定的地理和气象条件为了简化和统一计算方法，把平原地形、大气中性稳定状态、微风、点源连续排放，作为推算各种污染源排放标准的共同基础。显然，这样制定出来的排放标准，对山区、大气不稳定状态、强风、面源排放等情况不能适用。

1996年，我国颁布的《大气污染物综合排放标准》是在利用大气扩散理论的基础上，结合我国实际情况进行若干修正后制定的'对废水排放标准而言，因污染物在水体中迁移转化规律远比污染物在大气中扩散规律复杂，至今尚未见到足以综合各种变化因素的计算公式，故通常把地面水质量标准的水中污染物允许浓度扩大若干倍作为制定污染物排放标准的方法之一。

（二）制定污染物排放标准的原则和方法

1. 制定污染物排放标准的原则

（1）尽量满足环境质量标准要求

由于控制污染物排放的最终目的是保护人体健康和生态系统不被破坏，故环境质量标准应成为制定污染物排放标准的主要依据。

（2）考虑技术、经济的可行性和合理性

这一技术原则必须同质量标准原则结合应用。如果在制定污染物排放标准时单纯考虑技术可行性和经济合理性，就失去其保证环境质量的意义；而在以保证实现既定环境质量为前提的情况下，在制定污染物排放标准时，仍应考虑技术经济问题因此，制定出的排放标准，既要满足环境质量要求，又要与技术发展水平和经济能力相适应，处理好它们之间的关系是一个很重要的问题。

（3）应考虑区域的差异性

空气、水等环境要素，既是保护对象，又是可利用的自然资源，因此不能因要保护环境就不分场合和情况一律要求做到"零排放"；相反，应允许一定量的污染物排入周围环境中，利用大气和水体的稀释、扩散、分解等作用进行自然净化。因各地的地形、气象、水文等状况，以及污染源的分布、密度、特征等往往差别很大，各地允许排入环境的污染物量自然不同，因此在制定污染物排放标准时，考虑区域差异性的原则是完全必要和合理的。

2. 制定污染物排放标准的方法

（1）按污染物扩散规律制定排放标准

按污染物在环境中输送扩散轨迹及数学模型，推算出能满足环境质量标准要求的污染物排放量，这是一种合乎逻辑的常用方法。

（2）按"最佳使用方法（或最佳可用技术）"制定排放标准

因排放标准的制定不能脱离污染控制技术的实际，因此在英、美等国提出了一种按"最佳使用方法（或最佳可用技术）"制定排放标准的方法。其标准建立在现有污染防治技术可能达到的最高水平上，同时也考虑到采取污染防治措施在经济上的可行性。即这种技术在现阶段实际应用中属于效果最佳，又可以在同类工厂中推广采用。这种方法的缺点是不与环境质量标准直接发生联系，但它具有客观示范作用，因此能起到积极的推动作用。

为了应用这个方法，必须做到调查了解能有效减少或控制某种污染物排放的先进工艺技术和各种净化设备，鉴定其效率，找出最佳者；计算投资和运行费用，估计在较大范围内推广的可能性；大致推算普遍使用后的环境质量状况，为进一步修订做好准备。

（3）按环境总量控制法制定排放标准

根据地区气象、水文、地形、污染物的迁移转化规律及环境质量要求，制定出本地区污染物允许的排放总量。这样做的目的是使污染控制的计划更明确、责任更清楚。

三、环境标准的监督实施

环境标准由各级环保部门和有关的资源保护部门负责监督实施。生态环境部设有标准司，负责环境标准的制定、解释、监督和管理。

实施标准属于执法的范畴。环境标准颁布后，各省、自治区、直辖市和地（市）县环保局负责对本行政区域环境标准的实施进行监督，并通过环保局监测站具体执行。

为保证环境标准的实施，需要制定一整套实施环境标准的条例和管理细则，把环境标准的实施纳入法律，构成法律的组成部分。同时制定具体的实施计划和措施，做到专人负责，有章可循，以便更好地监督和检查环境标准的执行情况。

对新建、改建、扩建和各种开发项目以及区域环境，及时或定时聘请和配合持证单位进行环境质量评价和环境影响评价，确定环境质量目标，并制定实现该目标的综合整治措施，以求维护生态平衡、保障人民健康，促进经济持续发展。

组织专门人员深入环境和污染源现场，定期或不定期采样监测，摸清污染物排放的达标、违标情况，并要求各排污单位提供生产和排污的有关数据，根据法规标准进行奖罚处理。处罚违反环境标准的个人和单位，进行批评教育和限期治理，排污收费。严重污染环境者追究行政与经济责任，直至追究刑事责任。

四、我国环境标准的形成和发展

我国环境标准的形成和发展，从粗到细，从单一到综合，从初具轮廓到逐步完善，经历了较长岁月。1973 年第一次全国环境保护会议的召开和 1979 年《中华人民共和国环境保护法（试行）》的颁布，可视为我国环境标准形成和发展的两个重要转折点。现分初期、中期及近期三个阶段予以简述。

（一）初期状况

自新中国成立至 1973 年第一次全国环境保护会议召开前，国家制定颁布的有关环境标准都属于以保护人体健康为主的环境卫生标准。例如，1959 年由建筑工程部、卫计委联合颁发的《生活饮用水卫生规范》；1956 年由卫计委、国家建委联合颁发的《工业企业设计暂行卫生标准》；1962 年由国家计委、卫计委联合颁发的《注射工作卫生防护暂行规定》；1963 年由建筑工程部、农业农村部、卫计委联合颁发的《污水灌溉农田卫生管理试行办法》等。这些标准，对于环境保护有关的城市规划、工业企业设计及卫生监督工作起到了指导和促进作用。

（二）中期状况（1973 ~ 1979 年）

1973 年，第一次全国环境保护会议召开是我国环境保护事业的一个新起点。会议确定了"全面规划，合理布局，综合利用，化害为利，依靠群众，大家动手，保护环境，造福人民"的环境保护方针。通过会议全面动员社会各界、政府部门和各方面专家积极参与环境保护活动，有力地推动了我国环境保护工作。

在此期间，在各部门的密切配合下，进一步修订和充实了已有的一些标准。例如，《生活饮用水卫生规范》经修订改为《生活饮用水卫生标准》，于 1976 年由国家建委、卫计委联合颁发；《工业企业设计卫生标准》修订后，于 1979 年由卫计委、国家建委、国家计委、国家经委、国防科委共同颁发。与此同时，还颁发了一些新标准。例如，1974 年国家计委、国家建委、国防科委、卫计委共同颁发了《放射防护规定》；1979 年农业农村部、国家水产局颁发了《渔业水质标准》；1979 年国务院环保领导小组、国家建委、国家经委和农业农村部共同颁发了《农田灌溉水质标准》等。

（三）近期状况（1979 年至今）

1979 年《中华人民共和国环境保护法（试行）》的颁布，标志着我国环境保护工作进入了法制管理的新阶段。1984 年和 1988 年又先后颁布了《水污染防治法》和《中华人民共和国大气污染防治法》。几个法中明确规定了防治污染的基本要求及法律责任，使环境标准的制定和实施具备了更充分的法律依据。在各部门共同努力下，一系列环境标准相继颁布。例如，《大气环境质量标准》（1982 年）、《海水水质标准》（1982 年）、《地面水环境质量标准》（1983 年）、《生活饮用水标准》（1985年）、《农田灌溉水质标准》（1985 年）、《渔业水质标准》（1989 年）、《地下水质标准》（1993 年）、《大气污染综合排放标准》（1984 年）、《污水综合排放标准》（1988 年），以及几十项行业大气污染物和行业废水排放标准。

随着改革开放、经济建设的迅速发展，为适应环境与经济可持续发展的需要，在生态环境部的领导下，各地、各部门密切合作对已有环境标准进行了全面系统地修订、充实和完善，使其更科学，更易于实施监督。

原《大气环境质量标准》经修订更名为《环境空气质量标准》（1996年），调整了其分区和分级，增加了4种污染物及数据统计的有效性规定等。《地面水环境质量标准》于1988年作了修订，采用了新的水域功能分类，并增加了10项参数和标准分析方法等。《大气污染物综合排放标准》经1996年修订后，污染物增加为33项，同时废除、合并了9个行业排放标准。《污水综合排放标准》于1996年修订后，已纳入了17个行业水污染物排放标准，并增加了10项控制项目。总之，我国环境标准近期有了很大发展，并逐步形成了完整的体系，为推动我国环境保护工作发挥了重要的作用。

第二节　环境保护法规

一、环境法的基本概念

（一）环境保护法的定义

环境保护法是由国家制定或认可，并由国家强制执行的关于保护和改善环境、合理开发利用与保护自然资源、防治污染和其他公害的法律规范的总称。从这个定义可以看出以下几点：

（1）环境保护法是一些特定法律规范的总称。它是以国家意志出现的、以国家强制力来保证实施的法律规范。因此它区别于环境保护其他非规范性文件。

（2）环境保护法所调整的社会关系，是在"保护和改善环境"与"防治污染和其他公害"这两大活动中所产生的人与人之间的关系。由此划清了环境保护法与其他法律的界限。

（3）环境保护法所要保护和改善的对象是整个人类的生存环境，包括生活环境和生态环境，而不仅仅是某几个环境要素，也不是若干种自然资源。因此，环境保护法必然是一个范围较大的体系。

（二）环境保护法的目的和任务

《中华人民共和国环境保护法》第一条中规定："为保护和改善生活环境与生态环境，为防治污染和其他公害，保障人体健康，促进社会主义现代化建设的发展，制定本法。"该条目明确规定了环保法的目的和任务。它包括两方面内容：一是直接目的——协调人类与环境之间的关系，保护和改善生活环境和生态环境，防治污染和其他公害；二是最终目的——保护人民健康和保障经济社会持续发展。

（三）环境保护法的作用

1. 环境保护法是保证环境保护工作顺利开展的有力武器

《中华人民共和国环境保护法》的颁布实施，使环境保护工作制度化、法律化，使国家机关、企事业单位、各级环保机构和每个公民都明确了各自在环境方面的职责、权利和义务。对污染和破坏环境、危害人民健康的，则依法分别追究行政责任、民事责任，情节严重的还要追究刑事责任。有了环境保护法，使我国的环保工作有法可依，有章可循。

2. 环境保护法是推动环境法治建设的强大动力

《中华人民共和国环境保护法》是我国环境保护的基本法，它的颁布实施为制定各种环境保护单行法规及地方环境保护条例等提供了直接的法律依据，促进了我国环境保护的法制建设。现在已颁布的许多环境保护单行法律、条例、政令、标准等都是依据环境保护法的有关条文制定的。

3. 环境保护法增强了广大干部群众的法制观念

《中华人民共和国环境保护法》从法律的高度向全国人民提出了保护环境的规范，明确了什么是法律所提倡的，什么是法律所禁止的，以法律为准绳树立起判别是非善恶的标准，从而指导人们的行动。它要求全国人民加强法制观念，严格执行环境保护法。一方面，各级领导要重视环境保护，对违反环境保护法，污染和破坏环境的行为，要依法办事；另一方面，广大群众应自觉履行保护环境的义务，积极参加监督各企事业单位的保护工作，敢于同破坏和污染环境的行为做斗争。

4. 环境保护法是维护我国环境权益的重要工具

《中华人民共和国环境保护法》第四十六条规定："中华人民共和国缔结或者参加的与环境保护有关的国际公约，同中华人民共和国法律有不同规定的，使用国际条约的规定，但中华人民共和国声明保留的条款除外。"《中华人民共和国环境保护法》第二条第三款规定："在中华人民共和国管辖海域以外，排放有害物质，倾倒废弃物，造成中华人民共和国管辖海域污染损害的，也适用本法。"依据我国颁布的一系列环境保护法就可以保护中国的环境权益，依法使中国领域内的环境不受来自他国的污染和破坏，这不仅维护了中国的环境权益，也维护了全球环境。

二、环境法的基本原则

我国环境保护法的基本原则，是环境保护方针、政策在法律上的体现，它是调整环境保护方面社会关系的基本指导方针和规范，也是环境保护立法、执法、司法和守法必须遵循的基本原则。

1. 经济建设和环境保护协调发展的原则

经济建设和环境保护协调发展的原则的主要含义是指经济建设、城乡建设与环境建设必须同步规划、同步实施、同步发展，以实现经济效益、社会效益和环境效益的统一。协调发展是从经济社会与环境保护之间相互关系方面，对发展方式提出的要求，其目的是为了保证经济社会的健康、持续发展。事实证明，经济发展与环境保护是对立统一的关系，二者相互制约、相互依存、又相互促进。经济发展带来了环境污染问题，同时又受到环境的制约；而环境污染、资源破坏势必也影响经济发展。我们既不能因为保护环境、维持生态平衡而主张实行经济停滞发展的方针，也不能先发展经济后治理环境污染、以牺牲环境来谋求经济的发展。同时，环境污染的有效治理，也需要有经济基础的支持，所以，经济发展又为保护环境和改善环境创造了经济和技术条件。

2. 预防为主、防治结合、综合治理的原则

预防为主、防治结合、综合治理的原则主要含义是指以"防"为核心，采取各种预防手段和措施，防止环境问题的产生及恶化，或者把环境污染和破坏控制在能够维持生态平衡、保护人体健康、保障社会物质财富持续稳定增长的限度之内，预防为主是解决环境问题的一个重要途径，它是与末端治理相对应的原则。预防污染不仅可以大大提高原材料、能源的利用率，而且还可以大大地减少污染物的产生量，避免二次污染风险，减少末端治理负荷，节省环保投资和运行费用对已形成的环境污染，则要进行积极治理，防治结合，尽量减少污染物的排放量，尽量减轻对环境的破坏。同时，还应把环境与人口、资源与发展联系在一起，从整体上来解决环境污染和生态破坏问题。采用各种有效手段，包括经济、行政、法律、技术、教育等，对环境污染和生态破坏进行综合防治。

3. 开发者养护、污染者治理的原则。

开发者养护、污染者治理的原则，在我国环境保护法中称为"谁开发，谁保护"，"谁污染，谁治理"原则。开发利用自然资源的单位和个人对森林、草原、土地、水体、大气等资源，不但有依法开发利用的权利，而且还负责依法管理和保护的责任。同样，凡是对环境造成污染，对资源造成破坏的企业单位和个人，都应当根据法律的有关规定承担防治环境污染、保护自然资源的责任，都应支付防治污染、保护资源所需的费用。只有这样，才能有效地保护自然环境和自然资源，防止生态系统的失调和破坏，也才能做到合理开发利用自然资源，为经济的可持续发展创造有利的条件。

4. 政府对环境质量负责的原则

环境保护是一项涉及政治、经济、技术、社会各方面的复杂而又艰巨的任务，

关系到国家和人民的长远利益，解决这种事关全局、综合性很强的问题，只有政府才有这样的职能。《中华人民共和国环境保护法》第十六条明确规定："地方各级人民政府，应当对本辖区的环境质量负责，采取措施改善环境质量。"政府对环境质量负责，就是要求政府采取各种有效措施，协调方方面面的关系，保护和改善本地区的环境质量，实现国家制定的环境目标。

5. 奖励与惩罚相结合的原则

奖励与惩罚相结合的原则，在我国环境保护法的若干条文中都有所体现，它是指在环境保护工作中，运用经济和法律手段对为环境保护做出显著贡献和成绩的单位和个人给予精神和物质奖励；对违法环境法规，污染和破坏环境，危害人民身体健康的单位和个人区分不同情况依法追究其行政责任、民事责任或者刑事责任。

6. 协同合作原则

协同合作原则是指以可持续发展为目标，在国家内部各部门之间、在国际社会和国家（地区）之间重新审视原有利益的冲突，实行广泛的技术、资金和情报交流与援助，联合处理环境问题。协同合作原则要求国际社会和国家内部各部门的协同合作。

7. 公众参与原则

公众参与原则，是目前世界各国环境保护管理中普遍采用的一项原则。1992 年，联合国环境与发展大会通过的《里约环境与发展宣言》中明确提出："环境问题最好是在全体有关市民的参与下进行环境质量好坏关系到广大人民群众的切身利益，每个公民都有了解环境状况、参与保护环境的权利。在环境保护工作中，要坚持依靠广大群众的原则，组织和发动群众对污染环境、破坏资源和破坏生态的行为进行监督和检举，使我国的环境保护工作真正做到"公众参与、公众监督"，把环境保护事业变成全民的事业。

三、我国环境法体系的构成

根据国内外环境立法现状，有关环境保护的法律规范包含多种类型，但它们之间却存在着内在的联系，构成了环境法体系。

我国的环境法体系是以宪法关于环境保护的规定为基础，以环境保护基本法为主干，由保护环境、防治污染的一系列单行法规、相邻部门法中有关环境保护的法律规范、环境标准、地方环境法规以及涉外环境保护的条约、协定所构成。

（一）宪法

宪法是国家的根本大法。宪法有关环境保护的规定是环境法的基础 – 包括我国在内的许多国家在宪法中都对环境保护做了原则性规定，如《中华人民共和国宪法》

第九条规定："矿藏、水流、森林、山岭、草原、荒地、滩涂等自然资源，都属于国家所有，即全民所有；由法律规定属于集体所有的森林、草原、荒地、滩涂除外。国家保障自然资源的合理利用，保护珍贵动物和植物。禁止任何组织或者个人用任何手段侵占或者破坏自然资源。第十条规定："城市的土地属于国家所有；宅基地和自留地、自留山，也属于集体所有。国家为了公共利益的需要，可以依照法律规定对土地实行征用。任何组织或者个人不得侵占、买卖、出租或者以其他形式非法转让土地；一切使用土地的组织和个人必须合理地利用土地第二十条第二款规定："国家保护名胜古迹、珍贵文物和其他重要历史文化遗产。"第二十六条规定："国家保护和改善生活环境和生态环境，防治污染和其他公害。国家组织和鼓励植树造林，保护林木。"此外，《中华人民共和国宪法》关于管理国家、社会和个人事物的具有普遍适用意义的规定，也是环境立法的根据。如《中华人民共和国宪法》关于公民教育权利和义务的规定能够适用于环境保护教育立法。

（二）环境保护基本法

环境保护基本法是环境法体系中的主干，除宪法外占有核心地位。环境保护基本法是一种实体法与程序法结合的综合性法律二对环境保护的目的、任务、方针政策、基本原则、基本制度、组织机构、法律责任等作了主要规定。

我国的《中华人民共和国环境保护法》、美国的《国家环境政策法》、日本的《环境基本法》等都是环境保护的综合性法律。这些法律通常对环境法的基本问题，如适用范围、组织机构、法律原则与制度等作了原则规定。因此，它们居于基本法的地位，成为制定环境保护单行法的依据。

（三）环境保护单行法

环境保护单行法是针对特定的环境保护对象（如某种环境要素）或特定的人类活动（如基本建设项目）而制定的专项法律法规。这些专项的法律法规通常以宪法和环境保护基本法为依据，是宪法和环境保护基本法的具体化。因此，环境保护单行法的有关规定一般都比较具体细致，是进行环境管理、处理环境纠纷的直接依据：在环境法体系中，环境保护单行法数量最多，占有重要的地位。

由于环境保护单行法数量多，内容广泛，可以按其调整环境关系的差异而做如下分类。

1. 污染防治法

由于环境污染是环境问题中最突出、最尖锐的部分，所以污染防治是我国环境法体系的主要部分和实质内容所在，基本上属于小环境法体系，如水、气、声、固体废物等污染防治法。

2. 环境行政法规

国家对环境的管理通常表现在行政管理活动中，并且通过制定法规的形式对环境管理机构的设置、职责、行政管理程序、制度以及行政处罚程序等作出规定，如我国的《自然保护区管理条例》《建设项目环境保护管理条例》《风景名胜区管理条例》等，这些法规都属于环境管理法规，它们多数具有行政法规的性质。

3. 自然资源保护法

这类法规定的目的是为了保护自然环境和自然资源免受破坏，以保护人类的生命维持系统，保存物种遗传的多样性，保证生物资源的永续利用。如我国的《森林法》《野生动物保护法》《草原法》等。

（四）相邻基本法中有关环境保护的法律规范

由于环境保护的广泛性，专门环境立法尽管在数量上十分庞大，但仍然不能对涉及环境的社会关系全部加以调整。所以环境法体系中也包括了其他部门法，如民法、刑法、经济法、行政法中有关环境保护的一些法律法规，它们也是环境法体系的重要组成部分。

（五）环境标准

环境标准是环境法体系的特殊组成部分。环境标准是国家为了维护环境质量，控制污染，从而保护人体健康、社会财富和生态平衡而制定的具有法律效力的各种技术指标和规范的总称。它不是通过法律条文规定人们的行为规范和法律后果，而是通过一些定量化的数据、指标、技术规范来表示行为规则的界限以调整环境关系。环境标准主要包括环境质量标准、污染物排放标准、基础标准、方法标准和样品标准五大类。在环境法体系中，环境标准的重要性主要体现在它为环境法的实施提供了数量化基础。

（六）地方环境法规

环境问题受各地的自然条件和社会条件等因素的影响很大，因地制宜地制定地方性环境保护法规规章，有利于对环境进行更好更全面地管理。因此，这些地方性环境法规也是我国环境法体系的重要组成部分，它对于有效贯彻实施国家环境法规，丰富完善我国环境法体系的内容，具有重要的理论和实践意义。

（七）涉外环境保护的条约、协定

国际环境法不是国内法，不是我国环境法体系的组成部分。但是我国缔结参加的双边与多边的环境保护条约协定，是我国环境法体系的组成部分。如《中日保护候鸟及其栖息环境协定》《保护臭氧层公约》《联合国气候变化框架条约》《生物多样性公约》《联合国防止荒漠化公约》《濒危野生动植物物种国际贸易公约》《防止倾倒废物和其他物质污染海洋公约》《控制危险废物越境转移及其处置巴塞尔公约》等。

第十四章　可持续发展战略

环境与发展，是当今国际社会普遍关注的全球性问题c人类经过漫长的奋斗历程，特别是产业革命以来，在改造自然和发展经济方面取得了辉煌的成就。但与此同时，人类赖以生存的环境为此付出了惨重的代价。人类社会生产力和生活水平的提高，在很大程度上都是建立在环境质量恶化的基础上。气候异常、灾害频发、臭氧层破坏、生物物种锐减、资源匮乏、能源枯竭等，敲响了一次次警钟，迫使人们不得不严肃思考，不得不重新审视自己的社会经济行为和发展的历程，认识到通过高消耗追求经济增长和"先污染后治理"的传统发展模式已不再适应当今和未来发展的需要，必须努力寻找一条人口、经济、社会、环境和资源相互协调的可持续发展道路。

第一节　可持续发展理论的形成

从1970年开始，人们开始积极反思和总结传统经济发展模式中需要克服的矛盾，认识到发展不只是物质量的增长与速度问题，也不仅仅是"脱贫致富"，它应该有更宽广的意蕴：所谓发展指包括经济增长、科学技术、产业结构、社会结构、社会生活、人的素质以及生态环境诸方面在内的多元的、多层次的进步过程，是整个社会体系和生态环境诸方面在内的全面推进。于是，一种崭新的发展战略和模式——可持续发展应运而生。

一、可持续发展思想的由来

（一）古代朴素的可持续思想

可持续性（sustainability）的概念渊源已久。早在公元前3世纪，杰出的先秦思想家荀况在《王制》中说："草木荣华滋硕之时，则斧斤不入山林，不夭其生，不绝其长也；姜鼋鱼鳖鳅孕别之时，罔罟毒药不入泽，不夭其生，不绝其长也；春耕、夏、秋收、冬藏，四者不失时，故五谷不绝，而百姓有余食也；污池渊沼川泽，谨其时禁，故鱼鳖尤多，而百姓有余用也；斩伐养长不失其时，故山林不童，而百姓有余材也。"这是自然资源永续利用思想的反映。春秋时在齐国为相的管仲，从发展经济、国强兵壮的目标出发，十分注意保护山林川泽及其生物资源，反对过度采伐。他说："为人君而不能谨守其山林范泽草莱，不可以立为天下王。"1975 年在湖北云睡虎地 11号秦墓中发掘出上千支竹简，其中的《田律》清晰地体现了可持续发展的思想。因此，"与天地相参"可以说是中国古代生态意识的目标和思想，也是可持续性的反映。

西方一些经济学家如马尔萨斯、李嘉图和穆勒等的著作中也比较早认识到人类消费的物质限制，即人类的经济活动范围存在的生态边界。

（二）现代可持续思想的产生和发展

现代可持续发展思想源于工业革命后，那时人类生存和发展所需的环境和资源遭到了日益严重的破坏，人类开始用全球的眼光来看待环境问题，并就人类前途的问题展开了讨论。在探索环境与发展的过程中逐渐形成了可持续发展的思想，其主要历程大致有如下几个阶段：

第一，《寂静的春天》——对传统行为和观念的早期反思。20 世纪 50 年代以来，环境污染越来越严重，特别是一些西方国家公害事件的不断发生，使人们对环境问题也越来越重视。1962 年，美国海洋生物学家莱切尔·卡逊（Rachel Carson）发表了环境保护科学著作《寂静的春天》。该书认为有机农药的无节制使用会给人类生存带来极大破坏，并进一步指出，我们长期以来行驶的道路的终点有灾难在等着我们，人类必须找到另一个岔路。

卡逊是环境保护的先行者，她的思想在世界范围内引起了人类对自己行为和观念的深入反思。

第二，《增长的极限》——引起世界反响的"严肃忧虑 1968 年 4 月，在奥雷利奥·佩西博士的倡导下，由十多个国家的学者、专家和文职人员在罗马猞猁科学院聚会，讨论人类目前和未来的困境这一令人震惊的问题。这次聚会产生了罗马俱乐部（The Club of Rome）这一非正式组织。1972 年出版的由 D. 梅多斯等人编写了俱乐部成立后的第一份研究报告——《增长的极限》。报告认为：由于世界人口增长、粮食生产、工业发展、资源消耗和环境污染这五项基本因素的运行方式是指数增长而非线性增长，全球的增长将会因为粮食短缺和环境破坏于 21 世纪某个阶段内达到极限。报告向时指出，改变这些增长趋势，确立一种可以长期保持的生态稳定和经济稳定的条件是可能的。《增长的极限》的发表，在国际社会特别是在学术界引起了强烈的反响。一般认为，由于种种因素的局限，《增长的极限》的结论和观点存在十分明显的缺陷。但是，报告所表现出地对人类前途的"严肃的忧虑"以及唤起人类自身觉醒的意识，其积极意义却是毋庸置疑的。它所阐述的"合理、持久的均衡发展"，为孕育可持续发展的思想萌芽提供了土壤。

第三，联合国人类环境会议——人类对环境问题的正式挑战。1972 年 6 月 5 日，来自世界 113 个国家和地区的代表会集一堂，在斯德哥尔摩召开了联合国人类环境会议，共同讨论环境对人类的影响问题。这也是首次将环境问题提到国际议事日程上。会议通过了《联合国人类环境会议宣言》（简称《人类环境宣言》），宣布了 37 个共同观点和 26 项共同原则。尽管大会对环境问题的认识还比较粗浅，也尚未确定解决环境问题的具体途径，尤其是没有找到问题的根源和责任，但它正式吹响了人类共同向环境问题挑战的进军号，唤起了世人对环境问题的觉醒，西方发达国家开始了对环境的认真治理，各国政府和公众的环境意识，无论是在广度上还是在深度上都向前迈进了一步。

第四，《我们共同的未来》——环境与发展思想的重要飞跃。1983 年 11 月，联合国成立了世界环境与发展委员会（WCED），挪威首相布伦特兰夫人任主席，1987 年该委员会把长达 4 年研究，经过充分论证的报告《我们共同的未来》提交给联合国大会，正式提出了可持续发展模式，该报告对当前人类在经济发展和保护环境方面存在的问题进行了全面和系统的评价，一针见血地指出，过去我们关心的是发展对环境带来的影响，而现在我们迫切地感到生态的压力。只有建立在环境和自然资源可承受基础上的发展，才具有长期性，才能持续地进行。《我们共同的未来》第一次明确提出了可持续发展的定义，使可持续发展的思想和战略逐步得到各国政府和各界的认可与赞同。

第五，联合国环境与发展大会——环境与发展的里程碑。1992 年 6 月 3 日至 6 月 14 日在巴西里约热内卢召开的由 183 个国家的代表、102 名国家元首和政府首脑，以及数名联合国机构和国际组织的代表参加的联合国环境与发展会议，是联合国成立以来规模最大、级别最高、人数最多、筹备时间最长、影响最深远的一次国际会议，是在人类社会环境与发展问题上具有历史意义的一次盛会。会议通过《里约环境与发展宣言》和《21 世纪议程》两个纲领性文件。前者提出了实现可持续发展的 27 条基本原则，目的在于保护地球永恒的活力和整体性，建立一种全新的、公平的"关于国家和公众行为的基本准则"，是开展全球环境与发展领域合作的框架性文件；后者是环境与发展内容广泛的行动纲领，将可持续发展的概念变成了一种各国政府和国际组织在共识基础上的发展战略，标志着人类第一次将可持续发展由理论和概念推向行动，开始走向可持续发展的新阶段。此外，大会还通过了《关于森林问题的原则声明》，并签署了《气候变化框架公约》《生物多样性公约》等一系列文件。大会为人类走可持续发展道路做了总动员，开创了人类社会走向可持续发展的新阶段，是人类的可持续发展的一座重要的里程碑。

二、可持续发展的定义

要精确地给可持续发展下定义是比较困难的，不同机构和专家对可持续发展均有不同的定义，但大体方向一致。

根据《我们共同的未来》报告，可持续发展的最广泛的定义是："可持续发展是既满足当代人的需要，又不对后代人满足其需要的能力构成危害的发展。"这个定义含有两层含义：

（1）优先考虑当代人，尤其是世界上贫穷人的基本需求；

（2）在生态环境可以支持的前提下，满足人类眼前和将来的需要。

1992年，联合国环境与发展大会（UNCED）的《里约宣言》中对可持续发展进一步阐述为"人类应享有与自然和谐的方式，过健康而富有成果的生活的权利，并公平地满足今世后代在发展和环境方面的需要，求取发展的权利必须实现。"

这两个概念虽然在表达方式上有所差异，但都包含了可持续发展概念的两个基本要点：一是强调人类追求健康而富有生产成果的权利应当是坚持与自然相和谐的方式，而不应当是凭借着人们手中的技术和投资，采取耗竭资源，破坏生态和污染环境的方式来追求这种发展权利的实现；二是强调当代人在创造当今世界发展与消费的同时，应承认并努力做到使自己的机会与后代人的机会平等。不能允许当代人一味地、片面的和自私的为了追求今世的发展与消费，从而剥夺后代人本应享有的同等发展和消费的机会。

另有许多学者也纷纷提出了可持续发展的定义，如英国经济学家皮尔斯和沃福德在1993年所著的《世界无末日》一书中提出了以经济学语言表达的可持续发展的定义："当发展能够保证当代人的福利增加时，也不应使后代人的福利减少"。叶文虎、栾胜基等人认为，可持续发展一词的比较完整的定义是："不断提高人群生活质量和环境承载力的、满足当代人需求又不损害子孙后代满足其需求能力的，满足一个地区或一个国家的人群需求又不损害别的地区或别的国家的人群满足其需求能力的发展。"

不管各种说法如何不同，实际上对可持续发展的共同理解是一样的，即在经济和社会发展的同时，采取保护环境和合理开发与利用自然资源的方针，实现经济、社会与环境的协调发展，为人类提供包括适宜的环境质量在内的物质文明和精神文明。

三、可持续发展的内涵

在人类可持续发展系统中，经济可持续是基础，环境可持续是条件，社会可持续才是目的。人类共同追求的应当是以人的发展为中心的经济－环境－社会复合系统持续、稳定、健康的发展。所以，可持续发展需要从经济、环境和社会三个角度加以解释才能完整地表述其内涵。

1．经济的可持续性

传统的经济发展模式是一种单纯追求经济无限"增长"，追求高投入、高消费、高速度的粗放型增长模式。这种发展模式是建立在只重视生产总值，而忽视资源和环境的价值、无偿索取自然资源的基础上的，是以牺牲环境为代价的，这样的"增长"必然受到自然环境的限制。因此，单纯的经济增长即使能消除贫困，也不足以构成发展，况且在这种经济模式下又会造成贫富悬殊两极分化。所以这样的经济增长只是短期的、暂时的，而且势必导致与环境之间矛盾日益尖锐。现在衡量一个国家的经济发展是否成功，不仅以它的国民生产总值为标准，还需要计算产生这些财富的同时所消耗的全部自然资源的成本和由此产生的对环境恶化造成的损失所付出的代价，以及对环境破坏承担的风险。这一正一负的价值才是真正的经济增长值。

2．环境的可持续性

环境的可持续性要求保持稳定的资源基础，避免过度地对资源系统加以利用，维护环境吸收功能和健康的生态系统，并且使不可再生资源的开发程度控制在使投资能产生足够的替代作用的范围之内。

3．社会的可持续性

社会的可持续发展是人类发展的目的。社会发展的实际意义是人类社会的进步、人们生活水平和生活质量的提高。发展应以提高人类整体生活质量为重点。具体就是分配和机遇的平等、建立医疗和教育保障体系、实现性别的平等、推进政治上的公开性和公众参与性这类机制来保证"社会的可持续发展"。

可持续发展要求平衡人与自然和人与人两大关系。人与自然必须是平衡的、协调的。恩格斯指出："我们不要过分陶醉于我们人类对自然界的胜利，对于每一次这样的胜利，自然界都对我们进行报复"。他告诫我们要遵循自然规律，否则就会受到自然规律的惩罚，并且提醒"我们每走一步都要记住：人们统治自然界，绝不像征服者统治异族人那样，绝不是像站在自然界之外的人类——相反的，我们连同我们的肉、血和头脑都是属于自然界和存在于自然界之中的；我们对自然界的全部统治力量，就在于我们比其他一切生物强，能够认识和正确运用自然规律"。

可持续发展还要协调人与人之间的关系。马克思、恩格斯指出：劳动使人们以一定的方式结成一定的社会关系，社会是人与自然关系的中介，把人与人、人与自然联系起来。社会的发展水平和社会制度直接影响人与自然的关系。只有协调好人与人之间的关系，才能从根本上解决人与自然的矛盾，实现自然、社会和人的和谐发展。由此，可持续发展的内容可以归纳为：人类对自然的索取，必须与人类向自然的回馈相平衡；当代人的发展不能以牺牲后代人的发展机会为代价；本区域的发展，不能以牺牲其他区域或全球发展为代价。

总之，可以认为可持续发展是一种新的发展思想和战略，目标是保证社会具有长期的持续性发展能力，确保环境、生态的安全和稳定的资源基础，避免社会、经济大起大落的波动。可持续发展涉及人类社会的各个方面，要求社会进行全面的变革。

四、可持续发展的基本原则

可持续发展的基本原则是：

1. 公平性原则

公平是指机会选择的平等性。可持续发展强调：人类需求和欲望的满足是发展的主要目标，因而应努力消除人类需求方面存在的诸多不公平性因素。"可持续发展"所追求的公平性原则包含两个方面的含义：

一是追求同代人之间的横向公平性，"可持续发展"要求满足全球全体人民的基本需求，并给予全体人民平等性的机会以满足他们实现较好生活的愿望，贫富悬殊、两极分化的世界难以实现真正的"可持续发展"，所以要给世界各国以公平的发展权（消除贫困是"可持续发展"进程中必须优先考虑的问题）。

二是代际间的公平，即各代人之间的纵向公平性。要认识到人类赖以生存发展的自然资源是有限的，本代人不能因为自己的需求和发展而损害人类世世代代需求的自然资源和自然环境，要给后代人利用自然资源以满足需求的权利。

2. 可持续性原则

可持续性是指生态系统受到某种干扰时能保持其生产率的能力。资源的永久利用和生态系统的持续利用是人类可持续发展的首要条件，这就要求人类的社会经济发展不应损害支持地球生命的自然系统、不能超越资源与环境的承载能力。

社会对环境资源的消耗包括两方面：耗用资源及排放废物。为保持发展的可持续性，对可再生资源的使用强度应限制在其最大持续收获量之内；对不可再生资源的使用速度不应超过寻求作为代用品的资源的速度；对环境排放的废物不应超出环境的自净能力。

3. 共同性原则

不同国家、地区由于地域、文化等方面的差异及现阶段发展水平的制约，执行可持续发展的政策与实施步骤并不统一，但实现可持续发展这个总目标及应遵循的公平性及持续性两个原则是相同的，最终目的都是为了促进人类之间及人类与自然之间的和谐发展。

因此，共同性原则有两方面的含义：一是发展目标的共同性，这个目标就是保持地球生态系统的安全，并以最合理的利用方式为整个人类谋福利；二是行动的共同性。因为生态环境方面的许多问题实际上是没有国界的，必须开展全球合作，而全球经济发展不平衡也是全世界的事。

五、可持续发展的基本思想

可持续发展的基本思想是：

1. 突出强调发展的主题

发展，作为人类共同的和普遍的权利，无论是发达国家还是发展中国家都享有平等的、不容剥夺的发展权利，特别是对于发展中国家来说，发展权尤为重要。因此可持续发展把消除贫困当作是实现可持续发展的一项不可缺少的条件。对于发展中国家来说，发展是第一位的，只有发展才能为解决贫富悬殊、人口剧增和生态环境危机提供必要的技术和资金，同时逐步实现现代化和最终摆脱贫穷、愚昧和肮脏。

2. 可持续发展以自然资源为基础

同环境承载能力相协调，讲究生态效益。自然资源的持续利用和良好的生态环境是人类生存和社会发展的物质基础和基本前提。可持续发展要求节约资源，保证以持续的方式使用资源；减少自然资源的耗竭速率；保护整个生命支持系统和生态系统的完整性，保护生物的多样性；预防和控制环境破坏和污染，根治全球性环境污染，恢复已遭破坏和污染的环境。一句话，要把发展与生态环境紧密相连，在保护生态环境的前提下寻求发展，在发展的基础上改善生态环境。只注重经济效益而不顾社会效益和生态效益的发展，绝不是人类期盼的发展。

3. 可持续发展承认自然环境的价值

这种价值不仅体现在环境对经济系统的支撑和服务价值上，也体现在环境对生命保障系统的不可缺少的存在价值上。应当把生产中环境资源的投入和服务计入生产成本和产品价格之中，并逐步修改和完善国民经济核算体系，为了全面反映自然资源的价值，产品价格应当完整地反映自然资源的价值。产品价格应完整地反映三部分成本：

（1）资源开发采或获取的成本；

（2）与开采、获取、使用有关的环境成本；

（3）由于今天使用了这一部分资源而不能为后代人利用的效益损失，即用户成本。产品销售价格则应是这些成本加上利税及流通费用的总和，由生产者，最终则由消费者负担。否则，环境保护仍然只能得到口头上的重视而不会在各项工作中真正落实。

（4）可持续发展的实施以适宜的政策和法律体系为条件。可持续发展强调"综合决策"和"公众参与"，因此需要改变过去各个部门封闭地、分隔地、"单打一"分别制定和实施经济、社会、环境政策的做法，提倡根据周密的社会、经济、环境和科学原则，全面的信息和综合的要求来制定政策并予以实施。可持续发展的原则要纳入经济发展、人口、环境、资源、社会保障等各项立法及重大决策之中。

（5）可持续发展认为发展与环境是一个有机整体。《里约宣言》强调"为实现可持续发展，环境保护工作应当是发展进程的一个整体组成部分，木能脱离这一进程来考虑"。可持续发展把环境保护作为追求实现的最基本目标之一，也作为衡量发展质量、发展水平和发展程度的宏观标准之一。

第二节　可持续发展战略的内涵与特征

一、可持续发展

"可持续发展"一词在国际文件中最早出现于 1980 年由国际自然保护同盟（IUCN）制定的《世界自然保护大纲》。其概念最初源于"生态学"，是指对于资源的一种管理战略。其后加入了一些新的内涵，是一个涉及经济、社会、文化、技术和自然环境的综合的、动态的概念。目前，在国际上认同度较高的是《我们共同的未来》，它对"可持续发展"作出了经典性定义："可持续发展是既满足当代人的需要，又不对后代人满足其需要的能力构成危害的发展。"

这个内涵包涵了三个重要的内容：第一是"需求"，要满足人类的发展需求，可持续发展应特别优先考虑世界上穷人的需求；第二是"限制"，发展不能损害自然界支持当代人和后代人的生存能力，其思想实质是尽快发展经济满足人类日益增长的基本需要，但经济发展不应超出环境的容许极限，经济与环境协调发展，保证经济、社会能够持续发展；第三是"平等"，指各代之间的平等以及当代不同地区、不同国家和不同人群之间的平等。

二、可持续发展理论的基本特征

可持续发展的三个基本特征是生态持续、经济持续和社会持续。它们彼此互相联系、相互制约且不可分割。

（一）生态持续

生态持续是基础。也就是说，可持续发展要求经济建设和社会发展要与环境承载能力相协调，发展的同时必须保护和改善地球生态环境，保证以可持续的方式使用自然资源和环境成本，使人类的发展控制在地球可承载的范围之内，尽可能地减少对环境的损害，使人与自然和谐相处。进入 21 世纪，越来越多的人认识到，人类与自然之间不是主人与奴隶、征服者与被征服者的关系，而是要和谐相处。面对未来发展的重重压力，把"生态良好"纳入文明发展道路之中，既体现了当代人的切身利益，又关乎子孙后代的长远利益。因此，我们要树立生态文明理念，大力倡导绿色消费，注重人与自然和谐相处，把资源承载能力、生态环境容量作为经济活动的重要条件，引导公众自觉选择节能环保、低碳排放的消费模式，进一步加强环境保护。生态系统为人类福祉和经济活动提供必需的资源和服务，保护环境是保护健康、维护生态平衡的迫切需要，同时也具有重要的经济意义。

环境承载力（环境承受力或环境忍耐力）指在某一时期，某种环境状态下，某一区域环境对人类社会、经济活动的支持能力的限度。通常，人们用环境承载力作为衡量人类社会经济与环境协调程度的标尺。

（二）经济持续

经济持续是条件以经济发展是国家实力和社会财富的基础，因此，可持续发展鼓励经济增长，而不是以环境保护为名取消经济增长，可持续发展不仅重视经济增长的数量，更追求经济发展的质量。衡量一个国家的经济是否成功，不仅要以它的国民生产总值为标准，还需要计算产生这些财富的同时所消耗的全部自然资源的成本和由此产生的对环境恶化造成的损失所付出的代价，及环境破坏承担的风险，这样的加减价值综合之后才是保证经济发展质量之下真正的经济增长。由此看来，寻求一种循环经济发展模式和集约型的经济增长方式是非常必要的，这就要求我们要改变传统的以"高投入、高消耗、高污染"为特征的生产模式和消费模式，而走一条科技含量高、经济效益好、资源消耗低、环境污染少、人力资源优势得到充分发挥的新型工业化道路。一方面，要研究、开发和推广新能源、新材料，广泛采用符合域情的污染治理技术和生态破坏修复技术，全力推行清洁生产；另一方面，要大力发展先进生产力。实行经济结构的战略性调整，淘汰落后的工艺设备，关闭、取缔污染严重的企业；变传统工业"资源—生产—污染排放"的发展方式为"资源—生产—再生资源"的循环发展方式，实施绿色技术和清洁生产，提倡绿色消费，以改善质量、提高经济活动中的效益、节约资源和消减废物。

（三）社会持续

社会持续是共同追求。可持续发展并非要人类回到原始社会，尽管那时候的人类对环境的损害是最小的全世界各国的发展程度不同，发展的目标也各不相同，长期以来，人们把 GDP 作为经济发展的主要甚至是唯一的评价指标，片面追求 GDP 增长的发展。在这种背景下，很多人把 GDP 增长本身当作发展的最终目的。于是就出现了追求 GDP 的快速增长，掠夺性地、盲目地开采资源，污染再大的项目也要大干快上，导致人口、资源、环境的矛盾日益尖锐发展的本质和最终追求都是改善人类生活质量，提高人类健康水平，创造一个保障人们平等、自由、教育、人权和免受暴力的社会环境。经济增长是为了满足人的全面发展的需要（包括人的生理、心里、文化、交往等的需要）所服务的。我们不能为了满足物质方面的需要而损害其他方面的需要，不能为了 GDP 的增长而损害环境和健康，削弱社会全面发展和可持续发展的能力。

总而言之，可持续发展要求在发展中积极解决环境问题，既要推进人类发展，又要促进自然和谐，只有真正地懂得环境与发展的关系，保持经济、资源、环境的协调，可持续发展才有可能成为现实。

三、可持续发展理论的基本原则

（一）公平性原则

所谓公平是指机会选择的平等性可持续发展的公平性原则包括两个方面：一方面是同代人之间的公平，即代内之间的横向公平；另一方面是代与代之间的公平，即世代之间的纵向公平。可持续发展要满足当代所有人的基本需求，给他们机会以满足他们要求过美好生活的愿望可持续发展不仅要实现当代人之间的公平，而且也要实现当代人与未来各代人之间的公平，因为人类赖以生存与发展的自然资源是有限的。从理论上讲，未来各代人应与当代人有同样的权力来提出他们对资源与环境的需求。可持续发展要求当代人在考虑自己的需求与消费的同时，也要对未来各代人的需求与消费负起历史的责任因为同后代人相比，当代人在资源开发和利用方面处于一种无竞争的主宰地位。各代人之间的公平要求任何一代都不能处于支配的地位，即各代人都应有同样选择的机会空间。

（二）持续性原则

这里的持续性是指生态系统受到某种干扰时能保持其生产力的能力。资源和环境是人类生存与发展的基础和条件，资源的持续利用和生态系统的可持续性是保持人类社会可持续发展的首要条件这就要求人们根据可持续性的条件调整自己的生活方式，在生态可能的范围内确定自己的消耗标准，要合理开发、合理利用自然资源，使再生性资源能保持其再生能力，非再生性资源不至过度消耗并能得到替代资源的补充，环境自净能力能得以维持匚可持续发展的可持续性原则从某一个侧面反映了可持续发展的公平性原则。

（三）共同性原则。

可持续发展关系到全球的发展。要实现可持续发展的总目标，必须争取全球共同的配合行动，这是由地球整体性和相互依存性所决定的。因此，致力于达成既尊重各方的利益，又保护全球环境与发展体系的国际协定至关重要。正如《我们共同的未来》中写的"今天我们最紧迫的任务也许是要说服各国，认识回到多边主义的必要性"，"进一步发展共同的认识和共同的责任感，是这个分裂的世界十分需要的。"这就是说，实现可持续发展就是人类要共同促进自身之间、自身与自然之间的协调，这是人类共同的道义和责任。

第三节　可持续发展的指标体系

一、《中国 21 世纪议程》的主要内容

为了实施联合国环境与发展大会提出的《21 世纪议程》，落实可持续发展的行动计划，1992 年 7 月，我国政府决定，由国家计划委员会和国家科学技术委员会牵头，组织各有关部门制定和实施我国的可持续发展战略，即《中国 21 世纪议程》经过 52 个部门和社会团体、300 多位专家以及管理人员的共同努力，编制了《中国 21 世纪议程》一个中国 21 世纪人口、环境与发展白皮书，并于 1994 年 3 月 25 日国务院第 16 次常务会讨论通过。《中国 21 世纪议程》的实施，将为逐步解决我国的环境与发展问题奠定基础，有力地推动我国走上可持续发展的道路。

《中国 21 世纪议程》阐明了中国的可持续发展战略和对策，其内容包括四大部分：第一部分涉及可持续发展的总体战略，包括序言、中国可持续发展战略与对策、与可持续发展有关的立法与实施、费用与资金机制、教育与可持续发展能力建设，以及团体及公众参与的可持续发展等六章；第二部分涉及社会可持续发展内容，包括人口、居民消费和社会服务、消除贫困、卫生与健康、人类居住区可持续发展和防灾减灾等五章；第三部分涉及经济可持续发展内容，包括可持续发展经济政策、农业与农村的可持续发展、工业与交通、通讯业的可持续发展、可持续的能源生产和消费等四章；第四部分涉及资源与环境的合理利用与保护，包括自然资源保护与可持续利用、生物多样性保护、荒漠化防治、保护大气层、固体废物无害化管理等五章。每章均设导言和方案领域两部分，导言重点阐明该章的目的、意义及其在可持续发展整体战略中的地位、作用；每一个方案领域又分为三部分：首先在行动依

据里扼要说明本方案领域所要解决的关键问题，其次是为解决这些问题所要制定的目标，最后是实现上述目标所要实施的行动。

第一，可持续发展总体战略。这一部分内容从总体上论述了中国可持续发展的背景、必要性、战略与对策等，提出了到 2030 年各主要产业发展目标、社会发展目标和与上述目标相适应的可持续发展对策。其内容包括：建立中国可持续发展法律体系，通过立法保障妇女、青少年、少数民族、工人、科技界等社会各阶层参与可持续发展以及相应的决策过程；制定和推进有利于可持续发展的经济政策、技术政策和税收政策；能力建设作为实施《中国 21 世纪议程》的重点，强调加强现有信息系统的联网信息共享，特别注意各级领导和管理人员实施能力的培训，同时加强教育建设、人力资源开发和提高科技能力。

第二，社会可持续发展，其内容包括：控制人口增长和提高人口素质，引导民众采用新的消费和生活方式；在工业化、城市化进程中，发展中小城市和小城镇，发展社会经济，注意扩大就业容量，大力发展第三产业；加强城乡建设规划和合理利用土地，注意将环境污染由分散治理转到集中治理；增强贫困地区自然经济发展能力，尽快消除贫困；建立与社会经济发展相适应的自然灾害防治体系。

第三，经济可持续发展，其内容包括：利用市场机制和经济手段推动可持续综合管理体系；在工业生产中积极推广清洁生产，尽快发展环保产业，发展多种交通模式；提高能源效率与节能，推广减少污染的煤炭开采技术和清洁煤技术，开发利用新能源和可再生能源。

第四，资源合理利用与环境保护。其内容包括：在自然资源管理决策中推进可持续发展影响评价制度；通过科学技术引导，对重点区域或流域进行综合开发整治，完善生物多样性保护法规体系，建立和扩大国家自然保护区网络；建立全国土地荒漠化监督信息系统，采用新技术和先进设备控制大气污染和酸雨；开发消耗臭氧层物质的替代产品和替代技术，大面积造林，建立有害废物处置、利用的法规、技术标准等。

二、《中国 21 世纪议程》的特点

《中国 21 世纪议程》具有以下几方面的独特之处：

（一）突出体现新的发展

《中国 21 世界议程》体现了新的发展观，力求结合我国国情，分类指导，有计划、有重点、分区域、分阶段摆脱传统的发展模式，逐步由粗放型经济发展过渡到集约型经济发展。具体内容如下：

第一，我国东部和东南沿海地区经济相对比较发达，在经济继续保持稳定、快

速增长的同时，重点调高增长的质量，提高效益、节约资源与能源，减少废物，改变传统的生产模式与消费模式，实施清洁生产和文明消费。

第二，我国西部、西北部和西南部经济相对不够发达，重点是消除贫困，加强能源、交通、通信等基础设施建设，提高经济对区域开发的支撑能力。

第三，对于农业，重点提出了一系列通过政策引导和市场调控等手段，逐步使农业向高产、优质、高效、低耗的方向发展。发展我国独具特色的乡镇企业，引导其提高效益、减少污染，为农村剩余劳动力提供更多的就业机会。

第四，能源是我国国民经济的支柱产业。根据我国能源结构中煤炭占 70% 以上的特点，在能源发展中重点发展清洁煤技术，计划通过一系列清洁煤技术项目和示范工程项目，大力提倡节能、提高能源效率以及加快可再生能源的开发速度。

第五，注重处理好人口与发展的关系。长期以来，庞大的人口基数给我国经济、社会、资源和环境带来了巨大压力。尽管我国人口的自然增长率呈下降趋势，但人口增长的绝对数仍很大，社会保障、卫生保健、教育、就业等远跟不上人口增长的需求。《中国 21 世纪议程》根据这一严峻的现实，着重提出了要继续进行计划生育，在控制人口增长的同时，通过大力发展教育事业、健全城乡三级医疗卫生和妇幼保健系统、完善社会保障制度等措施，提高人口素质、改善人口结构，同时大力发展第三产业，扩大就业容量，充分发挥人力资源的优势。

第六，充分认识我国资源所面临的挑战。《中国 21 世纪议程》充分认识我国资源短缺和人口激增对经济发展的制约。因此，它强调从现在起必须要有资源危机感。21 世纪要建立资源节约型经济体系，将水、土地、矿产、森林、草原、生物、海洋等各种自然资源的管理纳入国民经济和社会发展计划，建立自然资源核算体系，运用市场机制和政府宏观调控相结合的手段，促进资源合理配置，充分运用经济、法律、行政手段实行资源的保护、利用与增值。

第七，积极承担国际责任和义务。《中国 21 世纪议程》充分认识我国的环境与发展战略与全球环境与发展战略的协调。对诸如全球气候变化问题、防止平流层臭氧耗损问题、生物多样性保护问题、防止有害废物越境转移问题以及水土流失和荒漠化问题等，都提出了相应的战略对策和行动方案，以强烈的历史使命感和责任感去履行对国际社会应尽的责任和义务。

第四节　可持续发展战略的实施

一、清洁生产

清洁生产是一种新的创造性思想，该思想从生态经济系统的整体性出发，将整体预防的环境战略应用于生产过程、产品和服务中，以提高物料和能源利用率、降低对能源的过度使用、减少人类和环境自身的风险。这与可持续发展的基本要求、能源的永久利用和环境容量的持续承载能力是相符合的，这也是实现资源环境和经济发展双赢的有效途径。

（一）清洁生产的基本概念

清洁生产工艺是从无废工业演变而来。1984 年联合国欧洲经济委员会在塔什干召开的国际会议上曾对无废工艺作了如下的定义："无废工艺乃是这样一种生产产品的方法（流程、企业、地区—生产综合体），它能使所有的原料和能量在原料—生产—消费—二次原料的循环中得到最合理和综合的利用，同时对环境的任何作用都不致破坏它的正常功能。"

美国环境保护局对废物最少化技术所作的定义是："在可行的范围内，减少产生的或随之处理、处置的有害废弃物量。它包括在产生源处进行的消减和组织循环两方面的工作。这些工作导致有害废弃物总量与体积的减少，或有害废物毒性的降低，或两者兼而有之，并与使现代和将来对人类健康与环境的威胁最小的目标相一致。"

联合国环境规划署于 1989 年就提出了清洁生产的最初定义，并得到了国际社会的普遍认可和接受。而 1992 年在联合国环境与发展大会上通过的《21 世纪议程》，则首次正式提出了清洁生产的概念，指出实行清洁生产是取得可持续发展的关键因素，这个观点得到了与会国的积极响应。而后联合国环境规划署 1996 年提出了较完整的定义："清洁生产是一种新的创造性思想，该思想将整体预防的环境战略持续应用于生产过程、产品和服务中，以增加生态效率和减少人类及环境的风险。对生产过程，要求节约原材料和能源，淘汰有毒原材料，减降所有废弃物的数量和毒性；对产品，要求减少从原材料提炼到产品最终处置的全生命周期的不利影响；对服务，要求将环境因素纳入设计和所提供的服务中。"

2002 年 6 月 29 日颁布的《中华人民共和国清洁生产促进法》第二条指出，"本法所称清洁生产，是指不断采取改进设计、使用清洁的能源和原料、采用先进的工艺技术与设备、改善管理、综合利用等措施，从源头消减污染，提高资源利用效率，减少或者避免生产、服务和产品使用过程中污染物的产生和排放，以减轻或者消除对人类健康和环境的需要指出的是，清洁生产是一个相对的概念，所谓清洁生产技术和工艺、清洁产品、清洁能源都是同现有技术工艺、产品和能源比较而言的。因此，推行清洁生产是一个不断持续的过程，随着社会经济的发展和科学技术的进步，需要适时地提出更新的目标，达到更高的水平。

清洁生产可以概括为以下三个目标：

（1）自然资源的合理利用

要求投入最少的原材料和能源产出尽可能多的产品，提供尽可能多的服务。包括最大限度节约能源和原材料、利用可再生能源或者清洁能源、利用无毒无害原材料、减少使用稀有原材料、循环利用物料等措施。

（2）经济效益最大化

通过节约资源、降低损耗、提高生产效益和产品质量，达到降低生产成本、提高企业的竞争力的目的。

（3）对人类健康和环境的危害最小化

通过最大限度地减少有毒有害物料的使用、采用无废或者少废技术和工艺、减少生产过程中的各种危险因素、废物的回收和循环利用、采用可降解材料生产产品和包装、合理包装以及改善产品功能等措施，实现对人类健康和环境的危害最小化。

清洁生产主要包括以下三个方面的内容：

（1）清洁的能

常规能源的清洁利用，如采用洁净煤技术，逐步提高液体染料、天然气的使用比例；可再生能源的利用，如水力资源的充分开发和利用；新能源的开发，如太阳能、生物质能、风能、潮汐能、地热能的开发和利用；各种节能技术和措施等，如在能耗大的化工行业采用热电联产技术，提高能源利用率

（2）清洁的生产过程

尽量少用、不用有毒有害的原料，这就需要在工艺设计中充分考虑；无毒无害的中间产品；减少或消除生产过程的各种危险性因素，如高温、高压、低温、低压、易燃、易爆、强噪声、强震动等；少废、无废的工艺；高效的设备；物料的再循环（厂内、厂外）；简便、可靠的操作和控制；完善的管理等。

（3）清洁的产品

节约原料和能源，少用昂贵和稀缺的原料，利用二次资源作原料；产品在使用过程中以及使用后不含危害人体健康和生态环境的因素；易于回收、复用和再生；合理包装；合理的使用功能（以及具有节能、节水、降低噪声的功能）和合理的使用寿命，产品报废后易处理、易降解等。

推行清洁生产在于实现两个全过程控制：

首先，在宏观层次上组织工业生产的全过程控制，包括资源和地域的评价、规划、组织、实施、运营管理和效益评价等环节；其次，在微观层次上物料转化生产全过程控制，包括原料的采集、储运、预处理、加工、成型、包装、产品和储存等环节。

清洁生产的目标是节约能源、降低原材料消耗、减少污染物的产生量和排放量；清洁生产的基本手段是改进工艺技术、强化企业管理，最大限度地提高资源、能源的利用率和改变产品体系，更新设计观念，争取废物最少排放，即将环境因素纳入服务中去；清洁生产的方法是排污审计，即通过审计发现排污部位、排污原因，并筛选消除或减少污染物的措施及产品生命周期分析。因此，清洁生产的终极目标是保护人类与环境，提高企业自身的经济效益。

清洁生产的概念不但包含有技术上的可行性，还包括经济上的可盈利性，体现经济效益、环境效益和社会效益的统一。

（二）清洁生产在我国的发展

我国在 20 世纪 70 年代末期就已经认识到，通过技术改造最大限度地把"三废"消除在生产过程之中是防治工业污染的根本途径。1983 年第二次全国环境保护工作会议上明确提出，环境污染问题要尽力在计划过程和生产过程中解决，实行经济效益、社会效益和环境效益三统一的指导方针。同年国务院发布了技术改造应结合工业污染防治的规定，提出要把工业污染防治作为技术改造的重要内容，通过采用先进技术、提高资源利用率，把污染物消除在生产过程之中，从根本上解决污染问题。

20 世纪 80 年代中期全国举行了两次少废、无废工艺研讨会，不少工业部门和企业开发应用了一批少废、无废工艺，取得了一定的成绩。

我国积极响应联合国环境与发展大会提出的可持续发展战略和清洁生产工艺，1992 年国务院发布了《环境与发展的十大对策》，明确宣布实行可持续发展战略，尽量采用清洁工艺。这不但是我国环境保护政策的新的里程碑，也是在物质生产领域内建设具有中国特色社会主义的具体纲领，为推动清洁生产创造了极为有利的条件。1993 年 10 月国家经贸委和国家环境保护局在上海召开了第二次全国工业污染防治会议，会议一致高度评价清洁生产的重要意义和作用，确定了清洁生产在 20 世纪 90 年代我国环境保护的战略地位。

在 1994 年 3 月，国务院通过的《中国 21 世纪议程》中列入了清洁生产的内容。有关清洁生产的项目也被列入第一批优先项目计划。

1995 年，我国在制定"九五"经济和社会发展计划以及 2010 年长远目标中进一步提出有关实行可持续发展的战略；在"九五"期间实行"两个转变"，即经济体制由计划经济向社会主义市场经济转变，增长方式由粗放型向集约型转变。提出要根据国情，选择有利于节约资源和保护环境的产业结构和消费方式：市场机制为实施清洁生产提供了新的机遇，清洁生产正是促进增长方式转变的重要途径。

1997 年，国家环保局颁发了《关于推行清洁生产的若干意见》，对推行清洁生产的管理、机构、宣传、实施等做了明确的规定。

2000 年，环境保护部局长解振华在全国省级环保厅（局）长会议上的讲话中，将积极推行清洁生产列在环保工作主要措施的首位，并指出清洁生产是工业污染防治的必由之路。

近年来，我国在制定和修订颁布的环境保护法中都纳入了清洁生产的要求，明确国家鼓励、支持开展清洁生产。2002 年《清洁生产促进法》正式颁布实施，这对于提高资源利用效率，减少和避免污染物产生，保护和改善环境，保障人体健康，促进经济与社会可持续发展，起着极其重要的作用。

（三）实施清洁生产的途径

1. 资源的综合利用

资源的综合利用是推行清洁生产的首要方向。如果原料中的所有组分通过工业加工过程的转化都能变成产品，这就实现了清洁生产的主要目标。应该指出的是，这里所说的综合利用，有别于所谓的"三废的综合利用"。这里是指并未转化为废料的物料，通过综合利用，就可以消除废料的产生，，资源的综合利用也包括资源节约利用的含义，物尽其用意味着没有浪费。资源综合利用，不但可增加产品的生产，同时也可减少原料费用。降低工业污染及其处置费用，提高工业生产的经济效益，是全过程控制的关键。因此，有些国家已经将资源综合利用定为国策。我国《清洁生产促进法》第二十五条也对资源的综合利用做了规定。第二十六条规定，企业应当在经济技术可行的条件下，对生产和服务过程中产生的废物、余热等自行回收利用或者转让给有条件的其他企业和个人利用。

2. 改革工艺和设备

改革工艺技术是预防废物产生的最有效的方法之一。通过工艺改革可以预防废物产生，增加产品产量和效率，提高产品质量，减少原材料和能源消耗。但是工艺技术改革通常比强化内部管理需要投入更多的人力和资金，因而实施起来时间较长，通常只有加强内部管理之后才进行研究。

企业改革生产工艺可以采取的清洁生产措施：

（1）采用无毒、无害或者低毒、低害的原料，替代毒性大、危害严重的原料。

（2）采用资源利用率高、污染物产生量少的工艺和设备，替代资源利用率低、污染物产生量多的工艺和设备。

（3）对生产过程中产生的废物、废水和余热等进行综合利用或者循环使用。

（4）采用能够达到国家或者地方规定的污染物排放标准和污染物排放总量控制指标的污染防治技术。

此外，对新建、改建和扩建项目应当进行环境影响评价，对原料使用、资源消耗、资源综合利用以及污染物产生与处置等进行分析论证，优先采用资源利用率高及污染物产生量少的清洁生产技术、工艺和设备。在项目试生产后正式生产之前，必须通过"环保验收"，以确认是否达到了环评和环评批复的要求。

3. 组织厂内的物料循环

"组织厂内物料循环"被美国环保局作为与"源消减"并列的实现废料排放最少化的两大基本方向之一。在这里强调的是企业层次上的物料再循环。实际上，物料再循环作为宏观仿生的一个重要内容，可以在不同的层次上进行，如工序、流程、车间、企业乃至地区，考虑再循环的范围越大，则实现的机会越多。

厂内物料再循环可分为如下几种情况：

第一，将流失的物料回收后作为原料返回原工序中。例如，造纸废水中回收纸浆；印染废水中回收染料；收集跑、冒、滴、漏的物料等。

第二，将生产过程中生成的废料经过适当处理后作为原料或原料替代物返回原生产流程中例如，铜电解精炼中的废电解液，经处理后提出其中的铜再返回到电解精炼流程中；鞋革废液除去固体夹杂物，用碱性溶液沉淀成氢氧化铬，再用硫酸溶解后重新用于鞋革。

第三，将生产过程中生成的废料经过适当处理后作为原料返用于本厂其他生产过程中。如发酵过程中产出的二氧化碳可作为制造饮料的原料；有色熔炼尾气中的二氧化硫可用作硫酸车间的原料或建立石膏生产线。

在厂内物料再循环中，应特别强调生产过程中气和水的再循环，以减少废气和废水的排放。

4. 加强管理

在企业管理中要突出清洁生产的目标，从着重于末端处理向全过程控制倾斜，使环境管理落实到企业中的各个层次，分解到生产过程的各个环节，贯穿于企业的全部经济活动之中，与企业的计划管理、生产管理、财务管理、建设管理等专业管理紧密结合起来。

5. 改革产品体系

在当前科学技术迅猛发展的形势下，产品的更新换代速度越来越快，新产品不断问世。人们开始认识到，工业污染不但发生在生产产品的过程中，也发生在产品的使用过程中。有些产品使用后废弃、分散在环境之中，也会造成始料未及的危害。我国《清洁生产促进法》中对产品和包装物的设计，应当考虑其在生命周期中对人类健康和环境的影响，优先选择无毒、无害、易于降解或者便于回收利用的方案。而建筑工程应当采用节能、节水、节电等有利于环境与资源保护的建筑设计方案、建筑和装修材料、建筑构配件及设备。

6. 必要的末端处理

前面已经指出，清洁生产本身是一个相对的概念。一个理想的模式，在目前的技术水平和经济发展水平条件下，实现完全彻底的无废生产，还是比较罕见的，废料的产生和排放有时还难以避免。因此，还需要对它们进行必要的处理和处置，使其对环境危害降至最低。

清洁生产是环境保护的一部分。末端治理也是环境保护的一部分。清洁生产是针对末端治理而提出的，两者在环境保护的思路上各具特色。在现阶段，在环境保护的过程中它们相辅相成，互为弥补，各自发挥着自己的作用，从而共同达到环境保护的目的。

二、循环经济

循环经济是 1992 年联合国环境与发展大会提出可持续发展道路之后，在经济和环境法制发达国家出现的一种新型经济发展模式，这一模式在这些国家已经取得了巨大的成效，并已称为国际社会推行可持续发展战略的一种有效模式。

（一）循环经济的基本概念

"循环经济"一词，是由美国经济学家 K·波尔丁在 20 世纪 60 年代提出的，是指在资源投入、企业生产、产品消费及其废弃的全过程中，把传统的依赖资源消耗的线性增长的经济，转变为依靠生态型资源循环来发展的经济。国家发改委环境和资源综合利用司在研究中提出，循环经济应当是指通过资源的循环利用和节约，实现以最小的资源消耗，最小的污染获取最大的发展效益。其核心是资源的循环利用和节约，最大限度地提高资源的使用效益；其结果是节约资源、提高效益、减少环境污染。

循环经济是可持续发展的新经济发展模式，是与传统经济活动的"资源消费—产品—废物排放"开放型（或称为单程型）物质流动模式相对应的"资源消费—产品—再生资源"闭环型物质流动模式。它是以资源利用最大化和污染排放最小化为主线，将清洁生产、资源综合利用、生态设计和可持续消费等融为一体的循环经济战略，本质上是一种生态经济。循环经济的根本之源就是保护日益稀缺的环境资源，提高环境资源的配置效率。

循环经济倡导在物质不断循环利用的基础上发展经济，是符合可持续发展战略的一种全新发展模式。其主要原则是：减少资源利用量及废物排放量（Reduce），大力实施物料的循环利用（Recycle），以及努力回收利用废弃物（Reuse）。这就是著名的"3R"法则，也是循环经济最重要的实际操作原则。

（二）循环经济在我国的发展

我国推行循环经济始于20世纪90年代后期，经过近年来不断探索，已形成了独具一格的循环经济发展模式，即"3+1"模式，即小循环、中循环、大循环，废物处置和再生产业。

小循环——在企业层面，选择典型企业和大型企业，根据生态效益理念，通过产品生态设计、清洁生产等措施进行单个企业的生态工业试点，减少产品和服务中物料和能源的使用量，实现污染物排放的最小化。

中循环——在区域层面，按照工业生态学原理，通过企业间的物质集成、能量集成和信息集成，在企业间形成共生关系，建立工业生态园。目前生态环境部已批准了广西贵港、天津泰达等多个园区为国家生态工业园区试点。

大循环——在社会层面，重点进行循环型城市和省区的建立。目前，生态环境部在辽宁省进行了以改造老工业基地为核心的循环经济示范省建设试点工作，在贵阳市进行了以发挥当地资源优势，构建新的产业格局为核心的循环经济城市建设试点工作。

废物处置和再生产业——建立废物和废旧资源的处理、处置和再生产业，以从根本上解决废物和废旧资源在全社会的循环利用问题。

（三）发展循环经济的基本途径和重点

当前和今后一个时期，我国发展循环经济应重点抓好以下五个环节：

第一，在资源开采环节，要大力提高资源综合开发和回收利用率。对矿产资源开发要统筹规划，加强共生、伴生矿产资源的综合开发和利用，实现综合勘查、综合开发、综合利用；加强资源开采管理，健全资源勘查开发准入条件，改进资源开发利用方式，实现资源的保护性开发；积极推进矿产资源深加工技术的研究，提高产品附加值，实现矿业的优化与升级；开发并完善我国矿产资源特点的采、选、冶工艺，提高回采率和综合回收率，降低采矿贫化率，延长矿山寿命；大力推进尾矿、废矿的综合利用。

第二，在资源消费环节，要大力提高资源利用效率。加强对钢铁、有色、电力、煤炭、石化、化工、建材、纺织、轻工等重点行业的能源、原材料、水等资源消耗管理，实现能量的梯级利用、资源的高效利用，努力提高资源的产出效益；电动机、汽车、计算机、家电等机械制造企业，要从产品设计入手，优先采用资源利用率高、污染物产生量少以及有利于产品废弃后回收利用的技术和工艺，尽量采用小型或重量轻、可再生的零部件或材料，提高设备制造技术水平；包装行业要大力压缩无实用性材料消耗。

第三，在废弃物产生环节，要大力开展资源综合利用。加强对钢铁、有色、电力、煤炭、石化、建材、造纸、酿造、印染、皮革等废弃物产生量大、污染重的重点行业的管理，提高废渣、废水、废气的综合利用率；综合利用各种建筑废弃物及秸秆、畜禽粪便等农业废弃物，积极发展生物质能源，推广沼气工程，大力发展生态农业；推动不同行业通过产业链的延伸和耦合，实现废弃物的循环利用；加快城市生活污水再生利用设施建设和垃圾资源化利用；充分发挥建材、钢铁等行业废弃物消纳功能，降低废弃物最终处置量。

第四，在再生资源产生环节，要大力回收和循环利用各种废旧资源。积极推进废钢铁、废有色金属、废纸、废塑料、废旧斜台、废旧家电及电子产品、废旧纺织品、废旧机电产品、包装废弃物等的回收和循环利用；支持汽车发动机等废旧机电产品再制造；建立垃圾分类收集和分选系统，不断完善再生资源回收、加工、利用体系；在严格控制"洋垃圾"和其他有毒有害废物进口的前提下，充分利用两个市场、两种资源，积极发展资源再生产业的国际贸易。

第五，在社会消费环节，要大力提倡绿色消费。树立可持续的消费观，提倡健康文明、有利于节约资源和保护环境的生活方式与消费方式；鼓励使用绿色产品，如能效标识产品、节能节水认证产品和环境标志产品等；抵制过度包装等浪费资源行为；政府机构要发挥带头作用；把节能、节水、节材、节粮、垃圾分类回收、减少一次性用品的使用逐步变成每个公民的自觉行动。

（四）加快发展循环经济的主要措施

当前我国加快发展循环经济的主要措施有：

第一，发展循环经济，要坚持以科学发展观为指导，以优化资源利用方式为核心，以提高资源生产率和降低废弃物排放为目标，以技术创新和制度创新为动力，采取切实有效的措施，动员各方面的力量，积极加以推进。

第二，要把发展循环经济作为编制国家发展规划的重要指导原则，用循环经济理念指导编制各类规划。加强对发展循环经济的专题研究，加快节能、节水、资源综合利用、再生资源回收利用等循环经济发展重点领域专项规划的编制工作。建立科学的循环经济评价指标体系，研究提出国家发展循环经济战略目标及分阶段推进计划。

第三，加快发展低能耗、低排放的第三产业和高技术产业，用高新技术和先进适用技术改造传统产业，淘汰落后工艺、技术和设备。严格限制高能耗、高耗水、高污染和浪费资源的产业以及开发区的盲目发展。用循环经济理念指导区域发展、产业转型和老工业基地改造，促进区域产业布局合理调整。开发区要按循环经济模式规划、建设和改造，充分发挥产业集聚和工业生态效应，围绕核心资源发展相关产业，形成资源循环利用的产业链。

第四，要研究建立完善的循环经济法规体系，当前要抓紧制定《资源综合利用条例》《废旧家电及电子产品回收处理管理条例》《废旧轮胎回收利用管理条例》《包装物回收利用管理办法》等发展循环经济的专项法规。完善财税政策，加大对循环经济发展的支持力度；继续深化企业改革，研究制定有利于企业建立符合循环经济要求的生态工业网络的经济政策。

第五，要组织开发和示范有普遍推广意义的资源节约和替代技术、能量梯级利用技术、延长产业链和相关产业链技术、"零排放"技术、有毒有害原材料替代技术、回收处理技术、绿色再制造等技术，努力突破制约循环经济发展的技术瓶颈。在重点行业、重点领域、工业园区和城市继续开展循环经济试点工作。

三、低碳经济

在人类大量消耗化石能源、大量排放二氧化碳等温室气体，从而引发全球能源市场动荡和全球气候变暖的大背景下，国际社会正逐步转向发展"低碳经济"，目的是在发达国家和发展中国家之间建立相互理解的桥梁，以更低的能源强度和温室气体排放轻度支撑社会经济高速发展，实现经济、社会和环境的协调统一。

（一）低碳经济的基本概念

低碳经济的概念源于英国在 2003 年 2 月 24 日发表的《我们未来的能源——创建低碳经济》的白皮书。英国在其《能源白皮书》中指出，英国将在 2050 年将其温室气体排放量在 1990 年水平上减排 60%，从根本上把英国变成一个低碳经济的国家。英国是世界上最早实现工业化的国家，也是全球减排行动的主要推进力量。

所谓低碳经济，是指在可持续发展思想指导下，通过技术创新、制度创新、产业转型、新能源开发等多种手段，尽可能地减少煤炭、石油等高碳能源消耗，不断提高碳利用率和可再生能源比重，减少温室气体排放，逐步使经济发展摆脱对化石能源的依赖，最终实现经济社会发展与生态环境保护双赢的一种经济发展形态。

低碳经济中的"经济"一词，涵盖了整个国民经济和社会发展的方方面面。而所提及的"碳"，狭义上指造成当前全球气候变暖的二氧化碳气体，特别是由于化石能源燃烧所产生的二氧化碳，广义上包括《京都协议书》中所提出的六种温室气体（二氧化碳、甲烷、氧化亚氮、氢氟碳化物、全氟化碳、六氟化硫）。低碳经济作为一种新的经济模式，包含三个方面的内容：首先，低碳经济是相对于高碳经济而言的，是相对于基于无约束的碳密集能源生产方式和能源消费方式的高碳经济而言的。因此，发展低碳经济的关键在于降低单位能源消费量的碳排放量（即碳强度），通过碳捕捉、碳封存、碳蓄积降低能源消费的碳强度，控制二氧化碳排放量的增长速度；其次，低碳经济是相对于新能源而言的，是相对于基于化石能源的经济发展模式而言的。因此，发展低碳经济的关键在于促进经济增长与由能源消费引发的碳排放"脱钩"，实现经济与碳排放错位增长（碳排放低增长、零增长乃至负增长），通过能源替代、发展低碳能源和无碳能源控制经济体的碳排放弹性，并最终实现经济增长的碳脱钩；再者，低碳经济是相对于人为碳通量而言的，是一种为解决人为碳通量增加引发的地球生态圈失衡而实施的人类自救行为。因此，发展低碳经济的关键在于改变人们的高碳消费倾向和碳偏好，减少化石能源的消费量，减缓碳足迹，实现低碳生存

（二）低碳经济的目标

发展"低碳经济"，实质是通过技术创新和制度安排来提高能源效率并逐步摆脱对化石燃料的依赖，最终实现以更少的能源消耗和温室气体排放支持经济社会可持续发展的目的通过制定和实施工业生产、建筑和交通等领域的产品和服务的能效标准和相关政策措施，通过一系列制度框架和激励机制促进能源形式、能源来源、运输渠道的多元化，尤其是对替代能源和可再生能源等清洁能源的开发利用，实现低能源消耗、低碳排放以及促进经济产业发展的目标。

1. 保障能源安全

当前，全球油气资源不断趋紧、保障能源安全压力逐渐增大。21世纪以来，全球油气供需状况已经出现了巨大的变化，石油的剩余生产能力已经比20世纪80～90年代大大减少，一个中等规模的石油输出国出现供应中断，就可能导致国际市场上石油供应绝对量的短缺在全球油气资源地理分布相对集中的大前提下，受到国际局势变化和重要地区政局动荡等地缘整治因素的影响，国际能源市场的不稳定因素不断增加，油气供给中断和价格波动的风险显著上升此外，西方发达国家还利用政治外交和经济金融措施对石油市场的投资、生产、储运和定价进行控制，构建符合其自身利益的全球政治经济格局。所有这些因素导致全球油气供应的保障程度及其未来市场预期都有所降低，推动油气价格剧烈波动。

低碳发展模式就是在上述能源背景下发展起来的社会经济发展战略，以减少对传统化石燃料的依赖，从而保障能源安全。目前，世界各国经济社会都受到油气供应中断风险增加和当前油气价格剧烈波动的影响，主要发达国家对于国际能源市场的高度依赖更是面临着保障能源安全的挑战，低碳发展模式就是调整与能源有关的国家战略和政策措施的重要手段。

2. 应对气候变化

气候变化问题为能源体系的发展提出了更加深远的挑战，气候变化问题是有史

以来全球人类面临的最大的"市场失灵"问题，扭曲的价格信号和制度安排导致了全球环境容量不合理的配置和利用，并最终形成了社会经济中大量社会效率低下且不可持续的生产和消费，应对全球气候变化的国际谈判和国际协议的发展，实质上是对经济社会发展所必需的温室气体排放容量进行重新配置，制定相关国际制度，实现经济发展目标与保护全球气候目标的统一。

低碳发展模式是在全球环境容量瓶颈凸显以及应对气候变化的国际机制不断发展的背景下发展起来的，是应对气候变化的必然选择 C 在未来形成全球大气容量国际制度安排的前提下，发展低碳经济，将化石燃料开放利用的环境外部性内部化，并通过国际国内政策框架的制定来促进构建经济、高效且清洁的能源体系，从而实现《联合国气候变化框架公约》的最终目标，使得"大气中温室气体的浓度稳定在防止气候系统受到具有威胁性的人为干扰的水平上。"当前，全球各国都共同面临着减少化石燃料依赖并降低温室气体排放和稳定其大气中浓度的挑战，发达国家和发展中国家在未来将承担"共同但有区别的"温室气体减排责任，而低碳发展模式能够实现经济社会发展和保护全球环境的双重目标。

3. 促进经济发展

发展低碳经济，目的在于寻求实现经济社会发展和应对气候变化的协调统一。低碳并不意味着贫困，贫困不是低碳经济的目标，低碳经济是要保证低碳条件下的高增长。通过国际国内层面合理的制度构建，规制市场经济下技术和产业的发展动向，从而实现整个社会经济的低碳转型。发展低碳经济，不仅有助于实现应对气候变化的全球重大战略目标，并且也能够为整个社会经济带来新的增长点，同时还能创造新的就业岗位和国家的经济竞争力。

在 20 世纪几次石油危机的刺激下，西方发达国家走在了全球发展低碳经济的前列。英国、德国、丹麦等欧洲各国以及日本长期重视发展可再生能源和替代能源的战略，在当前具备了引领全球低碳技术和低碳产业的优势。在全球金融危机和经济放缓的背景之下，美国也将发展替代能源和可再生能源、创造绿领就业机会作为核心，实现国家的"绿色经济复兴计划"。目前，欧美发达国家都在通过制度构建、技术创新发展低碳技术和低碳产业，推动社会生产生活的低碳转型，以新的经济增长点和增长面推动整体社会繁荣。

（三）低碳经济实现的途径

发展低碳经济，需要在能源效率、能源体系低碳化、吸碳与碳汇及经济发展模式和社会价值观念等领域开展工作。大量研究表明，通过发展低碳经济，采取业已或者即将商业化的低碳经济技术，大规模发展低碳产业并推动社会低碳转型，能够控制温室气体排放，关键是成本问题及如何分摊这些成本。

1．提高能效和减少能耗

低碳发展模式要求改善能源开发、生产、运输、转换和利用过程中的效率并减少能源消耗。面对各种因素所导致的能源供应趋紧，整个社会迫切需要在既定的能源供应条件下支持国民经济更好更快地发展，或者说在保障一定的经济发展速度的同时，减少对能源的需求并进而减少对能源结构中仍占主导地位的化石燃料的依赖。提高能源效率和节约能源涵盖了整个社会经济的方方面面，尤其作为重点用能部门的工业、建筑和交通部门更是迫切需要提高能效的领域，通过改善燃油的经济性、减少对小汽车的过度依赖、提高建筑能效和提高电厂能效等措施，能够实现节能增效的低碳发展目标。

发展低碳经济，制定并实施一系列相互协调并互为补充的政策措施，包括实行温室气体排放贸易体系，推广能源效率承诺，制定有关能源服务、建筑和交通方面的法规并发布相应的指南和信息，颁布税收和补贴等经济激励措施。这些政策措施的目的在于通过合理的制度框架，引导和发挥自由市场经济的效率与活力，从而以长期稳定的调控信号和较低的成本引导重点用能部门向低能耗和高能效的方向转型。

2．发展低碳能源并减少排放

能源保障是社会经济发展必不可少的重要支撑，低碳发展模式则是要降低能源中的碳含量及其开发利用产生的碳排放，从而实现全球大气环境中温室气体环境容量的高效合理利用。实现经济社会发展的"低碳化"，是为了在合理的制度安排之下推动碳排放所产生的环境负外部性内部化，从而实现从低效率的"高碳排放"转向大气环境容量得以优化配置和利用的"低碳经济气通过恰当的政策法规和激励机制，推动低碳能源技术的发展以及相关产业的规模化，能够将其减缓气候变化的环境正外部性内部化，使得发展低碳经济更加具有竞争力。

降低能源中的碳含量和碳排放，主要涉及控制传统的化石燃料开发利用所产生的二氧化碳以及在资源条件和技术经济允许的情况下，通过以相对低碳的天然气代替高碳的煤炭作为能源，通过捕集各种化石燃料电厂以及氢能电厂和合成燃料电厂中的碳并加以地质封存，能够改善现有能源体系下的环境负外部性。此外，能源"低碳化"还包括开发利用新能源、替代能源和可再生能源等非常规能源，以更为"低碳"甚至"零碳"的能源体系来补充并一定程度上替代传统能源体系。风力发电、生物质能、光伏发电以及氢能等新型能源，在未来都有很大的发展潜力，特别是大量分散、不连续和低密度的可再生能源，能够很好地补充城乡统筹发展所必需的能源服务，并且新能源产业的发展也是提供就业岗位、促进能源公平的有力保障。

3．发展低碳模式

低碳发展模式还意味着调整和改善全球大气环境的碳循环，通过发展吸碳经济并且增加自然碳汇，从而抵消或中和短期内无法避免的化石能源燃烧所排放的温室气体，最终有利于实现稳定大气中温室气体浓度的目标。减少毁林排放和增加植树造林，不仅是改变人类长期以来对森林、土地、林业产品、生物多样性等资源过度索取的状态，而且也是改善人与自然的关系、主动减缓人类活动对自然生态影响以及打造生态文明的重要手段。

与自然碳汇相关的林业和土地资源对于不同发展阶段的国家具有不同的开发利用价值，尤其是当前在保障粮食安全、缓解贫困、发展可持续生计等方面具有重大的意义。应对气候变化国际体制在避免毁林等方面的发展，就是将相关资源在自然碳汇方面的价值转化成为具体的经济效益，与其在其他领域所具有的价值进行综合的权衡，从而引导各国的经济社会发展路径朝低碳方向转型。通过植树造林增加自然碳汇降低大气中的温室气体浓度，通过控制热带雨林焚毁减少向大气中排放温室气体，以及通过对农业土地进行保护性耕作从而防止土壤中的碳流失，对于全球各国尤其是众多发展中国家都具有重要意义。

4. 推行低碳价值理念

低碳发展模式还要求改变整个经济社会的发展理念和价值观念，引导实现全面的低碳转型。《21世纪议程》指出"地球所面临的最严重的问题之一，就是不适当的消费和生产模式发展低碳经济就是在应对气候变化的背景之下从社会经济增长和人类发展的角度，对合理的生产消费模式做出重大变革"。

发展低碳经济要求经济社会的发展理念从单纯依赖资源和环境的外延型粗放型增长，转向更多依赖技术创新、制度构建和人力资本投入的科学发展理念。传统的基于化石燃料所提供的高污染高强度能源支撑起来的工业化和城市化进程，必须从未来能源供需、相应资源环境成本的内部化等方面进行制度和技术创新发展低碳经济还要求全社会建立更加可持续的价值观念，不能因对资源和环境过度索取而使其遭受严重破坏，要建立符合我国环境资源特征和经济发展水平的价值观念和生活方式。人类依赖大量消耗能源、大量排放温室气体所支撑下的所谓现代化的体面生活必须尽早尽快调整，这将是对当前人类的过度消费、超前消费和奢侈消费等消费观念的重大转变，进而转向可持续的社会价值观念。

（四）低碳经济和循环经济的关系

循环经济和低碳经济在最终目标上，都是要实现人与自然和谐的可持续发展但循环经济追求的是经济发展与资源能源节约和环境友好的三位一体的三赢模式；低碳经济是特定指向的经济形态，针对的是导致全球气候变化的二氧化碳等温室气体以及主要是化石燃料的碳基能源体系，旨在实现与碳相关的资源和环境的有效配置和利用在实现途径上，二者都强调通过提高效率和减少排放。但低碳经济更加强调通过改善能源结构、提高能源效率、减少温室气体的排放；而循环经济强调提高所有的资源能源的利用效率，减少所有废弃物的排放。

在实现低碳经济的具体途径中，减少能源消耗和提高能源效率都很好地体现了循环经济"减量化"的要求，而对二氧化碳等温室气体的捕捉封存，尤其是二氧化碳封存并提高原油采收率等措施，则很好地体现了循环经济"再利用"和"资源化"的原则，此外，开发应用消耗臭氧层物质的非温室气体类替代产品，则体现了循环经济在"再设计、再修复、再制造"等更广意义上的要求。因此，低碳经济与循环经济具有紧密的联系。

从循环经济在世界各国的实践来看，循环经济和低碳经济根本的不同是所对应的经济发展阶段不同。循环经济是适应工业化和城市化全过程的经济发展模式，而低碳经济是新世纪新阶段应对气候变化而催生的经济发展模式。因此也可以认为，低碳经济是循环经济理念在能源领域的延伸，循环经济是发展低碳经济的基础，循环经济发展的结果必然走向低碳经济。对于处于工业化、城市化过程中的发展中国家来说，循环经济是不可逾越的经济发展阶段。

低碳经济的关注点和重点领域在低碳能源和温室气体的减排上，聚焦在气候变化上，这是与发达国家经济发展阶段相对应的。发达国家经过两百多年的工业化发展，特别是近几十年来后工业化社会的发展，在产业结构、传统污染物治理以及资源利用率方面，都取得了显著的成果，但在现有经济技术条件下，改善的空间不是太大。由于资源禀赋的条件限制和经济规模的扩张，温室气体的排放并没有减少，可是从二氧化碳排放量的构成看，还有较大的降低空间。因此对于发达国家来说，低碳经济追求的目标应该是绝对的低碳发展。发展中国家的传统污染问题尚未得到解决，气候变化的问题又摆在面前，所以对发展中国家而言，目标应该是相对的低碳发展，重点在低碳，目的在发展。

四、绿色技术

随着人们环境保护意识的逐步增强以及环境保护事业的深入发展，国际上兴起了一股"绿色高潮"，如"绿色产品""绿色标志"、"绿色革命""绿色文明"等。在科学技术领域出现了"绿色技术"的新名词。绿色代表环境、象征生命。人们在某一名词前冠以"绿色"，以表明某一社会、经济活动或是行为、产品、技术等有益于环境或对环境无害。

（一）绿色技术的基本概念

绿色技术的科学内涵尚在发展中，各专业的说法不一，如有的环境保护专家认为绿色技术就是环境保护技术，有的生态学家认为，绿色技术就是生态技术.这些说法都有其正确的部分，但也是不全面的。我们认为绿色技术具有如下几个方面的基本技术特性：首先，绿色技术不是只指某一单项技术，而是一个技术群，或是说一整套技术。它不仅包括持续农业与生态农业，也包括生态破坏和污水、废气、固体废弃物防治技术以及污染治理生物技术和环境监测的高新技术，这些技术之间又相互联系。其次，绿色技术具有高度的战略性，它与持续发展的战略密不可分。持续发展是对高消耗、高消费给环境带来严重恶化的传统技术的否定。因此，绿色技术是可持续发展的技术基础。第三，绿色技术是一个发展着的相对概念，随着时间的推移和科学技术的进步，绿色技术的内涵和外延也随着变化与发展。尤其是绿色技术根据环境价值观念会不断发生变化，技术也就会随着而变。第四，绿色技术对高新技术的容量很大，也就是说，高新技术在绿色技术中可以发挥巨大的作用。所谓高新技术的"绿色"，就是充分发挥现代科学技术的潜力，走对环境无害的发展道路。

各国有各自的具体情况，国情不同，经济发展和环境保护的重点不同，所以不同国家甚至一个国家的不同地区，绿色技术的主要内容都会有所不同。我国是一个发展中国家，正处在经济快速增长的阶段。面临发展生产力、增强综合国力和提高人民生活水平的任务。同时，我国又面临着相当严峻的问题和困难，庞大的人口基数、有限的人均资源、资源利用率低、环境污染和生态破坏严重、技术水平低等，因此可持续发展是我国长期的发展模式。

为了促进可持续发展，我国必须大力发展绿色技术。1996年国家环境保护局制定的《中国跨世纪绿色工程规划》中，确定的我国环境保护重点行业有煤炭、石油、天然气、电力、冶金、有色金属、建材、化工、轻工、纺织、医药。与此相对应的绿色技术的主要内容，包括能源技术、材料技术、催化剂技术、分离技术、生物技术、资源回收技术等。

（二）绿色技术的特征

1. 绿色技术的动态性

技术是影响环境变迁的重要因素，因此人们在主观上希望尽可能采用污染少的技术，或希望发展绿色技术。但客观上，技术因素受到经济、社会、自然等各方面的影响，因此在不同条件下，绿色技术具有不同的内涵，这就是绿色技术的动态性。把握绿色技术的动态性，将有助于认识技术因素演变的内在规律及其对环境的影响，有助于采取合适的技术对策，在加快经济发展的同时减轻对环境的不利影响。

2. 绿色技术的层次性

绿色技术的层次性表现在产业规划、企业经营、生产工艺三个层次。产业规划应体现可持续发展的原则，从实际出发，合理布局和设计产业结构，体现经济与环境协调发展；企业经营应当渗透到企业发展的战略谋划中去，在绿色思想的指导下，影响企业产品设计、原材料和能源选用、工艺改进等；从环境保护的要求出发，优化工艺流程，积极推行清洁生产。这三个层次相互影响，既有区别又密切联系。

C 绿色技术的复杂性

绿色技术的复杂性体现在两个方面：一是广度上，技术改进往往会引起环境、经济、社会等多种效应，产生的综合影响是复杂的；二是深度上，技术改进与环境效应之间的联系不能只看表面，需要进行深入研究。对于广度问题以对电动汽车评价为例，电动汽车采用蓄电池代替汽油或柴油作为动力源，行驶中不会排放 NO_2、CO_2 等有害气体，从此角度看是一项绿色技术。但评价范围扩大一些，发现在蓄电池生产过程中，要耗用初石油或煤炭等初级能源，生产过程中排放出大量废水、废气。即存在污染转移的问题，把发生在行驶过程中的污染集中到生产过程中。此外还有废旧蓄电池的处置问题。

（三）绿色技术的应用

绿色象征着自然、生命、健康、舒适和活力，绿色使人回归自然。面对环境污染，人们选择了绿色作为无污染、无公害和环境保护的代名词，明确地表达了其自身的含义，即无污染、无公害和有助于环境保护的产品。

绿色产品的概念应当从产品的全生命周期来把握，即对产品生命周期的各个环节进行综合评价，只有当其综合效益对环境和健康有益，才能称得上是真正的绿色产品。

1. 绿色食品

绿色食品是安全、营养、无公害食品的统称。绿色食品的产地必须符合生态环境质量的标准，必须按照特定的生产操作规程进行生产、加工，生产过程中只允许限量使用限定的人工合成化学物质，产品及包装经检验、监测必须符合特定的标准，并且经过专门机构的认证。绿色食品是一个庞大的食品家族，主要包括粮食、蔬菜、水果、畜禽肉类、蛋类、水产品等系列。绿色食品的核心一是安全，二是营养，三是好吃。任何受过农药、化肥污染或使用了防腐剂、抗氧化剂、漂白剂、增稠剂而又可能对人体健康带来不良影响的食品，都不应称为绿色食品。

2. 绿色纺织品

绿色纺织品一般是指不含有有害物质的纺织品，对人体应绝对安全；同时在生产使用和废弃物处理过程中，对人类也没有不利因素和影响。它是由绿色纤维的纺织品和"绿色"印染整理加工两方面组成。

3. 绿色化学品

现代人类社会的存在离不开化学品，不愿在使用化学产品的同时造成对自身的危害，只有使用那些对人类和环境无害的化学产品，即绿色化学品。判断一个化学品是否为绿色化学品，要从一个化学品的全生命周期来分析。首先，该产品的起始原料应来自可再生原料，如农业废物；其次，产品本身必须不会引起环境或健康问题，包括不会对野生生物、有益昆虫或植物造成损害；最后，产品被使用后，应能再循环或易于在环境中降解为无害物质。

4. 绿色能源

能源是发展经济、满足人民生活的重要物质基础。现在获取能源的途径主要仍然是石油、煤和天然气。这些化石燃料不仅受到资源的限制，而且在使用中也会带来严重的环境污染问题。因此，开发新能源，大力推行绿色能源计划已受到世界各国的高度重视。所谓绿色能源计划是指能够保护环境、维持生态平衡以及实现经济可持续发展的能源生产和消费：如开发、推广清洁煤技术，提高能源利用效率和节约能源，开发利用可再生能源和新能源，加强能源规划和管理。绿色能源技术包括现代风能技术、太阳能发电技术、氢能利用技术、海洋能利用技术、地热能利用技术、生物质发电技术、新能源技术等。

5. 绿色汽车

绿色汽车的特点是节能、低废、高效、轻质、易于回收利用。节能是汽车综合优化的一个重要指标，其涉及很多因素，这些因素是相互关联和制约的，要达这一目标必须采用新技术，如先进的模拟设计方法、先进的高功率电池、代用燃料和燃料储存、辅助动力装置、有效空调系统、电力推进部件、减轻质量的新型轻质材料和新结构、超级储能装置等。

6. 绿色建筑

绿色建筑是指建筑设计、建造、使用中充分考虑环境保护的要求，把建筑物与种植业、养殖业、能源、环保、美学、高新技术等紧密结合起来，在有效满足各种使用功能的同时，能够有益于使用者身心健康，并创造符合环境保护要求的工作和生活空间结构。绿色建筑包括以下几个原则：资源经济和较低费用的原则，全寿命设计原则，宜人性设计的原则，灵活性原则，传统特色与现代技术相统一的原则，建筑理论与环境科学相融合的原则。

参考文献

［1］王凯全主编.环境保护与污水处理［M］.北京：中国石化出版社.2015.

［2］刘子川著.污水处理与环境保护［M］.延吉：延边大学出版社.2018.

［3］高广东，张安昌，薛永兵主编.污水处理与环境保护［M］.北京：北京工业大学出版社.2018.

［4］郑思东著.污水处理与环境保护研究［M］.长春：东北师范大学出版社.2016.

［5］朱红钧，赵志红主编.海洋环境保护［M］.东营：石油大学出版社.2015.

［6］杨宝林主编.农业生态与环境保护［M］.北京：中国轻工业出版社.2015.

［7］周鹤鸣，邹冰主编；王培风，徐栋编著.治污水［M］.杭州：浙江工商大学出版社.2014.

［8］国务院法制办公室农林城建资源环保法制司，住房城乡建设部法规司，城市建设司编著.城镇排水与污水处理条例释义［M］.北京：中国法制出版社.2014.

［9］生态环境部科技标准司，中国环境科学学会.城镇排水和污水处理知识问答［M］.中国环境出版社.2018.

［10］国家环境保护总局办公厅编.环境保护文件选编 上［M］.北京：中国环境科学出版社.2015.

［11］常杪，田欣著.环境保护投融资方法与实践［M］.北京：中国环境科学出版社.2014.

［12］上海环境保护丛书编委会.上海环境污染防治［M］.北京：中国环境科学出版社.2016.

［13］国家环境保护总局办公厅编.环境保护文件选编 2013 下［M］.北京：中国环境科学出版社.2016.

［14］国家环境保护总局办公厅编.环境保护文件选编 2013 上［M］.北京：中国环境科学出版社.2016.

［15］罗安程主编.农村生活污水处理知识 160 问［M］.杭州：浙江大学出版社.2013.

［16］董剑主编.环境保护案例解说与评析［M］.北京：知识产权出版社.2015.

［7］张列宇编著.分散型农村生活污水处理技术研究［M］.北京：中国环境科学出版社.2014.

［18］环境统计教材编写委员会编.环境统计基础［M］.中国环境出版集团有限公司.2016.

［19］上海市城市建设设计研究总院（集团）有限公司，上海市陪睡管理处主编.城镇污水处理厂污泥干化焚烧工程设计规程［M］.上海：同济大学出版社.2017.

［20］生态环境部环境监测司编.环境监测管理制度汇编［M］.中国环境出版社.2016.

［21］计兰强主编.农村环境保护与治理［M］.天津：天津科学技术出版社.2016.

［22］生态环境部规划财务司，生态环境部环境规划院编.全国环境保护"十二五"规划汇编［M］.北京：中国环境科学出版社.2014.

［23］国家环境保护总局办公厅编.环境保护文件选编 2009 上［M］.北京：中国环境科学出版社.2014.

［24］国家环境保护总局办公厅编.环境保护文件选编 2009 下［M］.北京：中国环境科学出版社.2014.

［25］周正立，张悦，鲁战明编著.污水处理剂与污水监测技术［M］.北京：中国建材工业出版社.2007.

［26］张广钱著.小城镇生态建设与环境保护设计指南［M］.天津：天津大学出版社.2015.

［27］宁夏回族自治区环境保护厅，宁夏回族自治区财政厅，中国环境科学研究院，生态环境部环境规划院编；黄雅杭主编；卢鼎荣，陆芳，王夏晖副主编.宁夏农村环境保护规划与技术［M］.中国环境出版社.2014.

［28］生态环境部科技标准司.环境保护污染防治技术案例汇编 重金属污染防治可行技术案例汇编［M］.北京：中国环境科学出版社.2015.

［29］程岩法等编著.医院污水处理技术［M］.北京：中国环境科学出版社.1992.

［30］李党生主编.环境保护概论［M］.北京：中国环境科学出版社.2007.

［31］高子忠编.环境保护及三废处理［M］.武汉：华中理工大学出版社.1990.

［32］孙秀玲主编；杜守学，于文海副主编；孙秀玲，杜守学，于文海，王月敏编 . 建设项目水土保持与环境保护［M］. 济南：山东大学出版社 .2016.

［3］李国亭，刘秉涛编著 . 环境学概论［M］. 哈尔滨：哈尔滨工业大学出版社 .2016.

［34］生态环境部科技标准司编 . 中国环境保护标准全书 2010-2011 年 下［M］. 北京：中国环境科学出版社 .2011.

［35］生态环境部科技标准司编 . 中国环境保护标准全书 2010-2011 年 上［M］. 北京：中国环境科学出版社 .2011.

［36］刘树庆主编 . 农村环境保护［M］. 北京：金盾出版社 .2010.